Anleitung

zur

Regelung des Forstbetriebs

nach Maßgabe der

nachhaltig erreichbaren Rentabilität

und in Hinblick auf die

zeitgemäße Fortbildung der forstlichen Praxis.

Von

Gustav Wagener,

Gräfl. Castell. Forstmeister.

———————

Berlin.

Verlag von Julius Springer.

1875.

ISBN 978-3-642-51205-6   ISBN 978-3-642-51324-4 (eBook)
DOI 10.1007/978-3-642-51324-4

Buchdruckerei von Gustav Schade (Otto Francke) in Berlin.

Softcover reprint of the hardcover 1st edition 1875

Vorwort.

Die vorliegende Anleitung zur Wald-Ertrags-Regelung soll einige Bausteine für die zeitgemäße Fortbildung des gewerblichen Theils der forstlichen Praxis darbieten. Mit genauer Beachtung der Grenzen, welche die Bedingungen und die Eigenthümlichkeiten der Waldwirthschaft ziehen, habe ich die Verfahrungsarten erörtet, welche die nachhaltige Gewinnung des erreichbaren Wald-Reinertrags zu ordnen geeignet sind. Ueberzeugt, daß lediglich die Erzielung der örtlich erreichbaren Rentabilität die Waldwirthschaft auf ein sicheres Fundament zu stützen vermag, daß das Streben nach der menge- und güterreichsten Holzerzeugung zu Irrwegen hinführen und die Volkswohlfahrt schädigen würde, (cf. § 1), muß ich andrerseits ebenso nachdrücklich betonen, daß die Zielpunkte des waldwirthschaftlichen Zweiges der Bodenkultur, in dem man früh zu säen und spät zu erndten pflegt, ausnahmslos durch sorgfältige und allseitige Prüfung der nachhaltigen privatwirthschaftlichen Nutzleistungen festzustellen und durch bedachtsames, erfolgsicheres Vorschreiten zu verwirklichen sind. Auf dieser Grundanschauung beruht die vorliegende Schrift; ich glaube hoffen zu dürfen, daß sich die vorurtheilsfreien und vorwärts strebenden Forstwirthe auf diesem Boden begegnen werden, wenn die heut noch brausenden und schaumspritzenden Wellen des langjährigen Kampfes durch streng sachgemäße Prüfung geglättet sein werden.

Die Schrift unterstellt dem Urtheil der Fachgenossen eine Reihe von neuen Vorschlägen, deren Anwendung eine Ergänzung und Erweiterung der bisherigen Forst-Einrichtungs-Verfahren zur Folge haben würde. Ich kann nicht selbst beurtheilen, ob diese Vorschläge einige Beachtung verdienen; ich will nur erwähnen, daß dieselben seit 15 Jahren unter wechselvollen und eigenartigen Wirthschafts-Verhältnissen im Großen erprobt wurden.

Die grundlegenden Lehren der Forstbetriebs-Regelung (Wald-Ertrags-Regelung, Forsteinrichtung, Forsttaxation, Forstabschätzung, Forstsystemisirung u. s. w.) sind in dieser, für den praktischen Gebrauch bemessenen Anleitung als bekannt vorausgesetzt worden; man findet eine mustergültige Darstellung in Heyer's Wald-Ertrags-Regelung (2. Auflage. Leipzig, 1861).

Da indessen die vorliegende Schrift möglicherweise Leser finden wird, denen die eingehende Bekanntschaft mit den forsttechnischen Lehren mangelt, so will ich, um das Verständniß zu erleichtern, an dieser Stelle die wesentlichen Zielpunkte der Wald-Ertrags-Regelung flüchtig skizziren. Dieser Zweig der Forstwirthschaft sucht zunächst für die in dem betreffenden Wirthschafts-Bezirk nachzuziehenden Holzarten bestimmte „normale" Abtriebszeiten festzusetzen. Wenn in einem Wirthschafts-Bezirk die nachhaltige, jährliche Benutzungs-Weise mit möglichst gleichstehenden Werth-Erträgen einzuhalten ist, dabei aber mehrere Bestockungs-Formen mit wesentlich divergirenden Nutzungs-Zeiten eingebürgert werden sollen, so werden „Betriebs-Klassen" ausgeschieden; man sucht Nachzucht-Verhält-

niffe herbeizuführen, welche einstmals den ungestörten Nutzungs=
Umlauf innerhalb jeder Betriebs=Klasse gestatten. Für diese
regelmäßigen Nachzucht=Verhältniffe ist die normale Alters=Stufen=
folge das Vorbild; man erstrebt das Vorhandensein vollbestockter, im
Haubarkeits=Ertrag kongruenter Bestände mit einer Alters=Abstufung
von Jahr zu Jahr. Die Abräumung der konkreten Bestockung ist
bis zum Eintritt des Nachwuchses in das normale Erndtejahr zu
vollenden und durch eine Bestandsreihe, welche der normalen Alters=
Abstufung möglichst nahe zu bringen ist, zu ersetzen.. Durch zweck=
entsprechende Vertheilung der Erträge, welche aus den vorhandenen,
bis zur Nutzung zuwachsenden Holz=Beständen mittelst rationeller
Bewirthschaftung gewonnen werden können, werden die Perioden des
Uebergangs=Zeitraums dotirt; je nach der faktischen Alters=Abstufung
nähern sich die konkreten Abtriebszeiten in diesem „Einrichtungs=
Zeitraum" bald mehr, bald weniger der normalen Umtriebszeit der
Betriebs=Klasse. — Die Auswahl der nachzuziehenden Holzarten, die
Feststellung der normalen Umtriebszeiten, die Ermittelung und Ver=
theilung der im Einrichtungs=Zeitraum anfallenden Erträge — diese
Aufgaben hat in erster Reihe die Wald=Ertrags=Regelung zu lösen.
Zwischen den Ansprüchen der Nutzungs=Nachfolger, die im Vorhanden=
sein des Normal=Zustandes gipfeln, und den Forderungen der im
Uebergangs=Zeitraum bezugsberechtigten Waldbesitzer, die auf die ein=
träglichste Benutzung der vorhandenen Bestockung gerichtet werden,
ist in sachgemäßer, allseitig befriedigender Weise zu vermitteln.

Bei der Bestimmung der finanziellen Umtriebszeiten 2c. konnte ich
nicht die Wege wählen, welche von Preßler und von Judeich ein=
geschlagen worden sind (cf. § 2 ad 6). Ich erwähne dies aus=

drücklich schon hier mit Bedauern, weil ich den leisesten Schein einer Geringschätzung der Verdienste dieser Männer von mir abwenden möchte.

Ich erwarte und wünsche keine nachsichtsvolle Beurtheilung des wesentlichen Inhalts der Schrift, denn damit wird der Wahrheit, nach der wir Alle streben, nicht gedient. Aber ich bitte erwähnen zu dürfen, daß die Abfassung während einer vielverzweigten und an=strengenden praktischen Berufsthätigkeit (meistens zur Nachtzeit) statt=gefunden hat; ich konnte keine Zeit zur sorgsamen Ordnung des Stoffs und zur vorsichtigen Wahl des Ausdrucks gewinnen.

Castell bei Würzburg im April 1875.

Der Verfasser.

Inhalt.

———

Einleitende Begründung.

Vierter Abschnitt.
Erforschung der Produktions-Faktoren für den Mittelwald-Betrieb.

Erste Abtheilung.
Vorraths-Messung in Mittelwald-Beständen.

Zweite Abtheilung.
Feststellung der Zuwachs-Verhältnisse der Mittelwald-Bestände.

Fünfter Abschnitt.
Erforschung der Produktions-Faktoren für die Niederwald-Wirthschaft.

Sechster Abschnitt.
Statistische Erforschung der bisherigen Produktions- und Kon-
sumtions-Verhältnisse im Absatz-Gebiet.

Siebenter Abschnitt.
Feststellung der forstwirthschaftlichen Zielpunkte.

Achter Abschnitt.
Planmäßige Einrichtung des Hochwald-Betriebs.

Neunter Abschnitt.
Planmäßige Einrichtung des Mittel- und Niederwald-Betriebs.

Zehnter Abschnitt.

Eilfter Abschnitt.

Zwölfter Abschnitt.

Anhang.

Einleitende Begründung.

§ 1.

Die prinzipiellen Aufgaben der Forstwirthschaft nach praktischer Bedeutung[1]).

Seit etwa 15 Jahren hat auf dem Gebiete der Forstwirthschaft eine lebhafte und tiefgehende Reformbewegung begonnen, welche voraus=sichtlich mit der Umgestaltung der üblichen Waldbenutzungs=Arten endigen wird. Erörterungen über die volkswirthschaftlich berechtigten Zielpunkte des Waldbaues durchtönen seit dieser Zeit den schriftlichen und mündlichen Gedanken=Austausch der Forstwirthe; die Würdigung der hergebrachten Bewirthschaftungs=Arten nach ihrer Leistungsfähigkeit für die Volkswohlfahrt steht im Vordergrunde der Diskussion. Es ist, so behauptet eine zwar kleine, aber rührige Reform=Partei, irrationell und gemeinschädlich, wenn die heutige Forstwirthschaft als obersten Zweck die nachhaltige Gewinnung des größten Rohertrags erstrebt, ohne den erreichbaren Reinertrag, wie überhaupt die thatsächliche Verzinsung der aufgewendeten Grund= und Betriebs=Kapitalien zu beachten. Man nennt diese bedingungslose Erzeugung des größten Brutto=Ertrags, deren wesentliches Merkmal die massenhafte Pro=duktion von Althölzern mittelst hoher Umtriebszeiten ist, eine privat=wirthschaftlich schadenbringende und national=ökonomisch nicht zu recht=fertigende Benutzungsweise und fordert eine Ordnung des Forstbetriebs aus rein privatwirthschaftlichen Gesichtspunkten — die Bemessung und

---

[1]) Die nachfolgenden Ausführungen sind im Wesentlichen einer Abhandlung des Verfassers in der Zeitschrift für die gesammten Staatswissenschaften, Jahr=gang 1873, entnommen.

Festsetzung der hauptsächlichen Wirthschaftsmaßnahmen nach der muthmaßlichen Rentabilität.

Die Diskussion dieser Streitfrage hat eine ungewöhnliche Erregung in den fachmännischen Kreisen hervorgerufen. Mit Entrüstung wurde den Neuerern geantwortet, daß die Frage nach den bisherigen Waldreinerträgen völlig unnütz sei, weil die Bewirthschaftung der Waldungen nach den Verzinsungs-Formeln stets unausführbar bleiben werde. In zahllosen Modulationen warnte man vor diesen Reform-Bestrebungen, diesen unbewiesenen Hypothesen unpraktischer Idealisten, die zum Ruin der Wälder und zur Verwüstung der Länder führen würden. Man betonte, daß alle sicheren Anhaltspunkte für die geforderten Reinertrags-Berechnungen mangeln. Die vom Materialismus gepeitschte Zeitrichtung müsse, so betheuerte man, an den deutschen Waldungen stillstehen, denn die Zerstörung derselben könne nur unheilbringende Folgen haben.

Derartige besorgnißvolle Erwägungen sind bei der bisherigen Debatte in den Vordergrund gebracht worden; viele meiner Fachgenossen wurden dadurch verhindert, die Licht- und Schattenseiten der Reform-Projekte vorurtheilsfrei zu würdigen. Bei dieser, vom Parteihader beherrschten Diskussion sind in der That die volkswirthschaftlichen Wirkungen der neuen Vorschläge nur selten mit der wünschenswerthen Ruhe und Unbefangenheit untersucht worden und deshalb hat die Angelegenheit den Stand der Vorberathung noch nicht verlassen können.

Es ist diese Kontroverse nicht nur im hohen Grade wichtig für die Theorie und Praxis der Forstverwaltung, sie hat auch eminente Bedeutung in staatswirthschaftlicher Hinsicht. Man kann leicht nachweisen, daß die erstrebten Veränderungen der bisher für die Waldproduktion gültigen Zielpunkte hervorragende Einwirkung auf die Wirthschaft des Volkes ausüben werden. Im Wald-Eigenthum ruhen großartige Anlage- und Betriebs-Kapitalien. Wenn die gegenwärtigen Holzvorraths- und Bodenwerthe nach mäßigen Sätzen berechnet werden, so übersteigen dieselben für die 13,940,541 Hektar große Waldfläche, welche im heutigen deutschen Reich zuletzt vorgefunden wurde, 3 Milliarden Thaler. Gelingt es der Forstwirthschaft, den jährlichen Reinertrag dieser Kapital-Werthe nur um ein Prozent — etwa durch

Ausdehnung der höher rentirenden Nutzholz=Wirthschaft — zu ver=
mehren, ohne anderseits wesentliche, volkswirthschaftliche Nachtheile
hervorzurufen, so wird der jährliche Wald=Ertrag im deutschen Reich
um 30 Millionen Thaler, d. h. pro Kopf um 0,75 Thaler vermehrt
werden. Es haben dem gegenüber die direkten Steuern in der preußi=
schen Monarchie vor dem Jahre 1866 nur etwa das Doppelte —
1,56 Thaler pro Kopf — betragen. Und nicht minder wirkungsvoll
erscheint die Entscheidung dieser waldwirthschaftlichen Streitfrage,
wenn man die Staatswaldungen eines Einzellandes betrachtet,
deren Erträge unmittelbar in die Staatskassen fließen. Die Anwen=
dung des privatwirthschaftlichen Prinzips mit den Verzinsungsforde=
rungen, welche dem Ertrage sicher ausgeliehener Geldkapitalien
entsprechen, auf die Staatswaldungen Bayerns würde ausgedehnt
zur Einführung der Niederwald=Wirthschaft führen, man würde
höchstens freiwachsende sog. Oberhölzer zur theilweisen Befriedigung
des inländischen Bau= und Nutzholz=Bedarfs beibehalten; auf
den guten Bodenarten in der Ebene und im Hügellande könnten
möglicherweise die Waldungen verschwinden und Felder an ihre Stelle
treten. Zu diesem Buschholzbetriebe ist ein sehr geringes Vorraths=
Kapital und für das landwirthschaftliche Gewerbe ein kaum nennens=
werther Geldaufwand für Gebäude und Inventar erforderlich. Vom
gegenwärtigen Vorrathswerthe der Staatswaldungen Bayerns würden
nach geringer Schätzung 300 Millionen Thaler im Laufe der Ab=
nutzungszeit frei werden. Dieses Kapital ist selbstverständlich unan=
greifbares Staats=Eigenthum und soll, wie wir annehmen, haupt=
sächlich zum Bau von Eisenbahnen oder in ähnlich rentirender Weise
wieder angelegt werden. Dasselbe erträgt bei der gegenwärtigen An=
lage, wie die Berechnung des Zinsen=Ertrags der bestehenden Um=
triebszeiten auf Grundlage der glaubwürdigsten Werth=Ertragstafeln
ergibt, sicherlich nicht $1\frac{1}{2}$ pCt.; wir dürfen somit annehmen, daß die
Uebertragung vom Forst= in den Eisenbahn=Betrieb (unter Zurech=
nung des Reineinkommens der Landwirthschaft auf den umgewan=
delten Bodenflächen) eine Zinssteigerung von mindestens 3 pCt. zur
Folge haben wird[1]), und diese Rentenvermehrung wird nach den bis=

---

[1]) Der Reingewinn der bayerischen Staats=Eisenbahnen per 1872 gewährt
eine Verzinsung von $4\frac{1}{2}$ pCt.

herigen Erfahrungen im Laufe der Zeit keine wesentliche und nach=
haltige Minderung erleiden. Die Einnahmen der bayerischen Staats=
verwaltung würden durch diese finanzwirthschaftlichen Maßnahmen
jährlich um 9 Millionen Thaler vermehrt werden. — Allerdings
muß die Verminderung der Brennholzerzeugung, welche hier haupt=
sächlich in Betracht kommt, durch den verstärkten Verbrauch von
Mineralkohlen und Torf ausgeglichen werden, und Bayern ist mit
dem Bezuge der Kohlen zum größten Theil auf das Ausland (Preußen,
Sachsen und Böhmen) angewiesen. Allein diese Surrogirung ist
minder gefahrdrohend, als es auf den ersten Blick scheint. Die
Brennholz=Abgabe hat in den bayerischen Staatswaldungen nach dem
Durchschnitt der Jahre 1861/67 jährlich circa 2,600,000 Kubikmeter
fester Holzmasse betragen. Nach den Untersuchungen über den Heiz=
effekt der Brennmaterialien sind zum Ersatz von einem Kubikmeter
Brennholz höchstens 6 Centner Steinkohlen erforderlich; es würde
somit die Vermehrung des Kohlen=Konsums um 15,600,000 Centner
den Brennholz=Verbrauch Bayerns ausgleichen. Die Lieferung dieses
vermehrten Kohlen=Verbrauchs aus den preußischen, sächsischen und
böhmischen Gruben ist nicht zu bezweifeln, da die Förderung in
Preußen (1871) 520 Millionen Centner und in Sachsen (1864)
42 Millionen Centner betragen hat, somit schon eine Steigerung von
$2^4/_5$ pCt. genügen würde. Rechnet man einen mittleren Kohlenpreis
von $^1/_2$ Thaler durchschnittlich für Bayern[1]), so wäre für den Kohlen-
ankauf eine jährliche Ausgabe von 7,800,000 Thaler erforderlich.
Wir stehen somit dem überraschenden und finanzwirthschaftlich jeden=
falls beachtenswerthen Ergebniß gegenüber, daß die Kohlenmenge,
welche die gesammte Brennholz=Ausbeute der bayerischen Staats=
waldungen ersetzt, den Konsumenten unentgeltlich von der Staats=
verwaltung geliefert werden kann und dennoch die Staatskasse einen
jährlichen Gewinn von über 1 Million Thaler erübrigt, durch
deren Verausgabung man etwa den vierten Theil des bisherigen
Nutzholz=Verbrauchs aus den Staatswaldungen ebenfalls unentgeltlich
liefern könnte. — Da aber die Staatsverwaltung selbstverständlich den

---

[1]) Der Steinkohlen=Ankaufspreis, den die königlich bayerischen Verkehrs=
Anstalten per 1872 verausgabt haben, stellt sich auf $9^1/_2$ Sgr. per Zoll=Centner.

holzverbrauchenden Landesbewohnern derartige Geschenke nicht zutheilen wird, so würde die bayerische Staatskasse nicht nur den Betrag der bisherigen Forsterträge, sondern noch eine Mehreinnahme erhalten, welche die direkten Steuern (1868/69 mit 5,902,875 Thlr. etatisirt) um 3 Millionen Thaler übersteigt. — Ich vertheidige keineswegs das hier vorausgesetzte radikale Zertrümmern der Holzbestände. Aber diese großartigen finanziellen Folgen können thatsächlich aus der Veränderung der forstwirthschaftlichen Grundsätze hervorgehen, und man wird deshalb die technische und staatswirthschaftliche Wichtigkeit der zu erörternden Controverse einräumen.

Die Forstwirthschaft steht unverkennbar an der Schwelle einer neuen Entwickelungs-Epoche. Man kann nicht mehr länger eine Entscheidung über die wahlberechtigten forstwirthschaftlichen Grundprinzipien zurückdrängen. Und ohne Frage wird dieser Feststellung der prinzipiellen Aufgaben eine anderweite Fundamentirung der Wirthschaft im Walde auf dem Fuße folgen, die auf dem Gebiete der Wald-Ertrags-Regelung (Forsteinrichtung, Betriebs-Regulirung, Forsttaxation ꝛc. ꝛc.) culminiren wird. — Betrachten wir zum Beweis dieser Ansicht die Sachlage durch gedrängte Darstellung der Hauptmomente.

Der leitende Grundsatz der heutigen Forstwirthschaft ist die Erhaltung der Nachhaltigkeit des bisherigen Waldertrags. Es wird den Waldungen fortdauernd nur der durchschnittliche Holz-Zuwachs entnommen, welcher an den von der Vorzeit überlieferten Waldbeständen erfolgt; zur Sicherstellung dieser Nachhaltigkeit werden Wirthschaftspläne mit Ertragsberechnungen, mindestens für das nächste Jahrhundert, aufgestellt. Es werden nicht nur die abgeholzten Flächen in der Regel, wenn nicht Bodenverarmung zum Wechsel der Holzarten nöthigt, mit den Waldbäumen wieder bebaut, welche ortsüblich sind oder nach Boden und Lage besonders gutes Gedeihen versprechen; — dieser Rücksicht auf den Fortbezug des bisherigen Wald-Ertrags entstammen auch unverkennbar die gebräuchlichen Umtriebszeiten. Zwar ist die Entstehung und die Lebensgeschichte der jetzt maßgebenden Normen für die Festsetzung derselben noch nicht klar dargestellt worden. Aber es ist sicher, daß man die Quelle in den Ergebnissen der streng nachhaltigen Nutzungs-Ordnung zu suchen hat, welche bei der Begründung der planmäßigen Forstwirthschaft vorgenommen worden ist. Man hat damals die Zeiträume zu ermitteln gesucht, welche für die Abräumung der überlieferten Vorräthe mit vollkommener Sicherung der Nachhaltigkeit des Forstertrags (durch den Nachwuchs) erforderlich waren. Dabei sind ohne Zweifel für die vorherrschenden Holzarten und den regelrechten Hochwaldbetrieb Abnutzungs-Zeiträume resultirt, welche nur um wenige Jahrzehnte differirten; es ist erklärlich, daß die Umtriebszeiten nach diesen Grenzen allgemeine Gültigkeit erlangen konnten. (Nur für die Kiefer hat man, wegen der frühzeitigen Lichtstellung dieser Holzart, größtentheils geringere Abtriebszeiten festgesetzt.) Man hat endlich beim Mittel- und Niederwald-Betriebe die gebräuchlichen Hiebszeiten des Unterholzes in der Regel beibehalten. — Die in dieser Weise entstandenen Abnutzungs-Zeiten sind dann von der Forst-Literatur verzeichnet worden; sie haben im Laufe der Zeit für die Waldwirthschaft in den einzelnen Ländern Gesetzeskraft erlangt. Es ist zwar nicht zu leugnen, daß die Feststellungen im Einzelnen von subjektiven Ansichten, von verbreiteten Liebhabereien der Forstwirthe — ich nenne beispielsweise die Begünstigung s. g. edler Holzarten — beeinflußt worden sind; man hat als besondere Aufgabe der Staatsforstwirthschaft die Erziehung der stärkeren Holzsorten vorangestellt und andere, zahlreiche Modifikationen beigemengt. Aber stets war die vollkommene, meistens sogar die übermäßige Sicherung der Nachhaltigkeit des bisherigen Massenertrags das herrschende Prinzip der Forstwirthschaft; die Fortpflanzung der örtlich vorhandenen Holzarten in gedeihlicher Auswahl und Untermischung erschien als das vornehmste Mittel.

Wir begegnen allerdings in der Forst-Literatur Ansichten, welche der vorhergehenden Darstellung nicht konform sind. Man behauptet, daß das leitende Prinzip der Forstwirthschaft die nachhaltige Erzeugung des höchsten Material- (Rohstoff-) Ertrags sei. Aber abgesehen von der naheliegenden Erkenntniß, daß die Erzeugung der größten Holzstoffmenge, ohne Rücksicht auf den Gebrauchswerth derselben, kein vertheidigungsfähiges, wirthschaftliches Ziel sein kann, steht diese Behauptung mit offenbaren Thatsachen im Widerspruch. Die Einführung dieses Prinzips ist undenkbar ohne die vorausgehende Untersuchung, welche Massen-Erträge auf den

vorliegenden Standorts= und Bodenklassen von den anbaufähigen
Holzarten geliefert werden. Denn diese Holzmassen=Erzeugung ist
auf gleichem Standort sehr divergirend, je nachdem Eichen oder
Buchen, Laubhölzer oder Nadelhölzer angebaut werden. Das hier
zwischen den Holzarten herrschende Produktions=Verhältniß bleibt nicht
konstant, wenn die Bodenbeschaffenheit wechselt; die eine Holzart ge=
deiht besser als die andere, je nachdem der Boden frisch oder trocken,
tiefgründig oder flachgründig, humusreich oder kraftlos ist. Die Holz=
stofferzeugung nimmt endlich sowohl nach den Holzgattungen, als nach
den Bodenklassen einen ungleichartigen Verlauf; der Zuwachsgang
ist abhängig von diesen Produktions=Faktoren; wenn dieselben wesent=
lich differiren, so kann das Ansteigen, Gipfeln und Abnehmen der
Massenmehrung nicht gleichartig sein.

In der Forstwirthschaft ist aber die spezielle Auswahl der Holz=
arten nach der Leistungsfähigkeit derselben für die höchste Massenpro=
duktion nicht einmal prinzipiell gefordert worden. Man hat ebenso=
wenig eine Würdigung der gebräuchlichen Umtriebszeiten aus diesen
Gesichtspunkten verlangt. Die Forstwirthe kennen die Verhältnisse
der Massenproduktion nicht einmal für eine einzelne Holzart und
eine einzelne Standortsklasse. Die Geschichte des Forstwesens hat
für die letzten 50 Jahre rühmenswerthe Leistungen bezüglich der Er=
mittlung der wirkungsvollsten Kultur=Verfahren zu verzeichnen, und
in der That sind in den deutschen Waldungen prächtige, vollwüchsige
Bestände begründet und sorgsam gepflegt worden. Aber die Forst=
statik, in deren Gebiet die Untersuchungen über die Massen=Erträge
der Holzarten auf verschiedenen Bodenklassen, über den Gang und
speziell über Gipfelung der Holzstoff=Mehrung u. s. w. fallen, liegt
seit länger als 25 Jahren in den Geburtswehen. Bis heute haben
wir nur vereinzelte, unzusammenhängende Beobachtungen und kom=
pilirte Ertragstafeln, für deren Unglaubwürdigkeit die Thatsache zeugt,
daß die von verschiedenen Autoren veröffentlichten Erfahrungstafeln
beträchtliche und ganz regellose Abweichungen in den Wachsthumsge=
setzen für gleiche Holzarten und Standortsklassen durchgängig auf=
weisen[1]). Wenn man behauptet, daß die gebräuchlichen Umtriebs=

<hr>

[1]) Als Beweis für diesen Ausspruch lasse ich die Angaben hervorragender
Schriftsteller über die Abtriebszeit, welche für Buchenhochwald auf erster

zeiten und die vorfindlichen Holzarten den höchsten Massen-Ertrag thatsächlich liefern, so steht diese Behauptung offenbar mit dem Sachverhalt nicht in Einklang[1]). Es ist im Gegentheil zu vermuthen,

---

Standortsklasse den höchsten Material- (Haubarkeits-) Ertrag nachhaltig liefern soll, hier folgen. Diese Abtriebszeit liegt nach:

G. L. Hartig im über	120 jähr. Holzalter
Cotta im über	130 jähr. =
Untersuchungen in Baden im	60— 80. Altersjahr
Im badischen Hochgebirg	80—100. =
Amtlichen Untersuchungen im Spessart	120. =
Daselbst nach Untersuchungen von Robert Hartig	60. =
Grebe (Thüringen)	90. =
Seebach (Solling)	80. =
Burkhardt (Hannover)	80. =
Theodor Hartig (Elm)	50. =
Robert Hartig (östliches Wesergebirg)	50. =
Derselbe (Harz)	60. =

[1]) Einen Beleg für diesen Ausspruch liefern die für alle Standortsklassen vom Forstdirektor Burkhardt in Hannover mitgetheilten Normal-Ertrags-Tafeln, denen die neueren forstwirthschaftlichen Schriftsteller besonderen Werth beilegen. Dieselben verzeichnen folgende Haubarkeits-Durchschnitts-Erträge in Festmetern pro Hektar für die S. 11 genannten gebräuchlichen Umtriebszeiten und für die unten beigesetzten, beträchtlich kürzeren Umtriebszeiten.

		Standortsklasse.				
		I.	II.	III.	IV.	V.
Eichenhochwald,	140 j. Umtr.	4,5	3,9	3,3	2,8	2,4
=	70 j. Umtr.	4,8	4,4	3,7	3,2	2,8
Buchenhochwald,	110—120 j. Umtr.	5,1	4,3	3,6	3,0	2,4
=	70 j. Umtr.	5,0	4,5	3,9	3,4	2,8
Fichtenhochwald,	100 j. Umtr.	7,4	6,4	5,2	4,1	2,9
=	70 j. Umtr.	7,5	6,7	5,6	4,6	3,5
Kiefernhochwald,	85 j. Umtr.	5,8	4,7	3,5	2,6	1,3
=	60 j. Umtr.	5,9	4,9	3,8	2,8	1,9

Haubarkeits-Durchschnitts-Ertrag,
Festmeter pro Hektar.

Die hier nicht berücksichtigten Vornutzungen können den Durchschnitts-Ertrag der zuerst genannten, bisher gebräuchlichen Umtriebszeiten höchstens um eine Differenz von 0,2 Kubikmetern erhöhen; es bleibt somit immer noch eine beträchtliche Erhöhung des Massen-Ertrags bei der unterstellten, sehr wesentlichen Herabsetzung der bisher üblichen Umtriebszeiten erreichbar.

Ueber die thatsächlichen Durchschnitts-Erträge, welche bei der Wirthschaftsordnung der badischen Domainen-, Gemeinde- und Körperschaftswaldungen gefun-

daß die Einführung dieser Umtriebszeiten des höchsten Massen-Ertrags zu einer sehr weitgehenden Herabsetzung der gebräuchlichen Umtriebszeiten führen würde.

Indessen kann die Erzeugung des höchsten Massenertrags ohne Berücksichtigung der Qualität dieser Holzstoffmenge selbstverständlich kein diskussionsfähiges Ziel der Waldwirthschaft sein. In Folge dieser Erkenntniß sind in neuerer Zeit Stimmen laut geworden, welche die nachhaltige Lieferung der höchsten Gebrauchswerthe als das bisherige Prinzip der Forstwirthschaft bezeichneten, ohne indessen Beweise für diese Meinung beizubringen. Ich halte diese Vermuthung ebenfalls für unrichtig. Der Verbrauch der Waldprodukte ist bekanntlich schon nach den Holzarten und Holzstärken sehr verschiedenartig; bei den Bau-, Werk- und Nutzhölzern beginnt derselbe mit den Bohnen- und Hopfenstangen und endigt mit den Wellbäumen und dem starken Schiffsbauholz; der Brennholz-Konsum erstreckt sich vom geringen Nadelholzreisig bis zum Buchenscheitholz. Wenn die Forstwirthschaft die höchsten Gebrauchswerthe nachhaltig liefern will, so muß sie offenbar die Verbrauchsverhältnisse qualitativ und quantitativ genau bemessen, was bisher nicht geschehen ist. Denn man kann nicht behaupten, daß durch die gebräuchlichen Umtriebszeiten oder durch die vorzugsweise erzeugten stärkeren Holzsorten alle Verbrauchs-Ansprüche am vollkommensten befriedigt worden sind, weil überall schwache Nutzhölzer massenhaft verbraucht werden, und fast alle Holzarten in früheren Wachsthumsperioden längere Dauer und größere Brennkraft be-

---

den wurden, liegen ferner statistische Mittheilungen vor, welche folgende Durchschnitts-Erträge inkl. Vornutzungen für die verschiedenen Betriebsarten nachweisen:

Betriebsart.	Vorherrschende Umtriebszeit.	Festmeter pro Hektar.	
		Staatswaldungen.	Gemeindewaldungen.
Hochwald,	90—110 Jahr —	4,5 —	4,3
Mittelwald,	25— 30 = —	4,9 —	4,6
Niederwald,	5— 20 = —	4,8 —	3,7.

Der Massen-Ertrag ist somit selbst bei dem Niederwaldbetriebe in den Staatswaldungen größer und in den Gemeindewaldungen nur um 14 pCt. geringer, als die Material-Nutzung des Hochwaldes.

sitzen. Bis heute wissen wir nicht, in welchem Alter die verschiedenen Holzgattungen die absolut höchste Gebrauchsfähigkeit haben; wir besitzen keinen allgemeinen Werthmesser, welcher den Nutzeffekt dieser Holzgattungen und Holzstärken für den Land- und Wasserbau, für gewerbliche und industrielle Verwendung, für die Heerd- und Zimmerfeuerung u. s. w. direkt angibt. Es ist weiter die Voraussetzung, daß diese Gebrauchswerthe durch das zur Zeit bestehende, nach Durchschnittssätzen ausgedrückte Preisverhältniß richtig bezeichnet werden, kaum gestattet; denn diese Preise sind, durch das zufällige Angebot und die wechselnde Nachfrage vorzugsweise bestimmt, von Vorurtheil und Gewohnheit beeinflußt worden. Trotzdem verbleibt bei den heutigen Kenntnissen und Erfahrungen keine andere Annahme. Wenn die nachhaltige Lieferung der höchsten Gebrauchswerthe das bisherige Prinzip der Forstwirthschaft war, so mußten Holzarten und Umtriebszeiten gewählt werden, welche fortdauernd die höchsten Brutto-Geld-Erträge lieferten.

Es ist aber bis jetzt der Brutto-Geld-Ertrag, welchen die wählbaren Holzarten und Umtriebszeiten auf den konkreten Standortsklassen bei regelmäßiger Erziehung erfahrungsgemäß gewähren, in der forstlichen Praxis niemals Objekt der Untersuchung und Vergleichung gewesen; es ist in der forstwissenschaftlichen Literatur die Feststellung der Wirthschaftsnormen nach dem muthmaßlichen Brutto-Geld-Ertrage niemals gefordert worden. Einzelne Schriftsteller — Burkhardt, Bose und Robert Hartig — haben für andere Zwecke Ertrags-Tafeln mitgetheilt, welche Rücksicht auf die Werthverhältnisse der Material-Ausbeute nehmen. Nach diesen ganz ungenügenden und wiederum sehr differirenden Mittheilungen läßt sich nur vermuthen, daß die eingebürgerten Umtriebszeiten den Benutzungszeiten, welche den höchsten Brutto-Geld-Ertrag gewähren, in der Regel weit nachstehen. Obgleich diese Tafeln bis zum 120jährigen und 150jährigen Umtrieb bei den Laubhölzern und bis zum 90- bis 100jährigen Umtrieb bei den Nadelhölzern reichen, so verzeichnen sie mit wenigen Ausnahmen immer noch nicht den Gipfelpunkt des nachhaltigen Brutto-Geld-Ertrags[1]). Keinenfalls kann man behaupten, daß die

---

[1]) Die in den verschiedenen deutschen Ländern bestehenden vorherrschenden

Forstwirthschaft die Gewinnung der höchsten Gebrauchswerthe mit Bewußtsein erstrebt hat; die „größte Masse des werthvollen Holzes" war faktisch nicht das Ziel der bisherigen Waldwirthschaft.

Bevor ich weiter gehe, muß ich einer Anklage entgegentreten, welche dieses offene Geständniß eines Forstwirths bei den nichttechnischen Lesern dieser Blätter hervorrufen könnte. Man wird sagen, daß die Bewirthschaftung der Waldungen, welche sich auf die Hinwegnahme der jährlich zuwachsenden Holzmasse beschränkt hat, mehr konservativ als rationell war; man wird die Forstwirthe beschuldigen, daß sie die großartigen Kapitalkräfte, deren Verwaltung die Nation vertrauensvoll ihren Händen übergeben hat, in einer beschränkten und einseitigen Weise, ohne Beachtung der gewerblichen und volkswirthschaftlichen Funktionen der Waldproduktion, zur Wirkung gebracht haben. Ich beabsichtige nicht, diese Schattenseite der Forstwirthschaft zu verhüllen; aber ich werde die Gründe angeben, welche die Forstwirthe veranlaßt haben, in der Erhaltung der vorfindlichen Vorrathswerthe und der Kompletirung und regelmäßigen Altersabstufung derselben den Leitstern ihrer Thätigkeit zu suchen, ohne die Kapital-Verzinsung genau festzustellen und die möglichen und thatsächlichen Leistungen für die Verbrauchsbefriedigung zu vergleichen. Dieses indifferente Verhalten ist verursacht worden einestheils durch den Hinblick auf die Thatsache, daß der Verbrauch der Forstprodukte großartige Veränderungen im Laufe der Zeit erleidet, und anderntheils durch die Betrachtung der Unsicherheiten und Schwierigkeiten, welche

---

Hochwalds-Umtriebszeiten gibt Baur (Monatsschrift für das Forst- und Jagdwesen, 1871, S. 444) wie folgt an:

Namen der Staaten	Umtriebszeiten-Jahre				
	Kiefer	Fichte	Weiß-Tanne	Buche	Eiche
Baden	80—100	100—120	120	100—120	120—160
Bayern	60—100	100—120	100—120	100—120	140—160
Hannover	80	100	—	120	160
Großherzogth. Hessen.	80—120	80—100	—	100—120	120—160
Preußen	80—100	80—120	—	100—110	140—160
Königreich Sachsen .	60— 80	80—100	80—100	120—140	120—160
Württemberg . . .	60—120	80—120	100—120	70—120	140

mit der Erforschung der Wachsthumsgesetze des Waldes verbunden sind. Die Forstwirthschaft säet früh und erntet spät. Wenn in einem Waldkomplex eine Holzart zum Anbau bestimmt und die Wahl der vortheilhaftesten Umtriebszeit für dieselbe zwischen 80, 100 und 120 Jahren schwankt, so können diese verschiedenen Bestimmungen in den nächsten 80, 100 oder 120 Jahren nur die Wirkung haben, daß der vorhandene Holzvorrath und dessen Zuwachs in diesen verschiedenen Zeiträumen mit möglichst gleichzustellenden Jahresbeträgen genutzt wird. Zwar hat die Dauer dieses sog. Einrichtungs=Zeitraums einen sehr wesentlichen Einfluß auf die Ausdehnung der Nutzung, auf die Größe des Materials= und Geld=Ertrags (der selbstverständlich mit der Abkürzung des Zeitraums steigt); aber innerhalb dieser langen Uebergangszeiträume kommen im Wesentlichen gleiche Holzarten und Holzsorten zur Abgabe. Zwar werden beim 80 jährigen Umtrieb jährlich größere Schlagflächen zur Nutzung gebracht, als beim 120 jährigen Turnus; aber auf diesen Schlagflächen stehen fortdauernd gleiche Holzarten und dieselben besitzen auch annähernd gleiches Holzalter. Erst nach Ablauf der 80 oder 120 Jahre kommen die angebauten Holzgattungen und die diesem verschiedenen Alter entsprechenden schwächeren oder stärkeren Holzsorten zum Hieb. Für die Feststellung der wirthschaftlichen Zielpunkte sind somit nicht die gegenwärtigen Verbrauchsverhältnisse, sondern die Verwendungsarten in der fernen Erntezeit der heutigen Aussaat maßgebend.

Die Erfahrung hat uns gelehrt, daß der Verbrauch der Wald= produkte in unberechenbarer, ungeahnter Weise wechseln kann. Als in der zweiten Hälfte des vorigen Jahrhunderts unsere Vorfahren in der sorgenlosen, unbeschränkten Entnahme des Holzbedarfs aus den vorfindlichen Waldvorräthen durch die Befürchtung eines all= gemeinen Holzmangels gestört wurden, da erschien die Befriedigung des gesammten Brennstoffbedarfs der Bevölkerung als erstes Ziel der Forstwirthschaft. Viele Forstschriftsteller der damaligen Zeit widmen ihre Werke dieser Bestrebung; noch im Anfange dieses Jahrhunderts suchte man der befürchteten Kalamität eines allgemeinen Holzmangels durch den Anbau raschwüchsiger Holzgattungen zu be= gegnen; ein Schriftsteller (Meyer) forderte sogar die Intervention des Staats, um ein größeres Anwachsen der Bevölkerung, als dem

„festgesetzten Natural=Ertrage" entspricht, zu verhüten. — Gegenwärtig würde man, um den Heizeffekt der in Preußen und Sachsen geförderten fossilen Brennstoffe zu ersetzen, einen Brennholzwald von über 30 Millionen Hektaren brauchen, während die gesammte Waldfläche des deutschen Reichs nicht die Hälfte — nur nahezu 14 Millionen Hektaren — beträgt; für die gesammte Brennstoff=Erzeugung würden 81 pCt. von der Bodenfläche Deutschlands erforderlich werden, während der Wald zur Zeit nur 25,7 pCt. der Gesammtfläche des deutschen Reichs bedeckt. — Man konnte im Anfang dieses Jahrhunderts offenbar nur den damals geringen Bau= und Nutzholz=Verbrauch für den Häuserbau und für den Betrieb der Kleingewerbe berücksichtigen. Aber Ende 1871 waren in Deutschland 4½ Millionen Kubikmeter Eisenbahn=Schwellen festgelegt; es sind für die damals gebauten Bahnen, wenn man die mittlere Dauer der Schwellen selbst auf zehn Jahre annimmt, jährlich 450,000 Kubikmeter Eichen= und Kiefernholz zum Ersatz erforderlich. — „Wer kann bemessen," so fragen die Vertheidiger der bisherigen Waldwirthschaft, „welche Holzarten und Holzsorten zur fernen Reifezeit der von jetzt an nachzubauenden Waldbestände verbraucht werden? Sollen wir uns stören lassen in der nachhaltigen Bewirthschaftung und guten Pflege der Waldungen nach den herkömmlichen, bewährten Grundsätzen — durch hypothetische Rentabilitätsforderungen und andere Illusionen? Theoretisch mag die neue Lehre beweisfähig sein, praktisch ist sie nicht durchführbar."

Und außer dieser Unsicherheit bezüglich der Produktionszwecke hat man die Schwierigkeiten betont, welche der Auffindung der Wachsthumsgesetze der Holzbestände und der sonst maßgebenden Faktoren gegenüber stehen. Wir besitzen bis jetzt, wie gesagt, keine Angaben über den Werthertrag der vorherrschenden Waldbäume, der geschlossenen Eichen=, Buchen=, Fichten=, Kiefern=, Tannenbestände, der Mittel= und Niederwaldungen u. s. w. — weder für die konkreten Standortsklassen, noch für die wählbaren Umtriebszeiten. Die Gesetze der normalen Entwickelung sind nicht direkt erkennbar; man kann sie nur annäherungsweise durch Untersuchung vieler regelmäßiger Waldbestände auffinden, indem man die jüngeren und älteren Bestände, welche zu einer Wachsthumsklasse gehören, zu ermitteln und zu vereinigen sucht, das mittlere Holzalter und den Vorrathswerth genau bestimmt und die Ergebnisse zur Aufstellung einer Ertragstafel für die betreffende Wachsthumsklasse benutzt. Die von der Vorzeit überlieferten Bestände sind aber selten als normal anzusehen, selbst die jetzt regelmäßig erscheinenden Bestände sind häufig in ihrer Entwickelung, z. B. durch Streuentzug, durch vernachlässigte Räumung des Mutterbestandes, durch verspätete Durchforstungen u. s. w. gestört worden. Es ist dabei äußerst schwierig, die Wachsthumsklassen genau zu bestimmen, denen diese regelmäßigen Bestände zuzutheilen sind, die jungen, die mittleren und die alten Bestände, welche zu einer Ertragsklasse gehören, herauszusuchen und hiernach die Ertragstafeln aufzustellen. Es ist endlich eine nicht minder schwere Aufgabe, die Wertherträge der anbaufähigen Holzarten für alle vorkommenden Waldbodenarten zu bestimmen. In Hinblick auf diese unzähligen Schwierigkeiten und Unvollkommenheiten betont man die Solidität und die konservative Kraft der hergebrachten Wirthschaftsgrundsätze, die sich, wie man behauptet, für die Interessen der Nation am zuträglichsten erwiesen haben.

Man kann indessen, meines Erachtens, mit der Hinweisung auf diese Hindernisse die gebräuchlichen forstwirthschaftlichen Verfahrungsarten lediglich entschuldigen; man kann diese Benutzungsart nicht als ein privatwirthschaftlich oder volkswirthschaftlich berechtigtes Ziel darstellen. Diese Unvollkommenheiten und Unsicherheiten sind untrennbar mit dem Dasein der Forstwirthschaft verknüpft; sie sind in der That im höchsten Maße gefahrdrohend für das übliche Wirthschaftssystem und nicht für die projektirte Reform desselben, was man bei der bisherigen Debatte seltsamerweise übersehen zu haben scheint. Denn der oberste Zweck der gebräuchlichen Bewirthschaftungsart kann offenbar nur in der bestmöglichsten Befriedigung des zukünftigen Holzverbrauchs der Landesbewohner gesucht werden. Aber es ist bisher die Erforschung dieses Holzverbrauchs nach Qualität und Quantität für überflüssig gehalten und in keiner Weise beachtet worden. Nicht die Rücksicht auf die muthmaßlichen Anforderungen der Folgezeit, sondern rein zufällige Faktoren — die Holzarten, der Massenbetrag und die Wachsthums-Verhältnisse des von der Vorzeit überlieferten Holzvorraths — haben in erster Linie die Bewirthschaftung bestimmt.

Im Prinzip beruht diese herkömmliche Benutzungsart auf der An=
nahme, daß die dem Durchschnitts=Zuwachs gleichgestellte Holzabgabe
den Bedarf in allen Zeitabschnitten der Zukunft am vollkommensten
befriedigt, offenbar — eine unhaltbare Hypothese. Wenn die An=
hänger der üblichen Bewirthschaftungsweise die Verwirklichung der
Rentabilitäts=Grundsätze, bei welcher die sorgfältigste Bemessung der
zukünftigen Verbrauchsverhältnisse die Grundlage bilden muß, gefahr=
bringend nennen, weil bei dieser Bestimmung sich Irrthümer ein=
schleichen können, so wird man unwillkürlich an das Gleichniß vom
Splitter im Auge des Nächsten erinnert.

Die Vertheidiger des bisherigen Systems betonen indessen mit
besonderem Nachdruck die Nothwendigkeit höherer Umtriebszeiten; es
wird dabei vermuthet, daß die bis jetzt eingehaltenen Abtriebszeiten
und die vorfindlichen Holzarten die größte Menge von Gebrauchs=
werthen nachhaltig liefern. Wir haben schon oben erwähnt, daß die
Richtigkeit dieser Vermuthung nicht nur nicht erwiesen, sondern ent=
schieden fraglich ist; es ist zur Zeit nicht anzugeben, ob selbst die
Abkürzung der bestehenden Hochwald=Umtriebszeiten eine vermehrte
oder verminderte Gewinnung von Gebrauchswerthen bewirken
wird, und dabei ist es vorläufig noch fraglich, ob im Großen und
Ganzen eine wesentliche Reduktion der gebräuchlichen Umtriebszeiten
Folge dieser Waldwirthschaft nach Maßgabe des Reinertrags sein
wird. Das Vorhandensein einer größeren Menge von Althölzern
beweist keineswegs unmittelbar eine höhere Leistungsfähigkeit der
Waldungen für die Anforderungen der Konsumenten; es ist vielmehr
zu vermuthen, daß das verstärkte Angebot der minder alten, einige
Centimeter schwächeren Holzsorten und der erweiterte Anbau der be=
sonders gebrauchsfähigen Holzarten größere Nutz= und Brennwerthe
nachhaltig liefern wird. Es ist deshalb wahrscheinlich, daß die Ver=
wirklichung des Prinzips der höchsten Gebrauchswerthe, die man nicht
mit der gebräuchlichen Bewirthschaftungsweise identifiziren darf, gleich=
falls eine fundamentale Umgestaltung der bisherigen Wirthschafts=
Systeme fordern wird, und wir werden weiter sehen, daß dabei mit
größeren Unsicherheiten und Schwierigkeiten zu kämpfen ist, als bei
Einführung der Reinertragswirthschaft. Man kann keinenfalls die
gebräuchliche Bewirthschaftung der Waldungen, welche die Nutzungs=

größe dem Durchschnitts=Zuwachs gleichstellt, die vorfindlichen Holz=
arten gewöhnlich wieder nachzieht, die Reihenfolge des Abtriebs nach
Gutdünken bestimmt u. s. w., als ein berechtigtes Prinzip der vor=
wärts strebenden Forstwirthschaft voranstellen.

Wohin hat in der That diese übliche Waldwirthschaft, dieses
gerühmte konservative Prinzip geführt? Man wird annehmen, daß
in den Absatzgebieten, in denen der Nutzholz=Verbrauch vorwiegend
ist, die gesuchtesten, gebräuchlichsten Nutzhölzer produzirt werden.
Thatsächlich lassen dagegen die Forstwirthe lediglich die ungefähr dem
Durchschnitts=Zuwachs gleichstehende Holzmenge in den älteren Be=
ständen fällen; aber sie fragen nicht, ob in diesen Vorräthen die
Holzgattungen und Stammstärken, welche die höchste Gebrauchsfähig=
keit haben, vorhanden sind, oder ob eine Verminderung der Umtriebs=
zeit oder ein Wechsel der Holzarten geboten ist. Man wird ferner
annehmen, daß in den Absatz=Bezirken, in denen vorwiegend Brenn=
holz konsumirt wird, die Holzarten und Umtriebszeiten das wirth=
schaftliche Ziel bilden, welche die höchste Brennstoffmenge liefern, den
größten Heizeffekt bewirken. Leider kennen jedoch die Forstwirthe bis
jetzt weder die Holzarten, noch die Umtriebszeiten, welche in dieser
Hinsicht das größte Leistungsvermögen haben. Seit langer Zeit steigt
der Nutzholzverbrauch in Deutschland rapide und andererseits wird die
Nachfrage nach Brennholz zurückgedrängt durch die übermächtige
Konkurrenz der Mineralkohlen. Man wird vermuthen, daß die
Forstverwaltungen den ausgedehnten Uebergang zur Nutzholzproduktion
längst als Aufgabe des Waldbau's betrachtet haben. Indessen ist
noch heute die Buchenhochwaldwirthschaft, deren Nutzholzausbeute
kaum nennenswerth ist, in vielen Theilen Deutschlands das Schoß=
kind der Forstwirthschaft. Die Staatswaldungen in den industriellen
und kohlenreichen preußischen Provinzen Westphalen und Rheinland
waren noch 1871 mit der Hälfte der ertragsfähigen Fläche dem
Buchenhochwaldbetriebe gewidmet; vom gesammten Materialertrage
dieser Waldungen wurden im vorigen Jahr 17 pCt. als Nutzholz
83 pCt. als Brennholz verwerthet. Es ist nicht zu bezweifeln, daß
in der Zukunft ein Nutzholzmangel, namentlich an Eisenbahnschwellen,
eintreten wird; schon jetzt werden die Nutzhölzer aus den fernsten
Gebirgswinkeln Deutschlands auf den Wasser= und Schienenstraßen

in die bevölkerten und gewerbreichen Landestheile verfrachtet, der Import aus Böhmen, Rußland, Schweden, Norwegen und Amerika hat trotz der großen Waldfläche Deutschlands schon gegenwärtig großartige Dimensionen angenommen — und täglich steigt der Nutzholzverbrauch. · Dagegen macht die deutsche Forstwirthschaft mit Hülfe ihrer immensen Brennholzvorräthe der Kohlenförderung eine schon oben als gänzlich aussichtslos erkannte Konkurrenz.

Die nächste und wichtigste Aufgabe der Forstwirthschaft ist unter allen Umständen die Wahl derjenigen wirthschaftlichen Prinzipien, welche für die Zukunft am meisten fördernd für das Gemeinwohl erscheinen. Es liegt nicht in unserer Macht, den geminderten Sicherheits und Genauigkeits-Grad, welcher eine Charakter-Eigenschaft der Forstwirthschaft ist, zu entfernen; für die Benutzung des Waldes erübrigt nur, ich möchte sagen, eine solide, gründlich motivirte, auf die Ergebnisse und Schlußfolgerungen der Forststatik und Statistik gestützte Wahrscheinlichkeits-Wirthschaft. Wenn auch einerseits bei den forstlichen Ertragsvergleichungen nur große Unterschiede beweisfähig sind, so darf man keinesfalls andrerseits bei der Begründung, Pflege und nachhaltigen Abnutzung der Holzbestände auf jede vorwärtsblickende, vernunftgemäße Wirthschafts-Einrichtung verzichten. Absurd wäre es zu glauben, daß die gutdünkende, willkürliche Normirung der Wirthschaft und die leichtfertige, ungenaue Ertrags-Bemessung und Nutzungs-Vertheilung den volkswirthschaftlichen Aufgaben der Waldproduktion in besserer Weise genügen werde. Die Schwierigkeiten und Unsicherheiten, welche wir Forstwirthe auf unserm Berufswege finden, würden offenbar in höherem Grade zur Wirkung kommen, wenn man sie prinzipiell ignoriren oder durch leichtfertige Untersuchungs-Methoden zu vertuschen suchen wollte. Die Einfachheit der bisherigen Forst-Einrichtungs-Methoden wäre sicherlich minder rühmenswerth erschienen, wenn man die Leistungsfähigkeit derselben für die Daseinszwecke der Forstwirthschaft gründlich geprüft haben würde. In der That ist die Erkenntniß der volkswirthschaftlichen Nutzleistung dieser Forsteinrichtungs-Systeme wissenschaftlich durch die Diskussion formeller Verschiedenheiten und praktisch durch die übliche schwerfällige, schablonenhafte Behandlung erstickt worden.

Die forstliche Praxis steht unverkennbar, nachdem ihr bisheriges

System nach allen Seiten nicht mehr haltbar erscheint, vor der Ent=
scheidung der Frage, welche prinzipielle Endziele aus volkswirthschaft=
lichen und forsttechnischen Gesichtspunkten wahlberechtigt sein werden.
Bei dieser Untersuchung ist vor Allem die prinzipielle Berechtigung
der Waldbenutzungs=Systeme scharf zu sondern von den Modalitäten,
die hinsichtlich der Verwirklichung des Prinzips, in Folge der Eigen=
thümlichkeiten der forstlichen Produktionsweise, in weiten Grenzen
geboten sein können. Angesichts der leidenschaftlich erregten Diskussion
dieser Streitfrage wird es nicht überflüssig sein, darauf hinzuweisen,
daß die Wahl des privatwirthschaftlichen Benutzungs=Systems — statt
zu einer Zertrümmerung der Waldbestände hinzuführen — höchst=
wahrscheinlich eine Vermehrung der Werthvorräthe in den deutschen
Waldungen hervorrufen wird, wie unten näher dargestellt werden soll.
Allerdings gipfelt die praktische Bedeutung der Streitfrage in der
Bestimmung der für die Waldproduktion berechtigten Verzinsungs=
Ansprüche; aber man muß unterscheiden zwischen den überspannten
hypothetischen Forderungen und der thatsächlichen, wirthschaftlich er=
reichbaren Verzinsung; die Nothwendigkeit, mit geringen Zinssätzen
zu rechnen, beeinträchtigt offenbar in keiner Weise die Anwendbarkeit
des privatwirthschaftlichen Benutzungs=Systems, wenn die prinzipielle
Richtigkeit für letzteres nachgewiesen werden kann. Die vorurtheils=
freie Beurtheilung darf sich nicht durch Befürchtungen beirren lassen,
die zumeist die unvorsichtige, unüberlegte Verwirklichung des neuen
Nutzungs=Systems voraussetzen und deren Grundlosigkeit später dar=
gelegt werden soll[1]).

Die wissenschaftliche Erörterung der entstandenen Kontroverse
gravitirt, wie schon oben erwähnt wurde, im Wesentlichen nach zwei
Richtungen. Man vertheidigt einerseits die nachhaltige Gewinnung
der höchsten Gebrauchswerthe ohne Rücksicht auf den Zinsertrag der

---

[1]) Diese Befürchtungen sind vorzugsweise dadurch verursacht worden, daß die Ver=
theidiger des privatwirthschaftlichen Systems ursprünglich den landesüblichen Zins=
fuß der Geldkapitalien als Maßstab der Waldrentabilität benutzen wollten — eine
nur selten zulässige Forderung. Bei den Werth=Zuwachs=Verhältnissen der Hoch=
wald=Bestände würden die Waldbesitzer bei Inanspruchnahme einer Zinseszins=

Grund= und Betriebskapitalien, und diese Richtung führt, wie wir gesehen haben, zunächst und so lange, als genaue Anhaltspunkte zur direkten Bemessung dieser Gebrauchswerthe mangeln, zur Bewirth=schaftung nach dem höchsten Brutto=Geld=Ertrage. Dagegen befürwortet man andrerseits die reine privatwirthschaft=liche Benutzung; man verlangt den Anbau von Holzarten und die Einhaltung von Abtriebszeiten, welche den wünschenswerthen oder wenigstens den erreichbaren Zinsenertrag vom gegenwärtigen Wald=bodenkapital und Holzvorrathswerth fortdauernd liefern.

Die Vertheidiger der zuerst genannten Werth=Ertrags=Wirthschaft legen ihrem System besondere national=ökonomische Vortheile bei. Aber andrerseits versichern auch die Anhänger der Rein=Ertrags=Wirthschaft, daß lediglich diese Benutzungsweise der Waldungen die höchste volkswirthschaftliche Leistungsfähigkeit des Waldbetriebs ver=mitteln könne.

Wenn man die Grundsätze der heutigen Volkswirthschafts=Lehre befragt, so ist nicht zu läugnen, daß die letztere Ansicht besser be=gründet erscheint — und in der That vertreten die namhaftesten volkswirthschaftlichen Schriftsteller diese Anschauung.

Die Fundamental=Begriffe der National=Oekonomik sind schon wegweisend für diese Richtung. Der erreichbar höchste wirth=schaftliche Endzweck ist Bedürfnißbefriedigung durch

---

Mehrung von 4½ und 5 pCt. im ausgedehnten Maße zur Brennholzzucht im Niederwalde hingeleitet werden; der technische Forstbetrieb würde das eigne Todes=urtheil beantragen. Man wird es deshalb begreiflich finden, wenn man in den Kreisen der Forsttechniker eine weitverbreitete und tiefgewurzelte Animosität gegen die s. g. Preß=ler'schen Lehren findet und wenn sich dieser Widerwille in lebhafter Ausdrucksweise Luft gemacht hat. Ein weitgreifender Erfolg dieser Reform=Vorschläge würde bei dem heutigen Bildungsstande der Forstwirthe nicht ausgeblieben sein, wenn der ge=nannte, verdienstvolle Schriftsteller eingehende Untersuchungen über die für den Forst=betrieb wahlfähigen Zinssätze vor der ostensiblen Verkündigung der „Wirthschafts=regeln“ vorgenommen haben würde, wenn derselbe überhaupt die Durchführung seiner oft wundersamen Hypothesen in einem größeren Wirthschaftsbezirke — ge=leitet von kundigen Führern — praktisch erprobt haben würde. Immerhin hat Preßler — man kann dies nicht laut und dankbar genug anerkennen — den Ent=wickelungsgang der forstlichen Gewerbslehre in hervorragender Weise gefördert. Die Geschichte der Forstwissenschaft wird den Bestrebungen dieses emsigen und pro=duktiven Schriftstellers volle Anerkennung nicht versagen.

reines Einkommen. Der Inbegriff des reinen Ein=
kommens aller Einzelwirthschaften ist gleichbedeutend
mit dem reinen Volkseinkommen. Man kann die Vermin=
derung des reinen Ertrags der Gesammt=Wirthschaft — z. B.
durch Einbußen an erreichbarem Kapitalzins, durch Preismin=
derung in Folge Ueberproduktion — im Allgemeinen nur als eine
volkswirthschaftliche Anomalie ansehen, die nur sehr ausnahmsweise das
Reineinkommen der Einzel=Wirthschaften erhöhen wird. Vor der Ver=
wirklichung einer derartigen Wirthschafts=Organisation muß eingehend
untersucht werden, ob damit keine Gefahren für die gesunde Ge=
staltung der Volkswirthschaft hervorgerufen werden, ob in unzweifel=
hafter und hervorragender Weise das reine Volkseinkommen durch be=
sondere gemeinnützige Wirkungen erhöht werden wird. Der Umstand,
daß die im Staats= und Gemeinde=Verband vereinigten Einzelwirthe
als Produzenten auftreten, kann ebensowenig die genannte Ausnahme
von den volkswirthschaftlichen Grundregeln motiviren, als die Erwä=
gung, daß die Waldwirthschaft bei der Durchführung der privatwirth=
schaftlichen Benutzungs=Weise besonders vorsichtig zu Werke gehen muß.

Fragen wir nun zunächst, absehend von den Folgen der Ver=
wirklichung des einen oder anderen Benutzungs=Prinzips, ob das
höchste Reineinkommen der Einzelwirthschaften und da=
mit das höchste Volks=Einkommen durch das sog. privat=
wirthschaftliche System oder durch die Bewirthschaftung
nach Maßgabe der erreichbar höchsten Wertherträge er=
zielt werden wird. Diese Untersuchung ist offenbar grundlegend
für die Beurtheilung der Streitfrage.

Es wird die sachliche Klarstellung befördern, wenn wir zuvörderst
ideale Produktions= und Konsumtions=Verhältnisse der
Betrachtung unterwerfen. Es soll unterstellt werden, daß a) die
sichere genaue Feststellung des quantitativen und qualitativen Forst=
produkten=Bedarfs der Bevölkerung ausführbar, daß b) der Verbrauch
in keiner Weise modulationsfähig, sondern die Beibehaltung und Er=
weiterung der privatwirthschaftlich nicht lohnenden Erzeugung (der
Starkhölzer 2c.) eine unverrückbare wirthschaftliche Nothwendigkeit
sein wird und daß c) seitens der Staatsangehörigen die sämmtlichen
Walderzeugnisse im Verhältniß der Beiträge der Einzelwirthschaften zu

den Staats-Ausgaben verbraucht werden. Es ist überflüssig zu be=
merken, daß derartige Verbrauchs-Verhältnisse nur gedacht werden
können, nicht aber in der Wirklichkeit existiren; aber es ist immerhin
interessant, die beiden Systeme aus diesem Gesichtspunkte zu betrachten.

Das Werthnutzungs-System würde, diesen idealen Nutzungs=
Verhältnissen gegenüber, dahin streben, in allen Verbrauchszweigen
den Bedarf festzustellen und die örtliche Produktion in den erreich=
baren Grenzen diesem Bedarf anzupassen, ohne die Preisgestaltung
zu beachten. Dagegen würde die allgemeine Durchführung der privat=
wirthschaftlichen Benutzungsweise bei gleichen Konsumtions-Verhält=
nissen das Angebot ebenfalls nach der Nachfrage regeln,
aber dabei in erster Linie bestrebt sein, Preise zu erreichen, welche die
Erzeugungskosten ausgleichen — und da die betreffenden Waldpro=
dukte nach der Annahme zu den unentbehrlichen Gütern zählen würden,
so würden in der That Monopol-Preise von den vereinigten Wald=
besitzern aufrecht erhalten werden können.

Die beiden Benutzungs-Systeme würden sich somit vor Allem
dadurch unterscheiden, daß die Benutzungs-Weise nach den höchsten
Rein-Erträgen das Angebot derjenigen Forstprodukte, welche mit
Verlust an Erzeugungskosten verwerthet werden — z. B. der Alt=
hölzer — zukünftig verringern würde, während die sog. menge= und
gütereichste Produktion auch hinsichtlich dieser Produktionszweige min=
destens den bisherigen Verbrauch zur Richtschnur nehmen und ein
weiteres Sinken der Preise als eine gemeinnützige oder mindestens
als eine in national-ökonomischer Hinsicht unschädliche Eventualität
ansehen würde.

Es ist nun leicht einzusehen, daß bei dem hier voraus=
gesetzten gleichmäßigen Verbrauche aller Forstprodukte
(nach Maßgabe des Steuerfußes) beide Systeme hin=
sichtlich der Wirkungen auf das Reineinkommen der
Einzelwirthschaften im Gleichgewichte stehen. Bei der
privatwirthschaftlichen Benutzungsweise werden die Einzelwirthschaften
allerdings zu einer größeren Verausgabung von Tauschwerthen beim
Ankaufe der mit größerem Kostenaufwande produzirten Holzsorten
genöthigt, als bei der vollen, unbeschränkten Erzeugung dieser kost=
spieligen Waldprodukte nach dem bisherigen Maße; aber diese direkte

Vermehrung des reinen Einkommens der Staaten, Gemeinden ꝛc. vermindert in congruenter Weise die Beiträge der Einzelwirthschaften zu den Staats=Ausgaben. Die direkte Vermehrung des Reineinkommens der Einzelwirthschaften und die indirekte Vermehrung, die ihren Weg durch die Staats= und Gemeindekassen nimmt, kann bei der vorausgesetzten Vertheilung der sämmtlichen Waldnutzungen nach dem Steuerfuße lediglich hinsichtlich eines etwaigen Mehraufwands an Verwaltungs=Kosten differiren. Es ist, wie man sieht, bei diesen idealen Voraussetzungen die privatwirthschaftliche Benutzungs=Weise, welche die Vergütung der Herstellungskosten erstrebt, ebenso gerechtfertigt als das entgegenstehende System.

Aber bekanntlich zählen die genannten Waldprodukte nicht zu den unentbehrlichen Gütern im eigentlichen Sinne dieses Wortes. Die Waldungen liefern im Gegentheil heute nur noch einen untergeordneten Theil des Gesammt=Verbrauchs von Bau= und Brennmaterialien. Die Zweige des Holzverbrauchs sind ferner erfahrungsgemäß, dem Angebote gegenüber, ungemein schmiegsam und anbequemend. Es ist in keiner Weise nachgewiesen worden, daß der den heutigen Vorstellungen entsprechende Verbrauch von Alt= und Starkhölzern thatsächlich nothwendig und unverringerbar ist. Die scharfe Bemessung der Verbrauchs=Mengen nach Holzarten und Holzstärken ist ein schwer — vielleicht niemals — auf dem Wege des Werth=Nutzungs=Systems zu lösendes Problem; haltlos würde man zwischen Ueberproduktion und unzureichender Erzeugung hin und her schwanken. Und vor Allem ist die Vertheilung der sämmtlichen Waldnutzungen nach dem Steuer=Maßstabe nirgends üblich.

Man hat darum zu untersuchen, welches Benutzungs=System den **thatsächlichen** Verbrauchs=Verhältnissen gegenüber das höchste Reineinkommen für die Gesammtheit vermitteln wird. Zu diesem Zweck kann man sich die Staats= und Gemeinde=Wirthschaft zerlegt denken in die zugehörige Zahl der Einzelwirthschaften. Man kann dann fragen, nach welchen Grundsätzen jede Einzelwirthschaft zu regeln sein wird. Gleiche Grundsätze muß offenbar die Staats= ꝛc. Wirthschaft in Vertretung der Einzelwirthschaften befolgen.

Unterstellen wir zunächst, daß der Einzelwirth zugleich

Produzent und Konsument seiner gesammten Erzeug=
nisse ist. Wenn derselbe findet, daß einzelne Verbrauchsobjekte un=
gewöhnlich hohe Produktionskosten beanspruchen, so wird der ratio=
nelle Wirthschafter sicherlich untersuchen, ob die betreffenden Produkte
seines Eigenthums in vollem Maße zu den unentbehrlichen Gütern
seines Haushaltes zählen. Er wird die Beschränkung versuchen (z. B.
statt Scheitholz Prügelholz verbrennen, statt der breiten Bretersorten
schmälere Bretter aneinander fügen u. s. w.) und auf dem Wege des
Versuchs und der Ueberlegung feststellen, ob der faktische Ver=
brauchswerth der kostspieligen Walderzeugnisse höher oder geringer
ist als die Produktionskosten. Er wird im letzteren Falle den Ver=
brauch dieser Walderzeugnisse durch billiger herzustellende Produkte
zu surrogiren suchen — zunächst mittelst Aenderungen in der Pro=
duktions=Weise innerhalb seines Eigenthums und in zweiter Linie —
mittelst Ankauf von Bausteinen, Kohlen 2c. Wenn durch die vermin=
derte oder abgeänderte Holzproduktion Wirthschaftskapitalien frei wer=
den, so wird der intelligente Einzelwirth den Ertrag bei der Wieder=
Anlage derselben im landwirthschaftlichen Betriebe, in gewerblichen
Unternehmungen, zur Schuldentilgung 2c. in Betracht nehmen.

Gleiche Untersuchungen verlangt das privatwirthschaftliche Nutzungs=
System. Die Staats= und Gemeinde=Verwaltungen sollen in Ver=
tretung der Einzelwirthschaften planmäßig eine successive und vorsich=
tige Verringerung des Angebots derjenigen Produkte, deren Preise
unter den Erzeugungskosten stehen, vornehmen und die Preisgestal=
tung unausgesetzt als Barometer für den Gebrauchswerth und die
Unentbehrlichkeit dieser Produkte betrachten. Bei der Regelung der
Waldwirthschaft soll die Waldrente mit dem Zinsen=Ertrage der
Kapital=Anlagen außerhalb des Waldes — z. B. zum Eisenbahnbau,
zum Ankauf größerer Waldungen und Bodenflächen, zur Schulden=
tilgung 2c. — in Hinblick auf die Sicherheit, Annehmlichkeit und
die Nachhaltigkeit des Rentenbezugs — in Vergleichung gezogen wer=
den. Wenn man sich somit die Staats=Angehörigen und Gemeinde=
Mitglieder 2c. als eine Gemeinschaft von Produzenten denkt, die
sämmtlich nur für den eigenen Bedarf produziren, so kann das höchste
Rein=Einkommen der Einzelwirthschaften lediglich durch die genannten
privatwirthschaftlichen Maßnahmen bestimmt werden. Eine derartige

Genossenschaft würde die volle Ausgleichung der Produktionskosten als eine unerläßliche Daseinsbedingung betrachten.

Thatsächlich sind indessen alle Staats- und Gemeinde-Angehörigen Produzenten nach Maßgabe des Steuerfußes, nicht aber in gleichem Maße Konsumenten. Die Benutzung der Walderzeugnisse seitens der Produzenten ist qualitativ und quantitativ höchst divergent. Der einzelne Staats-Angehörige und Gemeinde-Bürger 2c. steht mit voller privatwirthschaftlicher Freiheit den Konsumenten gegenüber. Als Produzent muß offenbar jeder Einzelwirth die Bemessung der Preise aus privatwirthschaftlichen Gesichtspunkten fordern. Unter den Konsumenten können diejenigen Staats-Angehörigen 2c., welche die kostspieligen Waldprodukte verbrauchen, die sog. menge- und gütereichste Produktion allerdings aus Eigennutz befürworten, wenn sie eine Uebervortheilung ihrer Mitbesitzer beabsichtigen. Aber offenbar würde der Betrag dieser Uebervortheilung nicht als Bereicherung des gesammten reinen Volks-Einkommens qualifizirt werden können, wenn die Produktionskosten höher stehen als die Verbrauchs-Werthe resp. als die Preise der Surrogate. In die Gesammtwirthschaft würde vielmehr schon anfänglich durch diesen ungesunden Produktionszweig ein Defizit hineingetragen werden. Die Genossenschaft würde offenbar einen Gewinn erzielen, wenn sie statt der Erzeugung der fraglichen Produkte mit eigenen Mitteln, dieselben für die betreffenden Konsumenten ankaufen und das dadurch frei werdende Betriebs-Kapital produktiver anlegen würde.

Der sog. Werth-Ertrags-Betrieb wird darum stets, aus diesen naheliegenden Gründen, das gesammte Reineinkommen der Einzelwirthschaften, diesen grundlegenden Faktor für die blühende Volkswirthschaft eines Landes, herabdrücken. Ohne Frage hat das privatwirthschaftliche Nutzungs-System das Fundament für die Regelung des forstlichen Gewerbes zu bilden.

Es ist indessen denkbar, daß die letztere Benutzungsweise eine wesentliche Minderung der Gesammt-Erzeugung von Forstprodukten zur Folge haben kann, und es ist deshalb speziell zu fragen, ob mit hohen Holzpreisen indirekte, inkommensurabele Wirkungen auf die Volkswohlfahrt, die sich ziffermäßig nicht ausdrücken lassen, verknüpft

sein werden, wie z. B. beim Post= und Eisenbahn=Betriebe 2c. Be=
sondere gemeinnützige Folgen sind indessen in keiner Weise auf=
zufinden. Im Allgemeinen wird allerdings die verstärkte Ausgabe
von Tauschwerthen für manche Einzel=Wirthschaften eine Verminde=
rung des sog. Unterhalts=Spielraums zur Folge haben; aber dieser
Vorgang wiederholt sich täglich und ist ein bewegender Faktor des
wirthschaftlichen Prozesses. Bis jetzt ist ja bekanntlich die für die
Kultur=Entwickelung förderlichste Abstufung der Einzelvermögen noch
nicht erforscht worden.

Die weiteren Rücksichtnahmen, die durch örtliche Eigenthümlich=
keiten hervorgerufen werden können (z. B. Holzkohlen=Industrie,
Kunstholz=Handwerk 2c.), sind kaum nennenswerth; es ist übrigens
eine ganz berechtigte Forderung, daß in dieser Hinsicht die Volks=
wirthschafts=Politik der freien Privatwirthschaft feste Grenzmale zu
stecken hat.

Mit Vorliebe hat man bei der bisherigen Erörterung der Wald=
renten=Frage die Funktionen der Waldungen im Haushalte der Natur
betont. Aber da es sich nicht um eine weitgehende Entwaldung der
Länder, um eine Abholzung der Schutzwaldungen, Quellengebiete 2c.
handelt, vielmehr zunächst nur eine Umwandlung des inneren Be=
triebs der Waldungen in Betracht zu ziehen ist, so muß man fragen,
ob die privatwirthschaftliche Benutzung eine bedenkenerregende Schmä=
lerung der günstigen Wirkungen des Waldes in der genannten Rich=
tung hervorrufen kann. Wenn die Altholzbestockung sehr wesentlich
verringert, die Jungholz= und Mittelholz=Bestockung vermehrt werden
würde, so würden die günstigen Einflüsse des Waldes (auf die Re=
gulirung der Extreme des absoluten Feuchtigkeitsgehaltes der Luft,
auf die Quellenspeisung, die Verhütung von Ueberschwemmungen 2c.)
vermuthlich verstärkt werden. Die Leseholz= und Waldbeeren=Nutzun=
gen, diese unentgeltlichen Bezüge der ärmeren Bevölkerung, die man
hervorgehoben hat, würden damit nicht aufhören.

Wenn man zweitens die volkswirthschaftliche Praxis
der Gegenwart betrachtet, so ist vor Allem zu betonen, daß in
allen Gewerbszweigen die freie privatwirthschaftliche Thätigkeit un=
beeinflußt von der Staatsverwaltung bleibt und daß dadurch die
aufblühende Kultur=Entwickelung nicht bemerkbar gestört worden ist.

Die Staatsverwaltung untersucht nicht, ob z. B. in der Eisen-, Papier-, Glas-Fabrikation, ob im landwirthschaftlichen Gewerbe die Erzeugnisse, die nicht minder allgemein verbraucht werden als die Forstprodukte, in größter Menge und Güte geliefert werden, und fordert ebensowenig, daß in diesen Produktions-Zweigen die Gewinnung ohne Berücksichtigung der Erzeugungs-Kosten stattzufinden hat. Für das Gewerbe der Forstwirthschaft kann offenbar nur dann eine Ausnahme von diesem allgemein gültigen Wirthschaftsprinzip statuirt werden, wenn nachgewiesen werden kann, daß die Regelung der Forstwirthschaft, welche privatwirthschaftliche Richtpunkte voranstellt, schwer wiegende Nachtheile für die Gesammtheit der Staats-Angehörigen zur Folge haben wird. Es ist darum eine eingehende Betrachtung auch der praktischen Wirkungen nicht zu umgehen.

Der Werth-Ertrags-Betrieb soll vorzugsweise Anwendung in Staats- und Gemeinde-Waldungen finden. Im Allgemeinen wird das Staats- und Gemeinde-Eigenthum nach Maßgabe des größten Reinertrags benutzt. Der Ertrag wird zu den höchstmöglichsten Preisen verwerthet. Zwar soll auch bei der Holzabgabe diese Verwerthungsart nach dem Meistgebote beibehalten werden, aber der Forstbetrieb soll die größtmöglichste Menge von Gebrauchswerthen liefern, und durch dieses massenhafte Angebot wird selbstverständlich eine Minderung der Reinerlöse hervorgerufen. Es soll die erreichbare Einträglichkeit der Waldwerthe prinzipiell nicht herbeigeführt, vielmehr die Rentabilität planmäßig verringert werden; namentlich diejenigen Waldbodenprodukte, deren heutiger Preis selbst die nach den mäßigsten Sätzen berechneten Erzeugungskosten nicht ausgleicht, sollen auch zukünftig massenhaft dargeboten werden können. Durch diese Bewirthschaftung von Staats- und Gemeinde-Eigenthum unter der erreichbaren Rentabilität trifft die Staats- und Gemeindekassen ein sehr wesentlicher Einnahmeverlust, der in der Regel durch Vermehrung der Steuern gedeckt werden muß. Dieser Minderertrag kommt den Staats- und Gemeinde-Angehörigen, welche Forstprodukte verbrauchen, zu gut und wird vertheilt nach dem jeweiligen Verbrauche der Einzelnen.

Eine gleichmäßige oder gemeinnützige Vertheilung des Waldertrags nach diesem Modus ist offenbar nicht anzunehmen. Dieses Wirthschaftssystem wird vielmehr in erster Linie eine Unterstützung der begüterten Bevölkerungsklassen aus Staats= und Gemeindemitteln hervorrufen. Der Holzverbrauch der Staats= und Gemeindeangehörigen ist quantitativ ungleich. Der Reiche bewohnt größere Räume und braucht sowohl für die Erbauung und Unterhaltung, als für die Einrichtung und Beheizung derselben größere Holzmassen als der Arme, welcher mit seiner Familie ein kleines Häuschen, oft nur wenige Zimmer bewohnt und gewöhnlich im Winter nur ein Feuer unterhält. Dabei findet diese — schon ungleichmäßige — Vertheilung in den waldreichen Landestheilen statt, in denen ausnahmslos Forstprodukte verbraucht werden. Eine überaus große Zahl von Staatsangehörigen ist aber bekanntlich auf die Verwendung von Mineralkohlen, Torf, Bausteinen, Eisen u. s. w. angewiesen. Diese Bewohner der waldarmen Gegenden gehen somit bei der Vertheilung der bezeichneten Staatsunterstützung leer aus, während in den Landestheilen, in welchen Staatswaldungen vorhanden sind, diejenigen Bevölkerungsklassen, welche am meisten Holz verbrauchen, den Löwenantheil erhalten.

Zu der dadurch entstehenden unabsehbaren Reihe von Ungleichheiten gesellt sich eine weitere Anomalie, wenn man den qualitativen Verbrauch betrachtet. Die minder bemittelten Staatsangehörigen verbrauchen vorzugsweise die geringeren, jüngeren Waldprodukte. Bei den Wachsthums=Gesetzen der Waldbäume kann die Forstwirthschaft diese Erzeugnisse, wie gesagt, ohne Opfer, sogar mit einem relativ hohen Zinsengewinn liefern, wenn das gegenwärtige Preis=Verhältniß bestehen bleibt. Die vollendete Durchführung des Werth=Ertrags=Prinzips bedingt voraussichtlich eine Erhöhung der bestehenden Umtriebszeiten; das bisherige Angebot der jüngeren Forstprodukte wird dadurch vermindert werden; die ärmeren Landesbewohner werden diese schwächeren Nutz= und Brennholzsorten verhältnißmäßig zu höheren Preisen erkaufen müssen als bisher. — Dagegen werden die stärkeren Sortimente im Preise sinken, die Waldwirthschaft wird für die Erzeugung derselben zukünftig noch größere Opfer bringen müssen. — Man kann zwar entgegnen, daß bei einer derartigen Umwandlung der Preisverhältnisse auch die Minderbemittelten zum Verbrauch stärkerer Holzsorten greifen können. Aber so lange jüngere Waldprodukte überhaupt billiger bleiben als die Althölzer, werden dieselben stets vorherrschend von den Armen, die größere Ausgaben scheuen, angekauft und mindestens nach dem bisherigen Preisverhält= nisse, d. h. über den Kostenwerth bezahlt werden. Diese schwächeren Stämme und Stammtheile befriedigen auch in der That den Bedarf der genannten Bevölkerungsklasse am vollkommensten. Wenn die Forstwirthschaft diese einträgliche Gewinnung durch überwiegende Starkholz=Produktion verringert, so sind höhere Erzeugungskosten aufzuwenden, die nutzlos bleiben.

Diese gut gemeinte Bewirthschaftungsweise wird deshalb eigen= thümliche praktische Folgen haben; sie führt faktisch zu einer Mild= thätigkeit der Staats= und Gemeinde=Verwaltungen gegen die im Absatzgebiet der betreffenden Waldungen wohnenden, mit irdischen Gütern gesegneten Staatsbürger. Und diese Almosenspendung ver= ursacht eine doppelte Belastung der Minderbemittelten — größere Ausgaben für Holzankauf und zweitens Steuererhöhung zur Aus= gleichung des Minderertrags der Waldungen.

Man wird nicht behaupten können, daß diese Staatsunter= stützung, durch Abgabe der Starkhölzer unter dem Kostenpreise an einzelne Bevölkerungsklassen, das Wohl der Gesammtheit fördert. Wenn den wohlhabenden Volksklassen billige Buchenscheit= hölzer verschafft, wenn zur Erbauung und Ausstattung palastartiger Häuser die Starkhölzer um künstlich ermäßigte Preise dargeboten werden, so wird dies lediglich eine Erhöhung der Lebensgenüsse Ein= zelner zur Folge haben. Selbst der volkswirthschaftliche Nutzen einer allgemeinen Ermäßigung der sämmtlichen Holzpreise kann be= zweifelt werden, weil die Erzeugungskosten für die verschiedenen Wald= produkte niemals gleichmäßig sein werden, weil ferner der Verbrauch der einzelnen Staatsangehörigen quantitativ und qualitativ sehr we= sentlich und ganz regellos divergirt und weil endlich der Holzver= schwendung in den waldreicheren Landestheilen Vorschub geleistet würde. Bei den jetzt obwaltenden Konsumverhältnissen würde das betrachtete System zur weiteren Bereicherung der schon jetzt begüterten Bevölke= rungsklassen führen, die bereits drohende Kluft zwischen Reichen und Armen noch erweitern.

Die Waldwirthschaft, welche die gebrauchten Forstprodukte in größter Menge und Güte liefern will, hat außerdem bei der Durch=

führung mit kaum zu besiegenden Schwierigkeiten zu kämpfen. Weder durch die Fortsetzung der bisherigen Benutzungsart, noch durch die Umtriebszeiten des höchsten Brutto=Geld=Ertrags können, wie oben nachgewiesen wurde, Maximal=Gebrauchswerthe nachhaltig gewonnen werden. Es sind vielmehr für die Verwirklichung dieses Werth=Ertrags=Prinzips tiefgehende und mühsame Untersuchungen nothwendig. Für die fast zahllosen Verwendungsarten ist festzustellen, welche Holzgattungen und welche Holzalter den absolut höchsten Nutzungswerth haben — und das ist eine kaum zu lösende Aufgabe, denn diese Verwendungsarten fordern bald diese, bald jene Holzgattung, bald starke, bald schwache Holzsorten. Aber nicht nur die qualitative, auch die quantitative Bemessung des Bedarfs im Einzelnen ist erforderlich. Die Zweige der Holzkonsumtion haben nach der grundlegenden Annahme gleichberechtigte Ansprüche, und man darf keinen derselben unbefriedigt lassen, nicht einmal ohne Noth verkürzen. Die Waldwirthschaft würde die Produktion auf dem vorhandenen Holzboden so zu vertheilen haben, daß zukünftig die hauptsächlichsten Verwendungsarten quantitativ und qualitativ möglichst vollständig befriedigt werden können. Prinzipgemäß müßte man den für den s. g. Einrichtungs= Zeitraum — gewöhnlich 100—120 Jahre — wahrscheinlichen, inländischen Bau=, Werk= und Nutzholz=Bedarf im Allgemeinen feststellen, hierauf für den gleichen Zeitraum den Brennholz=Bedarf ermitteln — und dann die Produktionsgebiete abgrenzen. Denn hiernach ist zu bestimmen, ob zukünftig vorherrschend Buchen oder Eichen, Fichten und Weißtannen oder Kiefern und Lerchen u. s. w. beim Anbau und bei der Erziehung der vorhandenen Bestände zu begünstigen, ob 80=, 100=, und 120jährige oder höhere Abnutzungszeiten zu wählen sind. Man würde sodann speziell für den Nutzholzverbrauch die Holzmasse festzustellen haben, welche der Hochbau, der Grubenbau, der Wasser=, Brücken= und Schiffsbau, das Tischler=, Wagner=, Böttcher=, Dreher=, Glasergewerbe, die Feldwirthschaft, der Weinbau u. s. w. u. s. w. — im genannten Einrichtungszeitraum beansprucht wird, denn kein Verbrauchszweig darf, wie gesagt, ohne Noth verkürzt werden. — Die Erfahrung bietet für diese Feststellungen keine benutzbaren Anhaltspunkte, denn die bisherige Verwendung der Holzarten und Holzsorten ist hauptsächlich durch das zufällige Angebot bestimmt, auch durch Gewohnheit und Vorurtheile der Konsumenten beeinflußt worden; der Verbrauch einzelner Forst=produkte ist durch Holzverschwendung vermehrt worden u. s. w. Auch würden diese Erfahrungssätze kaum benutzbar sein, weil die Konsumtion in der Zukunft voraussichtlich andere Gestaltungen annehmen wird, als der bisherige Holzverbrauch. — Bei der Feststellung des Brennholz=Bedarfs treten uns noch größere Schwierigkeiten entgegen, weil der Wald nur einen geringen Theil der Brennstoffkonsumtion geliefert hat. Wo ist die Grenze zwischen Nutzholz= und Brennholz=Produktion zu ziehen? Welche Landestheile und Bevölkerungsklassen sollen wir zur Heizung mit Steinkohlen verurtheilen und auf welche Staatsangehörige soll sich die Unterstützung erstrecken, welche die Waldbesitzer durch Ab=gabe von Holz unter dem Kostenpreis gewähren? Welche Holzarten und Holzsorten liefern den höchsten Brennwerth für die Zimmer= und Heerdfeuerung? Wir wissen es nicht! Die Untersuchungen über die Heizwirkung der Waldprodukte haben bis jetzt ganz unbrauchbare Resultate geliefert, weil sie nicht den thatsächlichen Nutzeffekt bei der gebräuchlichen Feuerung angeben können; die bisherigen Preise für das Scheitholz, Prügelholz, Reisholz der verschiedenen Holzarten, welche mit den genannten Untersuchungen in keiner Weise harmoniren, sind wieder von dem bisher regellosen Angebot, von Vorurtheil und zufälligen Einwirkungen beeinflußt worden. Welche Fläche soll die Forstwirthschaft der Rindenproduktion, für deren Erweiterung die Lederfabrikanten seit langer Zeit agitiren, zuweisen? Wir stehen Schritt vor Schritt unlösbaren Aufgaben gegenüber; sowohl die statistische Ermittelung, als die Schätzung ist vollkommen unmöglich.

Das betrachtete Prinzip verlangt aber diese genaue Feststellung der ferneren Bedarfsverhältnisse nur als Grundlage, denn die beab=sichtigte gemeinnützige Bewirthschaftung der Waldungen muß, wenn sie ihren Endzweck erfüllen soll, die einzelnen Verbrauchszweige nach Maßgabe ihrer volkswirthschaftlichen Bedeutung bevorzugen oder zurücksetzen. Diese volkswirthschaftliche Bedeutung ist aber wieder nicht erkennbar. Ist es für die Gesammtheit der Landesbewohner nutzbringender, wenn die Forstwirthschaft durch billiges Eisenbahnschwellenholz auf Verminderung der Frachtsätze hinwirkt, oder ist es mehr gemeinnützig, durch billige Rinde die Lederfabrikation zur Ermäßigung der Lederpreise zu veranlassen? Wir wissen es nicht! Aber so viel wissen wir, daß derartige doktrinäre Bestrebungen in der Praxis endlose Streitigkeiten hervorrufen, großartige und dabei ganz ungerechtfertigte Ungleichheiten veranlassen würden und als volkswirthschaftliche Prinzipien nicht nachhaltig vertheidigungsfähig sein können.

Zu keiner Zeit und an keinem Orte werden die höchsten Gebrauchswerthe für die verschiedenen Verwendungsarten faktisch erzeugt werden. Aber die Annahme dieses Prinzips würde verderbenbringend für die Entwickelung der Forstwirthschaft werden. Nach wenigen Versuchen wird man erkennen, daß die Lösung der gestellten Aufgabe unmöglich ist. Man wird, zurückkehrend in die herkömmlichen Geleise, die üblichen Holzgattungen mit seltenen Ausnahmen nachziehen, die Nutzung auch ferner dem Zuwachs gleichstellen und im Uebrigen nach Gutdünken und Muthmaßung verfahren. Wir würden nach Jahrzehnten zwar manigfache Fortschritte auf speziell technischem Gebiet gewonnen haben — aber die intensive und umsichtige Erstrebung der Daseinszwecke dieses Produktions-Zweiges würde in unabsehbare Ferne gerückt werden.

Werfen wir nun einen Blick einerseits auf die volkswirthschaftlichen und andrerseits auf die forstwirthschaftlichen Folgen, welche nach der vollendeten Durchführung des privatökonomischen Prinzips zu erwarten sind. In erster Linie werden Holzpreise erstrebt, welche den Erzeugungskosten konform sind; die Produktion wird nach dem muthmaßlichen Bedarf geregelt — nach den Grundsätzen, welche in jedem größeren Gewerbsbetriebe üblich sind, jedoch mit der Vorsicht, welche nothwendig ist in Hinblick auf den geringeren Genauigkeitsgrad, der die Feststellung der forstwirthschaftlichen Zielpunkte beeinflußt. Als Regel fordert diese Bewirthschaftungsweise für alle gelieferten Produkte lediglich die Herstellungskosten nach Maßgabe der angemessenen Kapitalverzinsung. Die Benutzung der großartigen Kapitalkräfte, welche die deutschen Waldungen beherbergen, erfolgt somit nach Grundsätzen, die man weder abnorm, noch ungerecht nennen kann. Die Vertheilung des Ertrags auf die einzelnen Staatsangehörigen geschieht, wenn nicht zwischen Staats- und Volks-Vertretung oder

innerhalb der Gemeinde-Verwaltung eine andere Vertheilung ver=
einbart wird oder durch Rechtsverhältnisse bedingt ist, nach dem
Steuerfuße durch Verminderung der Steuerzahlung.

Es wurde schon oben angedeutet, daß die Bestimmung des Zins=
satzes der wichtigste Faktor für die Bemessung der Folgen der privatwirth=
schaftlichen Benutzungsweise ist. In der That müssen wir diesen
Kardinal-Punkt der entstandenen Kontroverse besonders besprechen.
Werfen wir zunächst einen Blick auf die Werthmehrung geschlossener
Hochwaldbestände, da diese Betriebsart hier vor Allem in Frage kommt.

Es ist bekannt, daß die Waldbäume in geschlossenen Beständen
nur langsam ihre Höhe und Stärke vermehren; der Massenzu=
wachs ist ganz gering, nach den glaubwürdigsten Erfahrungstafeln
sinkt derselbe mit dem 50jährigen, höchstens 60jährigen Bestands=
alter unter 3pCt. Aber auch die Werthsteigerung des Materials
in den höheren Holzaltern konnte bisher im Allgemeinen keine aus=
schlaggebende Verbesserung dieser Verzinsung bewirken, weil die Preis=
differenz zwischen den älteren und jüngeren Holzsorten und zwischen den
langsam= und raschwüchsigen Holzarten bis jetzt nicht so beträchtlich
war, um diese Wirkung hervor zu bringen. Der Hochwaldbetrieb hat
deshalb unzweifelhaft bisher, wenn man von Jahr zu Jahr, überhaupt
für kurze Zeiträume rechnet, eine geringe Verzinsung der Boden= und
Vorraths=Kapitalien geliefert; dieselbe steht dem landesüblichen Zins=
satz für hypothekarisch ausgeliehene Geldkapitalien in der Regel nach.
Nur in der frühen Jugend der Holzbestände nähert sich der Werth=
Zuwachs dem Zinsenertrage dieser Geldkapitalien etwas mehr; aber
Zinsforderungen von 4 und 5 pCt. sind nur dann erfüllbar, wenn
das Dasein der Holzbestände nicht über das Buschholz oder höchstens
Stangenholz=Alter verlängert wird, oder wenn raschwüchsige Nutzholz=
Arten auf gutem Boden gezüchtet werden können. Diese Verschieden=
heit wird nur dann in verminderter Stärke auftreten, wenn die
älteren Holzsorten zu beträchtlich höheren Preisen verwerthet werden
als bisher. Das Verhältniß kann dagegen nicht verändert werden,
wenn die Holzpreise allgemein und gleichmäßig steigen, weil damit
zugleich der Bestandswerth im jüngeren Alter, welcher zu verzinsen
ist, vermehrt werden würde.

Die Vertheidiger des privatwirthschaftlichen Systems haben ur=

sprünglich die genannte Verzinsung der Geldkapitalien auch für die Waldwirthschaft gefordert — und erst im Laufe der Zeit sind die Ansprüche etwas ermäßigt worden. Auch ein namhafter National-Oekonom (Helferich) hat die ursprünglichen Verzinsungsforderungen in voller, fast verschärfter Weise aufrecht erhalten. Aber wenn für die forstliche Produktion allgemein diese hohen Zinsforderungen gerechtfertigt werden können, dann sind aus dem Waldbetriebe große Kapitalsummen zur anderweiten Anlage auszuscheiden; dann muß man aber auch andrerseits die Verminderung der Holzerzeugung und die Erhöhung der Holzpreise nach den volkswirthschaftlichen Wirkungen würdigen. Untersuchen wir deshalb zunächst die Berechtigung der höheren oder geringeren Verzinsungs-Forderungen im Allgemeinen. Wir müssen hierbei von privatwirthschaftlichen Gesichtspunkten ausgehen, denn die Volkswirthschaftslehre bietet bekanntlich in dieser Hinsicht keine Anhaltspunkte.

Man kann die Ansicht des eben genannten Schriftstellers, daß der Waldbetrieb bezüglich der Annehmlichkeit und Sicherheit der Kapital-Anlage keine besonderen Vortheile darbietet, nicht als irrthümlich bezeichnen. Für die Mehrzahl der Kapitalisten wird das Abtrennen der Coupons von guten Staatspapieren größere Annehmlichkeiten darbieten als der undurchsichtige forstwirthschaftliche Betrieb, und Viele werden selbst die Anlage im landwirthschaftlichen Gewerbe vorziehen. Die Sicherheit der Holzproduktion wird beeinträchtigt nicht nur durch verheerende Insekten und verlustbringende Elementar-Ereignisse — Windwürfe, Schnee- und Eisbrüche — sondern auch durch die Stabilität der jeweils vorhandenen Holzvorräthe, welche bei einem immerhin denkbaren, totalen Wechsel des Verbrauchs nur langsam und darum mit großartigen Verlusten zu verwerthen sind. Jedoch hat Herr Helferich, wie es mir scheint, einen entscheidenden Umstand unterschätzt — das stetige Steigen der Holzpreise im Laufe der Zeit, von periodischen Schwankungen abgesehen. Alle statistischen Nachweisungen dokumentiren diese Thatsache. In München sind die Kiefernholzpreise von 1816 bis 1850 um nahezu 76 pCt., im Durchschnitt um 2 pCt. per Jahr, die Buchenholzpreise von 1762 bis 1850 um fast 263 pCt., jährlich nahezu um 3 pCt., und schon im vorigen Jahrhundert von 1766 bis 1796 um 47 pCt., jährlich um 1,6 pCt.

gestiegen. In dem waldreichen Böhmen (Bodenbach) stiegen von 1830 bis 1861 die Preise von weichem Brennholz um 123 pCt., im jähr=lichen Durchschnitt um 4 pCt., von weichen Bretterklötzen um 191 pCt., um 6 pCt. per Jahr. Die vollständigsten statistischen Nachweisungen verdanken wir dem bayerischen Ministerial=Forst=Bureau; hiernach sind die Holzpreise von 1831 bis 1858 im Ganzen um 64 pCt., jährlich um 2,4 pCt., die Brennholzpreise um 58 pCt., per Jahr um 2,2 pCt. gestiegen. Aus Preußen und Württemberg werden ähnliche Ziffern mitgetheilt (siehe § 55). Wenn auch in der Zukunft das Steigen der Brennholzpreise, bei der täglich mächtiger werdenden Konkurrenz der Mineralkohlen, vielleicht nicht im gleichen Verhältniß erfolgen wird, so ist dagegen für die Nutzholzpreise eine stärkere Erhöhung zu vermuthen. Wir werden nicht wesentlich zu hoch greifen, wenn wir die Preissteigerung aller Waldprodukte im großen Durchschnitt auf 2 pCt. per Jahr annehmen.

Wir wollen nun untersuchen, ob es bei dieser Voraussetzung gestattet ist, den Waldbetrieb mit einem geringen Verzinsungsprocent — wir unterstellen z. B. 2 pCt. — zu ordnen, oder ob es finanz=wirthschaftlich richtiger ist, die Holzvorräthe, welche keine 5 pCt. ren=tiren, zu versilbern und z. B. durch Eisenbahnbau anzulegen, statt die mit 5 pCt. zu verzinsende Eisenbahnschuld zu vermehren. Von einer 5 procentigen Eisenbahn=Anleihe von 100 sind in den nächsten 50 Jahren an Zinsen 250 zu zahlen; wenn nach Ablauf von 50 Jahren die Rückzahlung stattfinden soll, so beträgt der gesammte Geld=Aufwand 350. Es fragt sich nun, ob der Finanzminister eines Staates besser thut, das Geld zu 5 pCt. aufzunehmen oder ob er mit größerem Vortheil das Kapital den Holzvorräthen, die zur Zeit nur mit 2 pCt. zuwachsen, entnehmen wird. Die oben unterstellte Preis=steigerung von 2 pCt. per Jahr wird mit unregelmäßigem Gang ver=wirklicht werden; wir nehmen an, daß dieselbe fortdauernd nach fünf Jahren mit 10 pCt. stattfinden wird. Mit dieser Erhöhung der Holzpreise wächst selbstverständlich auch der Zinsenertrag des ursprüng=lichen Kapitals durch den jährlichen Waldertrag.

Derselbe beträgt in den ersten 5 Jahren 10
    =   =   =   = zweiten   =   11
    =   =   =   = dritten   =   12

und sofort, zusammen 145. Für die Geldanleihe müssen im gleichen Zeitraum an 5 pCt. Zinsen 250 bezahlt werden. Aber die Differenz von 105 wird dadurch fast ganz ausgeglichen, daß der Eigenthümer an Vorrathswerth 100 gewinnt. Denn der gegenwärtige Vorrath mit einem Werthe von 100 hat nach 50 Jahren einen Verkaufs= werth von 200. Und diese Kompensation findet schon in 50 Jahren statt, während bei den forstwirthschaftlichen Berechnungen viel längere Zeiträume unterstellt werden müssen. (Zinseszinsen werden bei dem in beiden Fällen jährlich erfolgenden Zinsenertrage nicht aufzurech= nen sein.)

Wir glauben aus diesem Grunde die Annahme niedriger Zins= sätze für das Waldgewerbe als gerechtfertigt bezeichnen zu können. Für die genaue Festsetzung sind selbstverständlich eingehende statistische Ermittelungen über den Gang der Holzpreise, Untersuchungen über die bisherigen Ursachen und über die Fortwirkung dieser Faktoren nothwendig; man muß den für die Zukunft wahrscheinlichen Zinsfuß der Geldkapitalien und den Reinertrag der vergleichbaren Kapital= Anlagen erörtern. Vermuthlich wird man hierbei finden, daß der Zinsfuß bei der Forstwirthschaft sogar geringer sein kann, als beim landwirthschaftlichen Gewerbe (der zur Zeit für das fixe Kapital 3 pCt. selten übersteigt). Denn die Weizen= und Kornpreise sind bisher minder beträchtlich gestiegen wie die Holzpreise. Ob der Zins= fuß für diejenigen Waldbestände, welche hauptsächlich zu Brennholz benutzbar sind, etwas höher, ob derselbe anderseits für einzelne Forst= produkte in den Staatswaldungen schon aus allgemeinen Gesichts= punkten geringer normirt werden wird, in welchen Zeiträumen diese generell zu fordernde Verzinsung in den Waldungen eines Landes, z. B. bei massenhaften Vorräthen und beschränktem Absatze, erreicht werden kann — diese und viele andere Frage lassen sich zur Zeit nicht beantworten. Aber sicherlich sind die Zinssätze, welche man zuerst beantragt hat, zu hoch gegriffen; es ist nicht wahrscheinlich, daß die Festsetzung unter Berücksichtigung aller Faktoren — die etwaige Er= höhung des Zinsfußes für hypothekarisch angelegte Geldkapitalien eingeschlossen — 5 und mehr Procent wählen wird.

Die Einführung des privatwirthschaftlichen Systems mit Zu= grundelegung ermäßigter Zinsforderungen wird zwar eine fundamen=

tale Umgestaltung der Forstwirthschaft zur Folge haben, aber keines=
falls die totale Abräumung aller dem Stangenholzalter entwachsenen
Holzbestände bewirken. Es läßt sich im Voraus, wie ich wiederholt
bemerke, nicht angeben, ob diese Waldwirthschaft, deren Leitstern die
erreichbare Rentabilität der Wirthschaftsmaßnahmen ist, eine Ver=
mehrung oder Verminderung der gegenwärtigen Werthvorräthe her=
vorrufen wird. Zur Zeit hat der Mittel= und Niederwaldbetrieb und
der Hochwald mit minder ertragsfähigen Bestandsformen große Aus=
dehnung — selbst in den Staatswaldungen; wir finden hier noch
immer Holzvorräthe, welche arm an Gebrauchswerthen sind. Die
deutsche Forstwirthschaft wird dagegen zukünftig den Schwerpunkt in
die Nutzholz=Erzeugung zu legen haben. Die Abnutzung der Brenn=
holz=Vorräthe wird aber, da man die Ueberführung des Marktes in
den Absatzgebieten, deren Grenzen bei dem schwer transportablen
Materiale enge gezogen sind, vermeiden muß, lange Zeiträume erfor=
dern; bis dahin wird voraussichtlich die Konkurrenz der Steinkohlen,
deren Vorräthe unabsehbare Zeiträume aushalten werden, übermächtig
geworden sein. Schon jetzt würde die beträchtliche Verminderung der
bisherigen Brennholzlieferung kaum eine volkswirthschaftliche Kala=
mität hervorrufen können, denn der Ersatz durch Kohlen ist, wie wir
oben gesehen haben, leicht zu bewerkstelligen. — Mit ziemlicher Sicher=
heit ist vorauszusagen, daß das 200= und mehrjährige Eichenholz,
das über 100 jährige Nadelholz und das über 80—100 jährige
Buchenscheitholz bei Fortdauer der gegenwärtigen Preise
nicht mehr in größeren Massen erzeugt werden wird. Das Angebot
der schwächeren Nutzholz= und Brennholzsorten wird vermehrt werden,
die 60—90 jährigen Hochwald=Umtriebszeiten werden das Uebergewicht
erhalten, man wird die ausgesucht starken Bretterklötze und schweren
Bauholzstämme in geringerer Zahl darbieten, bis eine Preiserhöhung
in sicherer Aussicht ist. Eine Unterschätzung des wahren Bedarfs an
stärkeren Holzsorten kann dabei möglicherweise unterlaufen; es ist
denkbar, daß die Konsumenten der breiten Bretter und der starken
Baustämme Jahrzehnte lang genöthigt werden, Hölzer zu verwenden,
deren mittlerer Durchmesser um einige Centimeter größer sein müßte,
um die bisherige, durchschnittliche Stärke zu erreichen. Aber ein we=
sentlicher, dauernder Nachtheil ist nicht zu fürchten, denn die ersten

Spuren einer herannahenden Kalamität würden sich durch Verände=
rung des Preisverhältnisses zu Gunsten der Althölzer ausdrücken;
dieselben werden seltener angeboten und deshalb theurer werden, und
die Rentabilitäts=Wirthschaft ist durch ihr Prinzip gezwungen, An=
gebot und Nachfrage baldmöglichst wieder in's Gleichgewicht zu brin=
gen. Der forstwirthschaftliche Betrieb verfügt aber über genügende
Mittel, um einen Mangel an Starkhölzern bald zu beseitigen (Lich=
tungshieb in den jeweils ältesten Beständen, Belassung von Ober=
ständern u. s. w.). Ausschlaggebende Bedenken kann dieses vorüber=
gehende Angebot stärkerer Hölzer in verminderter Zahl und schwächerer
Hölzer in vermehrter Menge kaum erwecken, denn der bisherige Ver=
brauch hat viel größere Schwankungen ohne bemerkbaren Schaden
ertragen.

Ich bespreche diese Verringerung des Angebots von Althölzern
ausführlicher, weil hierin in der That das wesentliche Unterscheidungs=
Merkmal zwischen der s. g. national=ökonomischen und der privat=ökono=
mischen Bewirthschaftungsweise zu suchen ist, wenn man beiderseits die
vollendete Durchführung voraussetzt und die Wirkungen auf die Konsum=
verhältnisse würdigt. Bei beiden Systemen muß offenbar die Be=
friedigung des Bedarfs der holzverbrauchenden Bevölkerung im
Allgemeinen Richtschnur der Wirthschaft werden, und aus diesem
Gesichtspunkte sind die Ergebnisse der Reinertragsberechnung zu be=
trachten. Wenn der zukünftige Holzverbrauch im Absatzgebiete vor=
aussichtlich große Massen Eisenbahnschwellen=Hölzer oder Bretter=
klötze fordert, so würde die ausschließliche Lieferung von Hopfenstangen
auch aus privatwirthschaftlichen Gesichtspunkten absurd erscheinen,
wenn auch die auf die heutigen Preise gestützte Rentabilitätsberech=
nung diese „Hopfenstangen=Wirthschaft" rechtfertigen würde. (Man
scheint dies bei der bisherigen Diskussion nicht genügend gewürdigt
zu haben.) Aber wenn auch die privatwirthschaftliche Benutzung im
Allgemeinen die zumeist verbrauchten Forstprodukte mit der in den
vorhandenen Waldungen erzeugungsfähigen Menge liefern wird, so
wird doch dabei stets die Tendenz vorherrschen, das Angebot der
Produkte, deren Herstellung zur Zeit Zinsenverluste hervorruft, zu
beschränken, wenn eine Bedarfssteigerung nicht zu erwarten ist —
und zu diesen Produkten zählen vor Allem die Althölzer.

Auf dem gesammten Gebiete der Forstwirthschaft wird sich, wie gesagt, bei der Durchführung dieser neuen Grundsätze eine gründliche Reform vollziehen. Bei der Wahl der Holzarten, bei der Festsetzung der Umtriebszeiten, bei der Ordnung der Nutzungsreihenfolge für die vorhandenen Bestände, bei der Ermittelung der Normen für die Erziehung der Bestände treten Gesichtspunkte in vorderste Reihe, welche der bisherigen Forstwirthschaft fremd waren. Diese fundamentale Umgestaltung wird vor Allem eine intensive Forschung auf dem Gebiete der Forststatik und Forststatistik hervorrufen. Auf diesem weiten Arbeitsfelde wird man zunächst das bisherige Verhältniß der Forstproduktenpreise feststellen; man wird den bisherigen Verbrauch der Holzarten und Holzsorten nach den hauptsächlichsten Verwendungsarten für die einzelnen Absatzbezirke zu bemessen suchen. Man wird den Gang der Holzpreise in der Vergangenheit darlegen, die Oscillationen in Hinblick auf die Veränderungen in den Verbrauchsverhältnissen würdigen und diese Untersuchungen sowohl im Allgemeinen für Deutschland und die Nachbarländer, als im Speziellen für die betreffenden Verwaltungsbezirke vornehmen. Hierbei wird man die allergrößte Beachtung der Konkurrenz zuwenden müssen: für jeden Absatzbezirk ist der Verbrauch von Bausteinen, von Mineralkohlen 2c. festzustellen, die Nutzeffekte und die Preisverhältnisse dieser Surrogate sind mit den Erzeugungskosten der Forstprodukte und mit der Leistungsfähigkeit der Letzteren zu vergleichen.

Gestützt auf diese Untersuchungen, wird man hierauf die Konsumtionsverhältnisse in der Zukunft nach den jetzt statthaften Annahmen prognosticiren, namentlich den Holzverbrauch beim Bau und bei der Unterhaltung der Eisenbahnen, die Nutzholz- und Bretter-Konsumtion bei fortschreitender Industrie und Zunahme der Bevölkerung, den Eisen- und Steinkohlenverbrauch, die Kohlenförderung 2c. nach großen annähernden Zahlen mit dem erreichbaren Genauigkeitsgrad zu bemessen suchen. An diese vielfachen, hier nur angedeuteten Untersuchungen werden sich Forschungen über die örtlichen Wachsthumsgesetze der Holzarten auf verschiedenen Standortsklassen, im geschlossenen und im freien Stande, Ermittelungen über die Zwischen- und Nebennutzungen und ihren Einfluß auf den Holzertrag, die genauesten Vorrathsaufnahmen 2c. anreihen. Diese und ähnliche Untersuchungen sind der Lebensnerv der Rentabilitäts=Wirthschaft, ohne dieselben bleibt sie ein Trugbild, würde sie steuerlos zwischen Ueber= produktion und ungenügender Erzeugung hin und her schwanken. Nur in dieser Weise kann man die oben genannte solide Wahr= scheinlichkeits=Wirthschaft, die allein für die rationelle Wald= benutzung erübrigt, verwirklichen. Nur großartige, konstante Ertrags= und Verbrauchs=Unterschiede haben bei der Regelung des Waldgewerbes Beweiskraft; wenn auch bei den Untersuchungen die größtmöglichste Genauigkeit Regel sein muß, so darf sich die Entscheidung niemals auf minutiöse, fragliche Rentabilitäts=Unterschiede stützen. Mit der umsichtigen, ausdauernden Herbeischaffung des Materials für die mo= tivirte Vermuthung hat die rationelle Waldwirthschaft ihre Aufgabe erfüllt; weiter gehende Ansprüche können die Forstwirthe, denen die prophetische Gabe mangelt, nicht befriedigen.

Man kann selbstverständlich nicht voraussagen, welche Wirth= schaftsnormen aus diesen Untersuchungen im Großen und Ganzen hervorgehen werden. An vielen Orten und in weiten Grenzen wird nicht die allgemein wünschenswerthe, sondern die nach Maß= gabe der örtlichen Vorraths= und Absatz=Verhältnisse erreichbare Rentabilität die Waldwirthschaft auf lange Zeiträume hinaus regeln. Indessen ist zu vermuthen, daß im Großen und Ganzen das Eisen= bahnschwellenholz, das Blochholz für die gangbarsten Brettersorten, die gesuchten Bauholzstämme, die Eichenrinde und im Uebrigen die jüngeren Brennholzsorten bei der zukünftigen Waldproduktion vor= wiegend Vertretung finden werden. Bei den speziellen Feststellungen werden Irrthümer unvermeidlich sein; aber im Allgemeinen werden die gesuchten Nutzhölzer und die gebrauchsfähigsten Brennhölzer auch bei der unbeschränkten privatwirthschaftlichen Benutzung in kaum ver= mindertem Gesammt=Massenbetrage erzeugt werden; eine wesentliche Verminderung des bisherigen Materialertrags ist in der That nicht zu vermuthen, denn erstens wird die heutige Waldbodenfläche erhalten bleiben, weil der Wald auf die sterilen und geneigten, für die Land= wirthschaft nicht geeigneten Oberflächentheile fast vollständig zurück= gedrängt worden ist und selbst auf den guten Standorten die lukra= tivsten, forstlichen Betriebsarten (z. B. Schälwald) größere Rein= erträge als die Landwirthschaft gewähren; und zweitens ist, wie schon oben erwähnt wurde, eine Verringerung der Material=Produktion durch die befürchtete Herabsetzung der Umtriebszeiten kaum möglich, weil diese geringeren Umtriebszeiten (namentlich der Stockschlag= betrieb mit Oberständern und ähnliche Betriebsarten) nachhaltig größere Massenerzeugung besitzen, als die bisher eingehaltenen Um= triebszeiten, auch die ferner zu züchtenden Holzgattuugen — nament= lich die schattenertragenden Nadelhölzer — massenreiche Bestände bilden werden. Eine verringerte Lieferung von Werth=Erträgen ist ebensowenig zu vermuthen, weil durch die sorgfältigere Auswahl der Holzarten und Umtriebszeiten nach dem Nutzeffekt der erzeugten Holzsorten und durch die Ausscheidung der ungesunden, wirkungs= armen Produktionszweige — z. B. der Brennholzzucht in kohlen= consumirenden Gegenden u. s. w. — die Forstwirthschaft auf eine un= gleich höhere Stufe der Leistungsfähigkeit erhoben wird, als es bei der Fortsetzung der bisherigen Bewirthschaftungsmethode der Fall sein kann. Die gesammte Massenerzeugung wird nicht nennenswerth ver= mindert werden; lediglich das Angebot der älteren Starkhölzer kann möglicherweise vorübergehend, bis entsprechende Preise in Aussicht stehen, eingeschränkt werden. Dafür werden aber, wenn sich die Forst= wirthschaft vom Herkommen lossagt und den zwar mühsamen, aber lohnenden Weg der direkten Forschung betritt, überall in unsern Waldungen die nutzfähigsten und brennkräftigsten Hölzer erzeugt werden.

Die staatliche Fürsorge für die bestmöglichste Befriedigung des vollen Bedarfs aller Konsumenten, die wir schon oben als unausführbar und als grundsätzlich verwerflich erkannt haben, ist somit in keiner Weise motivirt. Die eben erwähnte Vermuthung, daß eine vorübergehende Unterschätzung des Verbrauchs an Stark= holz eintreten wird, bis der nothwendige Bedarf ermittelt worden ist, wird in der Praxis kaum einen bemerkbaren Einfluß ausüben, weil das Marktgebiet für die vorhandenen Vorräthe gewöhnlich klein, mithin eine langsame Abnutzung geboten ist und namentlich in den Gebirgsrevieren ältere Nutzholz=Bestände stets vorräthig sein werden. Eine totale Abräumung der vorhandenen Vorräthe, eine rasche Ver= silberung der Althölzer zu jedem Preise ist bei den gegenwärtigen wirthschaftlichen Verhältnissen nicht zu erwarten — am allerwenigsten in den Staats= und Gemeindewaldungen, für welche kenntnißreiche und vorwärtsblickende Forsttechniker die Wirthschaft im Hinblick auf den nachhaltigen Bezug des erreichbaren Reinertrags ordnen wer= den. Und deshalb darf ich die Ueberzeugung aussprechen, daß die höchste volkswirthschaftliche Leistungsfähigkeit des Forstbetriebs nicht durch die Fortsetzung der bisherigen Benutzungsart der Waldungen, auch nicht durch das illusorische Streben nach den höchsten Gebrauchs= werthen, sondern lediglich durch die rein privatwirthschaftliche Rege= lung der Forstwirthschaft herbeigeführt werden kann.

***

Zum Schluß will ich noch mit wenigen Worten auf die schon erwähnten, gegen die Durchführung des Rentabilitätsprinzips gerich= teten Einwendungen des Herrn Hofraths Helferich[1]) zurückkommen. Derselbe befürchtet im Speziellen, daß

a) die Wiederverjüngung der Waldungen durch die Abkürzung der Umtriebszeiten gefährdet werde, da eine reichliche Samenproduk= tion nur in älteren Beständen einzutreten pflege. — Dagegen ist jedoch einzuwenden, daß bei den jetzigen billigen Kulturverfahren die künst= liche Verjüngung — die Anpflanzung auf Kahlschlägen oder unter Schutzbestände, die man ja selbst aus Stangenhölzern ganz zweck= entsprechend formiren kann — der natürlichen Besamung in den meisten Fällen vorzuziehen ist, weil man bei künstlicher Anpflanzung sowohl bezüglich der regelrechten, räumlichen Vertheilung der Pflanzen, als auch hinsichtlich der rechtzeitigen Abräumung des Mutterbestandes und der Erhaltung der Bodenfeuchtigkeit u. s. w. Vortheile erreicht, welche bei natürlicher Verjüngung oft hinwegfallen. Die Vermeh= rung der Kulturkosten kann dabei nicht in die Wagschale fallen, denn diese Differenz bleibt fast verschwindend klein gegen die Ver= änderung der Vorraths= und Bodenrenten durch Verlängerung oder Verkürzung der Umtriebszeiten.

Ferner daß

b) die Würdigung des forstwirthschaftlichen Betriebs aus pri=

---

[1]) Zeitschrift für die gesammten Staatswissenschaften. Jahrg. 1867, Heft 1. Jahrg. 1871, Heft 1.

vatwirthschaftlichen Gesichtspunkten zu einer weitgehenden Aus=
stockung der Waldungen führen und hierauf die Holzproduktion nicht
nur unter das erforderliche Maß sinken, sondern auch die günstige
klimatische Wirkung des Waldes beeinträchtigt werde. — Eine Stütze
für diese Vermuthung findet Herr Helferich in den Ergebnissen der
preußischen Katastrirung; es sind dabei Felder, Wiesen und Weiden
durchgängig mit größerem Katastral=Ertrage eingeschätzt worden, als
Waldungen.   Indessen liefert diese Bonitirung, die meines Wissens
auch in Preußen meistens von praktischen Landwirthen ausgeführt
wird, keine Anhaltspunkte.   Die Kataster=Behörden gründen ihre
Feststellungen nicht auf Wald=Reinertrags=Berechnungen, welche auf
Glaubwürdigkeit Anspruch haben, vielmehr wird der Katastral=Ertrag
der Waldklassen nach Gutdünken der Taxatoren, vorzugsweise nach
der Bodenqualität, eingeschätzt.

Waldrodungen in großer Ausdehnung sind ganz sicher nicht zu
befürchten, denn die Holzzucht wird zur Zeit nur im geringen Um=
fang auf ertragsfähigem Ackerboden betrieben und es ist sehr fraglich,
ob die Landwirthschaft auf diesen Waldflächen nachhaltig höhere
Bodenrenten als die lukrativ geregelte Forstwirthschaft liefern wird. —
Die günstige Einwirkung des Waldes auf die Luftfeuchtigkeit, die
Speisung der Quellen und Flüsse, auf die Verhütung von Ueber=
schwemmungen u. s. w. kann ferner durch Abkürzung der bestehenden
Umtriebszeiten nicht vermindert werden.   Herr Helferich vermuthet,
daß diese Einflüsse in direktem Verhältnisse zur Blattmenge stehen
und daß die letztere bei älteren Beständen größer sei, als bei Jung=
und Mittelhölzern.   Allein die Annahme, daß in Althölzern die
größere Blattmenge zu finden sei, wird nicht als zutreffend erscheinen,
wenn man erwägt, daß die größte Blätterproduktion der Holz=
bestände in der Periode des größten Längenwachsthums, d. h. in der
ersten Hälfte des Stangenholz=Alters stattfindet.   Es kann somit
eine Verbreitung der Althölzer auf größerer Fläche nicht ebenso
günstig in der angedeuteten Richtung wirken, als das Vorhandensein
dicht geschlossener Jung= und Mittelhölzer, die bei kürzeren Umtriebs=
zeiten größeren Umfang erhalten.

c) In einzelnen Gegenden, so argumentirt Herr Helferich weiter,
kann durch diese privatwirthschaftliche Benutzungsweise eine Preis=

erhöhung der Forstprodukte hervorgerufen werden, welche die Existenz
der Bevölkerung gefährdet und weitreichende Nachtheile im Gefolge
hat. Obgleich ich überzeugt bin, daß in den waldreichen Gegenden,
die hier in Betracht kommen, eine derartige Kalamität niemals Folge
des privatwirthschaftlichen Systems sein wird, so will ich doch gern
einräumen, daß in diesen Oertlichkeiten die Staatsverwaltung eine
Ausnahme von der Regel in Erwägung ziehen darf. Es handelt
sich dabei um eine Almosenspendung in Gestalt von billig geliefertem
Holz. Aber man kann dem Hinweis auf derartige Ausnahmefälle,
die zum Glück in unserem Vaterlande nur noch selten gefunden
werden, offenbar keine ausschlaggebende Bedeutung beilegen, wenn
die prinzipiellen Aufgaben eines Wirthschaftszweiges diskutirt werden.

—————

Endlich glaube ich noch mit kurzen Worten die wesentlichsten
Motive anführen zu sollen, welche von den hervorragendsten Forst=
wirthen der Jetztzeit für die sog. national=ökonomische Bewirth=
schaftungsweise der Waldungen geltend gemacht worden sind[1]).

a) „Die größere Massenproduktion[2]) ermöglicht es, das Holz=
bedürfniß auf der verhältnißmäßig kleinsten Fläche zu erzeugen, ge=
stattet also, den nicht erforderlichen Theil des Waldgrundes (voraus=
gesetzt, daß er sich dazu eignet) andern, für das Volkswohl wichtigen
Kulturzweigen, dem Ackerbau, der Wiesenkultur 2c. 2c. zuzuweisen.“

Diese Argumentation stützt sich, wie es scheint, auf eine seltsame
Grundanschauung. Man hat angenommen, daß die heutige Forst=

---

[1]) Man findet eine Zusammenstellung derselben bei Grebe, Forsteinrichtung.
Wien, 1867. S. 155. F. Baur erörtert (Monatsschrift, Jahrgang 1872 u. 1873)
hauptsächlich die Ausführbarkeit des privatwirthschaftlichen Systems, die Wahl des
Zinsfußes 2c.

[2]) Grebe hat, wie es mir scheint, die Tendenz der sog. national=ökonomischen
Wirthschaftsweise nicht ganz richtig bezeichnet. Er hat wahrscheinlich die Erzeu=
gung der höchsten Gebrauchs=Werthe oder die Lieferung des größten Brutto=Geld=
Ertrages gemeint, wie aus seinen weiteren Ausführungen hervorgeht. Wir haben
schon oben darauf hingewiesen, daß das charakteristische Unterscheidungs=Merkmal
zwischen den gebräuchlichen Umtriebszeiten, welche Grebe vertheidigt, und den Um=
triebszeiten des höchsten Reinertrags weder das Eine, noch das Andere, sondern
die verminderte Erzeugung der Althölzer (bei den letzteren Umtriebszeiten) ist.

produkten=Konsumtion keine Einschränkung erleiden kann und daß der Holzbedarf durch die bestehenden Umtriebszeiten (d. h. durch die massenhafte Starkholzzucht) stets am vollkommensten befriedigt wer= den wird. Allein beide Voraussetzungen sind, wie wir gesehen haben, in keiner Weise statthaft. Vor Allem könnte man aber entgegnen, daß gerade die Verwirklichung des Reinertrags=Waldbaus, bei dem pro= gressiv steigenden Verbrauche der fossilen Brennstoffe, voraussichtlich zum Aufgeben der Brennholzwirthschaft führen wird und daß in diesem Falle ungleich größere Flächen zu Feld 2c. 2c. umgewandelt werden können, als bei Fortsetzung der gebräuchlichen Bewirthschaf= tungsweise. Zudem sind, wie schon oben erwähnt wurde, die ge= rühmten „national=ökonomischen" Vortheile nicht ganz ein= leuchtend. Die hervorragendsten national=ökonomischen Schriftsteller[1]) vertreten die Ansicht, daß lediglich die Vermehrung des Reineinkom= mens volkswirthschaftlich nutzbringend, dagegen die Erhöhung des Roheinkommens gleichgiltig für die Vermehrung der Volkswohlfahrt ist. Im konkreten Falle würde auch zunächst zu untersuchen sein, ob die (der Starkholzerziehung geopferten) Rein=Ertrags=Verluste, die zudem nicht der Gesammtheit, sondern nur den betreffenden Konsu= menten dargebracht werden, größere Wirkung auf die Erhöhung der Volkswohlfahrt äußern, als durch produktive Anlage der entsprechen= den Waldvorraths = Kapitalien außerhalb des Waldes, z. B. zum Eisenbahnbau, zu erreichen steht. Der Gewinn, welcher durch Ueberweisung von Waldboden an die Feldwirthschaft zu erzielen ist, wird stets geringfügig und problematisch bleiben.

b) Die werthvollere Beschaffenheit des reiferen Holzes wird zweitens geltend gemacht. Allein nach den bis jetzt bekannten Un= tersuchungen hat das jüngere Holz längere Dauer und größere Brennkraft, als das in den gebräuchlichen Hochwaldumtriebszeiten ge= wonnene Holzmaterial.

c) „Der höhere Umtrieb mit seinem größeren Material=Kapital gewährt eine größere Reserve und dadurch größere Sicherheit bei

---

[1]) Roscher, System der Volkswirthschaft I, § 147. Rau, Lehrbuch der politi= schen Oekonomie I, § 249. Man vergleiche auch dessen Lehrbuch der Finanz= Wissenschaft, bearbeitet von Prof. Dr. Wagner, § 167—190. Schäffle, gesellsch. System der menschlichen Wirthschaft II, § 254.

eintretendem außerordentlichem Bedarf (Brandunglück 2c. 2c.) oder bei Waldverheerungen durch Sturmbruch, Insektenfraß 2c. 2c."

Bei den heutigen Verkehrs=Verhältnissen braucht man für derartige lokale Ereignisse nicht in allen deutschen Staatswaldungen Reserven im Werthe von vielen Millionen zu halten. Auch kann eine Reserve in Gestalt von Althölzern, namentlich in Hinblick auf Sturmbruch und Insektenfraß keine große Beruhigung gewähren, weil dieselbe bei diesen Gefahren oft in erster Linie in Mitleidenschaft gezogen wird.

d) Der Staat, so meint man schließlich, hat überhaupt auf die Rentabilität des Waldbetriebes keinen Werth zu legen, denn die Staatsverwaltung kann zu jeder Zeit unverzinsliche Staatspapiere ausgeben. Die Kapitalisten werden sogar — so versichert man — diejenigen Staaten, welche große Holzvorräthe in den Waldungen aufspeichern (d. h. das Betriebskapital auf Kosten der reinen Rente vermehren) für kreditwürdiger erachten, als Staaten, deren Finanz=Verwaltungen die Einträglichkeit der fiskalischen Gewerbe erstreben. Ich wage nicht zu entscheiden, ob die Finanzpolitik eines Staats derartigen Grundsätzen folgen darf.

━━━━━━

§ 2.

Zur Würdigung der gebräuchlichen Forst-Einrichtungs-Verfahren[1].

1. Anforderungen bei der Erstrebung des nachhaltig höchsten Brutto-Geldertrags.

Nach den vorstehenden Ausführungen ist die Tendenz dieser kurzen Anleitung zur Wald=Ertrags=Regelung in erster Reihe auf die Einführung des privatwirthschaftlichen Waldbenutzungs=Systems gerichtet, und wir könnten uns somit auf die Prüfung der Leistungsfähigkeit der üblichen Methoden der Wald=Ertrags=Regelung im Hinblick auf dieses Ziel beschränken. Aber es ist immerhin interessant

---

[1] Die spezielle Darstellung der Methoden der Wald=Ertrags=Regelung findet man: Carl Heyer, Wald=Ertrags=Regelung, 2. Auflage von Gustav Heyer. Leipzig 1872, Teubner. Judeich, Forsteinrichtung, 2. Auflage. Dresden 1874, Schönfeld. Grebe, Betriebs= und Ertrags=Regulirung. Wien 1867, Braumüller.

und lehrreich, zunächst die Feststellung des nachhaltig höchsten Brutto-Geldertrags in's Auge zu fassen und zu fragen, ob die üblichen Forsteinrichtungs-Verfahren den Anforderungen genügen werden, die unerläßlich sind, wenn dieses Wirthschaftssystem in Wahrheit verwirklicht werden soll. Die Anschauung, daß die Gewinnung der im Absatzbezirk konsumirten Wald-Erzeugnisse in größter Menge und Güte ohne Rücksicht auf die erreichbare Verzinsung der Waldkapitalien die oberste Aufgabe der Forstwirthschaft zu bilden habe — diese Meinung hat ja unverkennbar heute noch die überwiegend größte Zahl der Bekenner für sich. Es wird die Verständigung wesentlich befördern, wenn wir die intensive Begründung und sorgsame Regelung der menge- und gütereichsten Produktion scharf in's Auge fassen und die thatsächlichen Leistungen der üblichen Forsteinrichtungs-Verfahren den berechtigten Anforderungen gegenüber stellen. Wir sehen dabei ab von der Feststellung und Abgrenzung der Produktionszweige nach ihrer national-ökonomischen Wichtigkeit, die wir schon oben als unausführbar erkannt haben.

Bei dieser Untersuchung muß man von vornherein betonen, daß bei der ernsthaften Durchführung dieses Werth-Ertrags-Systems eine nicht minder gründliche und tiefgehende Erforschung der Wirthschaftsfaktoren zu fordern ist, als bei dem Streben nach dem erreichbaren Reinertrag. Man lasse sich nicht ohne Weiteres durch die landläufigen Schlagwörter und Phrasen, die den sog. einfachsten Forsteinrichtungs-Methoden eine besondere Zuverlässigkeit zuschreiben, zu einseitigen und vorurtheilsvollen Anschauungen verlocken.

Die gerühmten Vorzüge können sich bei einer näheren Betrachtung in eine oberflächliche und leichtfertige Bestimmungsweise der eminent wichtigen Aufgaben des Waldbetriebs auflösen. Man könnte finden, daß die einfachen summarischen Taxations-Methoden nur darum praktisch bequem erschienen sind, weil dabei die Wirkungen der Ungenauigkeiten und fehlerhaften Maßnahmen nicht zum Ausdruck kommen konnten. Bevor man annehmen darf, daß die so überaus schwierige Bemessung und Regelung der Nutzleistung der Produktions-Faktoren dem sog. praktischen Blicke zuzuerkennen ist, wird man untersuchen müssen, ob dabei die Leistungskraft dieses sog. praktischen Blickes nicht überschätzt wird. Bei der eminenten volks= wirthschaftlichen Bedeutung des Wald=Gewerbes kann dieser Zweig der menschlichen Wirthschaft eine sorgfältige und weitgreifende Be= gründung und Ueberwachung nicht entbehren. Die Forstwirthschaft hat bei der planmäßigen Regelung der Waldproduktion in allen Fällen bis zu der örtlich erreichbaren Genauigkeitsgrenze vorzudringen. Dieser allgemeine Grundsatz ist für die zu stellenden Anforderungen in erster Reihe maßgebend. Die Verwirklichung im Speziellen wer= den wir später der Betrachtung unterwerfen. Vorläufig war nur darauf hinzuweisen, daß diejenigen Forst=Einrichtungs=Verfahren, welche ihr Lebenselement in Schätzung und Gutdünken suchen, keines= wegs an und für sich eine höhere Leistungsfähigkeit haben werden — auch nicht für die Feststellung des nachhaltig höchsten Brutto=Geld= Ertrags.

Feststellung der Normal=Bestockung. Wenn die Gewin= nung der menge= und gütereichsten Holzerzeugung das oberste wirth= schaftliche Ziel bildet, so ist vor Allem die zukünftige Bestands= Beschaffenheit und Bestands=Ordnung, zu welcher die konkreten, zumeist regellosen Bestands=Verhältnisse im Laufe des „Einrich= tungs=Zeitraums[1])" hingeleitet werden sollen, zu fixiren. In jedem Wirthschaftsbezirk[2]) hat man nicht nur die anzubauenden Holzgattun= gen festzustellen, sondern auch die normalen Umtriebszeiten für die nachzuziehende Bestockung zu bestimmen. Indem man die Waldtheile eines Wirthschaftsbezirks nach der Gemeinsamkeit der zukünftigen Be= triebsarten und Umtriebszeiten in „Betriebsklassen[3])" vereinigt, bildet die normale Umtriebszeit den umspannenden Rahmen für die ge= sammte Nutzungs=Ordnung der Betriebsklasse; und dieser — ge= wöhnlich in Periodenfache eingetheilte — Rahmen ist durch zweck= entsprechende Vertheilung und Gliederung der Nutzungen, die aus der vorhandenen Holzbestockung während des ersten Hiebsumlaufs erfolgen, auszufüllen, wobei die normale Altersstufenfolge als er=

---

[1]) Siehe § 60.
[2]) Siehe § 7.
[3]) Siehe § 56.

strebenswerthes Vorbild voran steht. Die anzubauenden Holzarten und die normalen Umtriebszeiten bilden somit das Fundament für die Wirthschafts-Organisation und man hat der richtigen Feststellung dieser Normen besondere Sorgfalt zu widmen.

Wahl der anzubauenden Holzarten. Die Nachzucht der im Wirthschaftsbezirk eingebürgerten Holzarten kann durch besondere Standorts- und Absatzverhältnisse bedingt werden, z. B. der Fortbau der Kiefer auf wasserarmen Sandboden. In der Regel und vorzugsweise auf den besseren Standortsklassen werden jedoch verschiedene Holzgattungen (in gedeihlicher Untermischung) den Zwecken der forstlichen Produktion dienstbar gemacht werden können. Man hat dann durch eingehende, sorgfältige Untersuchungen die Leistungs-fähigkeit der Holzarten im Hochwald-, Mittelwald- und Niederwald-Betrieb nach der Erzeugung von Gebrauchs-werthen zu bemessen. Es sind die wahlfähigen Holzgattungen nicht nur hinsichtlich der Massenproduktion, die nach Maßgabe der Stand-orts-Beschaffenheit zu erwarten ist, zu vergleichen, man hat auch die Nutzleistung dieser Massen-Erzeugung für die im Absatzgebiete vor-herrschenden Verwendungs-Arten zu erforschen. Nach den Ergebnissen dieser Untersuchung ist die Nachzucht der Holzarten zu bestimmen und örtlich zu vertheilen und die Holzarten-Mischung innerhalb der Bestände zu regeln.

Wahl der Umtriebszeit für die Normal-Bestockung. In gleicher Weise ist die Umtriebszeit für die Normal-Be-stockung nach Maßgabe der absolut größten Ausbeute an Gebrauchswerthen zu bestimmen. Es sind für die nach Holzart, Betriebsart und Alters-Stufenfolge verschiedenen Formen der Normal-Bestockung die Werth-Erträge zu ermitteln, die nach Maßgabe der Standorts-Beschaffenheit und der örtlichen Verbrauchs-Verhältnisse nachhaltig erfolgen werden. Wir werden später die Be-messung und Vergleichung dieser nach Werth-Einheiten ausgedrückten Werthproduktion spezieller kennen lernen. Zur Vermeidung von Miß-verständnissen ist schon jetzt zu betonen, daß in dieser Schrift mit Normal-Erträgen ausnahmslos die bei regelmäßiger, pfleglicher Wald-behandlung durchschnittlich in großen Beständen erreichbaren Erträge der betreffenden Wachsthumsklassen bezeichnet werden sollen und keineswegs die Maximal=Erträge, welche auf kleinen Flächentheilen in dicht bestockten Horsten 2c. eingeerntet werden können.

Es wird nicht nöthig sein, speziell nachzuweisen, daß ohne diese Vergleichung der örtlichen Leistungsfähigkeit der Holzarten und Umtriebszeiten in Hinblick auf die Verbrauchs=Verhältnisse im Absatzgebiete die Herbeiführung der menge= und gütereichsten Produktion beständig illusorisch bleiben würde; ohne diese Untersuchungen würde die Annahme, daß für die Zukunft die Gewinnung des höchsten Brutto=Geld=Ertrags angebahnt wird, lediglich auf einer Wahnvorstellung beruhen.

Feststellung der wirthschaftlichen Endziele unter Berücksichtigung der konkreten Brutto=Erträge während des Einrichtungs=Zeitraums. Durch die eben erwähnten Untersuchungen kann nur der Unterschied der Werth=Erträge zum Ausdruck kommen, welcher nach Ablauf der Uebergangs=Zeiträume eintritt, wenn diese oder jene Normal=Bestockung hergestellt sein wird. Auf diesen Unterschied wirken indessen wesentlich modifizirend die Werth=Erträge ein, welche während der Ueberführung zu der einen oder andern Normal=Bestockung vor der konkreten Bestockung eingehen. Die normalen Umtriebszeiten haben in dieser Hinsicht ein ganz differentes Verhalten — schon wegen der abweichenden Dauer der Ueberführungs=Zeiträume. Man kann nun leicht nachweisen, daß es nicht gestattet ist, diesen Faktor bei der Wahl der wirthschaftlichen Zielpunkte außer Beachtung zu lassen.

Die Uebergangs=Zeiträume reichen in der Regel (bei Hoch=Wald=Wirthschaft) bis zur Mitte des nächsten Jahrhunderts. Es ist nicht zu erwarten, daß das heut entworfene wirthschaftliche Vorbild am Ende dieser langen Zeiträume in den thatsächlichen Bestockungs=Verhältnissen in überall zutreffender Weise Verwirklichung gefunden haben wird. Es ist nicht zu bestreiten, daß die Differenzen der Geld=werth=Nutzungen heute nicht mit voller Sicherheit für die — etwa in Mitte des nächsten Jahrhunderts beginnenden — normalen Umtriebszeiten bestimmt werden können. Unverkennbar gebührt den derzeitigen realen Bestockungs=Verhältnissen und der Gestaltung der Brutto=Geld=Erträge im Uebergangs=Zeitraum der erste Rang, wenn die Einführung der Werth=Ertrags=Wirthschaft erstrebt werden soll.

Das Inkrafttreten dieses Wirthschafts-Systems in unabsehbarer Ferne ist an und für sich — in Betracht der unsicheren Bestimmungsweise der maßgebenden Faktoren und gegenüber den Wandlungen, welche die Holzverbrauchs-Verhältnisse immerhin bis dahin erleiden können — kein absolut untrügliches Ziel für die rationelle Waldwirthschaft und keinesfalls mit Hintenansetzung aller übrigen Rücksichten zu erstreben.

Man kann zwar sagen: man wähle während der Dauer der Ueberführung zu den geplanten vollkommenen Bestockungs-Zuständen grundsätzlich Abtriebszeiten, bei denen die Bestände die höchsten konkreten Brutto-Geld-Erträge liefern werden; man befolge die Regel, daß jeder konkrete Bestand in dem Alter, in welchem der Geldwerth-Durchschnitts-Zuwachs kulminirt, zu nutzen ist. Man wird dann das Ziel des höchsten Brutto-Geld-Ertrags unausgesetzt auch während des Einrichtungs-Zeitraums verwirklichen. Aber durch die Einhaltung dieses Nutzungsganges würde man nur dann ohne Schmälerung der Brutto-Geld-Gewinnung zum Ziele kommen, wenn erstens nach Ablauf des Einrichtungs-Zeitraums der sog. Normal-Vorrath bei der scharfen Befolgung dieses Grundsatzes in allen Fällen hergestellt sein würde, und wenn zweitens die konkreten und normalen Erträge übereinstimmen würden. Diese Voraussetzungen sind, wie leicht ersichtlich, nur bei normalen Bestockungs-Zuständen gestattet, während die Wald-Ertrags-Regelung bekanntlich ausnahmlos die abnorme Beschaffenheit der Betriebsklassen zu behandeln hat. Wenn zunächst der Vorrath, dem Gesammtbetrage und der Abstufung nach, unvollkommen ist, so wird die Benutzung der Bestände im Alter des höchsten Werth-Ertrags selten zur Normal-Bestockung hinführen. Man wird, um die normale Altersstufenfolge erreichen zu können, die Bestände hinsichtlich des Nutzungs-Zeitpunkts hin- und herschieben, vor und nach dem Gipfelpunkt des Geld-Ertrags zum Abtrieb projektiren müssen — auf Kosten des höchsten Geldwerth-Ertrags der konkreten Bestockung. Wenn beispielsweise überständige, rückgängige Bestände in einer Betriebsklasse prävaliren, so können mit hohen Umtriebszeiten ansehnliche Verluste während des Uebergangs-Zeitraums verbunden sein; keinenfalls wird der Unterschied im Werth-Ertrage, welcher faktisch zwischen zwei normalen Umtriebszeiten obwaltet, den Ziffern entsprechen, die man für das gleichzeitige Vor-

handensein der Normal-Bestockung dieser beiden Umtriebszeiten be=
stimmt hat. In vielen Fällen wird der Entgang von Werth-Ertrag
durch Herabsetzung der für die Normal-Bestockung einträglichsten
Umtriebszeiten reichlich ersetzt durch Erhöhung der Werth-Erträge
während der Uebergangszeit. Und in andern Fällen, z. B. bei einer
jugendkräftigen Bestockung der Betriebsklasse, wird die langsam vor=
schreitende Nutzung die Werthproduktion im Uebergangs-Zeitraume
wesentlich erhöhen. Es ist somit einleuchtend, daß nur die Sum=
men der Werth-Erträge, die von der konkreten und nor=
malen Bestockung erfolgen werden, maßgebend für die
Wahl der normalen Umtriebszeiten sein können und
diese Summen werden bei den wählbaren Benutzungs=
Arten sehr verschieden sein.

　　Wenn ferner die konkreten Bestände abnorme Zuwachs=
Verhältnisse haben, wenn der Zuwachs der nachzubauenden Holz=
art den jetzigen Zuwachs beträchtlich übersteigt, so springt der be=
trachtete Unterschied noch mehr in die Augen. Man kann nicht
sagen, daß dieser Fall selten eintreten werde, denn die Tendenz der
Verjüngung ist zur Zeit in erster Linie auf die an Geld-Ertrag
reiche Nutzholz-Wirthschaft zu richten, während die vorhandenen Be=
stände zum großen Theile Brennholz mit minder hohem Verkaufs=
werthe liefern werden. Es unterliegt keinem Zweifel, daß die Herab=
setzung der normalen Umtriebszeiten, die Abkürzung der Uebergangs=
Zeiträume die Werthnutzung, welche aus den konkreten Beständen
hervorgehen wird, beträchtlich erhöhen kann. Denn die Abnutzung
der konkreten Bestockung wird nicht nur auf einen kürzeren Zeitraum
zusammengedrängt; die letzten Perioden des zuerst betrachteten Ein=
richtungs-Zeitraums können mit den höheren Werth-Erträgen der
nachzubauenden Bestockung dotirt werden; die ungenügenden Wachs=
thums-Verhältnisse werden rascher durch die reichhaltige Produktion
der Nachzucht ersetzt Allerdings muß man andrerseits eine Verringe=
rung des absolut höchsten Werth-Ertrages der Normal-Bestockung
in Betracht ziehen. Aber es fragt sich, ob dieser Verlust größer
oder geringer ist als der Gewinn, der im Laufe des Einrichtungs=
Zeitraums erfolgt.

　　Aus diesen Betrachtungen geht hervor, daß es keineswegs nach=

gewiesen ist, daß der Gipfelpunkt des höchsten Geld-Ertrags unbedingt mit den einträglichsten Umtriebszeiten der Normal-Bestockung zusammenfällt. Derselbe ist vielmehr, wie gesagt, durch Summirung der Brutto-Erträge, welche die wählbaren Benutzungs-Arten während der Ueberführungszeiten und der späteren Zukunft liefern werden und durch Vergleichung dieser Summen zu ermitteln.

Allein diese Aufgabe ist mathematisch nicht zu lösen. Es entsteht eine unendliche Folge von endlichen Größen, deren Summe unendlich ist, während der Jetztwerth offenbar nur eine endliche Größe sein kann; man kann diesen Jetztwerth ohne Zuhülfenahme der Diskonto-Rechnung nicht bestimmen. Es erübrigt nur die gutachtliche Würdigung des Zusammenwirkens der konkreten und normalen Jahres-Erträge. Hierfür läßt sich keine bindende, allgemein gültige Regel aufstellen. Aber andrerseits kann es wiederum den Aufgaben der Wald-Ertrags-Regelung nicht genügen, wenn die Verwirklichung des Brutto-Ertrags-Systems auf unbestimmte, schwankende Endziele zusteuern würde. Es dürfte eine ausreichende Lösung dadurch gefunden werden, daß man für alle vergleichungsfähigen Bewirthschaftungs-Arten die konkreten Erträge während der Ueberführungszeit und die normalen Erträge der nächstfolgenden Umtriebszeit summirt und die Summen vergleicht. Es würden in diesem Falle die Normal-Erträge der dritten und der folgenden Umtriebszeiten, die in fernen Jahrhunderten eingehen, nicht berücksichtigt werden, was bei der Unsicherheit der Gebrauchs-Werthbestimmung kaum in die Wagschale fallen dürfte.

Wenn das Wirthschafts-System, welches den höchsten Brutto-Geld-Ertrag erstrebt, gewählt wird, so sind die bis jetzt erwähnten Anforderungen hinsichtlich der Bestimmung der Wirthschafts-Zielpunkte leicht zu überblicken. In erster Linie sind die Holzarten, welche bei vollkommener, regelrechter Bestockung der Waldfläche die nachhaltig höchsten Brutto-Geld-Erträge liefern werden, genau und sorgfältig zu bestimmen und hiernach ist die Holznachzucht zu ordnen. Es ist zweitens in gleicher Weise zu untersuchen, bei welcher normalen Umtriebszeit der Brutto-Geld-Ertrag gipfeln wird — der Brutto-Geld-

Ertrag, der nicht nur während des Ueberführungs=Zeitraums, sondern auch während der hierauf folgenden Nutzungs=Umlaufszeiten eingehen wird.

Nutzbringendste Abtriebs=Reihenfolge der konkreten Bestockung. Es ist hierauf die einträglichste Art und Weise der Ueberführung der konkreten Bestände in die planmäßige Voll=Bestockung im Speziellen zu betrachten. Man wird leicht einsehen, daß hierbei in erster Linie der Werthzuwachs der vorhandenen Bestände in die Wagschale fällt. Der höchste Brutto = Geld = Ertrag kann nur dann erzielt werden, wenn innerhalb der mehr oder minder hiebsreifen Bestockung diejenigen Bestände, deren fernerer Brutto=Geld=Zuwachs auf der untersten Stufe steht, in vorderster Reihe genutzt werden. Man kann nur fragen, ob dieser Zuwachs auf die Flächen=Einheit oder auf die Einheit des Brutto = Geld = Ertrags (Münzeinheit, Wertheinheit) zu beziehen ist. Da indessen die aussetzende Flächennutzung nur in den seltensten Fällen statthaft ist, da die nachhaltige Etats=Wirthschaft allgemein den Forstbetrieb regelt, so ist diese Frage, wie leicht ersichtlich, dahin zu beantworten, daß der richtige Maßstab für die Bestimmung der gewinnreichsten Abtriebs=Reihenfolge nur durch die Vergleichung der Mehrung des Gebrauchswerthes, welche für gleiche Nutzungs=beträge (Brutto=Geld=Erträge) fernerhin erfolgt, gefunden werden kann[1]); es sind mit andern Worten, für den Nutzungsgang die sog. Zuwachsprozente, die bekanntlich die Bestandsmehrung für gleiche Nutzungswerthe des Vorraths ausdrücken und zwar in Einheiten des Nutzungswerthes, maßgebend. Diejenigen Bestände, deren Zuwachs=prozente am niedrigsten stehen, fallen in vorderster Reihe der Nutzung anheim; aus dieser Bestockung wird zuerst der jährliche Etat herausgehauen.

Außer diesem Zuwachs des Holzvorraths muß man streng genommen bei dieser Bestimmung der einträglichsten Abtriebsreihenfolge auch den Werthzuwachs, der auf der abzuholzenden und wieder anzubauenden Fläche erfolgen wird, in Betracht ziehen. Wenn zwei gleichwerthige Bestände gleichen Brutto=Geldzuwachs haben, wenn

---

[1]) Man vergleiche §§ 56 u. 61.

aber in Folge der Standes-Verschiedenheit in dem einen Bestand ein großer, in dem andern Bestand ein kleiner Jungholz-Werthzuwachs eintreten wird, so ist selbstverständlich der erstere Bestand zuerst zu nutzen. Indessen werden thatsächlich die Differenzen im Werthzuwachs der Nachzucht selten mit genügender Zuverlässigkeit bestimmt werden können; sie werden auch nicht schwer in die Wagschale fallen. Man kann deshalb von einer genauen Bestimmung dieser Unterschiede absehen.

Oertliche Rücksichten. Die spezielle Regelung des örtlichen Nutzungsganges erfordert endlich eine eingehende Bemessung der in zahlloser Mannigfaltigkeit auftretenden örtlichen Nutzungs-Bedingungen. Die freie Beweglichkeit der Wirthschaft wird nicht selten gehemmt durch die Konsum-Verhältnisse des Absatzgebiets, durch die auf gleichmäßige Renten-Vertheilung gerichteten Forderungen der Waldbesitzer, durch die verfügbaren Arbeitskräfte, durch die Rücksicht auf die regelmäßige Abstufung und Vertheilung der zukünftigen Altersklassen u. s. w. u. s. w. Der Nutzungsgang, welcher der jetzt vorhandenen, mehr oder minder regellosen Bestockung den größten Brutto-Geldertrag abgewinnen würde, kann oft zu einer abnormen Gestaltung der zukünftigen Altersklassen hinführen, während der rationelle Forstbetrieb auf die Herbeiführung der regelrechten Alters-Abstufung der Bestockung besonderen Werth legt, und umgekehrt kann die direkte Herstellung der regelrechten Alters-Abstufung für die Nachzucht, durch rücksichtslose Abraumung der normalen Schlagflächen, fast fortdauernd die Nutzung im unreifen oder überreifen Holze bedingen und somit eine schadenbringende Benutzung der Ertragskräfte während der Ueberführungszeit, d. h. eine Benutzung mit Verlust von Brutto-Geld-Ertrag herbeiführen. Nach der einen oder andern Seite muß man in der Regel Opfer bringen; zwischen diesen widerstreitenden Rücksichten, die uns unaufhörlich bei der Feststellung der Wirthschafts-Ordnung im Speziellen entgegentreten, ist in der am meisten nutzbringenden Weise zu vermitteln. Aber das Forsteinrichtungs-Verfahren muß die Wirkung sämmtlicher Wirthschaftsfaktoren, die Bedeutung der Konzessionen in dieser oder jener Richtung scharf bemessen, die Unterschiede im Brutto=Geld=Ertrag hell beleuchten — das ist eine weitere unerläßliche Forderung.

Die Forsteinrichtung, die den höchsten Brutto=Ertrag prinzipiell erstrebt, würde hiernach die gesammte Wirthschaftsordnung auf die scharfe Bemessung und Vergleichung der Ertrags=Unterschiede zu stützen haben; die Wald=Ertrags=Regelung kann nur, indem sie dieser Rich=tung folgt, eine gesunde Entwickelung nach rationellen Zielpunkten annehmen. Es würde sinnlos sein, wenn man die Waldbenutzung von vornherein, in Verfolg doktrinärer Anschauungen, in Schablonen einzwängen würde, wenn man z. B. die bedingungslose Erzielung der sog. normalen Abstufung der zukünftigen Altersklassen, die gleich=heitliche Vertheilung der Holzmassen=Gesammt=Erträge, der Zahl der Schichtmaße u. s. w., ohne Rücksicht auf die andern Wirthschafts=faktoren als allein heilbringend ansehen würde. Eine derartige ein=seitige und gewaltsame Betriebs=Einrichtung mag, wenn sie dem her=kömmlichen Formalismus entspricht, bequem und angenehm sein, aber auf eine vernunftgemäße, vollständig genügende Lösung der wirth=schaftlichen Aufgaben nach ihrem vollen Umfange würde das Ver=fahren keinen Anspruch haben.

Man darf andrerseits nicht übersehen, daß für die Wahlwürdig=keit der forstlichen Benutzungsarten nur grobe, unzweifelhafte Er=trags=Unterschiede beweisfähig sein können. Wenn man bei Unter=suchung der konkreten Ertrags=Verhältnisse auch die schärfsten Me=thoden anwendet, wenn man beharrlich bis zu der erreichbaren Ge=nauigkeits=Grenze vorzudringen sucht — die Schlußfolgerungen, die man auf diese Beweisführung stützt, können lediglich den erreichten höchsten Wahrscheinlichkeits=Grad beanspruchen. Die Wachsthums=Gesetze der Holzbestände bei vollkommener Beschaffenheit und pfleg=licher Behandlung sind bisher nicht erforscht worden, die Zuwachs=Verhältnisse der abnorm beschaffenen Bestände sind noch mehr räth=selhaft; die exakte Forschung durch vergleichende Beobachtungen, der erfolgreiche Wetteifer in der Ergründung der wirkungsfähigsten For=schungs=Methoden, war bisher nicht das belebende Element des wirth=schaftlichen Fortschritts. Es ist noch ein weiter, jetzt noch von Schutt und Geröll verdeckter Weg zurückzulegen, bis wir die Wachsthums=gesetze der Holzarten klar überblicken werden — und auch dann noch wird die sichere Erkenntniß der wirthschaftlichen Zielpunkte erschwert werden durch die niemals entfernbaren Unsicherheiten bezüglich der Holzverbrauchs=Verhältnisse, welche zur Erntezeit der jetzigen Aussaat obwalten werden. Die minutiöse Bestimmung der Ertrags=Differen= zen wird bei der Natur des Forstwesens stets ein unfruchtbares Be= mühen bleiben. Aber dennoch hat die Wald=Ertrags=Regelung alle Mittel, die zur erreichbaren Genauigkeitsgrenze hinleiten, erschöpfend und ausgiebig anzuwenden. Wir werden unten bei der Würdigung des Flächenfachwerks spezieller nachweisen, daß auf dem Gebiete der Wald=Ertrags=Regelung der messenden und rechnenden, ziffermäßigen Beweisführung der erste Rang gebührt. Die solide, bedachtsame Wahrscheinlichkeits=Wirthschaft, die wir oben als die heutige Aufgabe des Waldbetriebs kennen gelernt haben, verlangt zu ihrer Durchfüh= rung ohne Frage umfassende und tiefgehende Untersuchungen über die örtlichen Nutzleistungen der Produktionskräfte und diese Bemessung ist in erster Reihe auf die gründliche statistische Erforschung der Ver= brauchs=Verhältnisse im Absatz=Gebiete zu stützen.

<h3 style="text-align:center">2. Das Flächenfachwerk.</h3>

Wesen der Methode. Das Flächenfachwerk will den sog. Normal=Zustand des Waldes auf kürzestem Wege herstellen. Wenn die anzubauende Holzart und die Umtriebszeit, welche einstmals bei der Normal=Bestockung in Kraft treten soll, bestimmt worden ist, so wird mit der Umtriebsziffer in die produktionsfähige Waldfläche divi= dirt; der Quotient, der normale Jahresschlag, ist alsdann der Regu= lator für die Nutzungs=Ordnung während der Uebergangszeit. Durch die Abraumung und vollkommene Verjüngung dieser Jahresschlag= fläche sucht man nicht nur die normale Altersklassen=Abstufung her= zustellen, man legt auch bei der Auswahl der jährlichen Verjüngungs= flächen besonderen Werth auf die richtige Vertheilung der Altersklassen. Das Verfahren hat in der That bei seiner bisherigen Entwickelung immer mehr die Erzielung einer wohlgeordneten Hiebsfolge in den Vordergrund gebracht; die Nutzungs=Ordnung innerhalb schmaler „Hiebszüge" ist ein charakteristisches Merkmal des Flächenfachwerks geworden. Unter Berücksichtigung der Windrichtung zerlegt man die Waldfläche in langgestreckte, schmale Hiebszüge, die eine Schlagführung

über ihre gesammte Breite gestatten und ordnet innerhalb dieser Hiebszüge die Nutzung, indem man die erwachsenen Bestände dauernd gegen
Windwurfgefahr zu sichern sucht.

Indem das Verfahren alle weiteren Nutzungs-Bedingungen —
namentlich die Gleichstellung der Erträge für die Perioden des Uebergangs-Zeitraums — ohne Beachtung läßt, kann dasselbe eine höchst
primitive Nutzungs-Ordnung einhalten. Man legt gewöhnlich die
wirklichen — und nicht die nach der Ertragsfähigkeit reduzirten —
Flächen zu Grunde. Betriebsklassen (siehe § 56) werden nur
dann ausgeschieden, wenn für einen Wirthschaftsbezirk wesentlich verschiedene Umtriebszeiten gewählt werden, weil dann die Bestimmung
eines besonderen Flächen-Etats für die je einer Umtriebszeit angehörigen Waldflächen nothwendig ist. Der Einrichtungs-Zeitraum wird der längsten Umtriebszeit gleichgestellt; eine Eintheilung
desselben in Perioden ist nach den Grundsätzen dieser Methode nicht
geradezu erforderlich, da der Jahresschlag die Basis ist und die
Gleichstellung der Perioden-Erträge nicht beabsichtigt wird. Man
läßt gewöhnlich eine oberflächliche Veranschlagung der Material-Erträge des nächsten Zeitabschnitts nebenher laufen,
ohne derselben eine eingreifende, die Flächenbasis wesentlich beein-
flussende Einwirkung zuzuweisen. Innerhalb der Betriebsklassen und
Hiebszüge sucht man diejenigen Bestände, welche am meisten abtriebs-
reif erscheinen, zuerst zu nutzen, soweit dies mit der Rücksicht auf die
erstrebte Hiebsfolge zu vereinbaren ist. Bei allen diesen wirthschaftlichen Bestimmungen entscheidet ausnahmlos das Gutdünken der
Taxationsbeamten.

Würdigung der Methode. Das Flächenfachwerk hat nur
ein Ziel im Auge: die bedingungslose Herbeiführung der Normal-
Bestockung. Dem Wirthschafts-Nachfolger soll die normale Nutzungsgröße und die normale Altersklassen-Vertheilung unverkürzt zugewiesen werden. Es ist aber leicht nachzuweisen, daß diese Tendenz in
einer seltsamen Grundanschauung wurzelt. Vollbestockte Bestände
in ziemlich regelmäßiger Altersabstufung werden bekanntlich von einer
guten Wirthschaftsführung bei allen Taxations-Methoden der Zukunft
überliefert; die Alters-Abstufung wird stets unter Berücksichtigung
der gewinnreichsten Benutzung der Betriebsklasse während der Ueber-

gangszeit dem normalen Stande so weit als möglich genähert. Das Flächenfachwerk geht dagegen von der Annahme aus, daß die ganz genaue Gleichstellung der Jahresnutzung unverrückbare Wirth=schafts=Bedingung werden wird, sobald der Einrichtungs=Zeitraum abgelaufen sein wird. Aber bis dahin, d. h. etwa für die nächsten 100 Jahre, hält man selbst die annähernde Gleichstellung der Jah=resnutzung „für kein nothwendiges Erforderniß der Wirthschaft", je=denfalls widerspruchsvolle Annahmen.

Es ist zudem nicht zu leugnen, daß es im Allgemeinen mißlich ist, das vortheilhafteste Abtriebsalter der Holzbestände, die Grundlage der normalen Schlaggröße, für Zeiträume zu bemessen, die in der Regel nach hundert und mehr Jahren beginnen. Es sind ohne Frage diese heut angenommenen normalen Umtriebszeiten und die zu ihrer Bestimmung vorausgesetzten Ertrags=Verhältnisse fern lie=gender Zeiten Hypothesen, und zwar erfahrungsgemäß unglaubwür=dige Hypothesen. Denn man gibt allgemein zu, daß die Annahmen über die vortheilhaftesten Umtriebszeiten im Laufe der Zeit gewechselt haben und auch fernerhin wechseln werden. Die Grundsätzlichkeit der Methode ist somit nicht frei von eigenthümlichen, problematischen Voraussetzungen.

Fragen wir sodann nach den faktischen Leistungen dieser Me=thode für die Gewinnung des höchsten Brutto=Geld= oder Massen=Ertrags (die Erfordernisse der Reinertrags=Wirthschaft bleiben, wie oben erwähnt wurde, zunächst außer Beachtung), so ist vor Allem auffallend, daß der thatsächliche Werth= oder Massen=Ertrag wäh=rend der Uebergangszeit keine Beachtung findet. Zwar ge=stattet das Prinzip der Methode die Festsetzung der vortheilhaftesten Umtriebszeiten der Normal=Bestockung nach dem höchsten Brutto=Ertrage, den einstmals diese Normal=Bestockung liefern wird. Aber damit hat die Rücksichtnahme auf die Gewinnung des höchsten Brutto=Geld=Ertrags, überhaupt auf alle derzeitigen Daseins=Zwecke der Forstwirthschaft ihr Ende erreicht — man erstrebt geraden Wegs und unbekümmert um die weiteren, oft mehr berechtigten Anforde=rungen die normale Abstufung der zukünftigen Altersklassen. Es würde lediglich auf Zufall beruhen, wenn bei dieser schablonenmäßi=gen Abraumung des normalen Jahresschlags der höchste Roh=Ertrag für die Dauer des Ueberführungs-Zeitraums faktisch erreicht werden würde, bei beträchtlich regelwidrigen Bestockungszuständen, bei vorraths- und zuwachsarmen Althölzern, fordert das Flächenfachwerk, wie sogleich nachgewiesen werden soll, eine weitgehende Aufopferung erzielbarer Werthproduktion ohne allen Nutzen.

Aber diese Methode will vor Allem, so kann man einwenden, eine **wohlgeordnete Hiebsfolge** für die spätere Umlaufszeit der Nutzung herstellen und dieser Rücksicht gebührt unter vielen Wirthschaftsverhältnissen, namentlich in Fichtenwaldungen, eine hervorragende Bedeutung. Indessen ist zu antworten, daß die Herstellung der entsprechenden Schlagreihe keineswegs eine charakteristische Eigenthümlichkeit des Flächenfachwerks ist, vielmehr gestattet jede Taxations-Methode die Beachtung dieser Nutzungs-Bedingung durch Anordnung einer entsprechenden Hiebsfolge. Zur Sicherstellung gegen Windwurf-Gefahr und zur Erreichung der Vortheile, welche man der geordneten Schlagreihenfolge beilegt, ist es keineswegs nöthig, daß die aneinander gereihten Jahresschläge innerhalb der Hiebszüge eine mathematisch abgezirkelte, gleich große Fläche zugewiesen erhalten; es ist in keiner Weise gefahrbringend, wenn die jährlichen Altersstufen mit nivellirender Flächengröße der künftigen Nutzung überliefert werden. Man kann der letzteren die Verrückung der heutigen Schlaggrenzen ohne Bedenken überlassen, die bei vollwüchsigen Beständen ohne nennenswerthen Nachtheil bethätigt werden kann. Ohnedem wird die Nutzung nach hundert Jahren die gegenwärtigen Schlaggrenzen ebensowenig berücksichtigen, als wir jetzt die Schlaggrenzen des vorigen Jahrhunderts einhalten können. Die Gruppirung der Altersklassen in der hiernach gebotenen Reihenfolge ist aber eine Forderung, die alle Taxations-Methoden zu erfüllen haben, indem sie die nutzbringendste Vermittelung zwischen allen Wirthschafts-Bedingungen anstreben.

Man kann somit in keiner Weise sichern anderen Methoden unzugängliche Vorzüge des Flächenfachwerks erkennen, welche es rechtfertigen würden, diese formale Ausbildung, welche die Wald-Ertrags-Regelung in Fichtenwaldungen gefunden hat, zu generalisiren. Die Beschränkung der Nutzung auf die normale Flächenquote ist zur Herstellung einer geordneten Hiebsfolge nicht nothwendig und im Uebrigen läuft das System in seinen Endzielen auf unglaubwürdige

Hypothesen hinaus. Die Wald-Ertrags-Regelung hat noch andere, gleich hochstehende Ziele nach Thunlichkeit anzustreben, vor Allem die erreichbare Steigerung der Werthproduktion während des Uebergangs-Zeitraums, die bestmöglichste Benutzung der vorhandenen, mehr oder minder abnormen Bestockung, die gleichmäßige Vertheilung des Rohertrags auf die Zeitperioden der zunächst gelegenen Zukunft u. s. w. Diese Zielpunkte haben für die Waldbesitzer eine intensive reale Bedeutung; man muß die Leistungsfähigkeit der wählbaren Benutzungsarten nach allen diesen Richtungen untersuchen, um den besten Weg für die nutzbringendste Vermittelung zu finden. Wir sind nicht berechtigt, diese beachtenswerthen Wirthschafts-Bedingungen mit doktrinärer Einseitigkeit zu ignoriren, diese Rücksichtsnahmen zu unterdrücken, dem zweifelhaften Nutzen gegenüber, den die Ueberlieferung einer sog. normalen Altersstufenfolge dem Wirthschafts-Nachfolger dann gewähren könnte, wenn dieselbe nicht Fiktion bleiben würde.

Man kann nachweisen, daß die Abraumung des sog. normalen Jahresschlages fast ausnahmlos eine durchaus irrationelle, schadenbringende Benutzungsweise hervorrufen wird. Stets bedingen die abnormen Bestockungs-Verhältnisse eine ungleiche Flächennutzung im Laufe des Einrichtungs-Zeitraums. Wenn lückige, zuwachsarme Bestände mit geringen Werth-Vorräthen vorherrschend sind, so ist eine abnorme große Flächennutzung geboten; nicht die ideale, sondern die abnorme Alters-Abstufung wird auch dem Wirthschafts-Nachfolger die günstigsten Nutzungs-Verhältnisse darbieten. Wenn andrerseits die älteren Bestände einer Betriebsklasse mit werthvollen Nutzholz-Vorräthen reichlich ausgestattet sind, während die jüngere Bestockung einstmals nur einen geringfügigen Brennholz-Ertrag liefern wird, so wird das Flächen-System einen Nutzungsgang bewirken, der thatsächlich auf eine Ausraubung des Waldes hinausläuft. Und wenn endlich ein unverhältnißmäßig großer Theil der Waldfläche mit Mittel- und Junghölzern bestockt ist, so wird die Nutzung bald in unreife, geringhaltige Bestände eintreten. Lange Zeiträume werden auf Hungerkost gesetzt, hierauf verstärkt sich die Nutzung gradatim, und im neueren Verlaufe des Einrichtungs-Zeitraums verfügt man wieder über Althölzer, die in Folge der übermäßigen Flächengröße der Mittel- und Jungholz-Klassen überreif geworden sind und abnorm hohe Erträge liefern werden. Mit Eintritt oder kurz vor Eintritt der regelrechten Alters-Abstufung wird hierauf der Ertrag unter die bisherige Bezugsgröße sinken, wenn die gleiche Holzart nachgebaut worden ist und der Zuwachs der jetzigen Mittel- und Junghölzer der Bodengüte entspricht; dem erwähnten Waldbesitzer wird somit eine Schmälerung seiner Einkünfte zugemuthet. Diese Beispiele lassen sich beliebig vermehren. Man könnte in gleicher Weise die Wirkungen darlegen, welche die Nichtbeachtung der übrigen Nutzungsbedingungen — erreichbare Werthproduktion u. s. w. — nach sich zieht.

Man wird hiergegen nicht einwenden wollen, daß bei abnormer Bestockung nach Gütdünken bald etwas mehr, bald etwas weniger Fläche zur Abraumung bestimmt werden kann. Denn derartige Modifikationen sind ja bei allen Methoden zulässig; öftere Abweichungen von der Regel beweisen nur die prinzipielle Unzulänglichkeit des Verfahrens. Die betonte Schattenseite des Flächenfachwerks wird ja gerade dadurch verursacht, daß diese Methode die scharfe Bemessung der Wirkung dieser gutachtlichen Maßnahmen in keiner Weise befördert, vielmehr grundsätzlich unterdrückt.

Der oben geforderten, scharf beweisenden Vermittelung zwischen allen berechtigten Wirthschafts-Rücksichten kann somit diese Methode nicht genügen. Bei abnormen Bestockungs-Zuständen wird dieselbe in der Regel zu einem irrationellen, schadenbringenden Nutzungsgang hinleiten.

Man wird indessen einwenden, daß das Flächenfachwerk in den meisten Ländern Deutschlands die Oberherrschaft errungen hat, daß die angesehensten Forstwirthe die Einfachheit, Zuverlässigkeit und Annehmlichkeit dieser Taxations-Methode 'nehmen. Man gelange, so wird behauptet, auf diesem bewährten Wege am sichersten zu einer fortschreitend besseren Gestaltung der Altersklassen und Bestockungs-Verhältnisse — und damit sei der Aufgabe der Forstwirthschaft Genüge geleistet.

Offenbar wird erstens die fortschreitende Besserung der Bestockungszustände bei jeder Nutzungs-Methode, welche die geringhaltigen, schlechtwüchsigen Bestände in zuwachsreiche Junghölzer überführt, Uebernutzungen vermeidet und eine zweckentsprechende Gruppirung der Altersklassen erstrebt, ein nicht minder sicheres Ergebniß sein. Man kann ferner aus dem Umstande, daß der Nutzungsgang nicht durch Fehler der Ertrags-Bestimmung beirrt werden kann, keineswegs eine größere Sicherheit für das Flächenfachwerk herleiten. Da diese Ertrags-Bemessung beim Flächenfachwerk überhaupt unterbleibt, da die nebenherlaufende Veranschlagung der Nutzung (gewöhnlich nur für den nächsten Zeitabschnitt) keinen Einfluß auf die eigentliche Nutzungs-Regelung erhalten kann, so müßte man zuvor nachweisen, daß die Ertrags-Bestimmung überhaupt unnöthig ist. Diese Beweisführung dürfte doch, gegenüber den Daseins-Zwecken der Forstwirthschaft, einige Schwierigkeiten darbieten. Es ist endlich gewiß nicht zu bestreiten, daß die Nutzung gleicher Flächentheile zuverlässig und unbeeinflußt von Schätzungsfehlern an's Ziel führen wird; man kann nicht leugnen, daß man in hundert Jahren, wenn man jährlich den hundertsten Theil des Waldes abhaut, unfehlbar den ganzen Wald abgehauen haben wird. Aber es ist damit in keiner Weise bewiesen worden, daß die Begründung und Durchführung der gewinnreichsten Bewirthschaftungsweise auf diesem Wege thatsächlich erzielt werden kann.

Die Ursachen der Omnipotenz des Flächenfachwerks sind innig verknüpft mit dem bisherigen Entwickelungs-Gang der Forstwirthschaft. Man würde durch die Vernachlässigung des forstlichen Versuchswesens immer mehr zu oberflächlichen und ungenauen Ertrags-Ermittelungen hingeleitet. Man wählte beharrlich bei der Vorraths-Messung diejenigen Verfahrungsarten, „die am wenigsten Zeit, Mühe und Kosten beanspruchen" — die Okularschätzung, das Ansprechen der Formenzahlen, die Aufnahme kleiner Probeflächen, die gutachtliche Schätzung des Massengehalts per Flächeneinheit u. s. w. —; für die Zuwachs-Ermittelung hat man niemals sichere Anhaltspunkte zu gewinnen gesucht. Es konnte nicht ausbleiben, daß die Schätzung mit dem wirklichen Einschlag sehr häufig disharmonirte, daß beträchtliche Schätzungsfehler öftere Störungen herbeiführten. Man hat nun aus dieser ganz naturgemäßen Erscheinung folgern zu dürfen geglaubt, daß überhaupt eine Vereinsbestimmung der Erträge mit einer für praktische Zwecke ausreichenden Zuverlässigkeit unmöglich ist. Da aber andrerseits eine völlig planlose Wirthschaft nicht unbedenklich war, so suchte man unverrückbar feststehende Grundlagen für die Bewirthschaftung zu gewinnen. Die bestmöglichste Benutzung der Waldungen

in der nächsten Zeit ist, so sagte man, nicht mit genügender Sicher=
heit zu bemessen; nehmen wir darum die Annahmen, die für die
Nutzungs=Verhältnisse einer grauen Zukunft gegenwärtig geeignet er=
scheinen, als Richtschnur für die Waldwirthschaft an — vor Allem die
Umtriebszeit, die nach unseren heutigen Muthmaßungen am vortheil=
haftesten für die einstmalige Normal=Bestockung sein wird. Es mag
sein, daß die Feststellung dieser Endziele sich im Laufe der Zeit als
irrthümlich erweisen wird, es ist möglich, daß die höchsten Aufgaben
der waldwirthschaftlichen Produktion in dieser Weise niemals erhellt
werden können, weil die örtliche Erforschung der Ziele und Mittel,
die Bemessung der Faktoren des Werthertrags und der konkreten
Wirkung dieser Faktoren dem Formalismus der Methode widerstreiten
würde. Aber es ist, so hat man weiter behauptet, diese scharf vor=
wärtsblickende Regelung der Waldwirthschaft, die durch Messungen
und Rechnungen die so verschiedenartige örtliche Wirkung der Ertrags=
Faktoren ergründen und hiernach die Waldbenutzung planmäßig orga=
nisiren will, bei den thatsächlichen Verhältnissen der Waldwirthschaft
durchaus unpraktisch; sie führt auf Abwege und Irrpfade. Wir be=
gnügen uns mit der guten wirthschaftlichen Eintheilung des Waldes,
indem wir gleichzeitig die gute Ordnung der Altersklassen=Verhält=
nisse anbahnen. Schon Cotta hat gesagt: „die gute Einrichtung
eines Waldes ist viel wichtiger, als dessen Ertrags=Bestimmung.“
Die örtlichen Verhältnisse, die abnormen Bestockungs = Zustände
u. s. w. berücksichtigen wir dabei nach Gutdünken und bestem Er=
messen.

Es würde im hohen Grade bedauernswerth sein, wenn die
Wahrheit auf Seite der Vertheidiger dieser trostlosen Argumentation
läge. Inmitten der in unserem Jahrhundert mächtig aufwärts streben=
den Volkswirthschaft würde die Weiter=Entwickelung der Forstwirth=
schaft gipfeln — in der Aufsuchung neuer Handwerks=Vortheile, der Ver=
besserung der Kultur=Verfahren, der Fällungs=Methoden u. s. w.
Eine in der That traurige Rolle würde den Forstwirthen, dem Kultur=
Aufschwung der Nationen gegenüber, zufallen; ohne die grundlegende
statische und statistische Erforschung der Produktionsfaktoren würden
armselige, kaum nennenswerthe wirthschaftliche Neuerungen, unge=
nügend motivirte Verbesserungs=Vorschläge, und neue, dem individuellen

Dafürhalten entstammende Waldbau-Regeln wie Irrlichter dem Sumpfe entsteigen, das Gesammt-Ergebniß des wirthschaftlichen Fortschritts kennzeichnen. Wir haben schon oben auf die finanzielle Bedeutung des Holzvorraths-Werthes der deutschen Waldungen aufmerksam gemacht; man wird fragen, ob die Nutzleistungen dieser Milliarden hinlänglich bemessen und auf den Höhepunkt gebracht werden können, indem man lediglich eine gutgeordnete Schlageintheilung der Waldfläche erzielt und die Wirthschaftsführung innerhalb dieser Schlagordnung mittelst des sog. praktischen Blicks regelt. Diese Frage wird den Forstwirthen umsoweniger erspart bleiben, als bei denselben eine besondere divinatorische Gabe bisher nicht gefunden worden ist. Die Antwort wird unzweifelhaft eine schärfere Bemessung der Leistungsfähigkeit der forstlichen Benutzungsarten dringend erforderlich nennen. Wenn dieselbe, wie man vorgibt, nicht möglich sein sollte, so wird jede rationelle, gewissenhafte Staats-Verwaltung dem Forstbetriebe nur das unbedingt nothwendige Kapital anvertrauen; sie wird überlegen, daß zur Sicherung der günstigen tellurischen Wirkungen der Waldungen der gut gepflegte Niederwald ausreichend erscheint. Man wird die großartigen Kapitalkräfte, die der Forstadministration zur Zeit unterstehen, zum größten Theil anderen Gewerbsarten zuweisen, die ihre Leistungsfähigkeit besser dokumentiren können.

Zum Glücke wurzelt die obige Anschauung, aus der man eine Vertheidigung des herkömmlichen Bewirthschaftungs-Systems herzuleiten gesucht hat, in einer weitgehenden Uebertreibung der faktisch bestehenden Unvollkommenheiten und Unsicherheiten. Es ist nicht zu bezweifeln, daß man bei ausgiebiger Anwendung der heutigen Messungs-Methoden und bei allseitiger, intensiver Erforschung der Wachsthums-Gesetze der Waldbestände eine ausreichend genaue Regelung des forstlichen Gewerbes erreichen wird. Für diesen Zweig der Bodenproduktion sind der Natur der Sache nach nur größere, konstante Ertrags-Unterschiede beweisfähig und diese kann man mit hinreichender Sicherheit bemessen. Die hierauf gestützte Wirthschafts-Einrichtung, die in kurzen Zeitabschnitten geprüft und verbessert wird, kann wohl fortbildende Modifikationen, aber nicht öftere und unermittelte gründliche Umgestaltungen erleiden, welche die Unzuverlässigkeit jeder planmäßigen Ordnung beweisen würden (unvorherzusehende Ereignisse, wie Wind-

wurf, Insektenfraß u. s. w. ausgenommen, die ähnlich auch bei an=
deren planmäßig geordneten Gewerbsarten zu befürchten sind).

Anmerkung. Es ist nicht ohne Interesse, spezieller zu untersuchen, unter
welchen Bedingungen eine irrthümliche Ertrags=Bestimmung die Nachhaltigkeit des
Rentenbezugs beim zweiten Umlauf der Nutzung gefährden kann, wenn der Nutzungs=
satz gegenwärtig nicht auf die normale Flächenquote, sondern auf die Ertrags=Be=
rechnung basirt wird. Setzen wir zunächst den Fall, daß in einer Betriebsklasse er=
tragsarme Bestände in den haubaren und zunächst haubaren Altersklassen vor=
herrschen — lückige, geringwüchsige und geringhaltige Brennholz=Bestände. Die
Wald=Ertrags=Regelung, welche die Vermittelung zwischen allen Wirthschaftsrück=
sichten, und namentlich die Gleichstellung des Werthertrages für die Einrichtungs=
Zeitperioden erstrebt, würde in diesem Falle eine Flächennutzung anordnen, welche
die normale Flächenquote beträchtlich übersteigen würde. Bei einer fehler=
haften Ertrags=Bestimmung kann nun der wahre Ertrag für die jeweils nächste
Zeitperiode entweder überschätzt oder unterschätzt werden. Ist derselbe überschätzt
worden, so würde bis zur nächsten Kontrole der Ertrags=Berechnung (also in der
Regel 5 oder 10 Jahre lang) allerdings eine übermäßig große Fläche genutzt
werden, die durch Etatsherabsetzung während der nächstfolgenden Zeitabschnitte aus=
zugleichen sein würde. Aber diese Uebernutzung überliefert der Nachwelt besonders
günstige Nutzungs=Verhältnisse. Nach Ablauf des Einrichtungs=Zeitraumes wird
die Betriebsklasse durch das Uebergewicht der fünf oder zehn höchsten Altersstufen
einen Vorrathsüberschuß besitzen. Der nachhaltige Etat kann diesen Ueberschuß
aufzehren, höher gestellt werden, als bei richtiger Altersabstufung. Man wird um=
soweniger behaupten können, daß die Beschränkung der Nutzung auf die beträchtlich
kleinere Normalfläche, die das Flächenfachwerk verlangt, dem Wirthschaftsnachfolger
einen höheren Rentenbezug sichert.

Wenn dagegen der wirkliche Ertrag unterschätzt wird, so wird zwar eine
geringere Fläche abgenutzt werden, als abgeräumt werden dürfte; nach Ablauf des
Einrichtungs=Zeitraumes wird die höchste Altersklasse nicht genau den planmäßigen
Stand haben. Aber der Nutzungsgang des Flächen=Fachwerks, der sich auf die nor=
male Schlagfläche beschränkt, würde offenbar einen viel kleineren Altholzwerth über=
liefern und damit für das Einkommen des Wirthschafts=Nachfolgers minder gut
sorgen.

Wenn andrerseits in einer abnorm beschaffenen Betriebsklasse die haubaren
Bestände reiche Werthvorräthe beherbergen — geschlossene Althölzer, die einen wesent=
lichen Vorraths=Ueberschuß verursachen — so wird allerdings die Gleichstellung der
Perioden=Erträge eine Ermäßigung der Flächen=Nutzung unter den normalen
Flächen=Etat bewirken und somit von vornherein den Nutzungs=Nachfolgern minder
günstige Bestands=Verhältnisse überliefern, als das Flächen=Fachwerk. Allein eine
unerläßliche Bedingung für jede Methode der Ertragsregelung ist die genügende
Sicherstellung des nachhaltigen Rentenbezugs auch für die zweite Umlaufszeit der
Nutzung und dieses Ziel ist gewöhnlich leicht zu erreichen. Es ist somit lediglich
zu fragen, welchen Einfluß ein etwaiger Fehler der Ertrags=Bestimmung auf

diese Sicherstellung haben wird. In dieser Hinsicht ist lediglich eine Unter=
schätzung des wahren Ertrags des jeweils nächstgelegenen Zeitabschnitts zu fürchten,
denn die Ueberschätzung würde die Flächen=Nutzung verstärken und dadurch den
Vorrath für die zweite Umtriebszeit vermehren. Bei einer Unterschätzung werden
nach Ablauf des Einrichtungs=Zeitraumes die ersten 5 oder 10jährigen Altersstufen
nicht die anfänglich projektirte, sondern eine geringere Größe haben, weil bei der
gegenwärtig bevorstehenden Nutzung die Verjüngung der entsprechenden Fläche nicht
kontrolirt wird. Nach Verlauf des Einrichtungs=Zeitraumes würde dann nicht der
berechnete, sondern ein minder hoher Ertrag genutzt werden können. Es ist zwar
denkbar, daß bei beträchtlicher Unterschätzung die Nachhaltigkeit gefährdet werden
kann. Allein die Gefahr ist nicht sehr groß. Gewöhnlich wird der Fehler bei der
Revision der Ertrags=Bestimmung Mitte oder Ende des ersten Nutzungsabschnitts
erkannt und durch Mehrnutzung innerhalb dieses ersten Zeitabschnitts ausgeglichen
werden; es wird dann die projektirte Periodenfläche der nächsten Umtriebszeit voll=
ständig, nur mit unwesentlich veränderter Alters=Mischung, überliefert und die prak=
tisch bedeutungslose Ertrags=Differenz, die bestehen bleibt, kann keine wesentliche Ge=
fährdung der Nachhaltigkeit genannt werden. Wenn aber auch diese alsbaldige
Ausgleichung nicht stattfinden sollte, so würde die betrachtete Mindernutzung zu
einer Erhöhung der Umtriebszeit hinführen, man könnte denjenigen Zeitperioden des
zweiten Umtriebs, deren Ertrag in Folge der gegenwärtigen Irrthümer kleiner
ausfallen würde, als es projektirt worden ist, durch Vorrathsreduktionen verstärkte
Rentenbezüge zuweisen.

Es ist darum zu behaupten, daß die irrthümliche Ertrags=Bestimmung keines=
wegs einen gefahrbrohenden Charakter hat. In den meisten Fällen werden selbst die
Fehler eine verstärkte Sicherstellung der Nutzungs=Nachfolger zur Folge haben und
auch die zuletzt betrachtete, vom planmäßigen Stande abweichende Altersstufenfolge
kann in praktischer Hinsicht keine Bedenken hervorrufen — gegenüber der niemals
entfernbaren Unsicherheit bezüglich der nutzbringendsten Normal=Umtriebszeiten.

Die Anwendung der Flächenfachwerks=Methode wird sicherlich zukünftig als
ein untrügliches Merkmal der untersten Entwickelungsstufe der forstlichen Wirth=
schafts=Verhältnisse eines Landes angesehen werden. Angesichts der prinzipiellen
Mangelhaftigkeit dieser Methode brauchen wir die Verbesserungsfähigkeit im Ein=
zelnen nicht zu untersuchen.

3. Das Massenfachwerk.

Während das Flächenwerk bedingungslos normale Bestockungs=
Zustände für den zweiten Nutzungs=Umlauf innerhalb der Betriebsklassen
erstrebt und somit den Schwerpunkt in der vollen Befriedigung der
Bedürfnisse kommender Geschlechter sucht, gravitirt das Massenfach=
werk nach der entgegengesetzten Richtung. Diese Methode bezweckt
die Ausstattung der Nutzungs=Perioden des ersten Einrichtungs=Zeit=

raumes mit gleichen Holznutzungen ohne Berücksichtigung des Standes der Altersklassen am Ende des genannten Zeitraumes. Für die oben geforderte Vermittelung zwischen allen berechtigten Nutzungs-Interessen ist nun aber die Würdigung der Ertrags-Verhältnisse, welche sich bei Beginn der zweiten Umlaufszeit der Nutzung darbieten werden, eine unerläßliche Bedingung. Das Massenfachwerk leidet somit an einer prinzipiellen Unvollkommenheit und Einseitigkeit; es ist eine eingehende Würdigung dieser Methode überflüssig. In der That ist auch das Massenfachwerk in seiner ursprünglichen Gestalt nur noch in wenigen Ländern Deutschlands in Kraft; man findet meistens eine Nachweisung des Flächenstandes mit der Ertrags-Berechnung verbunden. Diese Verbindung zwischen Flächen- und Massenfachwerk hat man komponirtes Fachwerk genannt.

4. Das komponirte Fachwerk.

Nachdem eine Ausgleichung der (mehr oder minder genau ermittelten) periodischen Rohmassen-Nutzungen für den Einrichtungs-Zeitraum (meistens mit Ausscheidung von Betriebsklassen) stattgefunden hat, wird eine Zusammenstellung der (konkreten oder reduzirten) Periodenflächen nach Maßgabe dieser Nutzungs-Vertheilung angefügt. Zeigen sich bei der Vergleichung der Flächensummen der einzelnen Perioden beträchtliche Differenzen, so sucht man dieselben, wenigstens annähernd, durch Bestands-Verschiebungen innerhalb der Perioden-Fächer zu beseitigen. Dadurch werden nun selbstverständlich wieder die periodischen Nutzungs-Erträge ungleich. Man sucht hierauf bestmöglichst zwischen den Ansprüchen der Nutznießer, welche während des Einrichtungs-Zeitraums bezugsberechtigt sind, und den Anforderungen der Wirthschafts-Nachfolger, die im Vorhandensein des Wald-Normal-Zustandes gipfeln, zu vermitteln.

Es ist leicht einzusehen, daß die Methode in Folge dieser Vermittelung den oben gestellten Anforderungen wesentlich näher tritt. Aber die bisherigen Manipulationen, welche dem System des komponirten Fachwerks angehören, sind noch nicht vollkommen zureichend für die Lösung der Aufgabe der Wald-Ertrags-Regelung, wenn man eine sorgfältige Auswahl und scharfe Bemessung der wahlfähigen Wirthschafts-Projekte fordert; es ist dabei gleichbedeutend, ob der höchste Rohertrag oder der höchste Reinertrag angestrebt wird. Man kann bei der Weiterentwickelung der Wald-Ertrags-Regelung die Formen des komponirten Fachwerks benutzen — aber nur, um neuen Inhalt in diese Formen hineinzugießen.

Wir wollen zunächst auf die wesentlichsten, jetzt noch bestehenden Unvollkommenheiten, welche der Verwirklichung der Methode ankleben, hinweisen. Wenn der Waldbesitzer die Erzielung der nachhaltig höchsten Brutto-Geld-Erträge beansprucht, so sind, wie oben gezeigt wurde, die normalen Holzarten und Umtriebszeiten dadurch zu bestimmen, daß man das Zusammenwirken der Erträge, die während des Uebergangs-Zeitraums und während der hierauf folgenden Umlaufszeiten der Nutzung erfolgen, für die wahlfähigen Benutzungs-Projekte ermittelt und vergleicht. Man muß somit die bisher gebräuchliche Bestimmungsweise, welche vorwiegend die Nachzucht der eingebürgerten Holzarten begünstigt und die landesüblichen Umtriebszeiten prüfungslos vorangestellt hat, grundsätzlich verlassen.

Wenn die höchsten Brutto-Geld-Erträge erzielt werden sollen, so würde zweitens die Ausgleichung der sog. Material-Erträge der Zeitperioden, welche die Gebrauchswerthe der qualitativ sehr verschiedenen Massen-Nutzungen nicht beachten würde, vollständig ungenügend sein; es ist offenbar die Gleichstellung der Nutzleistung dieser Holzmassen-Erträge in's Auge zu fassen. Es ist an und für sich für jeden, mit Verstand begabten Menschen klar, daß die quantitative Ertrags-Bestimmung und Vertheilung ohne jeglichen Werth, sowohl für die Produzenten als Consumenten, sein würde. Niemals besitzen quantitativ gleichgestellte Perioden-Erträge die gleiche Nutzleistung; nachweisbar sind die beträchtlichsten Unterschiede im Gebrauchswerthe bei gleich großen Holzmassen-Anfall der Regel entsprechend, die Uebereinstimmung zählt zu den Ausnahmen. Die Sicherung der Nachhaltigkeit des Wald-Ertrags, die unsere oberste Aufgabe ist, würde, streng genommen, durch die Wahnvorstellung fundamentirt werden, daß die Material-Erträge bei abnormen Bestockungszuständen proportionale Gebrauchswerthe besitzen.

Es kann drittens die bisherige Regelung des Nutzungs-Ganges im Speziellen den berechtigten Anforderungen nicht entsprechen. Die Ordnung der Abtriebs-Reihenfolge der konkreten Be-

stände hat, wie oben erwähnt worden ist, in erster Linie das Augen=
merk auf die Werthzunahme (Brutto=Ertrag=Mehrung) dieser sehr
verschiedenartig beschaffenen Bestände zu richten; die weiteren Ver=
schiebungen der Abnutzungs=Zeitpunkte, welche die zukünftige Alters=
klassen=Abstufung verbessern, die Arrondirung der Altersklassen för=
dern, den vortheilhaftesten gefahrlosen Hiebsgang über die Fläche er=
möglichen sollen, sind offenbar vor Allem aus dem Gesichtspunkt der
höchstmöglichsten Werthproduktion zu betrachten, denn meistens führen
mehrfache, im konkreten Nutzeffekt sehr verschiedene Wege zu diesen
Zielen.   Die bisher gewählten Verfahrungsarten halten zur Begrün=
dung dieser wichtigen Dispositionen, die auf lange Zeit hinaus ge=
setzkräftig für die Bewirthschaftung werden, das individuelle Gutdünken
der Taxations=Beamten, die im Dunkel tastende, durch keine licht=
bringende Untersuchung erhellte Muthmaßung für ausreichend.   Es
ist aber diese primitive Beurtheilung ohne Frage unzulässig, weil
dabei die einzigen Anhaltspunkte in der schwer erkennbaren äußeren
Erscheinung der Bestände, wie sie sich beim Durchwandern derselben
im steten Wechsel dem Auge darbietet, gefunden werden können; es
ist vorzugsweise die Betrachtung des Kronenschlusses, des Höhen=
wachsthums, des Bodenüberzugs 2c. im Zusammenhalt mit dem
muthmaßlichen Alter maßgebend.   Man würde weit von der Wahr=
heit abirren, wenn man vermuthen würde, daß die flüchtige Betrach=
tung dieser Einzelfaktoren den so schwer erkennbaren Werthzuwachs
annähernd zutreffend beurtheilen könnte.   Thatsächlich sind die kennt=
niß= und erfahrungsreichsten Forstwirthe außer Stande, die Gesammt=
wirkung dieser Faktoren, die sich nur durch scharfe Bemessung der
Werthmehrung der abnormen Bestände ermitteln läßt, zu bestimmen.
Die Taxations=Beamten disponiren faktisch, rathend in's Blaue hinein,
ohne die effektiven Nutzleistungen zu ahnen, über den Gewinn und
Verlust von großartigen Ertragsziffern.   In den meisten Fällen
wird die sorgsamste, emsigste und intelligenteste Wirthschaftsführung
nicht die Ertragssteigerung erreichen können, welche dem Zuwachs=
Betrag, der bei der Wirthschafts=Regelung leichtfertig vergeudet wer=
den kann, gleichkommt.   Eine minder oberflächliche, innere Begrün=
dung der Wirthschaftspläne kann sicherlich in keiner Weise schaden=
bringend sein; die Dispositions=Befugniß darf ohne Frage an eine

schärfere, den Aufgaben der Waldwirthschaft mehr genügende Beweisführung geknüpft werden (cf. § 61).

Es ist endlich viertens die Nachweisung des Standes der
Altersklassen am Ende des Einrichtungs-Zeitraums nach
wirklichen oder nach (in der bisherigen Art) reduzirten Flächen gleichfalls ungenügend. Denn bekanntlich sind die Massen-Erträge der
verschiedenen Standortsklassen hinsichtlich der Gebrauchswerthe keineswegs übereinstimmend und es kann deshalb die Nachhaltigkeit des
Rentenbezugs nur dadurch gesichert werden, daß das Altersklassen-
Verhältniß mit Rücksicht auf die Nutzleistung des Perioden-Ertrags
dargestellt wird. Man kann zu diesem Zwecke eine verschiedene
Darstellungsweise wählen; man kann die Flächen auf eine gemeinsame Werth-Ertrags-Bonität reduziren oder man kann die Werth-
Erträge für die späteren Zeitperioden summarisch berechnen und gegenüberstellen. Wir werden unten (cf. § 62) diesen letzteren Weg
wählen.

Wenn die hier angedeuteten Verbesserungen mit der Methode
des komponirten Fachwerks vereinigt werden, so wird das Verhalten
der Ertragsfaktoren bei den wählbaren Benutzungsarten mit der erreichbaren Genauigkeit ermittelt werden können. Man wird ein
ausreichendes Beweis-Material gewinnen, um die örtlichen Nutzungs-
Bedingungen nach ihrer Bedeutung zu würdigen. Man kann den
Nutzungsgang bestimmen, der nach allen Seiten die relativ höchste
Leistungsfähigkeit, nach den heut berechtigten Annahmen, gewährleistet.
Wir haben deshalb beim Entwurf der unten folgenden Instruktion
an die Formen des komponirten Fachwerks angeknüpft — überzeugt,
daß dadurch die Wald-Ertrags-Regelung dem zur Zeit erreichbaren
Genauigkeits-Grade nahe geführt werden wird.

Die Modifikationen, welche erforderlich werden, wenn nicht der
höchste Brutto-Geld-Ertrag, sondern der nachhaltig höchste Reinertrag
erzielt werden soll, werden wir ad 6 kennen lernen. Bei diesen
prinzipiell verschiedenen Bewirthschaftungsarten scheiden sich indessen
die Wege, welche die Wald-Ertrags-Regelung einzuschlagen hat, sehr
spät; nur bei der Festsetzung der allgemeinen Wirthschaftsziele und
bei der Bestimmung der einträglichsten Abtriebs-Reihenfolge der konkreten Bestockung während des Einrichtungs-Zeitraums tritt bei der

privatwirthschaftlichen Waldbenutzung die Rücksicht auf die Verzin=
sung des Produktionsfonds hinzu. Es ist deshalb eine gemeinsame
Behandlung in weiten Grenzen zulässig.

5. Das Heyer'sche Verfahren.

Carl Heyer, dieser scharfsinnige und kenntnißreiche Vorkämpfer
eines intensiven wissenschaftlichen Fortschritts, hat auch in der „Wald=
Ertrags=Regelung" (Gießen 1841) den für die damalige Zeit nach
allen Seiten erfolgsichersten Weg vorgezeigt. Hiernach ist fortdauernd,
in allen Wirthschafts=Perioden, die jährliche Nutzung dem wirklichen
jährlichen Haubarkeits=Durchschnitts=Zuwachs der Betriebsklasse gleich=
zustellen, wenn Vorrath und Zuwachs normale Größe haben. Wenn
dagegen Ueberschuß oder Mangel an Vorrath vorhanden ist, d. h.
wenn der wirkliche Vorrath größer oder kleiner ist, als der Holz=
vorrath, welcher für die höchstmöglichste Werthproduktion erforderlich
sein würde, so ist die Ausgleichung der Vorraths=Differenz, der Be=
trag der Uebernutzung oder Einsparung für die kommenden Zeit=
perioden, nach den Ansprüchen und Verhältnissen der Wald=Eigen=
thümer, den Bestockungs=Zuständen, Absatzverhältnissen u. s. w. zu
bestimmen. Carl Heyer hat nachgewiesen, daß sich bei diesem
Nutzungsgang der Normalzustand, längstens nach einigen Umlaufs=
zeiten, von selbst herstellt. Dabei gestattet das Verfahren die ein=
gehende Rücksichtnahme auf die örtlichen Bestockungs=, Absatz= und
Eigenthums=Verhältnisse — ein nicht hoch genug zu schätzender
Vorzug.

Für die Regelung des Wald=Ertrags, welche die Gebrauchs=
werthe in erster Linie berücksichtigt, hat indessen diese Methode be=
denkliche Schattenseiten. Carl Heyer hatte nur den Massen=Ertrag
im Auge, indem derselbe die „durchgängige Zugrundelegung des auf
das zukünftige muthmaßliche Abtriebsalter der Bestände bezogenen
Durchschnitts=Zuwachses, excl. der Vornutzungen" als Ausgangspunkt
der Etatsbestimmung annahm. Wenn Wechsel der Holzart, wenn
die Nachzucht einer ungleich ertragsreicheren Bestockung für die Be=
triebsklasse projektirt wird — und derartige Fälle werden bei der
nunmehr auf Nutzholz=Produktion zu richtenden Bewirthschaftung der
Waldungen die Regel bilden —, so wird der normale Vorrath, der

bekanntlich für die nachzuziehende Holzart bemessen wird, oft den doppelten und dreifachen Gebrauchswerth besitzen, als der wirkliche Vorrath. Es wird zugleich der Haubarkeits-Durchschnitts-Zuwachs, welcher während des Einrichtungs-Zeitraums auf den verjüngten Flächen erfolgt, im Werth viel höher stehen, als der Haubarkeits-Durchschnitts-Zuwachs der anfänglichen Holzbestockung. Bei diesem Sachverhalt muß man besonders untersuchen, ob die Methode des komponirten Fachwerks oder die Heyer'sche Methode den erfolgsicherften Nutzungsweg treffen wird — wenn nicht die Massen-, sondern die Werth-Erträge der Etatsbestimmung zu Grunde liegen.

Die Massenmehrung im Laufe der ersten Umtriebszeit (Einrichtungszeit) vertheilt sich bekanntlich auf alten und neuen Vorrath, indem der Zuwachs auf den abgeholzten und wieder angebauten Flächen den neuen Vorrath, das Betriebskapital für den zweiten Umtrieb, bildet. Wenn die abnorme Beschaffenheit der Betriebsklasse nur die jetzt vorhandene Bestockung trifft, wenn für die verjüngte Bestockung normale Zuwachs-Verhältnisse zu erwarten sind, so stellt sich offenbar der neue Vorrath bei gleichmäßiger Abnutzung der gegenwärtigen Holzbestockung und der an derselben zuwachsenden Holzmasse im Laufe des Einrichtungs-Zeitraums vollständig her. Man wird, wenn man die Herstellung des Normal-Vorraths erzielen will, den nächstgelegenen Weg betreten, indem man die Nutzung während der ersten, zum Normalzustand hinführenden Umtriebszeit auf die Aufzehrung des jetzigen Vorraths und der hieran zuwachsenden Holzmasse beschränkt, mithin den Nutzungsgang des komponirten Fachwerks als Grundlage wählt. Will man dagegen den Haubarkeits-Durchschnitts-Zuwachs als Regulator benutzen, so würde man nur dann einen gleichen Weg der Ertragsbestimmung einschlagen, wenn man die Gesammt-Nutzung während des Einrichtungs-Zeitraums dem konkreten Haubarkeits-Durchschnitts-Zuwachs, der nach den bisherigen Wachsthums-Verhältnissen der jetzt vorhandenen Bestockung zu veranschlagen ist, gleichstellen und entsprechende Verjüngungsflächen wählen würde, d. h. indem man den Zuwachs, welcher den jetzt vorhandenen Vorrath gebildet hat und der bis zur Haubarkeit der jetzt vorhandenen Bestockung anhalten wird, für die Gesammtfläche und die gesammte Einrichtungszeit unterstellt, somit auch für die im Laufe des Einrichtungs-Zeitraums verjüngten Flächen. Der thatsächlich erfolgende Zuwachs würde in diesem Falle höher sein, nicht voll ge= nutzt werden, es würde derjenige Betrag des Zuwachses, welcher zur Ausgleichung der Vorraths-Differenz nothwendig ist, unmittelbar und direkt abgezogen werden. Das komponirte Fachwerk wählt thatsäch= lich diesen Nutzungsgang und stellt dabei den Ausgleichungs-Zeitraum der ersten Umtriebszeit gleich. Die Ausgleichung vollzieht sich nach Maßgabe des regulirten Nutzungsganges, der den örtlichen Verhält= nissen angepaßt werden kann; für die Bemessung der einschlägigen Fak= toren bietet das Verfahren, wie wir sehen werden, zahlreiche Wegweiser.

Die Heyer'sche Methode will auf einem andern Wege zum gleichen Ziel gelangen. Die Etatsbestimmung für die Einrichtungs= zeit wird zunächst auf den wirklichen Haubarkeits-Durchschnitts-Zu= wachs begründet, d. h. nicht nur auf den Zuwachs, der sich für den Abtriebs-Ertrag der vorhandenen Bestockung berechnet, sondern auch von Zeitabschnitt zu Zeitabschnitt auf den successive hinzutretenden Haubarkeits-Durchschnitts-Zuwachs, welcher sich aus dem Abtriebs= Ertrage der im Laufe des Uebergangs-Zeitraums nachgebauten Be= stockung ergibt. Es wird also der Zuwachs-Mehrbetrag, welcher im Laufe der Ausgleichungszeit den Mehrbedarf an Vorrath erzeugen würde, zuvörderst zur Aufzehrung bestimmt. Man hat hierauf die Länge der Ausgleichungszeit und die Art der Ersparung des Vor= rathsmanko's zu bemessen und es ist schließlich der zu dieser Vor= raths-Kompletirung erforderliche Zuwachsbetrag vom Etat in Abzug zu bringen. Man sieht leicht ein, daß das Heyer'sche Verfahren, wenn der Ausgleichungs-Zeitraum der ersten Umtriebszeit gleichgestellt wird, auf einem Umweg zu dem Ziele führt, welches das komponirte Fachwerk auf direktem Wege erreicht; denn die durch die örtlichen Wirthschafts-Verhältnisse gebotenen Modifikationen bezüglich der Her= stellung des Normal-Vorraths, die Carl Heyer betont, sind mit dem zuletzt genannten Verfahren gleichfalls zu vereinbaren und scharf zu bemessen. Da aber die Heyer'sche Methode den richtigen Weg für diese Ausgleichung nicht klar zum Ausdruck bringt, da die Vorraths= Ausgleichung, welche sich in Folge des Wechsels der Holzart von selbst vollzieht, nicht genau für die einzelnen Wirthschafts-Perioden bemessen werden kann, so bleibt die Gefahr bestehen, daß die Zeit

und der Gang der Ausgleichung unrichtig gewählt wird. Der Be=
ginn der Einsparung kann verfrüht, die Intensität derselben für die
einzelnen Zeitperioden widernatürlich bestimmt werden, denn es sind
in diesen Richtungen keine sicheren Anhaltspunkte gegeben; es kann
bei abnormen Bestockungs=Verhältnissen ein schadenbringender Be=
nutzungsgang vorgeschrieben werden. Wenn man auch den Haubar=
keits=Durchschnitts=Zuwachs nach dem Werthbetrage bemessen würde,
so würde man von Zeitabschnitt zu Zeitabschnitt nur den thatsäch=
lichen Werthzuwachs erkennen und als Nutzungs=Regulator benutzen
können; der andere Faktor, die Ausgleichung der Vorraths=Differenzen,
bleibt unbestimmbar. Die Formen des komponirten Fachwerks bieten
für die Fortbildung der Wald=Ertrags=Regelung, welche die scharfe
Bemessung und die klare Erkenntniß der Wirkungsfähigkeit der wähl=
baren Wirthschaftsverfahren zu erstreben hat, bessere Anknüpfungs=
punkte[1]).

6. Die Judeich'sche „Bestandswirthschaft" und die Aufgaben der Nutzungs-Ordnung aus privatwirthschaftlichen Gesichtspunkten.

Charakteristik der „Bestandswirthschaft". Das Ver=
fahren, dessen Grundzüge Oberforstrath und Akademie=Direktor Judeich
in Tharand in seinem 1871 erschienenen Lehrbuch der Forsteinrichtung
veröffentlicht hat, ist der Reform=Bewegung unsrer Tage entsproßt.
Gestützt auf die Preßler'sche Berechnung der normalen Bodenrenten
und der laufenden Verzinsungsprozente des normalen Produktions=
fonds hat Judeich ein diskussionsfähiges Programm für die praktische
Verwirklichung der forstlichen Reinertrags=Lehre aufgestellt.

Dieses Verfahren basirt auf der Flächenwirthschaft. Es ist ein
Versuch, dem Flächen=Fachwerk und speziell der Variante dieser Me=
thode, die bei der Forsteinrichtung im Königreich Sachsen zur Geltung
gekommen ist, bessernde Modifikationen im Sinne der Reinertrags=
Theorie zu geben. Die normalen Umtriebszeiten sollen nicht mehr
nach landesüblichen Annahmen festgesetzt, vielmehr die finanziellen
Umtriebszeiten berechnet werden. Zu diesen Ermittelungen soll man

---

[1]) Die übrigen Methoden (von Hundeshagen, Huber, Martin, Karl, die öster=
reichische Cameraltaxe u. s. w.) haben nur historischen Werth und sind für die hier
verfolgten Zwecke nicht benutzbar.

einige „charakteristische Bestände" benutzen, bei deren Auswahl (ver=
muthlich) die in der Betriebsklasse nachzubauenden Holzarten, wenn
ein Wechsel der Holzarten bevorsteht, maßgebend sein werden. Für
diese charakteristischen Bestände wird der erntekostenfreie Haubarkeits=
und Zwischennutzungs-Geldertrag für die wahlfähigen Holzarten und
für die Flächeneinheit ermittelt und als eine immerwährende, aus=
setzende Rente mit dem angenommenen Zinsfuß auf die Jetztzeit dis=
kontirt. Man findet dadurch den Boden-Bruttowerth, der sich bei
den betrachteten Umtriebszeiten ergeben wird, und hat hiervon noch das
Kulturkostenkapital und das Kapital der jährlichen Kosten (für Verwal=
tung, Steuern ec.) zu kürzen, um den reinen Bodenwerth (Boden=
Erwartungswerth) pr. Flächeneinheit (für die unterstellte aussetzende
Nutzung mit verschiedenen Abtriebszeiten) zu erhalten. Diejenige
Abtriebszeit, für welche der höchste Boden-Erwartungswerth in Aus=
sicht steht, wird als normale Umtriebszeit für die gesammten, zu
der betreffenden Betriebsklasse vereinigten Bestände angenommen.

Diese Bestimmung der finanziellen Umtriebszeiten soll „durch
Berechnung einer Reihe von Weiserprozenten unterstützt" werden.
Unter Weiserprozent versteht man bekanntlich den Verzinsungssatz,
welcher für die im Boden= und Holzbestand der bestockten Flächen=
einheit vorhandenen Werthe durch den laufend jährlichen Werth=
zuwachs geliefert wird.[1]) Die Art und Weise dieser Begründung
der bereits vollzogenen Umtriebsberechnung ist indessen nicht klar
ersichtlich. Wenn in den genannten „charakteristischen Beständen"
nochmals dieses Weiserprozent bestimmt werden soll, so ist einleuchtend,
daß dasselbe dem bei der Berechnung des Boden-Erwartungswerthes
angenommenen Zinsfuß entsprechend sein würde und lediglich die
Modifikation des Letzteren für die betreffende Wachsthumsperiode
angeben würde; man würde die Rechnung auf gleiche Faktoren be=

____

[1]) Der einfachste, von Preßler'schen Zuthaten eliminirte Ausdruck für das
Weiserprozent lautet:

$$p_1 = \frac{A_m + 1 - A_m}{A_m + B_u + V}, \text{ wobei}$$

A_m der gegenwärtige Holzverkaufswerth, $A_m + 1$ der Holzverkaufswerth im
Jahre $m + 1$, B_u der Maximal-Boden-Erwartungswerth und V das Kapital der
jährlichen Kosten (Steuern ec.) genannt worden ist.

gründen und nur in anderer Form wiederholen. Andrerseits ist kaum anzunehmen, daß die sog. Weiserprozente in denjenigen Beständen, welche zufolge ihrer Beschaffenheit dem mittleren Charakter der Bestockung nicht entsprechen, bestimmt werden sollen, denn damit würde man keinesfalls eine erhöhte Sicherstellung der oben genannten Umtriebsberechnung bewirken können.

Dagegen hat die Weiserprozent-Bestimmung unbestreitbare Gültigkeit für die Feststellung der nutzbringendsten Abtriebsreihenfolge der konkreten Bestände innerhalb der Nutzungs-Zeiträume. Es sind diejenigen Bestände, welche durch ihren ferneren Werthzuwachs die normalen Boden- und Vorrathswerthe am geringsten verzinsen, zuerst zu nutzen; nach der Gradation dieser Verzinsung (der Weiserprozente) schreitet der Nutzungsgang fort. (Die Methode der Bestandswirthschaft ermittelt diese Verzinsungsprozente pr. Flächeneinheit ohne Rücksicht auf die Werthverschiedenheiten des Holzvorraths, welche auf gleicher Fläche in der Regel vorgefunden werden; wir werden unten sehen, daß eine andere Berechnungs-Methode zu wählen ist, wenn die Nutzung nach dem Werthertrag zu reguliren ist.)

Nachdem in dieser Weise die finanzielle Normal-Umtriebszeit für die Betriebsklasse und der vortheilhafteste Nutzungsgang im Hinblick auf die jeweils hiebsreifen Bestände festgestellt worden ist, bildet für die fernere Ordnung der nachhaltigen Nutzung die Flächen-Quote, welche, der normalen Umtriebszeit zufolge, auf ein Jahr trifft, die Grundlage. Es ist im Wesentlichen der Nutzungsgang des Flächen-Fachwerks einzuhalten, den wir oben kennen gelernt haben. Die zulässigen Modifikationen („bei einem bedeutenden Ueberschuß an Althölzern etwas mehr, bei einem Mangel derselben etwas weniger Fläche", die Rücksichten auf die Ordnung der Hiebsfolge u. s. w.) sind nach Gutdünken und Muthmaßung anzuordnen.

Willkürliche Abweichungen von der Hauptrichtung des Wirthschaftssystems nach Maßgabe der örtlichen Verhältnisse kann man, wie schon erwähnt wurde, mit jeder Regelungs-Methode vereinbaren; die Zulässigkeit derselben ist kein ausschlaggebendes Moment bei der Würdigung der prinzipiellen Leistungen der Forst-Einrichtungs-Verfahren, so lange nicht die scharfe Bemessung des Nutzeffekts der örtlich wählbaren Abweichungen aus dem Wesen der betrachteten

Methode hervorgeht. Die prinzipielle Verschiedenheit der „Bestandswirthschaft" vom reinen Flächenfachwerk kann man darum nur in zwei Punkten finden: es wird die Ermittelung der finanziellen Umtriebszeit für die Normal-Bestockung versucht und außerdem wird der vortheilhafteste Nutzungsgang innerhalb des Einrichtungs-Zeitraums durch einzelne Streiflichter erhellt. Im Uebrigen werden sowohl für den Nutzungsgang, als für die Etats-Bestimmung feste Grenzen durch die normale Flächenquote des Jahres-Betriebs gezogen. Die weiteren Maßnahmen beruhen auf Willkür und Muthmaßung.

Würdigung der „Bestandswirthschaft." Jede TaxationsMethode, welche die privatwirthschaftliche Wald-Behandlung in den Vordergrund ihrer Tendenzen stellt, hat offenbar mit dem größtmöglichen Genauigkeitsgrade die Leistungsfähigkeit der anbauwürdigen Holzarten und der wahlfähigen Umtriebszeiten für den erreichbaren Reinertrag nach Maßgabe der örtlichen Produktions-Faktoren und Nutzungs-Bedingungen zu vergleichen. Es ist zu bestimmen, durch welchen Nutzungsgang und durch welche Nutzungs-Vertheilung von jetzt an die relativ höchste Summe von rechtzeitig eingehenden Rein-Erträgen aus der Betriebsklasse gewonnen werden kann. Bei dieser Betrachtung der wahlfähigen Wirthschafts-Projekte sind selbstverständlich in erster Linie die im Uebergangs-Zeitraum wirkenden ErtragsFaktoren, die konkreten Kapital-Werthe nach den Nutzleistungen bei verschiedenen Wald-Behandlungsarten zu vergleichen und gleichzeitig ist die Anbahnung vollkommener Bestockungs-Zustände für die späteren Umlaufszeiten der Nutzung nach ihrem wahren Werthe zu würdigen. Nach den relativ höchsten finanziellen Gesammtwirkungen in allen diesen Richtungen sind die örtlich einträglichsten Benutzungsarten zu bestimmen. Frei von detaillirter Nutzungs-Disposition für fernliegende Zeiten ist die Wirthschaft nur nach den Grundzügen zu regeln; aber alle wesentlichen Wirthschafts-Maßnahmen sind (soweit als möglich) durch Rentabilitäts-Rechnungen zu motiviren.

Man wird demgemäß zunächst fragen dürfen, ob die BestandsWirthschaft bei Auswahl der Holzart sorgfältig die Nutzleistungen der nach den örtlichen Standorts- und Verbrauchs-Verhältnissen anbauwürdigen Holzgattungen untersucht und vergleicht und nach dem muthmaßlichen Werth=Ertrage derselben den zukünftigen Holzanbau regelt. Obgleich hierauf gerichtete Vorschriften nicht ausdrücklich er= theilt werden, so würde doch diese Ergänzung ganz im Charakter des Verfahrens liegen. Man kann darum sagen, daß die Methode dieser Forderung genügen kann.

Es ist zweitens die Ermittelung der finanziellen Umtriebs= zeiten in Betracht zu ziehen.

Die Bestands=Wirthschaft basirt, wie wir gesehen haben, die Wahl der finanziellen Umtriebszeiten auf die (von Faustmann und Preßler gelehrte) Berechnung der Boden=Erwartungs=Werthe, welche die aussetzende Betriebsweise zu Grunde legt. Es werden die Geld= Erträge, welche die jeweils unbestockte Waldfläche liefern wird, wenn dieselbe von jetzt an in u, 2 u..... oder in u', 2 u'.... Jahren u. s. w., jedesmal binnen Jahresfrist abgeholzt wird, mit dem ange= nommenen Wirthschafts=Zinsfuß auf die Gegenwart diskontirt; der nach Abzug der Ausgaben verbleibende höchste Jetztwerth gibt die einträglichste Umtriebszeit an.

In dieser Weise kann man ohne Frage die einträglichste Be= nutzungs=Weise der holzleeren Waldflächen bestimmen, wenn die Wirthschafts=Bedingungen die beliebige Wahl der Abtriebs=Zeiten ge= statten. Aber man muß offenbar untersuchen, ob das Verhalten dieser Bodenwerthe ausnahmlos bei der aussetzenden Bewirth= schaftungsweise die Einträglichkeit der Abtriebszeiten richtig be= ziffern und abstufen wird — auch dann, wenn die Waldfläche be= stockt und die Bestockung nicht so beschaffen ist, daß die für den regelrechten Anbau der Waldblöße vorausgesetzten Ertrags=Leistungen beim ersten Abtrieb zu erwarten sind. Man muß ferner prüfen, ob diese Unterschiede der Boden=Erwartungs=Werthe auch dann untrüglich den bei den wahlfähigen Benutzungs=Arten erreichbaren Reingewinn abstufen werden, wenn ein größerer Wirthschafts=Komplex, eine ab= norm beschaffene Betriebsklasse mit nachhaltiger, jährlicher Be= triebsweise zu benutzen ist.

Es ist an und für sich klar, daß man das Rein=Einkommen, welches der Waldbesitzer bei irgend einer Benutzungsart der vorhan= denen und nachzuziehenden Bestockung erzielen kann — sowohl für die abnorme, als die normale Beschaffenheit derselben ganz genau und zweifelfrei bemessen wird, indem man die Einnahmen und Ausgaben, welche diese Bewirthschaftungsweise ergeben wird, auf die Gegenwart diskontirt und den Unterschied bestimmt. Man kann diesen Jetzt= werth den „Wald=Erwartungs=Werth" nennen. Wenn man diese Jetztwerthe für alle wahlfähigen Benutzungsarten — für alle prüfungswerthen normalen Umtriebszeiten und anzubauenden Be= stockungsformen — berechnet, so beziffern die Unterschiede ohne Frage die Einträglichkeit dieser Benutzungs=Arten für den angenommenen Wirthschafts=Zinsfuß. Der relative Unternehmer=Gewinn, welcher zwischen diesen Bewirthschaftungs=Arten obwaltet, wird durch die Differenzen dieser Kapital=Werthe ausgedrückt. Es ist deshalb zu prüfen, ob die Berechnung der Boden=Erwartungs=Werthe, welche die finanziellen Ergebnisse der verschiedenen Benutzungs=Arten der jeweils holzleeren Fläche angibt, in allen Fällen mit dieser Berechnung der Wald=Erwartungs=Werthe harmoniren wird. Diese Beurtheilung ist nicht leicht, wie die nachfolgenden Blätter zeigen werden[1]).

Die wissenschaftlichen Untersuchungs=Methoden, denen wir werth= volle Errungenschaften auf dem Gebiete der Forststatik verdanken, haben nothgedrungen ihren Ausgangspunkt in abstrakten Voraussetzungen suchen müssen. Die unendliche Mannigfaltigkeit der örtlichen Eigen= thümlichkeiten gestattete anfänglich nicht die spezielle Betrachtung der Einzelfälle bei Aufsuchung der allgemein gültigen Gesetze. Die pfad= suchende wissenschaftliche Forschung würde in den wechselvollen ört= lichen Bestockungs=Verhältnissen und Nutzungs=Bedingungen ein schwer zu durchdringendes Gestrüppe vorgefunden haben. Sie mußte ein= fache Wirthschafts=Verhältnisse zu Grunde legen. Die einfachsten Verhältnisse findet man aber bei der unbestockten Bodenfläche und dem aussetzenden Betriebe. Diese Fläche kann mit dieser oder jener Holzart angebaut werden; man kann die gesammte Fläche fortdauernd nach je u, oder nach je u', u"…. Jahren binnen Jahresfrist nutzen; die Flächeneinheit wird die in den Ertragstafeln angesetzten Haubar=

---

[1]) Um Mißverständnissen vorzubeugen, glaube ich gleich anfänglich die wesent= liche Verschiedenheit betonen zu sollen, welche das Verhalten der eben genannten Wald=Erwartungs=Werthe von dem Verhalten der Normal=Wald=Werthe im Bose'= schen Sinne (Beiträge zur Wald=Werth=Berechnung. Darmstadt, 1863) trennt. Siehe unten.

keits- und Zwischennutzungs-Erträge zu den entsprechenden Zeiten liefern. Man kann die Einnahmen und Ausgaben, welche die verschiedenen Benutzungs-Arten hervorrufen, auf die Gegenwart diskontiren und den Unterschied dieser Jetztwerthe bestimmen. Der höchste Jetztwerth (der sog. Maximal-Boden-Erwartungs-Werth) gibt dann unstreitbar die lukrativste Bewirthschaftungs-Art an. Als erste Regel der forstlichen Rentabilitäts-Berechnung hat man darum die Bestimmung der Boden-Erwartungswerthe vorgeschrieben.

Man hat hierauf die bestockte Waldfläche, den Einzel-Bestand, betrachtet und analoge Ertrags-Faktoren unterstellt. Man hat vorausgesetzt, daß die Fläche mit den nutzbringendsten Holzarten bestockt ist, daß die sonstigen Bestands-Verhältnisse (Schluß, Zuwachs u. s. w.) normal beschaffen sind und daß der Abtrieb zu jeder beliebigen Zeit geschehen kann und binnen Jahresfrist vollendet sein wird. Bei diesen Voraussetzungen ist nachzuweisen, daß die Umtriebs-Zeiten, welche für die finanzielle Benutzung der Waldblöße wählbar sind, ganz gleiche Boden-Erwartungs-Werthe für die bestockte Waldfläche gewähren, wie für die holzleere Fläche. Man kann nachweisen, daß alle Einnahmen und Ausgaben, welche diesen ursprünglichen Boden-Werth vermehren oder vermindern, ihre Quelle nicht im Boden-Werthe, sondern im Bestands-Werthe, im Werthe der Holz-Bestockung, haben und darum der Boden-Werth der Blöße im Verlaufe des normalen Wachsthumsganges unverändert bestehen bleibt.

Man hat sodann den Blick auf den streng nachhaltigen Betrieb gerichtet. Hier war es allerdings schwieriger, gleiche Nützungs-Bedingungen zu supponiren. Es würde offenbar nicht genügt haben, wenn man lediglich die normale Holzart und die regelrechte Bestands-Beschaffenheit auf allen Theilen der Betriebsklasse als vorhanden angenommen haben würde. Man hatte auch den Abtrieb eines jeden Bestands genau innerhalb Jahresfrist vorauszusetzen. Es wurde darum das Vorhandensein der idealen Altersstufenfolge unterschoben; es wurde eine Reihe von gleich großen, normal beschaffenen Beständen mit regelrechter Abstufung von Jahr zu Jahr bis zum normalen Hiebsalter in Gedanken auf die Waldfläche übertragen. Aber damit war den gestellten Bedingungen immer noch nicht Genüge geleistet. Da eine beliebige Wahl der Abtriebszeit statthaft ist, so würde, wenn man für eine Betriebsklasse nur ein und dieselbe Idealbestockung für irgend eine Holzart und irgend ein Abtriebsalter vorausgesetzt haben würde, der Abtrieb je eines Jahresschlags innerhalb der Frist eines Jahres nur bei diesem Abtriebsalter, nicht aber bei einer andern Umtriebszeit ohne Uebergriffe in ältere oder jüngere Glieder der Normal-Bestockung zum Vollzug gelangen können. Um deshalb den ursprünglichen Bedingungen vollständig zu genügen, wurde — wenn auch stillschweigend und verdeckt durch die gewählte algebraische Ausdrucksweise — weiter unterstellt, daß jeweils mit dem Uebergang der forststatischen Untersuchung von einer Holzart zur andern oder von einer Umtriebszeit zur andern ohne Weiteres auch die zugehörige Normalbestockung vorhanden sein wird.

Es ist selbstverständlich, daß man bei dieser theoretischen Betrachtung mehrere, räumlich getrennte, normal beschaffene Betriebsklassen in Gedanken supponirt hat. Denn auf ein und derselben Fläche kann sich der vorangestellte Wechsel der Bestockung nicht so unvermittelt vollziehen, als es hier vorausgesetzt worden ist. Auf Grund dieser Unterstellung konnte man nachweisen, daß diese normal beschaffenen Betriebsklassen, wenn dieselben mit den betreffenden Umtriebszeiten behandelt werden, ganz gleiche Bodenrenten liefern werden, wie die im aussetzenden Betriebe bewirthschafteten holzleeren Flächen, weil „das Ganze gleich der Summe seiner einzelnen Theile ist."

An diesem Punkte ist die Entwickelung der forststatischen Methoden stehen geblieben. Nach Klarstellung der forststatischen Grundbegriffe hat man — und vor Allen Gustav Heyer[1]) — den inneren wissenschaftlichen Ausbau des neuen Lehrgebäudes bis zu einer bewundernswerthen Vollendung gefördert. Heyer hat die Beziehungen zwischen dem Rauhertrage und den Produktionskosten, nach Fixirung dieser Begriffe, sowohl mittelst der Methode des Unternehmergewinns, als auch nach der Verzinsung des Produktions-Aufwands mathematisch hell beleuchtet — ebensowohl für verschiedene Zinssätze, als

---

[1]) Anleitung zur Waldwerth-Berechnung. Leipzig, 1865, Teubner. Handbuch der forstlichen Statik, I. Leipzig, 1871, Teubner.

für die forststatischen Erscheinungsformen des Bodenwerthes (Boden-Erwartungswerth und Bodenkostenwerth). Aber stets sind dabei die oben dargestellten Nutzungs-Bedingungen als vorhanden angenommen worden. Die neue Lehre gleicht bis jetzt einer Reihe wohlklingender Vollakkorde, welche einem harmonischen Grundthema entstammen; aber für die Auflösung der Dissonanzen, die bei der weiteren Variation dieses Grundthema's entstehen werden, sind die Noten bis jetzt noch nicht geschrieben worden.

Man hat auf Grund der erwähnten, abstrakten Annahmen nach-gewiesen, daß auch beim nachhaltigen (jährlichen) Waldbetriebe die Lukrativität der Umtriebszeiten durch den Boden-Erwartungswerth des aussetzenden Betriebs (bei konstantem Verzinsungssatz) ausgedrückt wird. Aber die praktische Anwendung der theoretischen Forschungs-Ergebnisse kann selbstverständlich nur für die vorausgesetzten Nutzungs-Verhältnisse — normale Beschaffenheit aller Bestände, beliebige Wahl der Abtriebszeit und Vollzug des Abtriebs der jetzt gleichalterigen Bestockung jeweils binnen Jahresfrist — in Frage kommen, und es ist bekannt, daß diese Voraussetzungen in der Wirklichkeit niemals zutreffend sind. In jeder Betriebsklasse ist ein großer Theil der Bestände — vor Allem in den höheren Altersstufen — mehr oder minder abnorm hinsichtlich des Vorkommens der Holzarten und der Mischungs-Verhältnisse, des Bestands-Alters, der Bestandsdichtigkeit und des Kronenschlusses, der Wachsthums-Verhältnisse u. s. w. be-schaffen. Beim nachhaltigen Betrieb ist die Abtriebszeit der konkreten Bestände keineswegs frei und beliebig zu wählen und fortdauernd in das Bestands-Alter, welches den höchsten Boden-Erwartungswerth liefert, zu verlegen; die übrigen Nutzungs-Bedingungen — Gleich-stellung des Jahres-Ertrags 2c. — ziehen in dieser Richtung unüber-steigliche Schranken. Der Abtrieb der konkreten Altersstufen, die gewöhnlich sehr ungleiche Flächengröße haben, „binnen Jahres-frist" ist vollends undurchführbar. Der Inbegriff der Vollkommen-heit, den die Begründung der forststatischen Lehren für den nachhal-tigen Betrieb vorausgesetzt hat, entstammt einem theoretischen Muster-beispiel, welches mehrere normal beschaffene Betriebsklassen voraus-setzt und die Rentabilität dieser getrennt gehaltenen Normal-Wirth-schaften gegenseitig vergleicht; für die praktische Durchführung der

Rein-Ertrags-Wirthschaft innerhalb ein und derselben Betriebsklasse kann dieses Lehrbeispiel nicht bestimmend sein, denn wenn die ideale Altersstufenfolge für eine Holzart und eine Umtriebszeit jemals vorhanden sein würde; so würde man sie nicht hinwegblasen und mit der Schnelligkeit des Gedankens beliebige andere Idealbestockungen an ihre Stelle setzen können.

Es ist ersichtlich, daß die Feststellung der einträglichsten Benutzung der Waldblöße und Idealbestockung lediglich zur Entwickelung der forststatischen Grundbegriffe dienen sollte. Ohne Frage werden die hierdurch gewonnenen wissenschaftlichen Errungenschaften grundlegend beim Ausbau des forststatischen **Lehrzweigs** in allen Zeiten bleiben. Man kann in der That die Verdienste, welche sich Faustmann, Preßler und G. Heyer — in zweiter Reihe Judeich, Lehr und v. Seckendorff — um die Begründung dieser Forschungs-Methoden erworben haben, nicht genug anerkennen. Allein die Begründung der Bestands-Wirthschaft, welche die Lösung realer, wirthschaftlicher Fragen zu regeln unternahm, durfte selbstverständlich nicht unterlassen, die praktische Anwendbarkeit der abstrakten Forschungs-Ergebnisse zu prüfen. Es war nachzuweisen, daß die Umtriebszeit, welche für die Waldblöße und den normal bestockten Einzel-Bestand die einträglichste Benutzung angibt, auch unter allen Verhältnissen die lukrativste Bewirthschaftung einer abnorm beschaffenen, im Nachhaltbetriebe zu behandelnden Betriebsklasse vorzeichnen wird.

Diese Untersuchung ist unterlassen worden. Die Bestands-Wirthschaft stützt das gesammte Einrichtungswerk auf die Berechnung des Maximal-Boden-Erwartungs-Werthes. Nach der Gipfelung der Bodenwerthe bei normaler Bestockung ist die Umtriebszeit festzusetzen; nach dieser Umtriebszeit wird die jährliche Nutzungsfläche bestimmt und diese Flächenquote ist der Regulator für die gesammte Bewirthschaftung. Die Schlagfläche des nächsten Wirthschafts-Zeitraums dient als Schablone, es wird damit ein Stück von der ältesten oder hiebsreifsten konkreten Bestockung abgetrennt — nach Gutdünken, bald etwas mehr, bald etwas weniger Fläche. Die Bestände, welche in die Schablone hineinfallen, werden hierauf nach der nutzbringendsten Abtriebs-Reihenfolge mittelst der Weiser-Prozent-Berechnung gesichtet — offenbar eine Maßnahme, die ein nothwendiges, aber mehr untergeordnetes Erforderniß für jede finanzielle Nutzungsordnung ist. Die Leitsterne der Bestands-Wirthschaft bei der Vergleichung der wahlfähigen Umtriebszeiten sind die Unterschiede, die sich bei der Boden-Erwartungswerth-Berechnung herausstellen.

Es ist zunächst zu vermuthen, daß man bei der Begründung der Bestands-Wirthschaft die bisherige Beweisführung für die An=wendbarkeit der Bodenwerth-Formel zur Umtriebs-Bestimmung des nachhaltigen Betriebs weder benutzen konnte, noch benutzen wollte. Diese Beweisführung stützt sich, wie wir gesehen haben, auf seltsame Voraussetzungen. Es ist in der That nicht anzunehmen, daß die scharf=sinnigen, praktisch geschulten Urheber dieser Taxations-Methode die genannten eigenthümlichen Verwandlungen der konkreten Vorraths=Beschaffenheit im Augenblicke — der Untersuchung als eine statthafte Unterstellung bei Bemessung realer Rentabilitäts-Unterschiede ange=sehen haben. Es ist vielmehr zu vermuthen, daß man sich die ab=norm beschaffene Betriebsklasse zerlegt gedacht hat in die zugehörigen Einzelbestände — annehmend, daß die einträglichsten Umtriebszeiten für diese Einzelbestände mittelst der Boden-Erwartungswerth-Formel bestimmt werden können und „das Ganze gleich der Summe seiner einzelnen Theile ist." Es ist somit, wie schon im Eingang er=wähnt wurde, bei der Würdigung der Bestands-Wirthschaft in erster Linie die **aussetzende** Betriebsweise zu Grunde zu legen.

Wenn man die Wald-Ertrags-Regelung auf die lukrativste Be=nutzung der sämmtlichen Bestände einer Betriebsklasse im aussetzenden Betriebe stützen will, so ist es nicht schwer, den Gang der un=bedingt einträglichsten Bewirthschaftung zu bestimmen. Alle Methoden der Rentabilitäts-Rechnung stimmen darin überein, daß dasjenige Alter eines abnormen Bestandes, für welches sich der höchste Waldwerth berechnet, die einträglichste erstmalige Abtriebszeit für diesen Bestand angibt, und daß zweitens dasjenige Abtriebsalter, für welches sich der höchste Waldwerth der zu normalen Produktions=Verhältnissen überzuführenden, abgeholzten Fläche (Maximal-Boden=Erwartungswerth) berechnet, die einträglichste zweite und folgende Umtriebszeit sein wird. Die absolut einträglichste Bewirthschaftung der Betriebsklasse wird somit dadurch erzielt, daß man zunächst die erstmaligen Abtriebszeiten der sämmtlichen Bestände in den oben-genannten Zeitpunkt verlegt, (der sowohl durch die Gipfelung der Waldwerthe, als auch dadurch gekennzeichnet wird, daß die laufende Verzinsung des normalen Produktionsfonds unter den geforderten Wirthschafts-Zinsfuß sinkt) und zwar ohne Rücksicht auf die regel-rechte Alters-Klassen-Abstufung des neuen Vorraths und auf die Gleichstellung der periodischen Erträge — und daß man zweitens bei der zweiten und ferneren Umlaufszeit der Nutzung die Einhal-tung der Umtriebszeiten des höchsten Bodenwerthes vorschreibt.

Man sieht leicht ein, daß der Nutzungsweg, den die Bestands-Wirthschaft, gestützt auf die Methode des Flächenfachwerks, einschlägt, ungefähr die umgekehrte Richtung von dem eben gezeigten, absolut einträglichsten Wirthschaftsgange verfolgt. Es ist in der That auf-fallend, daß dieser nahegelegene Weg, auf dem man in Wahrheit zur „Bestandswirthschaft" gelangt sein würde, nicht in erster Reihe gewählt worden ist. Allerdings werden bei diesem Nutzungsgang die Altersklassen der Zukunft in einer etwas chaotischen Abstufung über-liefert und man muß auch absehen von jedem Versuch zur Gleich-stellung der periodischen Nutzungen während des Uebergangs-Zeit-raums. Allein bei Begründung der Bestands-Wirthschaft konnten diese Erwägungen nicht sehr schwerwiegend in die Wagschale fallen, denn man hielt ausdrücklich die „Gleichmäßigkeit der periodischen Nutzungen nicht für ein unbedingtes Erforderniß der Forstwirthschaft" und wird nicht behaupten wollen, daß die strengste Gleichstellung plötzlich mit dem Beginn der zweiten Umtriebszeit unbedingt erfor-derlich werden wird und deshalb schon jetzt durch ängstliche Fürsorge zu sichern ist.

Thatsächlich befaßt sich indessen die praktische Wirthschafts-Ordnung unausgesetzt mit den Abweichungen von diesem absolut einträglichsten Nutzungsgange, die in den konkreten, aus abnormen Beständen zu-sammengesetzten Betriebsklassen durch die örtlichen Betriebs-Verhält-nisse und Nutzungs-Bedingungen hervorgerufen werden. Die hier-durch bewirkten Verluste sind offenbar so weit zu bemessen, als sie im Rein-Einkommen des Waldbesitzers Ausdruck finden. Die Methode der Bestands-Wirthschaft betrachtet nun lediglich die Unterschiede im

Rein=Einkommen des Waldbesitzers, welche während der kommenden neuen Lebensdauer der Bestände erzielt werden können; sie bestimmt die ziffermäßige Bedeutung dieser Verluste für den Zeitpunkt der vollzogenen Abholzung der konkreten Bestockung. Sie berücksichtigt die Mehr= oder Minder=Erträge, welche der Wald=Eigenthümer während des Ueberführungs=Zeitraums erzielen kann, nur in kaum nennenswerther Weise (bei der Weiserprozent=Berechnung). Man geht von der Ansicht aus, daß lediglich die nach Abholzung der abnormen Bestände erzielbaren Boden=Erwartungs=Werthe, welche aus der ferneren Benutzung der Waldblöße hergeleitet werden, die wirthschaftlichen Zielpunkte bestimmen. Allein der Waldbesitzer kann offenbar die Mehrerlöse, die er im Uebergangs=Zeitraum erlangen kann, zinstragend anlegen und andrerseits wird der Entgang bei einem fixirten Rentenbezug durch anderweite Entnahme von Geldmitteln gedeckt werden müssen. Der zukünftige Bodenwerth wird deshalb durch positive oder negative Kapital=Beträge, welche aus der Benutzung der abnormen Bestockung herrühren, belastet oder entlastet — und dieser Umstand fällt, wie wir sehen werden, schwer in's Gewicht.

　　Zuvor wollen wir indessen, zur allseitigen Klarstellung dieser wichtigen und schwierigen Fragen, das Fundament der Bestandswirthschaft, die Maximal=Bodenrente, nach ihrer praktischen Bedeutung spezieller prüfen. Wir hoffen nachweisen zu können, daß die Berechnung der zukünftigen Bodenrenten nur in seltenen Fällen praktische Gebrauchsfähigkeit für die Wald=Ertrags=Regelung gewinnen kann.

　　Denken wir uns zur Vereinfachung der Untersuchung zunächst eine Betriebsklasse gebildet aus mehreren, abnorm beschaffenen Beständen, die im aussetzenden Betriebe und zudem in der oben angegebenen, absolut einträglichsten Art bewirthschaftet werden können; die vorhandene Bestockung kann, so nehmen wir an, ausnahmslos im Alter des höchsten Waldwerths, die nachzuziehende Bestockung im Alter des höchsten Bodenwerths jeweils binnen Jahresfrist genutzt werden. Es ist zu fragen, ob bei dieser völlig unbeschränkten, unbedingt einträglichsten, aussetzenden Betriebsweise die Maximal=Bodenrente den wirklichen Reinertrag der Betriebsklasse beziffern kann?

Diese Frage ist zur Zeit noch eine offene. Zur Lösung derselben ist zu bestimmen, in welcher Weise der Waldwerth abnorm beschaffener Bestände in Boden- und Bestands-Werth zu zerlegen ist und bis zu dieser Untersuchung ist die Begründung der forststatischen Rechnungs-Methoden bis jetzt noch nicht vorgedrungen. Gustav Heyer hat zwar nachgewiesen[1]), daß die einträglichste Abtriebszeit der abnormen Bestockung dann richtig bestimmt werden kann, wenn man den Maximal-Bodenwerth bei der Berechnung der Bestands-Erwartungs-Werthe zu Grunde legt; die finanzielle Nutzungszeit fällt in diesem Falle in das Altersjahr, für welches der Bestands-Erwartungs-Werth gipfelt. Aber damit ist die zu entscheidende Frage nicht direkt untersucht, viel weniger gelöst worden. Es ist niemals zweifelhaft gewesen, daß der einträglichste Benutzungs-Zeitpunkt der abnormen Bestockung in dasjenige Bestands-Alter fällt, für welches die diskontirten Einnahmen und Ausgaben den höchsten reinen Kapital-Werth (Wald-Erwartungs-Werth) ergeben. Lediglich diese Berechnungs-Weise der Waldwerthe in einer anderen Form benutzt Heyer zur Bestimmung der einträglichsten Abtriebszeit. Derselbe rechnet vom Wald-Erwartungs-Werth des Bestandes im Jahre m

$$= \frac{\mathfrak{A}_u + \mathfrak{D}_q \cdot 1{,}0\,p^{u-q} + \dfrac{A_u + D_a \cdot 1{,}0\,p^{u-a} + \ldots + c \cdot 1{,}0\,p^{u}}{1{,}0\,p^{u} - 1}}{1{,}0\,p^{u-m}} - V$$

einen konstanten Betrag für den (Maximal-) Boden-Werth (B_u) ab und folgert sodann, daß das Abtriebsjahr, für welches der verbleibende Rest (Bestands-Erwartungs-Werth) am größten ist, die einträglichste Abtriebszeit angibt. Es ist nun selbstverständlich, daß damit die Richtigkeit der Voraussetzung, daß der konstante Maximal-Boden-Erwartungs-Werth in allen Fällen zu unterstellen sei, in keiner Weise erwiesen worden ist. Wenn man beständig vom Wald-Erwartungs-Werth einen konstanten Betrag für Bodenwerth abzieht, so kann man ganz beliebige Bodenwerthe unterstellen — das einträglichste Abtriebsalter wird dennoch stets in das Alterjahr fallen, für welches der Wald-Erwartungs-Werth gipfelt. Die Frage, in welcher Weise die Zerlegung des Waldwerths abnormer Bestände in Boden- und

---

[1]) Allg. Forst- und Jagd-Zeitung von 1872, S. 104.

Bestands-Werth stattgefunden hat, ist von Heyer nicht untersucht worden; dieser verdienstvolle Forscher hat nur nachweisen wollen, daß die einträglichsten Abtriebszeiten der abnormen Bestände mittelst der bisherigen Methoden der Rentabilitäts-Rechnung richtig bestimmt werden können, was in Hinblick auf diesen speziellen Fall der forststatischen Untersuchung nicht zu bezweifeln ist. Aber immerhin geht aus der Heyer'schen Beweisführung hervor, daß der Unternehmer-Gewinn, welcher bei Einhaltung verschiedener Abtriebszeiten erzielt werden kann, bei abnormen Beständen der Größe der Wald-Erwartungs-Werthe folgt. Wenn verschiedene Umtriebszeiten für die nachzuziehende Normal-Bestockung in Frage kommen, so sind selbstverständlich die Unterschiede im Bodenwerth nur in Zusammenhalt mit der Erhöhung und Verringerung der Bestands-Erwartungs-Werthe maßgebend für den Unternehmer-Gewinn — d. h. die Waldwerthe. Wir werden unten hierauf zurückkommen.

Die Untersuchung über die richtige Zerlegung des Waldwerths abnormer Bestände in Bestands- und Bodenwerth ist grundlegend für die Würdigung der Bestands-Wirthschaft und nicht zu umgehen. Wenn man dabei finden sollte, daß die Bodenrente, welche sich für die abgeholzte Waldfläche berechnet, bei abnormer Bestands-Beschaffenheit niemals als Faktor der Rentabilitäts-Rechnung benutzt werden darf und überhaupt keinen praktischen Werth gewinnen kann, so würde das Fundament des hier betrachteten neuen Systems der Forst-Einrichtung nicht geradezu sicher und zuverlässig genannt werden können.

Zur Vereinfachung dieser weiteren Darlegung wollen wir einen kleinen, abnorm beschaffenen Bestand, der zu beliebiger Zeit binnen Jahresfrist genutzt werden kann, aus der Betriebsklasse heraus greifen. Der Bestand ist, so nehmen wir an, noch nicht finanziell hiebsreif, d. h. der spätere Abtrieb verspricht bei Diskontirung des erstmaligen abnormen Ertrags und der Normal-Erträge der ferneren Umtriebszeiten einen höheren Jetztwerth als die augenblickliche Abholzung unter Hinzurechnung der vervorwertheten (früher eingehenden) Normal-Erträge. Es fragt sich nun: in welcher Weise ist dieser höchste Jetztwerth (Maximal-Waldwerth), der sich für den Bestand mit Boden zur Zeit berechnet, in Boden- und Bestandswerth zu zerlegen?

Für die normal beschaffenen Bestände hat man, wie schon oben erwähnt wurde, diese Frage dahin beantwortet, daß der Maximal-Bodenwerth, welcher sich für die holzleer gedachte Fläche und die Begründungszeit des Bestands ergibt, in allen Lebensaltern als Boden-Werth anzusehen ist. Der Bestands-Werth ist nach dieser Anschauung den admassirten Zinsen dieses Boden-Erwartungs-Werthes (zu dem sich das Kulturkosten-Kapital und das Kapital der sog. jährlichen Ausgaben gesellt) gleich zu stellen (Kostenwerth des Bestandes). Der Bestands-Werth normaler Bestände läßt sich zweitens dadurch bestimmen, daß man den Jetztwerth der Nutzungen, die von dem gegenwärtigen Bestand bis zu dessen Abräumung bezogen werden können, ermittelt und hiervon den Jetztwerth der Produktionskosten, welche zur Erzeugung jener Einnahmen aufgewendet werden müssen, (d. h. die Bodenrente und die jährlichen Kosten) abrechnet; man denkt sich dabei den Boden zur ferneren Bestands-Werth-Produktion hergeliehen und beansprucht die Rente vom Maximal-Bodenwerth. (In dieser Weise wird der sog. Bestands-Erwartungs-Werth berechnet.)

Die Bestands-Wirthschaft hat diese Anschauung, welche für normale Bestockungs-Verhältnisse unzweifelhaft richtig ist, auch für die abnorme Bestandsbeschaffenheit stillschweigend zu Grunde gelegt. Allein diese Annahme steht, unseres Erachtens, nicht im Einklang mit den forststatischen Grundbegriffen. Wenn man den Werth des abnormen Bestands als Kostenwerth berechnen wollte, so müßte man unterstellen, daß der Maximal-Produktionsfonds, der doch offenbar erst mit der einstmaligen Verjüngung zum Normalbestand hervorgerufen werden kann, schon bei der Begründung des abnormen Bestands vorhanden war und daß der Bestand die Miethe vom Maximal-Bodenwerth für seine ganze bisherige Lebensdauer zu vergüten hat, obgleich der letztere bei der einträglichsten Bewirthschaftung noch nicht heute, sondern erst nach Jahren thatsächlich zur Existenz gelangen wird. Und wenn man den Bestands-Werth als Erwartungs-Werth berechnen würde, so würde die Voraussetzung, daß der Bestand von jetzt an den Maximal-Boden-Werth, der erst durch die einstmalige Verjüngung erzielt wird, zu verzinsen hat, sicherlich ebensowenig gerechtfertigt werden können. Diese Annahme würde richtig sein, wenn die sofortige Abholzung des Bestands die einträglichste Benutzungsart sein würde, während es thatsächlich einträglicher ist, den höheren Boden-Werth erst später in's Leben zu rufen. Die Rechnung, welche sich auf die Verzinsung des Maximal-Boden-Werths stützt, kann darum keine richtige Trennung des Waldwerths in Boden- und Bestandswerth bewirken.

Analog den Anschauungen, welche für die Normal-Bestockung maßgebend geworden sind, muß man, wie ich glaube, von dem Produktionsfonds, welcher die Herstellung des abnormen Bestands bewirkt hat, ausgehen. Wenn man dem Bestands-Verbrauchs-Werth im Abtriebsalter (u) die vernachwertheten Zwischennutzungs-Erträge (der Ertrags-Tafeln ꝛc.) hinzurechnet, so gewinnt man den Ausdruck für die ujährigen Zinsen des ursprünglichen Produktionsfonds; dieser Produktionsfonds läßt sich ziffermäßig durch Division der Ertrags-Summe mit $1{,}0\,p^{u}-1$ bestimmen. Aus diesem ursprünglichen Produktionsfonds ist unbestreitbar der Bestand hervorgegangen und nur hierfür muß der jetzige Bestand bis zu seiner Abräumung Miethe bezahlen.

Der ursprüngliche Produktionsfonds erhöht sich allerdings nach Ablauf der laufenden Benutzungszeit zum normalen Produktionsfonds, indem die Differenz zwischen dem ursprünglichen und normalen Produktionsfonds hinzutritt. Die Quelle der zukünftigen Ertrags-Steigerung kann aber offenbar nicht den Bestandswerth, sondern lediglich den Bodenwerth beeinflussen. Denn die Erträge des abnormen Bestands werden weder erhöht, noch verringert. Es ist vielmehr ein vorläufig unbenutzt bleibender Produktionsfaktor in die Bodenwerth-Berechnung einzuführen, den man **latenten** Bodenwerth nennen kann[1].

Wenn der Waldbesitzer in irgend einem Zeitpunkt eine Boden-Werth-Berechnung seiner Waldung vornimmt, so wird er diesen Unterschied zwischen dem ursprünglichen Bodenwerthe und dem nor

---

[1] Die Bezeichnung „Unternehmergewinn" wird hier weniger zutreffend sein. Denn diese Ertragssteigerung wird größtentheils durch die kunst- und gefahrlose Verjüngung lückenhafter und unvollkommener Bestände erzielt, die nicht als besondere Unternehmung angesehen werden kann, vielmehr bei Fortsetzung der bisherigen Waldbenutzung gleichfalls eintreten würde. Genau genommen wäre der Ausdruck „latentes Produktions-Vermögen" zu wählen, doch sind die Unterschiede des Kultur- und Jahreskostenkapitals in der Regel ohne Bedeutung und es erscheint der gewählte Ausdruck mehr bezeichnend.

malen Bodenwerthe auf den Berechnungszeitpunkt diskontiren. Der ursprüngliche Bodenwerth erhöht sich succeſſive im Laufe der erſtmaligen Benutzungszeit des Beſtands, mit der Annäherung des Beſtandsalters an die Haubarkeits-Zeit, die den latenten Bodenwerth entbindet, nach den Geſetzen der Zinsesberechnung. Für alle Beſtandsalter (m, n…) kann man ſomit den Gewinn, den der Waldbeſitzer durch Selbſtbenutzung des latenten Bodenwerths, dieſer Differenz zwiſchen normalem Bodenwerth (B_u) und ursprünglichem Bodenwerth (B_u) erzielen kann und von dem Käufer des Waldbodens fordern wird, ziffermäßig ausdrücken $\left(= \dfrac{B_u - B_u}{1{,}0\, p^m} \ldots \right)$. Wenn man zu dem, im Vorwerth ausgedrückten latenten Bodenwerth den ursprünglichen Bodenwerth, den hiernach beſtimmten Beſtandswerth (und bei einer Differenz der Kulturkoſten und jährlichen Ausgaben zwiſchen u und u den Vorwerth derſelben) hinzu rechnet, ſo gibt die Summe den Waldwerth an; alle Ertragsfaktoren werden nach ihrer wahren Größe beziffert. Die Grundbegriffe der Forſtſtatik führen unabweisbar zu dieſer Anſchauung hin, ſo lange der ſofortige Abtrieb der abnormen Beſtände finanziell oder wirthſchaftlich unſtatthaft iſt. Wenn dagegen der ſofortige Abtrieb zu unterſtellen iſt, ſo wird der latente Bodenwerth unverzüglich entbunden und in dieſem Falle kann als Bodenwerth der Maximal-Boden-Erwartungs-Werth verrechnet werden.

Es iſt ſomit im zuerſt genannten Falle, wenn man die einträglichſte Abtriebszeit wählen will (für u = x, y, z einſetzt und u der Umtriebszeit des höchſten Bodenwerthes gleichſtellt), kein Ertragsfaktor conſtant. Die ursprünglichen Bodenwerthe wechſeln mit den erſtmaligen Benutzungszeiten (x, y, z), die verſchiedene konkrete Erträge liefern werden. Die latenten Bodenwerthe ſind ebenſowenig gleichbleibend, da ſie die vervorwertheten Differenzen zwiſchen den konſtanten Maximal-Boden-Werthen und den veränderlichen ursprünglichen Bodenwerthen bilden, und die Beſtandswerthe ſind Funktionen dieſer ursprünglichen Bodenwerthe. Die einträglichſten Abtriebszeiten ſind darum nach dem Geſammt-Effekt dieſer wandelbaren Faktoren zu bemeſſen, der ſich für jede Abtriebszeit ꝛc. im gegenwärtigen Waldwerth ausdrückt. Nicht der höchſte Bodenwerth, ſondern der höchſte Wald-Erwartungs-Werth beſtimmt die einträglichſte Abtriebszeit ab norm beschaffener Bestände bei freier, aussetzender Betriebsweise. Wenn somit auch die von Heyer gewählte Ermittelung der Bestands-Erwartungs-Werthe aus den oben angeführten Gründen zu gleichfalls richtigen Ergebnissen führt, so kann man doch die grundsätzliche Berechtigung dieser Berechnungsweise bestreiten.

Beispiel. Um die verschiedenen Berechnungs-Methoden zu veranschaulichen, wählen wir das folgende Beispiel. Ein abnormer, undurchforsteter, jetzt 30jähriger Bestand liefert im 60. Jahre eine reine Gesammt-Einnahme (Haubarkeits- und prolongirte Zwischennutzungs-Erträge) von 750 Reichsmark, im 70. Jahre eine reine Gesammt-Einnahme von 1000 Reichsmark. Der Zinsfuß beträgt 3 pCt. Die nachzubauende Bestockung wird mit 70jähriger Abtriebszeit den höchsten Boden-Erwartungs-Werth mit 161 Reichsmark liefern, Kultur- und Jahreskosten werden wegen ihrer Geringfügigkeit nicht beachtet. Ist die 60jährige oder die 70jährige Abtriebszeit am einträglichsten?

a) Berechnung nach der Methode der höchsten Waldwerthe.

$$60\text{jähr. Abtriebszeit} = \frac{750 + 161}{1{,}03^{30}} = 375{,}3 \text{ R. M.}$$

$$70\text{jähr. Abtriebszeit} = \frac{1000 + 161}{1{,}03^{40}} = 355{,}9 \text{ R. M.}$$

b) Berechnung mit Annahme eines latenten Bodenwerths:

60jähr. Abtriebszeit:

$$\text{Ursprünglicher Bodenwerth} = \frac{750}{1{,}03^{60}-1} = 153{,}3 \text{ R. M.}$$

Latenter Bodenwerth im

$$30\text{jähr. Alter} = \frac{161{,}00 - 153{,}3}{1{,}03^{30}} = 3{,}2 \quad \text{"}$$

$$\text{Bestandswerth} = 153{,}3 \, . \, 1{,}03^{30} - 1 = 218{,}8 \quad \text{"}$$

$$\text{Summa } 375{,}3 \text{ R. M.}$$

70jähr. Abtriebszeit:

$$\text{Ursprünglicher Bodenwerth} = \frac{1000}{1{,}03^{70}-1} = 144{,}6 \text{ R. M.}$$

Latenter Bodenwerth im

$$30\text{jähr. Alter} = \frac{161{,}0 - 144{,}6}{1{,}03^{40}} = 5{,}0 \quad \text{"}$$

$$\text{Bestandswerth} = 144{,}6 \, . \, 1{,}03^{30} - 1 = 206{,}3 \quad \text{"}$$

$$\text{Summa } 355{,}9 \text{ R. M}$$

c) Berechnung mit konstantem Maximal-Bodenwerth.

60jähr. Umtrieb:

Bodenwerth . . . . 161,0 R. M.

$$\text{Beftandswerth} = \frac{750-(161.103^{30}-1)}{1{,}03^{30}} = 214{,}3 \quad \text{„}$$

Summa 375,3 R. M.

70jähr. Umtrieb:

Bodenwerth . . . . 161,0 R. M.

Beftands-Erwartungs-Werth:

$$\frac{1000-(161.1{,}03^{40}-1)}{1{,}03^{40}} = 194{,}9 \quad \text{„}$$

Summa 355,9 R. M.

Die Rechnungen führten, wie schon oben erwähnt wurde, hin-sichtlich der Abtriebszeit zu übereinstimmenden Ergebnissen, obgleich die Faktoren (bei b und c) beträchtlich divergiren.

Wenn somit die oben unterstellte absolut einträglichste Be-nutzungs-Weise der abnorm beschaffenen Bestände eingehalten werden kann, so ist es, unseres Erachtens, grundsätzlich nicht gestattet, die höchste Bodenrente als Maß für die Rentabilität dieser Benutzung zu betrachten. Man kann — beispielsweise bei der Steuer-Veran-lagung — nicht sagen, daß diese Bodenrente den jährlichen Reinertrag beziffern wird, denn man würde dabei die (zum Betriebs-Kapital ge-hörigen) Bestands-Werthe zu gering veranschlagen.

Untersuchen wir nun zweitens, ob die Bodenrenten-Rech-nung die Unterschiede der Rentabilität richtig angeben wird, wenn nicht lediglich die absolut einträglichsten Fällungsjahre, sondern verschiedene Abtriebs-Zeiten und Benutzungs-Arten für die im aussetzenden Betriebe zu behandelnden Bestände in Frage kommen. Mit dieser Unter-suchung begeben wir uns auf den Boden der praktischen Ertrags-Regelung, indem wir hinblicken dürfen auf die Nutzungs-Bedingungen des nachhaltigen Betriebs. Zwar ist auch im aussetzenden Betriebe die oben vorausgesetzte Abräumung der einzelnen Altersstufen im un-bedingt einträglichsten Abtriebsjahr binnen Jahresfrist selten zu voll-ziehen; aber namentlich bei der Bewirthschaftung der Betriebsklassen im Jahresbetrieb wird die jetzige und die fernere Abtriebszeit der

Bestände einestheils von finanziellen und anderntheils von örtlichen wirthschaftlichen Rücksichten beschränkt und beeinflußt. Die richtige Bemessung der finanziellen Wirkungen dieser Rücksichtnahmen ist ja die wichtigste Aufgabe der privatwirthschaftlichen Nutzungs-Ordnung; es ist, wie wir unten sehen werden, der konkrete Unternehmer-Gewinn mit dem wirthschaftlichen Wagniß zu vergleichen (§ 59).

Wenn aus irgend einem Grunde die normale Umtriebszeit, welche für die nachzubauende Bestockung den höchsten Boden-Erwartungs-Werth liefern würde, nicht ausschließlich der Wahl untersteht, wenn vielmehr eine Veränderung derselben zu untersuchen ist, so sind fast immer die konkreten Abtriebszeiten der vorhandenen Bestockung, welche man bei der normalen Umtriebszeit der höchsten Bodenrente einhalten könnte, gleichfalls zu verrücken. Nehmen wir beispielsweise an, daß ein beträchtlicher Vorraths-Ueberschuß vorhanden ist oder die Absatzfähigkeit der bei der Umtriebszeit der höchsten Bodenrente anfallenden, zumeist schwachen Nutzholzsorten gefährdet erscheint und darum eine Erhöhung dieser Umtriebszeit u um n Jahre nach dem finanziellen Unterschiede (der sich beim Fortbestand der heutigen Preis-Verhältnisse ergeben würde) zu untersuchen ist, so werden auch Veränderungen der konkreten Abtriebszeiten u . . . . . um x, y . . . Jahre zu betrachten sein. Es ist dann erstens zu fragen, ob für die nachzuziehende Bestockung unter allen Umständen und ohne weitere Untersuchung die Umtriebszeit des Maximal-Boden-Werthes einzuhalten sein wird oder ob die Rentabilitäts-Berechnung gleichzeitig die Einträglichkeit der Nutzung der abnormen Bestände im Alter u mit der Einträglichkeit der Nutzung im Bestandsalter u + x . . . . zu vergleichen und nach dem Gesammt-Ergebniß die Wahl zu treffen hat. Und zweitens ist zu untersuchen, ob die Einträglichkeit der zu vergleichenden Benutzungsarten genau durch die Bodenwerth-Berechnung der Bestands-Wirthschaft beziffert werden kann, ob die konkreten Rentabilitäts-Unterschiede, die zwischen diesen wählbaren Bewirthschaftungs-Arten obwalten, mit den Differenzen, welche die Berechnung der abstrakten Bodenwerthe ergibt, übereinstimmen.

Offenbar erkennt die Bestands-Wirthschaft das Vorhandensein von Rentabilitäts-Unterschieden in Folge veränderter konkreter Abtriebszeiten im Allgemeinen an. Sie benutzt den Ausdruck, den dieselben in der laufend jährlichen Verzinsung des normalen Produktions-Fonds finden, zur Berechnung der sog. Weiserprozente. Es wird nicht geleugnet, daß der Nutzungs-Verlauf während des Einrichtungs-Zeitraums nicht immer den Wirthschafts-Zinsfuß, sondern bald höhere, bald geringere Weiserprozente vorfinden wird, je nachdem sich der Hieb in finanziell unreifen oder finanziell überreifen Beständen bewegt. Es wird auch nicht bestritten, daß die Wahl der normalen Umtriebszeiten wesentlichen Einfluß auf die Gestaltung der Weiserprozente ansüben wird. Aber man unterschätzt die reale Bedeutung, welche diese Differenzen für das Rein-Einkommen des Waldbesitzers haben. Man ahnt nicht, daß die finanzielle Wirkung derselben so hervorragend ist, daß die Bestimmung des Unternehmer-Gewinns nach den Unterschieden des Boden-Erwartungs-Werthes lediglich theoretischen Werth behält.

Die Methode der Bestands-Wirthschaft wird durch ihre Fundamental-Begriffe verhindert, diese zunächst und zumeist hervortretenden Rentabilitäts-Unterschiede, die mit der Hinleitung zu den normalen Umtriebszeiten verknüpft sind, bei der Bestimmung der Letzteren zu berücksichtigen. Sie hat das Vorhandensein derselben erkannt; aber sie kann diese Erkenntniß nicht verwerthen. Sie würde das zu Grunde liegende Prinzip verletzen, wenn sie diese Verzinsungs-Differenzen, welche sich im Einrichtungs-Zeitraum in Folge der Umtriebs-Wahl ergeben, dem Boden-Erwartungs-Werth hinzufügen und die Vergleichung der Summen vornehmen würde, denn dadurch würden auf indirektem Wege die Unterschiede der Wald-Erwartungs-Werthe bestimmt werden. Von dem gewählten Standpunkt aus konnte man konsequenter Weise nur behaupten, daß diejenige normale Umtriebszeit, welche die höchste Bodenrente für die holzleere Fläche vermittelt, unter allen Umständen einzuhalten ist.

Aber es kann offenbar nicht bestritten werden, daß dann, wenn die Veränderungen der normalen Umtriebszeiten und die Veränderungen der konkreten Abtriebszeiten im kausalen Zusammenhange stehen,

Rein-Ertrags-Differenzen hervortreten, welche den Unternehmergewinn, der nach der Differenz der abstrakten Bodenrenten bemessen worden ist, wesentlich verändern können. Wenn die Abtriebszeit u eines Bestands, welche der normalen Umtriebszeit u entsprechen würde, zu verlängern ist bis zur Abtriebszeit u + x, um der Umtriebszeit u + n zu genügen, so wird in der Regel die Differenz zwischen Zuwachs und Verzinsung im Zeitraum (u + x) — u entweder den Wirthschafts-Zinsfuß übersteigen oder demselben nachstehen. Kein vernünftiger Waldbesitzer wird diesen Renten-Unterschied als nicht vorhanden ansehen, denn er kann offenbar bei der Wahl der Umtriebszeit u den Gewinn bis zum Jahre u + x auf Zinsen legen und andrerseits ist es nicht geradezu uninteressant, zu wissen, welchen Ersatz die Umtriebszeit u + n für die Aufopferung des fraglichen Rentenbezugs später gewähren wird. Der Boden-Erwartungs-Werth wird, wie gesagt, durch die positiven Verzinsungs-Differenzen entlastet und durch die negativen Differenzen belastet. Der Boden-Erwartungs-Werth der normalen Umtriebszeiten wird, mit andern Worten, mit sehr verschiedenem Kosten-Aufwand hergestellt und diese Herstellungskosten haben reale Bedeutung für das Reineinkommen des Waldbesitzers. Durch die Berechnung der Boden-Erwartungs-Werthe lernt man das finanzielle Verhalten der Umtriebszeiten nur stückweise kennen. Man muß offenbar die sämmtlichen Einnahmen und Ausgaben, welche von jetzt an den wählbaren Umtriebszeiten zugehören, im Vorwerth ausdrücken, d. h. man hat die Wald-Erwartungs-Werthe zu berechnen.

Die Vertheidiger der Bestands-Wirthschaft können indessen einwenden, daß a priori normale Boden-Werthe für alle abnorm beschaffenen Bestände zu unterstellen seien.

Obgleich schon oben die Widerlegung dieser Anschauung versucht worden ist, so wollen wir doch die Frage auch aus diesem Gesichtspunkte kurz betrachten. Wenn man in einer Betriebsklasse von einem Maximal-Bodenwerthe ausgeht, so liegt, wie wir gesehen haben, die Frage nahe, welche Werthe die Waldbesitzer für die vorhandenen Bestände durch die verschiedenen Bewirthschaftungs-Arten erzielen können. Es ist denkbar, daß sich beispielsweise für die Umtriebszeit u + n, statt u, ein Boden-Werth-Gewinn von 1000 R. M. erzielen läßt,

daß sich aber die Bestandswerthe für u + n um 2000 R. M. ge=
ringer berechnen, als für u. Diese Bestandswerthe sind nicht minder
Rentabilitäts-Faktoren, als die Bodenwerthe. Man kann den Unter=
nehmer-Gewinn nur bestimmen, indem man die Bestands= und Boden=
werthe bei der Vergleichung zusammenfaßt, d. h. die Wald=Er=
wartungs=Werthe gegenüber stellt.

Wenn man aber auch von den Bestands=Werth=Differenzen ab=
sieht, so können schon an und für sich die Boden=Werth=Differenzen
nicht direkt maßgebend sein. Es ist zu beachten, daß verschiedene
normale Umtriebszeiten auch verschiedene Boden=Erwartungs=Werthe
liefern, die bei der Bestimmung der einträglichsten Abtriebszeit jedes
abnorm beschaffenen Bestandes zu Grunde zu legen sind. Dieser
Zeitpunkt wird somit bald in ein früheres, bald in ein späteres Be=
standsalter fallen, je nach der Höhe der Boden=Erwartungs=Werthe.
Es ist ersichtlich, daß die ursprünglich berechneten Unterschiede der
Bodenwerthe schon in Folge dieses Umstandes nicht mehr direkt maß=
gebend bleiben. Der Uebergang zu normalen Produktions=Verhält=
nissen, welcher die ungenügende Verzinsung des normalen Produktions=
fonds durch den Zuwachs des abnorm beschaffenen Bestands beendigt,
erfolgt zu verschiedenen Zeiten; ganz verschiedenartige „latente Boden=
werthe" werden bald früher, bald später entbunden. Der Unter=
nehmer-Gewinn wird sich demgemäß bald höher, bald geringer ge=
stalten und man ist nicht berechtigt, diese Unterschiede im Renten=
Bezug als nicht vorhanden anzusehen.

Auch auf diesem Wege werden wir zur Berechnung der
Wald=Erwartungs=Werthe zurückgeführt.

Die Bestimmung des Unternehmer=Gewinns nach den Unter=
schieden der Boden=Erwartungs=Werthe ist darum bei der Ertrags=
Regelung abnorm beschaffener Betriebs=Klassen unzulässig, sobald für
die aussetzende Benutzungsweise mehrere Abtriebszeiten in Frage
kommen. Wenn in der That die Unterstellung, daß die abnormen
Bestände ausnahmlos auf den jeweils zugehörigen Normal=Boden=
Werthen der untersuchten Umtriebszeiten stocken, gestattet sein würde,
so würde man mit dieser Anschauung keinen Schritt weiter kommen.
Man könnte auch in diesem Falle die direkte Berechnung der Wald=
Erwartungs=Werthe nicht umgehen. Man hätte zu beachten, daß mit

der Einhaltung abweichender normaler Umtriebszeiten Veränderungen der Bestandswerthe verknüpft sind, die sich fortdauernd im Laufe des Einrichtungs-Zeitraums vollziehen und in regelloser Weise hin und her schwanken, und daß die latenten Bodenwerthe zu verschiedenen Zeiten und mit verschiedenen Beträgen entbunden werden. Diese Veränderungen bestimmen in erster Linie den Unternehmer-Gewinn. Der schließliche finanzielle Effekt, der sich bei der Wahl verschiedener normaler Umtriebszeiten ergibt, kann darum mit den Ergebnissen der Boden-Werth-Berechnung in keiner Weise übereinstimmen; lediglich die Wald-Erwartungs-Werth-Berechnung kann diesen Unternehmer-Gewinn beziffern. Es ist in der That — auch wenn man die Sach-lage vom Standpunkt des aussetzenden Betriebs betrachtet — eine seltsame Erscheinung, daß dieser nahe gelegene Weg, den alle sonstigen Rentabilitäts-Rechnungen einschlagen, von der forstlichen Rentabilitäts-Berechnung bisher beharrlich gemieden worden ist.

Wir wollen die vorstehenden Ausführungen durch einige Bei-spiele anschaulicher zu machen suchen.

Beispiel 1. Ein 12jähriger Kiefernbestand ist abnorm beschaffen und liefert im 70. Jahre einen Netto-Ertrag von 1700 R. M., im 80. Jahre einen Netto-Ertrag von 2600 R. M. Für die nachzubauende vollkommene Kiefern-Bestockung berechnet sich für das 70. Abtriebsjahr ein Boden-Erwartungs-Werth von 482 R. M., für das 80. Jahr ein Bodenwerth von 438 R. M. pro Hektar. Bei Wahl der 80jährigen normalen Abtriebszeit ist der abnorme Bestand gleichfalls im 80. Alters-jahr, bei Wahl des 70jährigen Umtriebs ist der abnorme Bestand im 70. Jahr zu nutzen. Zinsfuß: 3 pCt. Wie verhalten sich diese Abtriebszeiten hinsichtlich der Rentabilität?

a) Die Bestands-Wirthschaft betrachtet lediglich die Boden-Erwartungs-Werthe. Hiernach würde die Rentabilität des 70jährigen Umtriebs um 44 R. M. und um 11 pCt. höher stehen, als die Einträglichkeit des 80jährigen Umtriebs.

b) Die Berechnung der Wald-Erwartungs-Werthe ergibt dagegen folgende Resultate:

$$70\text{jährige Abtriebszeit} = \frac{1700 + 482}{1{,}03^{58}} = 392{,}912 \text{ R. M.}$$

$$80 \quad „ \qquad „ \quad = \frac{2600 + 438}{1{,}03^{68}} = 407{,}058 \quad „$$

Bei Einhaltung der 70jährigen Abtriebszeit wird somit nicht nur kein Ge-winn, sondern ein Verlust von 14,146 R. M. erzielt, der jedoch im Prozentsatz nur 3,4 pCt. ausmacht.

c) Wenn man die Zerlegung des Waldwerths in ursprünglichen Bodenwerth,

latenten Bodenwerth und Bestandswerth (siehe oben) und das Verhalten dieser Faktoren betrachtet, so beträgt zunächst der ursprüngliche Bodenwerth für die

$$70\,\text{jährige Abtriebszeit} \quad \frac{1700}{1{,}03^{70}-1} = 245{,}7429$$

$$80 \quad \text{\textquotedbl} \qquad \text{\textquotedbl} \qquad \frac{2600}{1{,}03^{80}-1} = 269{,}6844$$

$$\text{Für die 80 jährige Abtriebszeit} \quad +23{,}9415$$

Der Werth des 12 jährigen Bestands beträgt

für die 70 jährige Abtriebszeit

$$245{,}74 \,.\, (1{,}03^{12}-1) = 104{,}6373 \; \text{R. M.}$$

für die 80 jährige Abtriebszeit

$$269{,}68 \,.\, (1{,}03^{12}-1) = 114{,}8316 \quad \text{\textquotedbl}$$

$$\text{Für die 80 jährige Abtriebszeit} \quad +10{,}1943 \; \text{R. M.}$$

Der latente Bodenwerth beträgt für das 12 jährige Bestandsalter

bei 70 jähriger Abtriebszeit

$$\frac{482-245{,}74}{1{,}03^{58}} = 42{,}5428 \; \text{R. M.}$$

bei 80 jähriger Abtriebszeit

$$\frac{438-269{,}68}{1{,}03^{68}} = 22{,}5525 \quad \text{\textquotedbl}$$

$$\text{Für die 80 jährige Abtriebszeit} \quad -19{,}9903 \; \text{R. M.}$$

Für diese 80 jährige Abtriebszeit ergibt somit ein Gewinn von $(23{,}9415 +$
$10{,}1943 - 19{,}9903 =)$ $14{,}1455$ R. M., wie oben ad b.

d) Zu dem gleichen Ergebniß gelangt man, wenn man den aus dem erstmaligen Abtrieb des Bestands herrührenden Gewinn- oder Verlust-Betrag dem
normalen Bodenwerth auf- oder abrechnet. Wenn der Waldbesitzer die Nutzung
im 70. Jahre vornehmen würde, so würde ein Abtriebs-Ertrag erfolgen von 1700
R. M., der mit Zinsen bis zum 80. Jahre anwächst zu . . . 2284,63 R. M.
Aus der 10 jährigen Benutzung des 70 jährigen Bodenwerthes

$$482 \,.\, (1{,}03^{10}-1) = \quad 165{,}81 \quad \text{\textquotedbl}$$

$$\text{Zusammen} = 2450{,}44 \; \text{R. M.}$$

Der Abtriebs-Ertrag im 80 jährigen Bestandsalter beträgt . . 2600,00   „

Folglich berechnet sich für die 80 jährige Abtriebszeit ein

Gewinn von . . . . 149,56 R. M.

Die Differenz der Boden-Erwartungs-Werthe beträgt für den 80 jährigen Abtrieb
$(438-482=)$ . . . . — 44,00 R. M.

$$\text{Hierzu} \;.\;.\;.\;.\;.\;.\;.\;.\;.\;. \quad +149{,}56 \quad \text{\textquotedbl}$$

$$\text{Nach 68 Jahren somit} \;.\;.\;.\;.\; +105{,}56 \; \text{R. M.}$$

Vorwerth im 12 jährigen Bestandsalter $= +14{,}14$ R. M. wie oben.

Beispiel 2. Wenn der oben genannte 12 jährige Kiefernbestand im 70. Jahre
1700 R. M. pro Hektar, im 80. Jahre dagegen statt 2600 R. M. nur 2000 R. M.

liefert und die übrigen Annahmen unverändert bleiben, so berechnen sich die folgen=
den Wald-Erwartungs-Werthe:

$$70\text{jährige Abtriebszeit} = 392{,}912 \text{ R. M.}$$
$$80 \quad \text{„} \qquad \text{„} \quad = 326{,}665 \quad \text{„}$$

Der Gewinn bei Einhaltung der 70jährigen Abtriebszeit beziffert sich in
diesem Falle nicht auf 44 R. M., sondern auf 66,247 R. M., im Prozentsatze be=
trägt derselbe nicht 11 pCt., sondern 20 pCt.

Betrachten wir nun zweitens die Benutzung der Betriebs=
Klassen im strengen Nachhalt-Betriebe. Wenn wir zunächst
das Vorhandensein der idealen Alters = Abstufung für
irgend eine Umtriebszeit (u) annehmen, so können unter ge=
wissen Bedingungen die normalen Bodenrenten ohne Frage als Aus=
druck für die Rentabilität der normalen Umtriebszeiten angesehen
werden — wenn sich nämlich ein gleicher Boden=Erwartungs=
Werth für alle wählbaren Umtriebszeiten berechnet, wenn
während des Uebergangs von der ursprünglichen zu der veränderten
Abtriebszeit auf allen Schlägen unausgesetzt ein Zuwachs erfolgt,
welcher die Zinsen des Vorraths und des ursprünglichen (und gleich=
bleibenden) Bodenwerthes genau ausgleicht. Es ist einleuchtend, daß
in diesem Falle der Waldwerth durch die verschiedenartigen Be=
nutzungsweisen nicht verändert werden kann. Wenn die Bodenwerthe
übereinstimmen, so muß nothwendig auch der Vorrath für die ver=
schiedenartigen Benutzungsweisen einen ganz gleichen Erwartungs=
oder Kostenwerth haben. Aber es ist kaum nöthig zu bemerken, daß
bei derartigen Unterstellungen die Wahl der Umtriebszeit nicht mehr
in Frage kommen würde.

Anmerkung. In neuerer Zeit ist wiederholt die Vermuthung ausgesprochen
worden, daß die Rentabilität der Umtriebszeiten schon darum den Angaben der
Boden=Erwartungs=Werth=Formel nicht entsprechen könne, weil diese Bodenwerth=
Berechnung auf die Flächen=Einheit bezogen werde, während im Nachhalt=Betriebe
die Nutzung ungleich große Jahres=Schläge umfasse. Zur sachlichen Klarstellung
ist indessen darauf hinzuweisen, daß diese Behauptung für die eben unterstellten,
finanzielles Gleichgewicht bewirkenden Zuwachs=Verhältnisse nicht zutreffend sein
kann, wenn auch die Veränderungen der jährlichen Schlagflächen bei dem that=
sächlichen Zuwachs=Gange der Waldbestände die Rentabilitäts=Berechnung wesent=
lich beeinflussen. Wenn beispielsweise ein Hektar im 50. Jahre einen Ertrag von
1200 R. M., im 100. Jahre einen Ertrag von 6460,7 R. M. und in der Zwischen=

zeit entsprechende Erträge liefert, so ist die normale Verzinsung des Vorraths- und Boden-Werthes zwischen dem 50. und 100. Jahre bei einem Zinsfuß von 3 pCt. vorhanden. Für beide Abtriebszeiten berechnet sich ein Boden-Erwartungs-Werth von 354,63 R. M. Wenn die Betriebsklasse 100 Hektar groß und für die 50=jährige Umtriebszeit normal bestockt ist, so ist es finanziell gleichbedeutend, ob der Waldbesitzer den 50jährigen Umtrieb fortsetzt oder zum 100jährigen Umtrieb über=geht. Im ersteren Falle erhält derselbe bei einer Nutzungsfläche von 2 Hektaren einen Jetztwerth von $\dfrac{2 \cdot 1200}{0,03} = 80000$ R. M. Im zweiten Falle betragen die Einnahmen in den nächsten 100 Jahren, während der Ueberführungszeit zur 100=jährigen Normal-Bestockung im Jetztwerth 68794 R. M. Der Jetztwerth der jähr=lichen Nutzung von 6460,7 R. M., welche nach 100 Jahren beginnt, beträgt $\dfrac{6460,7}{1,03^{100} \cdot 0,03} = 11206$ R. M., zusammen 80000 R. M. wie oben. Es kann zur Ueberführung ein beliebiger Nutzungs=Gang (Massen oder Flächenfachwerk 2c.) ge=wählt werden.

Die Boden-Erwartungs-Werthe, welche sich für die wählbaren Umtriebszeiten berechnen, sind nun aber bekanntlich nicht übereinstim=mend und es fragt sich, ob die Unterschiede maßgebend für die Ein=träglichkeit sein können, wenn man eine normale Bestockung für irgend eine Umtriebszeit annimmt. Man kann (wie es auf den ersten Blick scheint) unter gewissen Bedingungen dieses Verhalten der Bodenwerthe als maßgebend für das Verhalten der effektiven reinen Renten ansehen — wenn man nämlich unterstellt, daß der Uebergang von der Umtriebszeit u zur Umtriebszeit u + n dadurch herbeigeführt werden kann, daß man fortdauernd die Bestände im Alter u abräumt. (Allerdings ist bei diesem Nutzungsgang die Ueberführung nicht zu bewerkstelligen, denn man würde die Jahresschlagfläche für u einhalten müssen, aus dieser Um=triebszeit u nicht heraus kommen und keinenfalls u + n erreichen; thatsächlich hat die Nutzung Abtriebszeiten mit sehr verschiedenartigen Boden= und Bestandswerthen zu durchlaufen. Aber es ist zur Klar=stellung der schwierigen Fragen, die wir hier behandeln, auch dieser Nutzungsgang zu untersuchen.) Man kann sagen: da in diesem Falle die Verzinsung des Produktiosfonds für die Umtriebszeit u während des Uebergangs=Zeitraums stattfindet und nach Abräumung der jetzt vorhandenen Bestockung unmittelbar überspringt in die Verzinsung des Produktionsfonds für die Umtriebszeit u + n, so beziffert schon jetzt die Differenz der Boden-Erwartungs-Werthe zwischen u und u + n den Rentabilitäts-Unterschied dieser Umtriebszeiten. Allein auch diese Annahme würde irrig sein. Es ist zu beachten, daß der Unterschied des Bodenwerthes zwischen u und u + n nicht als Jetztwerth, sondern als Erwartungswerth in die Rechnung einzuführen ist; der „latente Bodenwerth", die Differenz zwischen den Boden-Erwartungs-Werthen für u und u + n, würde nicht augenblicklich, sondern successive mit dem Abtrieb der Jahresschläge in den nächsten u + n Jahren entbunden. Wenn man diesen weiteren Faktor in die Rechnung einführt, so gelangt man zu Resultaten, die mit den Angaben der Bodenwerth-Rechnung keine Aehnlichkeit haben. Die Umtriebsbestimmung, die sich auf die Boden-Erwartungs-Werth-Formel stützt, ist deshalb bei dem Vorhandensein einer **Normal-Bestockung** nicht ganz richtig.

Wenn wir zweitens, von den hypothetischen, imaginären Normal-Waldungen absehend, den Blick richten auf abnorm beschaffene Betriebsklassen, so ist es überflüssig zu bemerken, daß die Nutzungs-Bedingungen des Nachhalt-Betriebs die beim aussetzenden Betriebe vorangestellte absolut einträglichste Bewirthschaftungs-Weise der Betriebsklasse — Nutzung aller abnormen Bestände in dem Zeitpunkte, mit welchem der laufende Zuwachs zuletzt das Wirthschaftsprozent vom Maximal-Wald-Werth liefert und Nutzung der nachzuziehenden vollkommenen Bestockung in dem Altersjahr, für welches sich der höchste Wald-Blößen-Werth berechnet — nicht gestatten. Es handelt sich hier ausschließlich um die Vergleichung mehrfacher Bewirthschaftungs-Arten und um die richtige Bestimmungsweise des Unternehmer-Gewinns, damit die relativ einträglichsten Nutzungs-Verfahren klar erkannt werden können.

Indem wir zunächst einfache, und für die Bestands-wirthschaft günstige Zuwachs-Verhältnisse unterstellen, wollen wir nochmals versuchen, auf dem Boden der Bodenrenten-Theorie festen Fuß zu fassen. Wenn man den Bodenwerth der abnormen Bestände aus den erstmaligen abnormen Erträgen herleitet und mit Zugrundelegung dieser ursprünglichen Bodenwerthe die Bestands-Kosten-Werthe bestimmt, so verzinst, wie wir oben gesehen haben, der Zuwachs der abnormen Bestände diese Bestands- und

Bodenwerthe mit dem angenommenen Wirthschafts-Zinsfuß bis zur Abtriebszeit, welche der Rechnung zu Grunde liegt. Würden sich nun für alle wählbaren Abtriebszeiten der abnormen Bestände gleiche ursprüngliche Boden-Erwartungs-Werthe berechnen, so würde man einen festen Fußpunkt für diese Methode der Rentabilitäts-Berechnung finden können. Bei dem unterstellten Gleichgewicht zwischen Zuwachs und Verzinsung des ursprünglichen Produktionsfonds ist es hinsichtlich der rentabelsten Benutzung der vorhandenen Bestockung ganz gleichbedeutend, ob dieselbe in kürzerer oder längerer Zeit abgeräumt wird. Nur die Unterschiede zwischen den abnormen und normalen Bodenwerthen kommen in Betracht. Es ist zu erwägen, daß der Wald-Eigenthümer bei beschleunigter Abnutzung die höheren Bodenwerthe der nachzubauenden Bestockung früher in Nutznießung nehmen kann, wie bei dem entgegengesetzten Nutzungsgang. Diese entgehende Nutznießung muß selbstverständlich der später zu erreichende Umtrieb, wenn derselbe gewählt werden soll, ersetzen. Man könnte somit zur Vertheidigung der Boden-Renten-Theorie sagen: mit diesem Verlust ist der Bodenwerth zu belasten, es ist anzunehmen, daß auf diesen erhöhten Bodenwerthen die Bestände aufgebaut werden und die Zinsen derselben als Kosten erfordern. Die Umtriebs-Bestimmung auf dieser Grundlage würde zwar finden, daß das gegenseitige Verhältniß zwischen den Boden-Erwartungs-Werthen der Umtriebszeiten durchgängig verändert wird; aber man würde die Bemessung immerhin auf die Bodenrente stützen können.

Diese Vereinfachung der Berechnung ist jedoch, wie man leicht einsehen wird, unzulässig. Der ursprüngliche Bodenwerth bleibt bei wechselnden Abtriebszeiten nicht konstant, sondern verändert sich von einem Zeitpunkt zum andern mit erheblichen Differenzen. Und damit schwanken, wie wir schon oben gesehen haben, alle Rentabilitäts-Faktoren von Umtriebsjahr zu Umtriebsjahr in regelloser, algebraisch nicht zu fixirender Art und Weise; sie werden von drei Motoren bewegt: von dem Vorrath und laufenden Zuwachs der konkreten Bestände, von dem Werth-Ertrag der nachzuziehenden Bestockung und drittens von den Zinsfaktoren — und für den abnormen und normalen Gang der örtlichen Werthmehrung lassen sich bekanntlich allgemeine Gesetze schwer finden. Man kann den ursprünglichen und latenten Bodenwerth nicht herausgreifen, um hiernach die Herstellungs-Kosten des Vorraths und die reine Rente der wählbaren Umtriebszeiten zu bemessen, weil auch die Bestandswerthe der konkreten Bestockung sich von Umtriebsjahr zu Umtriebsjahr verändern. Man kann nur das Zusammenwirken aller Faktoren, das sich im Wald-Erwartungs-Werthe ausdrückt, benutzen, wenn man die Rentabilität der Umtriebszeiten vergleichen will.

Auf diesem Wege lassen sich nun in der That alle Rentabilitätsfragen so einfach und zweifelfrei lösen, daß man schwer begreift, weshalb die Bestands-Wirthschaft das oben zergliederte, theoretische Muster-Beispiel zum Wegweiser genommen hat. Wenn der Wald-Besitzer zu wählen hat zwischen den Umtriebszeiten u und u + n, so wird er vor Allen fragen: welche Netto-Erträge liefert die Waldung bei Ueberführung der abnormen Bestockung zur Umtriebszeit u während der Uebergangszeit und welche Netto-Erträge bei Einrichtung der normalen Umtriebszeit u + n? Wenn er findet, daß die letztere Umtriebszeit nur zu erreichen ist durch Verzichtleistung auf einen Theil der Rente, die bei Einrichtung der Umtriebszeit u entfallen würde, so wird er diese Renten-Verluste auf das Ende des Uebergangs-Zeitraums zu u + n prolongiren und untersuchen, ob der Normalwald für u + n einen um die Zinsen dieses Aufwandes höheren Netto-Ertrag, als der Normalwald für u nachhaltig zu liefern vermag. Wenn durch die Ertrags-Differenz zwischen dem späteren Netto-Einkommen der Umtriebszeiten u + n und u diese Kapital-Aufwendungen, die durch Verzichtleistung auf beziehbare Rente dargebracht worden sind, ausgleichend ersetzt werden, so stehen beide Umtriebszeiten hinsichtlich der Einträglichkeit im Gleichgewicht; nach dem Ueberschuß oder Minderergebniß kann man die Rentabilität der Umtriebszeiten bemessen. Man kann die Berechnung ebensowohl für den Anfang, als für das Ende des Einrichtungs-Zeitraums vornehmen, im ersteren Falle bestimmt man die Wald-Erwartungs-Werthe, deren Unterschiede die eben genannten Verzinsungs-Differenzen nach dem Jetztwerth angeben. Wir werden diese Berechnungsweise im § 57 näher kennen lernen.

Es ist einleuchtend, daß in dieser Weise die reale Einträglichkeit der wählbaren normalen Umtriebszeiten unverfälscht und unanfechtbar

zum Ausdruck gelangt. Während die Bestands-Wirthschaft zu er=
gründen sucht, in welcher Weise die Betriebsklasse nach 80 oder 100
Jahren am einträglichsten bewirthschaftet werden wird, was vorläufig
die Waldbesitzer kaum interessiren dürfte, findet man auf dem zuletzt
genannten Wege die thatsächlichen Rentabilitäts=Unterschiede, die sofort
erscheinen, wenn die Wirthschaft nach dieser oder jener Richtung hin=
geleitet wird.

Man muß bei dieser Berechnungsweise davon absehen, die Wald=
rente in Vorraths= und Bodenrente zu trennen. Die Aufwendungen
des Waldbesitzers zur Herstellung einer höheren Umtriebszeit erhöhen
nicht nur den Kostenwerth des Vorraths; sie erhöhen auch den Bo=
denwerth, denn in größeren Waldungen kann der Letztere nur nach
dem Ertrage der forstwirthschaftlichen Benutzung bestimmt werden
und es wird dieser Bodenwerth mit dem Ertrage auf und absteigen.
Die Trennung des Waldwerths in Boden= und Bestandswerth wird
bei abnormer Bestockung stets auf willkürliche Annahmen gestützt wer=
den müssen; sie ist überdies ganz nutzlos für die Zwecke der Wald=
Ertrags=Regelung und kann unterbleiben. Wenn die Waldfläche holz=
leer ist, steht der Waldwerth dem Bodenwerthe gleich.

Wir haben bisher darzulegen gesucht, daß die Wahl der nor=
malen Umtriebszeiten in den Unterschieden der Boden=Erwartungs=
Werthe ein unzuverlässiges Fundament finden würde. Wir haben
gesehen, daß sehr verschiedenartige Faktoren befragt werden müssen,
wenn man die Einträglichkeit der Bewirthschaftungs=Arten ermit=
teln will. Aber wir haben bisher die Bedeutung des Irrthums für
die nachhaltige Bewirthschaftung der Waldungen noch nicht ziffer=
mäßig zu bestimmen gesucht. Man kann entgegnen, daß die Unter=
schiede im Reinertrage, welche aus der verschiedenartigen Abnutzung
der abnormen Bestockung folgen, zwar das gegenseitige Verhältniß,
welches die Boden=Werth=Berechnung ergibt, abändern werden, daß
aber stets die aus den Benutzungs=Arten der normalen Bestockung
resultirenden Differenzen in der Wirkung auf das Gesammt=Ergebniß
der Reinertrags=Berechnung dominiren werden, daß die Gipfelung
des Unternehmer=Gewinns eine für praktische Zwecke ausreichende

Uebereinstimmung mit der Gipfelung der Boden-Rente einhalten wird.

Diese Fragen kann man nur durch Untersuchung von Fall zu Fall beantworten; die schwerwiegende Bedeutung dieser weitgehenden Abirrung von den richtigen Zielpunkten läßt sich nur durch die Betrachtung realer Bestockungs-Verhältnisse darlegen. Die unendliche Mannigfaltigkeit der örtlichen Ertrags-Faktoren und Wirthschafts-Bedingungen wälzt der allgemeinen Betrachtung unübersteigliche Hindernisse in den Weg.

Anmerkung. Vergleicht man zwei Umtriebszeiten u und t und nennt man die abnormen Geldwerth-Erträge per Jahr (excl. Gewinnungs- und Kulturkosten) $\mathfrak{E}_u$ und $\mathfrak{E}_t$, die normalen Jahres-Erträge E_u und E_t, so ist zu untersuchen, ob

$$\frac{\mathfrak{E}_u \cdot (1{,}0\,p^u - 1) + E_u}{1{,}0\,p^u \cdot 0{,}0\,p} \gtreqless \frac{\mathfrak{E}_t \cdot (1{,}0\,p^t - 1) + E_t}{1{,}0\,p^t \cdot 0{,}0\,p}$$

Die Faktoren dieser Ungleichung variiren nun, sobald man für u und t konkrete Abtriebszeiten einsetzt, unaufhörlich a. nach dem Werthbetrag des abnormen Vorraths, b. nach den abnormen Zuwachs-Verhältnissen, c. nach der Länge der wählbaren Uebergangs-Zeiträume, d. nach den abnormen, von Jahr zu Jahr verschiedenen Abtriebsflächen, e. nach den normalen Zuwachsbeträgen, f. nach den normalen Nutzungsflächen u. s. w. Die Aufstellung allgemeiner Formeln ist darum völlig werthlos.

Indessen kann man wenigstens die maßgebenden Verhältnisse klar darlegen und die Ursachen, welche die behauptete Wirkung hervorbringen, aufsuchen. Man kann nachweisen, daß der obige Einwurf auf einer an sich unhaltbaren Vermuthung beruhen würde.

Unterstellen wir zunächst einen beträchtlichen Vorraths-Ueberschuß für irgend eine abnorm beschaffene Betriebsklasse. Die vorhandene Altersstufe reicht, so nehmen wir an, viel höher hinauf, als es für die Umtriebszeit des Maximal-Boden-Werthes erforderlich ist. Es ist, so unterstellen wir weiter, streng nachhaltige Benutzung im Sinne der Bestands-Wirthschaft erforderlich, die erste Rücksicht gebührt der Herstellung der regelrechten Altersstufenfolge. Es ist dann zu fragen, ob diese Normal-Bestockung für die Umtriebszeit des höchsten Bodenwerthes oder für ein früheres oder späteres Abtriebsalter herzustellen ist.

Nach der Voraussetzung wird bei jeder Benutzungsweise im strengen Jahres-Betriebe der Hieb lange Zeit, meistens während der

Gesammt-Dauer der Ueberführnng, finanziell überreife Bestände treffen. Die absolut einträglichste Benutzungsweise dieser Betriebs-klasse, die augenblickliche Abholzung aller finanziell überreifer Be-stände, ist an sich ausgeschlossen; aber alle Wege, welche zu einer Annäherung an diesen unbedingt lukrativsten Nutzungsgang hinführen, werden den Unternehmer-Gewinn verstärken. Nach den Voraus-setzungen der Bestands-Wirthschaft — bedingungslose Herstellung der Normal-Bestockung[1]) — kann nur die Veränderung der normalen Umtriebszeiten in dieser Richtung in Frage kommen — die Herstel-lung der normalen Altersstufenfolge für die kürzere Umtriebszeit t statt für die längere Umtriebszeit u. Es würde somit planmäßig und grundsätzlich eine minder einträgliche Benutzungs-Form für die Normal-Bestockung herbeizuführen sein und es ist zu fragen, ob wäh-rend der Einrichtungszeit ein Gewinn erzielt werden kann, welcher den Verlust, der den Nutznießer der Normal-Bestockung treffen wird, die Wagschale halten wird. Es ist die Umtriebszeit zu bestimmen, für welche die mit dem Gewinn beschwerte Wagschale am tiefsten sinkt und zu untersuchen, ob dieses Abtriebsjahr weit entfernt stehen wird vom Abtriebsjahr, welches den Maximal-Boden-Erwartungs-Werth liefert.

Man würde das Verhalten der Ertragsfaktoren in dieser Rich-tung nicht klar zur Anschauung bringen können, wenn man die Sach-lage vom Standpunkt der bisherigen Methoden der forstlichen Renta-bilitäts-Rechnung betrachten würde. Denn die Letzteren beschränken sich auf die Vergleichung der Normal-Bodenwerthe für u und t. Auf diesem Wege würde man zur Berechnung der Bestands- und latenten Boden-Werthe oder direkt zur Wald-Erwartungs-Werth-Berechnung hinge-führt werden.

Dagegen kann man die Ertragsfaktoren, welche Gewinn und Verlust bewirken, einzeln betrachten, wenn man den Waldwerth in ursprünglichen Bodenwerth, latenten Bodenwerth und Bestandswerth zerlegt (siehe oben). Es ist klar, daß bei der beschleunigten Abhol-zung der finanziell überreifen Bestände der ursprüngliche Bodenwerth

---

[1]) Die Aenderungen nach Gutdünken und Muthmaßung kommen, wie schon oben erwähnt wurde, nicht in Betracht.

der Gesammtfläche erhöht wird, daß in Folge dessen der Werth der sämmtlichen Bestände steigt und daß endlich der latente Bodenwerth unausgesetzt im Laufe des Einrichtungs-Zeitraums in früherer Zeit und auf größeren Jahres-Schlag-Flächen — wenn auch nicht mit dem absolut höchsten Betrage — entbunden wird, als beim Uebergang zur Umtriebszeit u. Es ist andrerseits ersichtlich, daß ein Verlust lediglich dadurch hervorgerufen werden kann, daß dieser während der Ueberführung zur Umtriebszeit t frei werdende latente Bodenwerth an sich dem Betrage nach geringer ist, als der beim Uebergang zur Umtriebszeit u frei werdende latente Bodenwerth. Man könnte nun zwar die nach beiden Seiten wirkenden Faktoren spezieller würdigen und nachweisen, daß der zuletzt genannte Unterschied nicht schwer in die Wagschale fallen kann. Allein diese Untersuchung ist komplizirter Natur und wird nur in Hinblick auf konkrete Ertragsziffern verständlich. Man kann einen kürzeren Weg wählen, indem man die Wald-Erwartungs-Werthe betrachtet.

Bei der Ueberführung zur Umtriebszeit t ist selbstverständlich eine stärkere jährliche Fällung vorzunehmen, wie bei der Ueberführung zur Umtriebszeit u. Der Wald-Besitzer kann den Mehr-Ertrag ($\mathfrak{D}$) t Jahre lang auf Zinsen legen und würde somit am Ende des kürzeren Einrichtungs-Zeitraums t ein Kapital $= \dfrac{\mathfrak{D} \cdot (1{,}0\,p^{t} - 1)}{0{,}0\,p}$ haben. Andrerseits würde der Uebergang zur Umtriebszeit u einen Mehr-Ertrag (D) von der normalen Bestockung liefern und zur Ausgleichung dieses Verlustes ist im Jahre u ein Kapital nöthig von $\dfrac{D}{0{,}0\,p}$. In dem Zeitraum, der zwischen t und u liegt, erfolgen von der Umtriebszeit t Normal-Erträge von der Umtriebszeit u die schließlichen abnormen Erträge des Einrichtungs-Zeitraums, die in der Regel kleiner sein werden. Nennen wir die Differenz $\mathfrak{D}'$, so ist für das Jahr u zu untersuchen ob

$$\frac{\mathfrak{D} \cdot (1{,}0\,p^{t} - 1)}{0{,}0\,p} \cdot 1{,}0\,p^{u-t} + \frac{\mathfrak{D}' \cdot (1{,}0\,p^{u-t} - 1)}{0{,}0\,p} \gtreqless \frac{D}{0{,}0\,p}$$

Nun ist offenbar $\mathfrak{D}$, $\mathfrak{D}'$ und D nur für konkrete Produktions-Verhältnisse zu bestimmen. Aber es ist zu beachten, daß der Faktor $1{,}0\,p^{n} - 1$ schon bei einem Zinsfuß von 2 pCt. für die 60jährige

Umtriebszeit 2,28, für die 70jährige 3,00, für die 80jährige 3,88, für die 90jährige 4,94 und für die 100jährige Umtriebszeit 6,24 angibt und deshalb die Ertrags-Differenz der normalen Umtriebs-zeiten (D) sehr groß sein muß, um der potenzirten Ertrags-Differenz, die aus der kürzeren erstmaligen Umlaufszeit der Nutzung hervorgeht, (= $\mathfrak{D} \cdot 1{,}0\,p^t - 1$) das Gleichgewicht zu halten.

Es ist andrerseits einleuchtend, daß bei Vorraths-Mangel — und namentlich, wenn vollwüchsige Junghölzer vorherrschen — das entgegengesetzte Verhalten eintreten wird. In diesem Falle würde der Hieb beim sofortigen Beginne finanziell unreife Bestände treffen; die absolut einträglichste Bewirthschaftung ist nur durch Enthaltsam-keit im Rentenbezug zu erreichen. Im strengen Nachhalt-Betriebe muß man kleinere Jahres-Schlagflächen, höhere Umtriebszeiten wählen. Bei der langsamer fortschreitenden Nutzung gewinnt man im ersten Umtrieb größere Bestands-Werthe und größere ursprüngliche Boden-werthe; wenn auch der latente Bodenwerth langsamer entbunden wird, so ist dies bei vollwüchsigen Junghölzern ohne Bedeutung — denn die konkreten Abtriebsalter werden der finanziellen Haubarkeits-Zeit immer ·näher gebracht und damit verringert sich die Differenz zwischen ursprünglichem und normalem Bodenwerthe unmittelbar. — Schon während der Ueberführungs-Zeit wird — zumal in den spä-teren Perioden — von der höheren Umtriebszeit ein höherer Ertrag eingehen und dieses Verhältniß wird selbstverständlich nach Herstellung der Normal-Bestockung noch verstärkt. Es ist deshalb der Umstand, daß diese höhere Abtriebszeit einen geringeren Boden-Erwartungs-Werth liefert, in diesem Falle gänzlich irrelevant.

Es ist somit von vornherein zu vermuthen, daß die Nutzungs-Ordnung nach Maßgabe der höchsten Boden-Renten von wesentlichen Irrthümern nicht frei bleiben wird — auch wenn man lediglich ein und dasselbe Nutzungs-System einhält. Es ist aber mit allem Nachdruck zu betonen, daß die privatwirthschaftliche Wald-Ertrags-Regelung weit entfernt vom Nutzungs-gang der Bestands-Wirthschaft zu bleiben hat, daß in der Regel die Herstellung einer ungleichmäßigen Alters-Abstufung nicht nur den höchsten Unternehmer-Gewinn während des Uebergangs bewirken, sondern auch dem

Wirthschafts-Nachfolger ungleich größere Rentenbezüge zuweisen wird. Gewöhnlich nimmt die finanziell überreife Bestockung überwiegend große Theile der Betriebsklassen ein. Es ist unnöthig ausführlich nachzuweisen, daß die Einzwängung dieser Bestockung in die Schablone des Flächenfachwerks aus keinem Gesichtspunkte gerechtfertigt werden kann. Weshalb soll man dem Wirthschafts-Nachfolger Werth-Vorraths-Ueberschüsse in den höheren Altersklassen nicht zuweisen, wenn dieselben geringere Herstellungskosten erfordern, als die gewaltsame Erzeugung der regelrechten Alters-Abstufung? Zu welchem Zweck soll man auf diese Vortheile verzichten, in jeder Hinsicht schadenbringende Nutzungs-Wege einhalten, den jetzt lebenden Wald-Eigenthümern besondere Opfer auferlegen? Die Herstellung der idealen Altersstufenfolge wird in der Regel mit der einträglichsten Waldbenutzung nicht zu vereinbaren sein. Mit allem Nachdruck muß man betonen, daß bei der Festsetzung der Wirthschaftsziele sehr verschiedenartige Nutzungswege der vergleichenden Wald-Erwartungs-Werth-Berechnung zu unterstellen sind und daß am allerwenigsten die Flächenfachwerks-Methode maßgebend sein darf.

Wir wollen nunmehr die Irrthümlichkeit der Umtriebs-Bestimmung vermittelst der Boden-Werth-Berechnung durch die Betrachtung konkreter Ertrags-Verhältnisse darzulegen versuchen. Wir wählen hierzu ein Beispiel, welches für den beabsichtigten Nachweis besonders ungünstige Verhältnisse darbietet.

Beispiel. Wir unterstellen eine 100 Hektar große Buchen-Betriebsklasse mit normaler Altersstufenfolge für den 100jährigen Umtrieb und mit den Haubarkeits-Werth-Erträgen der Burckhardt'schen Normal-Vorraths-Tafeln (Hilfstafeln für Forst-Taxatoren, Hannover 1861, S. 211) ohne Berücksichtigung der Vor- und Zwischen-Nutzungen, der Kultur-Kosten u. s. w. In dieser Betriebsklasse soll die Rothbuche nachgezogen werden, die Ertrags-Verhältnisse der jetzigen Bestockung werden, so nehmen wir an, dabei nicht verändert werden. Man sieht leicht ein, daß bei diesem Beispiel abnorme Bestockungs-Verhältnisse nur so weit unterstellt worden sind, als die für 100 Jahre normale Altersstufenfolge wahrscheinlich als abnorm anzusehen sein wird, weil die einträglichste Umtriebszeit voraussichtlich nicht das 100. Jahr erreichen wird.

Wenn man zunächst einen Zinsfuß von 2 pCt. unterstellt und die Interpolation der Haubarkeits-Erträge von Seckendorff (Supplemente zur Forst- und

Jagd-Zeitung, 6. Band, S. 151) zu Grunde legt, so gelangt man zu folgenden Ergebnissen.   Zunächst berechnen sich folgende Boden-Erwartungs-Werthe:

		Boden-Erwartungs-Werth bei 2 pCt. per Hektar.	
45 jähriger Umtrieb	. . . .	341	R. M.
50= „	„	359	„
55= „	„	388	„
60= „	„	405	„
65= „	„	415	„
69= „	„ . . .	418,48	„
70= „	**„**	**418,56**	„
71= „	**„**	**418,56**	„
72= „	„ . . .	418,34	„
75= „	„	417	„
100= „	„	372	„

Diese Rechnung soll dem Wald-Besitzer beweisen, daß die Bewirthschaftung der 100 Hektar großen Waldfläche bei 100jähriger Umtriebszeit einen Bodenwerth von 37200 R. M., bei 70jähriger Umtriebszeit dagegen einen Bodenwerth von 41856 R. M. mit 2 pCt. verzinsen wird, daß somit durch Einhaltung der 70jährigen Umtriebszeit die Einträglichkeit um nahezu 13 pCt. gesteigert werden kann.   Für die 100 Hektar große Betriebsklasse wird für den 70jährigen Umtrieb, im Vergleich mit dem 100jährigen Turnus ein Unternehmer-Gewinn von (41856—37200) 4656 R. M. berechnet.

Aber der Wald-Besitzer, welcher dieser Rentabilitäts-Rechnung vertraute, würde thatsächlich nach allen Richtungen hin irre geführt werden; er kann faktisch den berechneten Reinertrag niemals erzielen und muß außerdem eine andere Umtriebszeit wählen. Wenn er der Bestands-Wirthschaft folgt und gleiche Flächen-Nutzung eintreten läßt, so wird die 64jährige Umtriebszeit (und nicht die 70jährige Umtriebszeit) schon bei dem geringen Zinsfuß von 2 pCt. und den günstigen Ertrags-Verhältnissen nachhaltig einträglicher sein, der Wald-Besitzer wird den Werth seines Eigenthums auch nicht um 13 pCt., sondern kaum um die Hälfte, nur um 7 pCt. steigern können, wie die folgende Diskontirung der einzelnen Jahres-Erträge zeigt.   Dagegen wird der absolute Unternehmer-Gewinn, der durch diese Umwandlung der Wirthschaft zur 64jährigen Umtriebszeit erzielt werden kann, nicht 4656 R. M., sondern 8511 R. M. betragen.

| Umtriebs-Jahr | Vom vorhandenen Vorrath | | Vom nachzubauenden Vorrath | | Reiner jetziger Kapitalwerth des Waldes | Verhältniß zur 100jährigen Umtriebszeit |
| | Jährliche Schlagfläche | Jetztwerth der Erträge | Durchschnitts-Ertrag per Jahr | Jetztwerth der Erträge | | |
	Hektar	R. M.	R. M.	R. M.	R. M.	
60	1,67	101004	1542	23450	124454	1,07
63	1,59	101278	1622	23302	124580	1,07
64	1,56	101369	1650	23233	**124602**	1,07
65	1,54	101494	1671	23062	124556	1,07
66	1,51	101539	1700	22994	124533	1,07
70	1,43	101973	1791	22390	124363	1,07
100	1,00	100081	2322	16028	116109	1,00

Wenn der Wald-Besitzer zweitens gleiche Geldwerth-Nutzung im Uebergangs-Zeitraum einhalten will, so hat er, wie die folgende Rechnung ergibt, die 62- bis 63jährige Umtriebszeit zu wählen; aber er wird durch diese Umwandlung der Wirthschaft, statt der in Aussicht gestellten 13 pCt., nicht volle 6 pCt. gewinnen können.

| Umtriebs-Zeit | Vom vorhandenen Vorrath | | Jetztwerth der Erträge von nachzubauenden Beständen | Reiner jetziger Kapitalwerth des Waldes | Rentabilitäts-Verhältniß der Umtriebszeiten zum 100jährigen Umtrieb |
| | Durchschnitts-Ertrag per Jahr | Jetztwerth der Erträge | | | |
Jahr	R. M.	R. M.	R. M.	R. M.	
55	3021	100217	21671	121888	1,05
60	2890	100457	21819	122276	1,05
65	2787	101004	21455	122459	1,06
70	2696	101084	21056	122140	1,05
100	2322	100081	16028	116109	1,00

Die Vergleichung der Waldwerthe, welche einerseits das Flächenfachwerk und andrerseits die gleiche Geldwerth-Nutzung erreichen wird, läßt zugleich erkennen, daß die Wahl der Einrichtungs-Methode unter Umständen größere finanzielle Bedeutung haben kann, als die Wahl der normalen Umtriebszeit. Es ist leicht einzusehen, daß die absolut einträglichste Benutzung der Betriebsklasse dadurch erreicht werden wird, daß man eine abnorme Altersstufenfolge herstellt, die Nutzung in der nächsten Zeit noch mehr verstärkt, als es das Flächenfachwerk gestatten würde. Es ergibt sich hieraus, daß der vortheilhafteste Nutzungsgang in Hinblick auf die örtlichen Bestockungs- und Absatz-Verhältnisse durch besondere Rentabilitäts-Rechnung von Fall zu Fall ausfindig zu machen ist.

Wenn man ferner einen Zinsfuß von 3 pCt. unterstellt, so gipfelt der Boden=
werth bei 59jähriger Umtriebszeit, der Waldwerth dagegen in der Nähe des 45=
jährigen Bestandsalters. Während die Bestands=Wirthschaft, welche die Einträglich=
keit der Benutzungsarten nach dem Verhalten der Bodenrente bemißt, den durch
Einführung der 59jährigen Umtriebszeit erzielbaren Gewinn auf 48 pCt. und dem
absoluten Betrage nach auf 6167 R. M. angibt, sind thatsächlich nur 18 pCt., da=
gegen 14957 R. M. Gewinn zu erreichen.

Betrachtet man endlich den entgegen gesetzten Fall, einen Vorrathsmangel,
so ist, wie oben bemerkt wurde, zu vermuthen, daß eine Erhöhung der Umtriebszeit
des Maximal=Boden=Werthes einträglicher sein wird, als die Einhaltung derselben.
Wenn z. B. die eben unterstellte Buchen=Betriebsklasse von 100 Hektar Größe nur
den Normal=Vorrath, welcher für die 30jährige Umtriebszeit nöthig ist, besitzt und
im Uebrigen die obigen Voraussetzungen beibehalten werden, so würde bei einem
Zinsfuß von 2 pCt. der Boden=Erwartungs=Werth selbstverständlich wieder im 70.
Jahr gipfeln, weil die normalen Ertrags=Verhältnisse gleichmäßig unterstellt werden.
Der Boden=Erwartungs=Werth für den 30jährigen Umtrieb beträgt 187 R. M.,
mithin würde nach den Annahmen der Bestands=Wirthschaft die Erhöhung der Ab=
triebszeit auf das 70. Jahr mit 418,56 R. M. Bodenwerth einen Gewinn von
124 pCt. oder 23169 R. M. hervor bringen. Thatsächlich liegt jedoch, wenn der Wald=
besitzer gleiche Flächen=Nutzung wählt, die normale finanzielle Umtriebszeit dem
85. Abtriebsjahr nahe; es ist ferner der Gewinn, welcher durch die Ueberführung zu
dieser finanziellen Umtriebszeit resultiren wird, zu gering berechnet worden; derselbe
beträgt thatsächlich 135 pCt. und 30023 R. M., wie die folgende Berechnung zeigt.

Umtriebszeit.	Waldwerthe.
Jahr.	R. M.
30	22166
70	51676
75	51973
80	52155
85	52189
90	52098

In allen diesen Beispielen, die man noch beliebig vermehren könnte, würde
die Bestands=Wirthschaft die Ziele der einträglichsten Benutzungsweise verfehlen.
Aber andrerseits beobachtet man verhältnißmäßig nicht sehr wesent=
liche Unterschiede zwischen den Wald=Erwartungs=Werthen der be=
trachteten Hochwald=Umtriebszeiten, und diese Erscheinung kann
bei dem heutigen Stande der Diskussion leicht als Ausgangspunkt
für die weitere Bekämpfung der privatwirthschaftlichen Ertrags=
Regelung benutzt werden. In diesen Beispielen differirt der relative Unter=
nehmer=Gewinn bei 2 pCt. Zinsen selbst zwischen der 60jährigen und 100jährigen
Buchen=Hochwald=Umtriebszeit etwa um 7 pCt. des Kapitalwerths — ein Unter=
schied, der in der That praktisch viel zu geringfügig ist, um die erforderliche Um=
gestaltung der Wirthschaft zu rechtfertigen. Aber man darf nicht übersehen, daß

normale Zuwachs-Verhältnisse und normale Altersstufenfolge für den 100jährigen Umtrieb unterstellt worden sind. Würden wir abnorme Bestockungs-Verhältnisse, z. B. rückgängige Nutzholz-Bestände in den höheren Altersklassen unterstellt haben oder würde die Nachzucht einer andern Holzart mit höheren Werth-Erträgen, statt der Buche, vorausgesetzt worden sein, so würde die Rentabilitäts-Rechnung sehr beachtenswerthe Unterschiede des Unternehmer-Gewinns ergeben haben. (Beispielsweise würden beim Anbau der Fichte, wenn diese Holzart die in Burkhardt's Tafeln angesetzten Geld-Erträge liefern würde, schon Differenzen im Kapitalwerth von 25 pCt. in Betracht kommen.) Immerhin ist im Allgemeinen zuzugestehen, daß bei der richtigen Rentabilitäts-Berechnung (durch Bestimmung der Wald-Werthe und der realen Größe des Unternehmer-Gewinns) ein größerer Spielraum für die Wahl der finanziellen Umtriebszeiten geöffnet wird, als man, gestützt auf die Boden-Werth-Theorie, anzunehmen geneigt sein könnte[1]).

Aus den vorstehenden Betrachtungen geht hervor, daß die einträglichste Benutzung einer abnorm beschaffenen Betriebsklasse in erster Linie zu einer abnormen Altersstufenfolge für die nachzuziehende Bestockung hinführen würde. Die Bestimmung dieses unbedingt einträglichsten Benutzungs-Ganges nach den örtlich einzuhaltenden Grenzen ist offenbar unerläßlich, sie bildet den Ausgangs-Punkt für die weiteren Untersuchungen. Man hat dann zu erwägen, welche Abänderungen in Hinblick auf die Gleichstellung der Rente im Uebergangs-Zeitraum und in den hierauf folgenden Umlaufszeiten der Nutzung u. s. w. erforderlich sein werden; man hat die finanzielle Wirkung dieser Modifikation (nach dem Unternehmer-Gewinn) scharf

---

[1]) Diese Zahlen-Ergebnisse, die bei der Würdigung der Preßler'schen Theorie immerhin beachtenswerth sein werden, sind einer schon vor 2 Jahren geschriebenen Abhandlung entnommen, die der Redaktion der Forst- und Jagd-Zeitung zur Veröffentlichung übergeben wurde. Da der Abdruck bisher durch Zufälligkeiten und widrige Umstände verzögert worden ist, so habe ich an diesem Orte meine früheren, diese schwierigen Fragen nur oberflächlich berührenden Erörterungen — Baur'sche Monatsschrift, 1871 S. 107, 1872 S. 92, Heyer'sche Forst- und Jagd-Zeitung 1872 S. 154 — eingehender und theilweise aus andern Gesichtspunkten zu begründen versucht. Ich hoffe diesmal die früheren mißverständlichen Auffassungen — siehe Heyer'sche Forst- und Jagd-Zeitung 1871 S. 451, 1872 S. 289, 1873 S. 242, Note —, die wohl durch meine fragmentarische Darstellungsweise verschuldet worden sind, zu verhüten und bin zu weiterer Erörterungen gern bereit — wenn die fernere Diskussion frei bleibt von unerquicklichen, persönlichen Anfeindungen.

zu bemessen und hierauf gestützt den relativ vortheilhaftesten Nutzungs=
gang endgültig festzusetzen. (Siehe § 54—59.)

Im Laufe der Uebergangszeit wird der anfänglich für den
Schluß des Einrichtungs=Zeitraumes projektirte Stand der Alters=
klassen unwesentlich modifizirt werden. Wenn im Laufe der Zeit der
jetzt ältere Theil der abnormen Bestockung durch Normal=Bestände
ersetzt worden ist, so sind andere Faktoren der Wald=Werth=Berech=
nung zu Grunde zu legen. Es ist leicht zu erkennen, daß es in
späterer Zeit gestattet sein wird, den vorläufig festgesetzten Nutzungs=
gang (wenn auch nicht in hervorragendem Maße) zu verlassen und
Nutzungsflächen einzuhalten, welche die normale Gestaltung der Alters=
abstufung auf kürzerem Wege herbeiführen, als es bei der gegen=
wärtigen Rentabilitäts=Berechnung vorausgesetzt werden muß.

Man kann diesen Umstand benutzen, um die Behauptung zu be=
gründen, daß die Wahl der Umtriebszeiten nach den konkreten Wald=
werthen eine schwankende Grundlage für die Festsetzung der normalen
Umtriebszeiten sein werde — schwankend, weil man die ursprüngliche
Festsetzung der normalen Umtriebszeit von Periode zu Periode um
einige Jahre verändern muß. Zwar hat dieser Einwand in wirth=
schaftlicher Hinsicht keine Bedeutung, weil die ursprünglich projektirte
Umtriebszeit unter allen Umständen im Laufe der Zeit mannigfache
Abänderungen erleiden wird. Die heutigen Preis= und Absatz=Ver=
hältnisse bleiben bekanntlich nicht unwandelbar bestehen; indem man
die normale Umtriebszeit und das zugehörige ideale Altersklassen=
Verhältniß ermittelt, will man lediglich den Nutzungssatz für den
nächsten Zeitabschnitt auch in Hinblick auf die Nutzungs=Ansprüche
der späteren Zeiten motiviren, so weit diese Begründung gegenwärtig
möglich ist.

Aber man würde überdies mit dieser Einwendung die Gründe
für die Anwendung der Wald=Erwartungs=Werth=Berechnung nicht
bekämpfen, sondern verstärken. Die direkte Herbeiführung der nor=
malen Alters=Abstufung, welche den Geldertrag beim zweiten Nutzungs=
Umlauf gleichzustellen bezweckt, ist gegenüber der einträglichsten Be=
wirthschaftung mit einem Verlust verbunden. Durch die stetig fort=
schreitende, bessernde Abänderung der ursprünglich projektirten Alters=
klassen=Verhältnisse und normalen Abtriebszeiten kann nun offenbar

der ursprüngliche Mehrgewinn, welcher gegenüber dem Nutzungsgang der Bestandswirthschaft resultirt, nur verstärkt werden. Denn man könnte ja den zuerst berechneten Mehrgewinn dem Waldbesitzer zuweisen, indem man in der Zukunft den ursprünglich projektirten Nutzungsgang unabänderlich einhalten würde. Wenn es sich im Laufe des Einrichtungs-Zeitraums herausstellt, daß in Folge des bisherigen einträglichsten Verjüngungsganges eine so wesentliche Besserung der Bestockungs-Verhältnisse erzielt worden ist, daß man durch Erstrebung einer andern normalen Umtriebszeit, durch Modifikation der zuerst geplanten Altersstufenfolge einen noch höheren Unternehmergewinn erreichen kann, als anfänglich in Aussicht genommen worden war, so kann man lediglich folgern, daß der Unternehmergewinn bei der erstmaligen Veranschlagung zu gering berechnet worden ist. In diesem Falle kann aber von der Wahl des Nutzungsganges, den die Bestandswirthschaft vorschreibt, um so weniger die Rede sein, als hierbei nicht einmal der ursprüngliche und viel weniger dieser weitere, verdeckte Nutzen zu erreichen ist.

Man kann somit nur fragen, ob diese spätere Modifikation der anfänglichen Umtriebsfestsetzung so wesentlich sein wird, daß man dieselbe durch genauere Bemessung des Altersklassen-Standes, wie er aus den periodischen Revisionen am Ende des Einrichtungs-Zeitraums hervorgehen wird, sogleich beim Entwurf des Planes berücksichtigen muß. Diese geringfügigen Aenderungen kommen indessen gegenüber der Unsicherheit, welche mit der Bestimmung der finanziellen Umtriebszeiten verknüpft ist und stets verknüpft sein wird, nicht in Betracht.

Wenn die einträglichste Bewirthschaftung einer abnorm beschaffenen Betriebsklasse einzuhalten ist, so wird fast niemals das Verfahren der Bestandswirthschaft, die direkte Herbeiführung des Normal-Waldes für die Umtriebszeit, durch welche die Waldblöße am vortheilhaftesten benutzt wird, in Frage kommen — und für die Würdigung der mannigfachen Nutzungs-Wege, welche der Prüfung unterliegen, hat diese Methode keinen Raum. Die Verbindung der Bestandswirthschaft mit dem Flächenfachwerke war von Grund aus ein unnatürliches, verfehltes Unternehmen; man braucht die speziellen Vorschriften keiner eingehenden Würdigung zu unterwerfen. Die

Reinertrags-Wirthschaft kann auf diesem trügerischen Fundament nicht aufgebaut werden. Die Aufgabe der privatwirthschaftlichen Ertrags-ordnung kann nicht dadurch gelöst werden, daß man die realen Bestockungs-Verhältnisse der Betriebsklassen als nicht vorhanden annimmt, dagegen beliebige, illusorische Altersabstufungen fingirt. Denn nicht mit Erzeugnissen der Einbildungskraft, sondern mit den realen Produktions-Verhältnissen und Nutzungs-Bedingungen hat sich die privatwirthschaftliche Ertragsordnung zu beschäftigen.

Die nachfolgende Anweisung ist auf die Berechnung der Wald-Erwartungs-Werthe, welche sich für die wählbaren Bewirthschaftungs-Arten ergeben, begründet worden; nach den Unterschieden der Letzteren wird der Unternehmer-Gewinn bemessen. Wir glauben damit eine solide Grundlage gewählt zu haben, denn es unterliegt keinem Zweifel, daß der Rein-Gewinn, welcher bei Diskontirung der Ein-nahmen und Ausgaben der wählbaren Unternehmungen verbleibt, bestimmend für die Einträglichkeit derselben ist.

Die Grundzüge des Verfahrens findet man nach den wesentlichen Theilen in den §§ 54—59 angegeben. Zur Begründung der bei der Erforschung der Produktions-Faktoren gewählten Verfahrungs-Arten sind an den betreffenden Stellen Anmerkungen beigefügt worden. Wir können ohne Weiteres die — schon ohnedies etwas lange — Einleitung beschließen und zur Darstellung des Verfahrens übergehen.

Anmerkung. Die Bestimmung der Umtriebszeiten nach Maßgabe der Waldwerthe ist schon früher vom Oberforstrath Bose (Beiträge zur Wald-Werth-Berechnung. Darmstadt, 1863) erörtert worden — allerdings zur Bekämpfung der Rentabilitäts-Wirthschaft. Bose geht von dem Satze aus, daß im Normal-Walde für irgend eine Umtriebszeit der jährliche Waldreinertrag aus Bodenrente und Vorrathsrente gemeinsam gebildet wird. Wenn man für diesen Normal-Wald eine hohe Bodenrente ansetzt, so wird die Vorrathsrente dem entsprechend verringert werden und umgekehrt. Das ist ebenso unbestreitbar, als die Behauptung, daß dieses Verhältniß durch die Erhöhung oder Verringerung der Verzinsungs-Sätze nicht verändert werden wird. Bose hat nun gefolgert, daß die hohen Bodenrenten gegenüber dem Normal-Walde nur auf dem Papier stehen, daß dagegen die Umtriebszeit der höchsten Waldrente eine mathematische Begründung auch bei der Annahme der Zinseszins-Rechnung erhalte und daß jeder Waldbesitzer diese Umtriebs-

zeit am einträglichsten finden werde. Ohne eine eingehende Erörterung dieser
Ansichten zu versuchen, will ich nur darauf hinweisen, daß augenscheinlich bei den
Bose'schen Rentabilitäts-Rechnungen die verschiedene Größe der Vorrathskapitalien
keinen Ausdruck findet. Der Umstand, daß bei Vorraths-Verstärkung der nothwendige Betrag anderweiten Kapital-Anlagen zu entziehen ist und bei Vorraths-
Verringerung der Erlös in andern Gewerbs-Arten angelegt werden kann, wird bei
diesen Berechnungen nicht berücksichtigt. Wenn Bose, statt fertige Normal-Vorräthe
für verschiedene Umtriebszeiten vorauszusetzen, die Ueberführung des Normal-Waldes
von einer Umtriebszeit zur andern nach den Herstellungskosten untersucht haben
würde, so würde derselbe ohne Zweifel auf den oben von mir gewählten Weg
geführt worden sein.

Wald-Vermessung, Karten-Zeichnung und Flächen-Berechnung.

§ 3.
Ursprüngliche Wald-Vermessung.

Vermessungs-Objekte. Bei der erstmaligen geometrischen Aufnahme der Waldungen sind im Detail zu vermessen: die Eigenthums- und Berechtigungs-Grenzen (nach vorheriger Feststellung der Grenzpunkte), die Eisenbahnen, Straßen, Waldwege, Fußpfade, Flüsse, Bäche und Kanäle innerhalb des Waldes und an dessen Grenzen, die auf Waldgrund liegenden Häuser, die Lage der Ortschaften, Einzelhöfe 2c. in der Nachbarschaft der Waldung, die Enklaven, die unmittelbare Umgebung bis auf 50 Meter rechtwinkeligen Abstand von den Waldgrenzen, endlich die Bestandsgrenzen, die vorher durch 1 Meter breite Schneisen und fest markirte Endpunkte zu bezeichnen sind. Nach Vollzug der wirthschaftlichen Eintheilung (§ 7—9) werden endlich die Abtheilungs-Linien eingemessen.

Da zugleich die vertikalen Höhen-Unterschiede zu bestimmen sind (siehe unten Vermessungs-Methoden ad 3), so sind die Thäler und Höhenzüge, soweit dieselben nicht mit den eben genannten Vermessungs-Objekten zusammenfallen, besonders aufzunehmen.

Vermessungs-Methode. In der Regel ist 1. Triangulation zu Grunde zu legen. Die aus der Landes-Triangulation vorhandenen Dreieckspunkte bilden das Netz ersten Rangs. Anschließend an diese Punkte werden möglichst gleichseitige Dreiecke über die zu vermessende Waldfläche verbreitet, welche die Anschlußpunkte für die Detail=Aufnahme liefern.

Wenn die Triangulation nicht durchführbar ist oder wegen Klein= heit der Waldfläche nicht nothwendig erscheint, so kann ausnahms= weise die sorgfältige polygonometrische Aufnahme an die Stelle treten.

Kann die Basis des trigonometrischen Netzes nicht von der Landes=Triangulation entlehnt werden, so ist im günstigen Terrain eine Basis besonders abzustecken und durch mehrmaliges Längenmessen sorgfältig zu bestimmen.

Spitzwinkelige Dreiecke sind möglichst zu vermeiden. Können Winkel unter 30° nicht umgangen werden, so sind Versicherungs= Linien zu messen. In jedem Dreieck, dessen Seiten nicht über 1000 Meter lang sind, muß die Winkelsumme auf 3 Minuten, in solchen über 1000 Meter Länge auf 1,5 Minuten (nach der 400theiligen Kreis=Eintheilung) schließen. Das trigonometrische Netz wird in der Regel im Maßstab 1 : 10000 aufgezeichnet, bei sehr großen Wal= dungen wird ein verkleinernder Maßstab ($\frac{1}{20000}$, $\frac{1}{40000}$) gewählt.

Neben Messung der Horizontal=Winkel sind die Vertikal=Winkel zu beobachten. Die Höhen=Berechnung wird nach den Resultaten der Landes=Triangulation berichtigt. Fehlergrenze: 0,06 pCt.

2. Detail=Aufnahme. Die Wald=Vermessungen sind aus= nahmlos nach der Polygonal=Konstruktions=Methode mittelst Theodolit= Messung zu vollziehen. Die im Eingang genannten Vermessungs= Objekte werden durch Polygonzüge, welche mit den trigonometrischen Signalpunkten und unter sich Anschluß haben, aufgenommen. Die Polygon=Winkel werden mit dem Theodoliten gemessen, die Länge der Polygon=Seiten wird mit Meßlatten oder Meßketten bestimmt. Polygon=Seiten unter 30 Meter Länge sind zu vermeiden. Von diesen Polygon=Zügen aus, an deren Stelle bei geradlinigen, das Polygon durchlaufenden Schneisen Konstruktions=Linien treten, sind die Wege, Gewässer, Gebäude, die anliegenden Grundstücke (bis zu 50 Meter Entfernung von den Waldgrenzen im Detail), die Enklaven (bis zur Größe von 5 Hektar im Detail) u. s. w. durch Perpendikel mit dem Winkel=Spiegel aufzunehmen.

Die Winkel=Messung ist zu wiederholen, wenn die Summirung der Polygonwinkel und die Vergleichung mit 2 R (n — 2) eine

Differenz von über 2 Dezimal-Minuten per Polygonwinkel ergibt. Für die Coordinaten-Berechnung, welche auf die polygonometrische Messung folgt, gilt die Regel, daß Verbesserungen der einzelnen $\triangle$ x und $\triangle$ y von mehr als $^1/_{500}$ der ganzen Länge der Coordinaten-Differenzen unstatthaft sind.

Der Flächeninhalt wird aus den Coordinaten berechnet und die Karten werden durch Auftragen der Coordinaten gezeichnet.

3. Höhen-Kurven. Die Punkte des Terrains, welche in gleicher Meereshöhe liegen, sind durch punktirte Kurven, auf den Original-Karten in Abstufungen von 6 zu 6 Meter, zu verbinden. Für die Darstellung der Oberflächen-Gestaltung durch diese äquidistanten Horizontalen sind ausgedehnte Messungen der Neigungswinkel bei allen geometrischen Aufnahmen vorzunehmen. Die Vertikalwinkel werden nicht nur bei der Winkelmessung der Grenzpunkte von Punkt zu Punkt bestimmt, auch im Innern des Waldes werden dieselben bei auf- und absteigenden Polygonzügen von Polygonpunkt zu Polygonpunkt beobachtet und oft sind zwischenliegende Höhen- und Thalzüge besonders zu vermessen. Die Berechnung der Vertikal-Abstände zur Fixirung der Kurven geht von der (gewöhnlich bei der Landes-Triangulation bestimmten) Meereshöhe bekannter Dreieckspunkte innerhalb (oder in der Nähe) der betreffenden Waldung aus, indem die nächste, mit 6 theilbare Meterhöhe den Anfangspunkt bildet. Mit Zuhilfenahme einer Tabelle, welche die Horizontal-Längen für die Neigungen von 1 bis 50 Grad und für die Vertikal-Abstände von 0,2 bis 6 Meter angibt, kann man leicht die Punkte gleicher Meereshöhe nach ihrer horizontalen Karten-Lage bestimmen. (Man kann zur Bestimmung der Horizontal-Längen auch einen Böschungs-Maßstab — Beschreibung siehe Baur's niedere Geodäsie, 2. Auflage. Wien, 1871 S. 546 — benutzen.)

Bei Neumessungen ist diese topographische Darstellung in der Regel als unerläßliche Bedingung zu betrachten, da dieselbe namentlich die Wegbau-Projektirung ungemein erleichtert. Eine weitere Bergzeichnung (durch Strichgradation nach Müffling'scher oder Lehmann'scher Manier) ist unnöthig.

4. Einmessen der Abtheilungs-Grenzen. Nach vollzogener Aufnahme der Grenzen, Wege u. s. w. und namentlich der Be-

standsfiguren wird der Original-Plan in Blei angefertigt (siehe § 5) und die Flächen-Größe der Vermeſſungs-Figuren, nachdem die Letzteren fortlaufend nummerirt und ortsüblich benannt worden sind, berechnet (siehe § 6). Der Geometer theilt hierauf dem Taxator eine Handzeichnung (mit Höhenkurven) und ein Flächen-Verzeichniß mit. Nach definitiver Feststellung der Abtheilungs- und Unterabtheilungs-Linien werden dieselben in der schon oben angegebenen Weise (durch Polygonzüge) eingemeſſen.

5. Revision. Sowohl die Vermeſſung, als die Flächen-Berechnung wird eingehend geprüft. Der kontrolirende höhere Vermeſſungs-Beamte hat die Prüfungs-Mittel — Revisions-Linien und Parzellar-Vermeſſung — reichlich anzuwenden. Als Fehlergrenzen gelten für die Revisions-Linien für je 100 Meter bei günstigem Terrain (Ebene und Hügelland) 1 Dezimeter, im Mittelgebirge $1\frac{1}{2}$ Dezimeter und im Hochgebirge 2 Dezimeter. Bei FlächenBerechnungen beträgt die Fehlergrenze $\frac{1}{2}$ pCt. bei Figuren über 25 Hektar mit festbestimmten Grenzen und 1 pCt. bei Figuren unter 25 Hektar, sowie überhaupt bei Figuren ohne scharfe Grenzpunkte (Bach- und Fluß-, Weggrenzen u. s. w.).

---

§ 4.

Benutzung älterer Vermeſſungen.

Bei Prüfung der Richtigkeit und Anwendbarkeit älterer Vermeſſungswerke sind im Allgemeinen die vorher erwähnten Erforderniſſe maßgebend. Werden die zuläſſigen Fehlergrenzen beträchtlich überschritten, oder ist eine allgemeine Unzuverläſſigkeit der vorhandenen Pläne und Flächen-Berechnungen zu vermuthen, so ist die Neumeſſung in der Regel nicht zu umgehen. Diese Prüfung ist durch Einmeſſen von Revisions-Linien u. s. w. vorzunehmen. Ausnahmsweise können minder genaue Vermeſſungen (Meßtisch-, Bouſſolen-Aufnahmen u. s. w.) der Ertrags-Regelung zu Grunde gelegt werden, wenn die Vertagung der Ertrags-Regelung bis zum Vollzug einer Neumeſſung nicht räthlich erscheint.

Nicht selten liegt eine genaue geometrische Aufnahme der Waldgrenzen und der Hauptwege innerhalb der Waldungen u. s. w. in Folge von Kataster=Vermessungen u. s. w. vor. Es folgt dann die Detailmessung den oben gegebenen Anweisungen. Dabei ist der Theodolit=Messung stets der Vorzug zu geben und auf geschlossene Polygonzüge hinzuwirken, auch wenn der Meßtisch oder andere In= strumente bei der Umfangsmessung verwendet sein sollten.

---

§ 5.
Original-Pläne und Wirthschafts-Karten.

1. Nach dem Abschluß der zuerst genannten geometrischen Auf= nahmen wird die Originalkarte in der Regel im Maßstab 1:5000 aus den Coordinaten und den weiteren Messungs=Linien (auf ein mit feinen Karmin=Linien ausgezogenes Coordinaten=Netz) aufgetragen. Die Waldgrenzen und unveränderlichen Vermessungs=Linien können sofort mit Tuschlinien fertig eingezeichnet werden, während die nicht unveränderlich feststehenden Vermessungs=Figuren mit Bleistift scharf ausgezogen werden. Nach Vollendung der wirthschaftlichen Einthei= lung werden die Grenzen, Wege u. s. w. mit scharfen Tuschlinien, die Abtheilungs=Linien mit starken Zinnober=Strichen und die Unter= abtheilungs=Linien mit unterbrochenen Zinnober=Strichen ausgezogen. Die Polygon= und Konstruktions=Linien werden, wenn sie nicht mit den Grenzen der Vermessungs=Figuren zusammenfallen, mit Karmin fein punktirt. Die Original=Maße (an den Grenzen auch für die Winkel) werden möglichst vollständig mit (karminrothen) Ziffern beigeschrieben. Die Höhenkurven werden mit blassem Tusch fein punktirt.

Zur Abgrenzung des fremden Eigenthums und des nicht forst= wirthschaftlich benutzten Eigenthums des Waldbesitzers wird ein schmales Farbenband benutzt. Wege und Gestelle werden lichtbraun, Flüsse und Bäche blau angelegt. Weiter werden die Original=Pläne nicht kolorirt.

Der Name der Abtheilung wird schwarz mit stehender römischer Schrift horizontal eingeschrieben und die Abtheilungs=Nummern und Unterabtheilungs=Buchstaben beigeschrieben. Die angrenzenden Ge= markungen, Bäche, Wege ꝛc. werden mit liegender Schrift, den

Formen der Figuren folgend, beschrieben. Wenn eine spezielle Aufnahme des angrenzenden Geländes stattgefunden hat, so werden die Namen der Eigenthümer, die Kulturarten 2c. eingeschrieben, bei vollständig verzeichneten Parzellen wird auch die Flächengröße beigesetzt.

Isolirte, aber nahe bei einander liegende Forstorte sind zu orientiren; entfernt liegende Waldparzellen sind durch Einrahmung abzutrennen.

Außer dem Titel (z. B. Originalkarte vom Forstrevier N. N.) hat die Originalkarte den Namen des Geometers, des Vermessungsjahres, Revisions-Vermerke 2c. zu enthalten; es ist am Rande eine Flächen-Uebersicht nach Unter-Abtheilungen und die Angabe des Maßstabs beizufügen. Die Karte wird nach Norden orientirt, in Ausnahmefällen wird die Nordlinie durch einen Pfeil angegeben. Die Größe der Karte darf 1 □ Meter nicht überschreiten.

2. Bestands- und Wirthschaftskarten. Die Originalkarten werden auf die Hälfte der Größe (gewöhnlich zu dem Maßstab $\frac{1}{10000}$) reduzirt und durch Ueberdruck (gewöhnlich auf präparirte Zinkplatten) vervielfältigt. Diese reduzirten Karten werden zur Einzeichnung der Bestands-Verhältnisse und zur Andeutung der wirthschaftlichen Maßnahmen benutzt.

Die Vermessungs-Linien und Original-Maße werden nicht übertragen. Die Abtheilungsgrenzen werden zinnoberroth scharf ausgezogen, die Unterabtheilungsgrenzen mit gleicher Farbe punktirt, die Nummern, Buchstaben, Namen werden schwarz eingeschrieben. Titel, Flächenverzeichniß (nach Unterabtheilungen), Angabe des Maßstabs steht zur Seite. Die Höhenkurven werden mit blassen punktirten Tuschlinien eingezeichnet. Die angrenzenden Grundstücke werden nach der Figur eingezeichnet, jedoch nicht weiter beschrieben. Die Lage der Ortschaften und die Richtung der Wege nach denselben wird angegeben.

Zur Abgrenzung des fremden und des nicht zum Forstbetriebe gehörenden Eigenthums wird ein starkes äußeres Farbenband gewählt. Nach Vollendung der Ertrags-Regelung werden die Abtheilungen (und Unterabtheilungen), welche zu gleicher Betriebsklasse, (in Fichtenwaldungen zu gleichem Hiebszug) gehören, durch ein gleichfarbiges schmales Band, welches auf der Innenseite der Abtheilungs-Grenzen herzulaufen hat, bezeichnet; durch dieses (doppelte) Farbenband werden nicht nur die Abtheilungsgrenzen hervorgehoben, durch die Wahl der Farben werden auch die vorherrschend anzubauenden Holzarten angegeben.

Die vorherrschenden Holzarten und die Altersstufen der vorhandenen Bestockung werden deutlicher bezeichnet, wenn man — statt der üblichen vollen Flächenfärbung und der Abstufung der Altersklassen durch die Gradation der Tuschfarbe — Flächen-Diagramme (Rechtecke) unter die Buchstaben der Unterabtheilungen zeichnet. Man theilt diese Rechtecke in so viele Felder, als Altersstufen vorkommen und kolorirt die Zahl der Felder, welche der Bestands-Altersstufe entspricht, mit der Farbe der betreffenden Holzart. (Wenn man z. B. sechs 20jährige Altersstufen ausgeschieden und für den Buchenhochwald die grüne Farbe gewählt hat, so erhalten die 60—80jährigen Buchenhochwald-Bestände vier grün gefärbte Felder unter den Unterabtheilungs-Buchstaben, während zwei Felder weiß bleiben.)

Unter diese Diagramme wird endlich in jeder Unterabtheilung die projektirte Abtriebsperiode zinnoberroth eingeschrieben. Die Nutzungen im ersten Jahrzehnt werden dabei nach der Nutzungsart und dem geschätzten Ertrag in abgekürzter Ausdrucksweise angemerkt (z. B. I. 1. Ausz. 526 = Auszugshauung im ersten Jahrzehnt der ersten Periode mit 526 Werthmeter Ertrag).

In Fichtenwaldungen kann man die (nach der Oberflächen-Gestaltung abweichende) Sturm-Richtung durch Farbenbänder bezeichnen, welche aus fünf bis sechs blaßrothen Farbenstrichen gebildet werden und durch die Hiebszüge hindurch laufen.

Die Wege und Gestelle werden nicht kolorirt. Die Karten werden auf Leinwand aufgespannt und zum Zusammenlegen eingerichtet.

Anmerkung. Diese Kartenzeichnung ist übersichtlicher und für den Gebrauch im Walde nützlicher, als die übliche Abstufung der (voll gefärbten) Altersklassen nach Tuschgraden, weil man die Bestands-Verhältnisse und die wirthschaftlichen Bestimmungen gemeinsam darstellen und die Altersstufen schärfer bezeichnen kann. — Statt der Diagramme kann man auch scharfe Farbenstriche unter die Buchstaben der Unterabtheilungen anbringen, welche durch ihre Zahl die Altersstufe und durch die Farbe die Holzart angeben.

§ 6.

Flächen-Berechnung.

1. Wenn die geometrische Aufnahme durch Theodolit-Messung vollzogen worden ist, so sind die Waldflächen aus Coordinaten und Original-Zahlen zu berechnen. Nur ausnahmsweise ist die Anwendung des Amsler'schen Polar-Planimeters und die graphische Flächen-Bestimmung gestattet. Geht die Differenz zwischen der gesammten Waldfläche und der Summe der einzelnen Abtheilungen und Unterabtheilungen über die oben genannte Fehlergrenze nicht hinaus, so wird der Unterschied durch proportionale Vertheilung beseitigt. Wenn die Breite der zum Wald-Eigenthum gehörenden Wege, Gestelle 2c. 10 Meter nicht übersteigt, so werden diese Wegflächen den angrenzenden Unterabtheilungen hälftig zugerechnet.

Das definitive Flächenverzeichniß hat die produktionsfähigen Waldflächen, dann die ertraglosen Waldflächen (z. B. Felsparthien, Sümpfe 2c.), die Straßen, breiten Wege, Gewässer, die zum Forstgrund gehörigen Felder, Wiesen, Steinbrüche, Torfstiche 2c. einmal getrennt nach Abtheilungen und Unterabtheilungen und zweitens nach der Gesammt-Fläche der Abtheilungen und Wirthschaftsbezirke anzugeben[1]).

2. Bei Meßtisch-Aufnahmen und bei Benutzung älterer Karten ist die Flächenberechnung mit Zuhilfenahme des Amsler'schen Polar-Planimeters[2]) und mit proportionaler Ausgleichung der Differenzen in den zulässigen Grenzen zu bethätigen.

---

[1]) Die Einrichtung dieser Flächentabelle wird auch ohne Mittheilung eines Musters leicht zu ordnen sein. Sie ist überdies hinlänglich bekannt.

[2]) Ueber den Gebrauch des Amsler'schen Polar-Planimeters siehe preußisches Zirkular vom 13. Oktober 1862, das spezielle Verfahren bei Ermittelung des Flächeninhalts der Liegenschaften betreffend. (Im Buchhandel erschienen.)

Wirthschaftliche Flächen-Eintheilung.

§ 7.

Wirthschafts-Bezirke.

Wenn die Verwaltungs-Bezirke (Reviere, Oberförstereien u. s. w.) gleichzeitig Staats-Waldungen und Waldungen mehrerer Gemeinden und Körperschaften umfassen, so ist zunächst eine Trennung in Wirth- schafts-Bezirke nach dieser Verschiedenheit des Wald-Eigenthums vor- zunehmen. Innerhalb dieser Eigenthums-Bezirke wird eine weitere Ausscheidung nach Wirthschafts-Bezirken dann erforderlich, wenn der Holzabsatz auf die Dauer wesentlich auseinandergehende Richtungen einhalten wird. Aus diesen Waldungen des gleichen Besitzstandes faßt man dann zu Wirthschafts-Bezirken diejenigen Theile zusammen, welche gleiches Absatzgebiet haben. Es werden dabei nur durchgrei- fende, stabile Verschiedenheiten der Absatz-Richtung, wenn dieselben ansehnliche Theile des Eigenthums-Bezirks umfassen, berücksichtigt. Kleinere, isolirte Wald-Parzellen werden in der Regel nicht zu be- sonderen Wirthschafts-Bezirken ausgeschieden.

Wenn verschiedene, zusammen liegende Verwaltungs-Bezirke eines Eigenthümers dauernd ein gemeinsames Absatz-Gebiet (Markt- Gebiet) haben werden, und zugleich eine gegenseitige Ergänzung der Nutzung in Hinblick auf die örtlichen Bestockungs-Verhältnisse in Betracht zu ziehen ist, so bildet man kombinirte Wirtschafts- Bezirke.

Die Ertrags-Berechnung und Etats-Bestimmung wird geson- dert für die einzelnen Wirthschafts-Bezirke durchgeführt. Die Wirth-

schafts=Bezirke werden nicht mit Nummern, sondern nach den orts=
üblichen Namen (der Gemeinden, Schutz = Bezirke u. f. w.) be=
zeichnet.

Anmerkung. Die Zerlegung der Wirthschafts = Bezirke in Betriebsklassen
(nach den gewählten Umtriebszeiten mit dem Zweck, einen selbstständigen Nutzungs=
Umlauf für die Folgezeit einzurichten) wird unten (§ 56) besprochen werden.

———

§ 8.

Abtheilungs-Netz.

Der Wirthschafts=Bezirk wird nach Maßgabe der Standorts=
und Bestands=Verhältnisse in eine schickliche Anzahl von Abtheilungen
zerlegt. Man folgt hierbei der Tendenz, gleichartige Bestockungs=
Figuren zu bilden. Jede Abtheilung soll sobald als möglich einerlei
Waldform und Altersklasse erhalten. Die Bestands=Verschiedenheiten
innerhalb der Abtheilung, die man jetzt als Unterabtheilungen aus=
scheidet, sollen im Laufe der Bewirthschaftung verschwinden, der Uni=
formität geopfert werden.

Abtheilungsnetz im Gebirge und Hügellande. Nach
Vollendung der vorläufigen Waldvermessung wird das Wegbau=
Netz nach der Höhen=Kurven=Zeichnung im Original=Plan entworfen.
Die neuen Wegrichtungen, welche sich zu Abtheilungen eignen, wer=
den im Walde nivellirt, aufgehauen, vermessen und dauernd bezeich=
net. Die Waldwege gewähren die gebrauchsfähigsten Stützpunkte für
das Abtheilungsnetz; sie sind als Abtheilungsgrenzen den Bergrücken,
Thalsohlen, engen Schluchten u. f. w. vorzuziehen. Wenn man auch
im Allgemeinen bestrebt ist, die Bergabhänge von den größeren Berg=
ebenen, die Süd= und Westseiten von den Nord= und Ostseiten, die
unteren Bergabhänge von den oberen Bergwänden zu trennen, über=
haupt alle wesentlichen Standorts=Verschiedenheiten zu sondern, so
ist dies doch vielfach nicht durchzuführen, weil man häufig die jetzigen
Bestands=Figuren so weitgehend zu zerstückeln hätte, daß die erstrebte
Gleichförmigkeit der Bestockung innerhalb der Abtheilungen, dem ein=
tretenden, bunten Gemisch der Altersstufen gegenüber, auf unabsehbare

Zeit hinaus illusorisch bleiben würde. Erfahrungsgemäß wird die
beste, wirthschaftliche Eintheilung im Hochwald=, wie im Mittelwald=
und Niederwald=Betriebe hervorgerufen, wenn man die bestehenden
und projektirten Waldwege zu Grunde legt und außerdem (im Hoch=
wald=Betriebe) die (rektifizirten) Grenzen der größeren Bestände als
Abtheilungs=Grenzen wählt. Dabei sucht man die Standorts=
Verschiedenheiten so viel als möglich zu trennen; allein in Zweifel=
fällen ist den Letzteren eine mehr sekundäre Wichtigkeit beizulegen.
Man vermeide möglichst die wirthschaftlich sehr störende Durchschnei=
dung der gleichartigen Bestände durch Abtheilungslinien. Als zweck=
mäßigste Größe der Abtheilungen kann man in der Regel 15 bis
20 Hektare annehmen.

Die Abtheilungsgrenzen werden an den Eckpunkten, bei Wegen
an den Wegrändern, versteint, bei Steinmangel mit Pfosten oder
Hügeln versehen. Auf die Steine werden die Abtheilungs=Nummern
eingehauen. Die Steine werden in den Original=Karten verzeichnet.

Die Nummerfolge der Abtheilungen läuft ununterbrochen von
Norden über Westen nach Osten durch den ganzen Wirthschafts=Be=
zirk hindurch. Die Abtheilungen erhalten die ortsüblichen Namen;
bei gleichlautenden Namen, die oft in großen Waldkomplexen vor=
kommen, ist eine nähere Bezeichnung (z. B. unterer, östlicher, mittlerer
Buchwald) beizusetzen.

Anmerkung. Die Zusammenfassung der zusammenliegenden Abtheilungen
zu Distrikten mit besonderer Nummerfolge der Distrikte und mit abschließender Nume=
ration der Abtheilungen innerhalb der Distrikte sollte man, weil nutzlos und störend,
möglichst zu vermeiden suchen.

Wenn eine wirthschaftliche Eintheilung des Verwaltungs=
Bezirks schon vorliegt, so sind Aenderungen nur dann vorzuneh=
men, wenn dieselben dringend erforderlich und nicht zu umgehen
sind (auch im Flachlande).

Wirthschaftliche Eintheilung im Flachlande. Durch
ein regelmäßiges Netz von Wegen (Gestellen, Bahnen u. s. w.) werden
rechtwinkelige, längliche Abtheilungen von circa 15 Hektar Größe ge=
bildet. Die größeren Waldkomplexe werden zumeist durch Hauptkreuz=
bahnen zerlegt. In den entstehenden Quartieren werden parallele
Hauptbahnen, die möglichst der Hiebsrichtung folgen, über die Wald=
fläche vertheilt, und so nahe aneinander gerückt, daß die Abtheilungs=

seiten an diesen Bahnen doppelt so lang werden, als die Abtheilungs=
seiten an den Querbahnen. (Wenn die Abtheilungen die Form des
Rechtecks mit einer Größe von 15 Hektar erhalten sollen, so würden
die Hauptbahnen 274 Meter auseinander zu rücken sein, die Länge
der Abtheilungen an den Hauptbahnen würden dann die doppelte
Länge (547 Meter) erhalten können.) Die Randabtheilungen erhalten
die übrig gebliebene Fläche zugewiesen. Die Hauptbahnen werden
fahrbar mit einer Breite von 7 bis 9 Meter hergerichtet. Die
Querbahnen werden nur ausnahmsweise fahrbar gemacht; sie dienen
als Sicherheitsschneisen u. s. w. Die Versteinung und Bezeichnung
der Abtheilungsgrenzen folgt den für die Bergforste gegebenen Vor=
schriften.

Im flachen und nassen Terrain ist die gleichzeitige Entwässerung
und deren Beziehung zu dem Abtheilungs=Netz (Wegnetz) in das Auge
zu fassen. Die Hauptwege und die Haupt=Entwässerungs=Gräben
erhalten möglichst gleiche Richtung, damit die Hauptwege nicht von
den Wasserzügen durchschnitten werden. In der Regel und nament=
lich wenn Wegbauten auf Dämmen nothwendig werden, legt man
den Hauptgraben den Wegdämmen entlang.

———

§ 9.

Unterabtheilungen.

Die Bestockung der Abtheilungen ist in der Regel nach dem
Alter und der sonstigen Beschaffenheit ungleichartig. Es finden sich
fast immer Verschiedenheiten, welche einen beachtenswerthen Einfluß
auf die Ertrags=Berechnung und Nutzungs=Anordnung ausüben wer=
den. Derartige Bestockungstheile sind, soweit eine besondere Ertrags=
Berechnung in Frage kommt, als Unterabtheilungen auszuscheiden.
In der Regel berücksichtigt man nur eine Flächengröße von mehr als
1 Hektar. Die Grenzen werden durch 1 Meter breite, stets offen
zu haltende Schneisen kenntlich gemacht, in der Regel nicht ver=
steint. Innerhalb der Abtheilung werden die Unterabtheilungen

fortlaufend literirt. Die Grenzen sind durch Theodolith=Messung zu bestimmen, das Planbild wird aus den Coordinaten aufgetragen und sowohl im Original=Plan, als in den Wirthschafts=Karten ein=gezeichnet, die Flächen werden durch Coordinaten=Rechnung bestimmt und im Flächen=Register verzeichnet.

Anmerkung. Bei Mittel= und Niederwald=Betrieb hat die wirthschaftliche Eintheilung im Wesentlichen den vorstehenden Direktiven zu folgen. Die feste Ab=grenzung der Perioden= oder Jahresschläge ist meistens nutzlos.

Dritter Abschnitt.

Erforschung der Produktions-Faktoren für den Hochwald-Betrieb.

Erste Abtheilung.

Bestimmung des Holzgehalts und des mittleren Alters der erwachsenen Hochwald-Bestände.

§ 10.

Verfahren im Allgemeinen.

Die Vorraths-Bestimmung der Hochwald-Bestände bildet das Fundament für die Bemessung der zukünftigen Werth- und Rein-erträge der Wirthschafts-Bezirke. Die sorgsame Erforschung der bisherigen konkreten Ertrags-Leistungen der Holzarten wird stets grundlegend für die Würdigung der örtlichen Nutzleistungen derselben bleiben, auch wenn dermaleinst der gesetzmäßige Gang der Holz-Produktion heller beleuchtet werden sollte, als dies bis jetzt geschehen ist.

Es ist darum ohne Frage die größtmögliche Genauigkeit bei diesen wichtigen Untersuchungen beharrlich zu erstreben. Wenn abnorme Bestands-Verhältnisse außergewöhnliche Schwierigkeiten hervorrufen, so werden verdoppelte Anstrengungen zur Pflicht. Der Vollzug dieser Arbeiten ist unausgesetzt durch eingehende Ueberwachung und sorgfältige Kontrole dem erreichbaren Genauigkeits-Grad zuzuführen. Es ist die Verantwortlichkeit und Haftbarkeit der Forst-Einrichtungs-Beamten durch die schärfsten Bestimmungen für den Fall in Anspruch zu nehmen, daß gröbere Fehler, Flüchtigkeiten und Nachlässigkeiten konstatirt werden sollten.

Die Holzgehalts-Aufnahme ist in der Regel auf alle durchforsteten Hochwald-Bestände auszudehnen. Das Ermittelungs-Verfahren hat der Draudt'schen Methode unter Zuhilfenahme der Urich'schen Modifikation[1]) zu folgen, da besonderer Werth auf die genaue Ermittelung des Antheils der einzelnen Holzsorten an der Gesammt-Masse zu legen ist. Die Bestimmung der unteren Stammstärken (Brusthöhen-Stärken, Grundstärken) nach dem Durchmesser der Stämme hat sich in der Regel auf die Gesammtfläche aller durchforsteten Bestände zu erstrecken. Es sind hierbei zwei Verfahrungsarten anwendbar: die Bestands-Ausmessung, d. h. die Stärken-Messung sämmtlicher Stämme und die Bestands-Auszählung, d. h. die Messung eines Theils der Stämme und die Zählung der nicht gemessenen Stämme.

Es ist nicht gestattet, die Massen-Vorräthe durch Okular-Schätzung (der Einzelstämme oder Flächeneinheiten) oder durch Ansprechen der Abstands-Zahlen zu bestimmen und ebenso wenig ist die Richtpunkt-Methode und das Einschätzen der Formzahlen zulässig. Sollte die Fällung von Probeholz nicht ausführbar sein, so ist nach vollzogener Stärkenmessung und Höhenbestimmung (mittelst des Faustmann'schen Spiegelhypsometers[2]) die Berechnung auf Grund der bayerischen Massentafeln[3]) zu vollziehen; die mittleren Bestands-Alter und die Sortimenten-Verhältnisse sind nach allgemeinen Erfahrungssätzen[4]), nach örtlichen Fällungs-Ergebnissen oder durch Schätzung unter Zuzug geübter Holzsetzer zu bestimmen.

Anmerkung. Obwohl die Fachgenossen, welche die Literatur der Holzmeßkunst kennen und die oben genannten Verfahrungs-Arten sämmtlich praktisch erprobt

---

[1]) Baur, Holzmeßkunst. Anleitung zur Aufnahme der Bäume und Bestände. Wien, 1875. S. 212—228. Draudt, Ermittelung der Holzmassen. Gießen, 1860. Allg. Forst- und Jagd-Zeitung, Jahrgänge 1857 bis 1872.

[2]) Zu beziehen vom Oberförster Faustmann in Babenhausen bei Darmstadt. Beschrieben in der Forst- und Jagd-Zeitung, Jahrgang 1856, S. 441.

[3]) Die bayerischen Massentafeln wurden in Metermaß umgerechnet: Behm, Massentafeln. Berlin, 1872.

[4]) Burckhardt, Hilfstafeln für Forsttaxatoren. Hannover, 1873. XIII. Sortimententafeln. Stahl, Massentafeln. Berlin, 1852. S. 39.

haben, nicht bestreiten werden, daß die Draudt'sche, von Urich fortgebildete Methode zur Zeit die relativ höchste Leistungsfähigkeit besitzt, so werden doch bei diesem wichtigen Thema einige Worte zur Motivirung der obigen Vorschläge für Viele erwünscht sein.

Vor Allen ist darauf hinzuweisen, daß zur Feststellung des Werth- und Reinertrags in erster Linie ein Aufnahme-Verfahren zu wählen ist, welches die Holzvorräthe in die Verkaufssorten zerlegt. Die oben als unzulässig bezeichneten Methoden beschränken sich auf die Ermittelung der Gesammt-Masse und sind deshalb nicht unmittelbar anwendbar. Man kann indessen einwenden, daß diese älteren ausgedehnt erprobten Verfahrungs-Arten durch eine ungleich genauere Massen-Bestimmung Vorzüge darbieten können, welche das Draudt'sche Verfahren nicht besitzt. Man kann vermuthen, daß diese Vortheile schwerer in die Wagschale fallen, als die Ungenauigkeiten, welche bei Schätzung der Sortimenten-Antheile unterlaufen können. Wir haben deshalb die Methoden der Bestandsmessung hinsichtlich des Genauigkeitsgrades, den sie für die Praxis der Forsteinrichtung gewähren, besonders zu prüfen.

Bei dem heutigen Stande der Holzmeßkunst kann die summarische Massenschätzung nach dem Augenmaß nicht mehr in Frage kommen — wenigstens nicht als ausschließliche Grundlage der Vorraths-Bestimmung. Es soll zwar jeder Forsttaxator in der genauen Schätzung des Massenvorraths pro Flächeneinheit die höchste Fertigkeit und Sicherheit zu erlangen suchen, um fehlerhafte Vorraths-Aufnahmen alsbald zu entdecken. Aber kein vernünftiger Forstwirth wird diese, bei größter Uebung ungenau bleibende Okular-Schätzung in erste Linie stellen, denn erfahrungsmäßig unterlaufen dabei kaum begreifliche Unrichtigkeiten. — Die Holzgehalts-Schätzung der Einzelstämme oder Stammgruppen nach dem Augenmaß kann ebensowenig befürwortet werden. Dieses Verfahren welches bei Holzhauern, Köhlern 2c. großes Ansehen genießt, steht gleichfalls auf einer überraschend hohen Stufe der Ungenauigkeit und erfordert dabei größeren Zeitaufwand, als die Messung der Stammstärken.

Die Massen-Bestimmung durch Einschätzen der sog. Formzahlen ist bei der Aufnahme der Hochwald-Bestände eine vielfach beliebte Methode. Es werden hierbei allerdings die wesentlichsten Faktoren, welche den Schaftinhalt der Bäume bestimmen, gemessen: Grundstärke und Höhe. Man hat nur noch die Baumformen zu bestimmen. Wenn die Baumschäfte von der Jugend bis zum Alter in konstanten Beziehungen zu bekannten Körperformen stehen würden, so könnte man diese Beziehungen für den Brusthöhen-Durchmesser und die Höhe ausdrücken und hieraus den Schaftinhalt herleiten. Man hat diese Bestimmung versucht. Man hat unterstellt, daß die Schaftkreisfläche in Brusthöhe walzenförmig verlängert wird, aufwärts bis zur Spitze des Schafts und abwärts bis zur Abhiebsfläche und hat hierauf bestimmt, welcher Theil dieses Ideal-Cylinders vom wirklichen Schaft- oder Baum-Inhalt eingenommen wird. Man hat den wirklichen Inhalt in Prozenten des idealen Walzengehalts ausgedrückt und Formzahl genannt. (Schaftformzahl, wenn dieser Reduktionsfaktor sich nur auf den wirklichen Schaftinhalt bezieht, Baumformzahl, wenn der Bauminhalt (mit Aesten) im Verhältniß zur Idealwalze ausgedrückt wird.)

Leider sind jedoch die Waldbäume sehr unregelmäßig gestaltet. Die Form der Baumschafte wird von der Standortsgüte, vom Wachsraum, von der Beastung, von der Höhe des Kronen-Ansatzes, vom Alter u. s. w. beeinflußt und ist zudem verschieden nach der Holzart; in wechselnder Gestaltung nähern sich die Schaft-formen einerseits dem gerabseitigen Kegel (seltener dem Neiloid) und andererseits dem appolonischen Paraboloid (ausnahmsweise sogar der Walze). Die Reduktions-faktoren schwanken darum sehr wesentlich; nach Burckhardt differiren die Baum-form-Zahlen mit Ausschluß der Extreme (excl. Reisholz unter 2 Zoll Durchmesser)

bei Eichen von 0,45 — 0,67

bei Buchen von 0,43 — 0,57

bei Kiefern von 0,42 — 0,51

und die Schaftformzahlen für Fichten von 0,35 — 0,55. Trotz dieser Schwankun-gen würde die Formzahl-Methode immerhin Beachtung verdienen, wenn die mittleren Formzahlen der Stammgruppen in leichter und sicherer Weise durch Messung bestimmt werden könnten. Allein es ist nur die Bestimmung nach Augenmaß zulässig, weil man bis jetzt keine brauchbaren Instrumente zur Messung der Form-zahlen an stehenden Stämmen erfunden hat. Diese Einschätzung der Formzahlen ist aber ebenso ungenau, als zeitraubend. Wenn man nicht ganz oberflächlich ver-fahren will, so muß man öfters Probestämme fällen lassen und die Formzahlen messen, um die Beziehungen zwischen der Gestalt der Stämme und ihrer Formzahl dem Gedächtniß einzuprägen. Man wird aber in diesem Falle auch einen Schritt weiter gehen dürfen, indem man die Mittelstämme für die Stärkenstufen auswählt und dann das Draudt'sche Verfahren einhält. — Die Formzahl-Methode ist durch und durch unpraktisch; die Einschätzung von Stamm zu Stamm ist so zeitraubend, daß das summarische Ansprechen kaum zu vermeiden ist. Man könnte diese unsichere Schätzung nur empfehlen, wenn eine ungenaue Ertrags-Berechnung gestattet sein würde.

Es ist von Smalian und später von Preßler der Rath ertheilt worden, die Formzahlen nicht für die Stamm-Grundflächen in konstanter Brusthöhe, sondern für die Stammstärken in ¹⁄₂₀ der Gipfelhöhe zu bemessen und dadurch „ächte" Formzahlen zu bestimmen. Gestützt auf stereometrische Gesetze haben diese Schrift-steller nachgewiesen, daß die Divergenz der Formzahlen, welche bei gleichen Baum-formen durch den konstanten, nach der Gipfelhöhe nicht veränderten Meßpunkt (in Brusthöhe) verursacht wird, hinwegfallen würde. Allein es ist die Kluppirung der Bestände (oder auch nur der Probeflächen) in ¹⁄₂₀ der Gipfelhöhe praktisch selbst-verständlich nicht durchzuführen. Man ist deshalb alsbald wieder zur Reduktion der sog. ächten Formzahlen auf sog. unächte Formzahlen nach allgemeinen Zahlen, die nicht geradezu glaubwürdig sind, zurück gekehrt. Dieser Umweg, der zum alten Ziele führt, kann keine Verbesserung der ursprünglichen Formzahl-Methode genannt werden.

Es ist von Preßler außerdem die sog. Richtpunkt-Methode befürwortet

worden. Dieses Verfahren hat auf den ersten Blick einige bestechende Eigenthüm=
lichkeiten. Es können nämlich von den Körperformen, welche den Baumschaftformen
nahe stehen, Paraboloïd und gerabseitiger Kegel ganz genau und Neiloïd annähernd
genau durch eine gleichlautende, einfache Formel kubirt werden, indem man den
Punkt der halben Grundstärke (Brusthöhen=Stärke) am oberen Schaft bestimmt.
Wenn man die gemessene Grundstärke g, die Entfernung von diesem Meßpunkt
bis zu dem oben genannten sog. Richtpunkt h nennt, so ist der Schaftinhalt ober=
halb des Meßpunkts = ⅔ g. h. Der Theil des Schafts vom Meßpunkt bis
zum Fußpunkt (Stock=Abschnitt) wird hierauf als Cylinder mit der Meßpunkt=Stärke
kubirt und zugerechnet. Es ist ersichtlich, daß bei einer leichten und sicheren
Bestimmung des Richtpunktes die Ermittelung des Schaftinhaltes der Be=
stände auf diesem Wege mathematisch gut fundamentirt sein würde, weil Grund=
stärken und Richtpunkt=Höhen direkt (durch Kluppe und Hypsometer) gemessen wer=
den können.

Das Verfahren ist bis jetzt nur an einer ungenügenden Zahl von gefällten
Stämmen erprobt worden und hat hier nicht immer befriedigende Ergebnisse ge=
liefert. Die allgemeine Einführung ist auch nicht zu befürworten, selbst wenn statt
der ungenauen Einschätzung des Richtpunktes (oder der unpraktischen Messung durch
das sog. Richtrohr) eine verbesserte Messungs=Methode — etwa durch ein Instru=
ment, welches Richtpunkt und Richthöhe durch einmaliges Anvisiren bestimmen
würde — eingeführt werden sollte. Es erfordert die Feststellung des Richtpunktes
und die Messung der Höhe einen größeren Zeitaufwand, als das Auszeichnen der
mittleren Modellstämme und die Aufnahme des Probeholzes. Zudem wird der
Richtpunkt vielfach von der Beastung verdeckt und sehr häufig (namentlich in Laub=
holz=Beständen) ist derselbe nicht zu bestimmen, weil starke Aeste die normale Ent=
wickelung des Schaftes verhindert haben und vorherrschend Stämme gefunden wer=
den, deren obere Schaftbildung durch Seitenäste stark beeinflußt worden ist. Ein
wesentlicher Mangel der Methode ist endlich die Nichtberücksichtigung des Astholzes,
dessen Masse bei stärkeren Stämmen sehr in die Wagschale fällt. Preßler hat zwar
für die Einschätzung des Astholzes Prozentsätze, die derselbe nach der Höhe des
Kronen=Ansatzes abgestuft hat, mitgetheilt; allein die Berechnung dieser Astmassen=
Prozente beruht auf Voraussetzungen, die zwar „Gesetze der Astmasse" genannt, je=
doch ganz ungenügend durch exakte Untersuchungen begründet worden sind.

Ein wesentlicher Fortschritt auf dem Gebiete der Holz=Meßkunst ist durch die
bayerischen Massentafeln angebahnt worden. Von der Ansicht ausgehend, daß
die Form der Stämme auf allen Standorts=Klassen eine gleiche sein wird,
wenn die Stämme in Grundstärke, Höhe und Alter übereinstimmen, hat man in
Bayern die mittleren Form=Gesetze für die Alters=, Höhen= und Stärken=Abstufun=
gen durch großartige Messungen zu erforschen gesucht. Ueber 40000 gefällte Stämme
wurden in allen Landestheilen sektionsweise kubirt; es wurden die Brusthöhen=Form=
zahlen berechnet und dieselben interpolirt; nach diesen interpolirten Formzahlen wur=
den sog. Massentafeln berechnet, welche das Stammholz und den größten Theil des
Astholzes für alle vorkommenden Durchmesser und Höhen, getrennt für haubare und

für angehend haubare Bestände angeben[1]). Die Anwendbarkeit dieser Massentafeln
ist bis jetzt in Bayern an 36566 Stämmen, in Würtemberg an 1340 Stämmen,
in Preußen (Oberförsterei Rüdersdorf) an 263 Stämmen, von der Staats=Forst=
Verwaltung in sieben Regierungs=Bezirken an 70546 Stämmen, im Groß=Herzog=
thum Hessen an 10857 Stämmen erprobt worden und dabei haben sich erstaunlich
günstige Resultate ergeben (in Bayern Fehler der Massentafel=Berechnung + 0,2 pCt.,
in Würtemberg + 0,003 pCt., in Rüdersdorf — 0,6 pCt., in Preußen + 1,8 pCt.,
in Hessen — 1,5 pCt.). Es ist auch nicht zu bezweifeln, daß die Anwendung der
bayerischen Massentafeln größere Vorzüge darbieten wird, als die Einschätzung der
Formzahlen und die Richtpunkt=Methode. Allein im Vergleich mit dem Draudt'=
schen Verfahren tritt die Gebrauchs=Fähigkeit der bayerischen Tafeln zurück. Ab=
gesehen von der Erwägung, daß die Zahl der Stämme, welche bei Aufstellung der
Tafeln in angehend haubaren Beständen, in Mittelhölzern und in
den kürzeren und schwächeren Stamm=Klassen der haubaren Bestände
gemessen worden sind, für die Feststellung großer Durchschnitts=Zahlen nicht ganz
ausreichend sein dürfte, daß ferner die bayerischen Massentafeln sowohl für unregel=
mäßige, räumlich erwachsene, als für gleichmäßige, aber dicht gedrängt erwachsene
Bestände höchst unzuverlässige Ergebnisse erfahrungsgemäß liefern — abgesehen von
diesen Mißständen, deren Vorhandensein in stärkerem oder schwächerem Maße schwer
zu beurtheilen ist, erreicht man durch die Fällung und Aufarbeitung des Probe=
holzes der Draudt'schen Methode in benachbarten Revieren eine ähnlich große Zahl
von Untersuchungen, wenn auch nur im Gesammt=Ausdruck, wie die bayerischen
Probeholz=Fällungen geliefert haben. (Fichten ausgenommen.) Bei dem geringen
Probeholzsatz von durchschnittlich 1 pCt. werden pro Hektar im Mittel ungefähr
10 Stämme, für 1000 Hektaren durchforsteter Hochwald=Bestände, die sich in größeren
Revieren vorfinden, 10000 Probe=Stämme gefällt und im gewöhnlichen Holzhauerei=
Betriebe aufgearbeitet, während in Bayern zur Aufstellung der Tafeln im Ganzen
gemessen wurden:

Eichen	2490	Stämme
Buchen	3710	„
Kiefern	4280	„
Lerchen	590	„
Tannen	4500	„
Birken	2870	„
und nur Fichten	21788	„

Für die Massen=Bestimmung der im betreffenden Wirthschafts=Bezirk vor=
herrschenden Holzarten wird somit die Draudt'sche Methode einen höheren Genauig=
keits=Grad gewähren. Aber immerhin ist es wünschenswerth, daß die in Bayern
begonnenen Baum=Messungen auch in andern Ländern fortgesetzt und durch Angabe

---

[1]) Massentafeln zur Bestimmung des Inhalts der vorzüglichsten deutschen
Waldbäume. Bearbeitet im Forst=Einrichtungs=Bureau des königl. bayer. Finanz=
Ministeriums. München, 1846.

der Sortimenten=Verhältnisse ergänzt werden. Dadurch kann diese Methode der Bestands=Messung einer höheren Stufe der Zuverlässigkeit entgegen geführt werden.

Verfahren des mittleren Modellstamms. Vor Veröffentlichung der Draudt'schen Methode war es üblich, die arithmetisch mittlere Stärkestufe des Bestands zu bestimmen und einige Probestämme, welche dieser mittleren Stärkestufe angehören, zu fällen und zu vermessen. Der kubische Inhalt wurde hierauf mit der Gesammtzahl der Stämme multiplizirt. — Es ist einleuchtend, daß bei der wechselvollen Gestaltung der Baumformen der mittlere Modellstamm selten der Durchschnittsform aller Stämme genau angepaßt werden kann. Ohne Zweifel wird es die Genauigkeit erhöhen, wenn man mittlere Modellstämme für die zusammengehörigen Theile der Bestände, die Stärkegruppen, fällen läßt.

Nach der Draudt'schen Methode sind möglichst für alle (gewöhnlich 2 Centimeter umfassende) Stärkestufen mittlere Modellstämme zu fällen. Der Gesammt=Bestand soll durch das Probeholz im verjüngten Maßstabe wiedergegeben werden. Es wird in allen Stärkestufen eine der Stammzahl genau proportionale Zahl von Probestämmen gefällt und dieselben werden gemeinsam aufgearbeitet. Man gewinnt dann überall proportionale Beziehungen; nicht nur die Kreisflächen=Summe der Probestämme steht zur Kreisflächen=Summe des Bestands in dem Prozent=Verhältniß, nach welchem die Zahl der Probestämme bestimmt worden ist, bei richtiger Auswahl der Probestämme steht auch die Probestamm=Holzmasse zur Bestandsmasse im gleichen Verhältniß und endlich finden dieselben Beziehungen zwischen den Sortiments=Antheilen statt.

Das Verfahren wird der Leser durch die untenstehende Anleitung kennen lernen. Es ist hierbei die von Urich vorgeschlagene Modifikation der ursprünglichen Art der Gruppenbildung eingehalten worden[1]), weil dieselbe nicht nur eine einfache und übersichtliche Berechnungsweise der Probestämme darbietet, sondern auch die enge Anschmiegung der Probestamm=Auszeichnung an die meist unregelmäßige Stärken=Abstufung gestattet[2]).

Verfahren von Robert Hartig. Während Draudt die Stärkegruppen nach den Stammzahlen bildet, für je $\frac{100}{p}$ Stämme einen Probestamm fällt, hat Robert Hartig vorgeschlagen, die Stärkegruppen nach der Stamm=Grundfläche gleich zu stellen. Man kann den Unterschied am besten durch ein Beispiel veranschaulichen. Wenn die Bestands=Aufnahme ergeben hat:

20 Centimeter	. . . .	500 Stämme
25 "	. . . .	300 "
30 "	. . . .	100 "

so sind nach Draudt bei einem Probeholz=Satz von 1 pCt. zu fällen:

---

[1]) Allg. Forst= und Jagd=Zeitung, 1862, S. 77.

[2]) Die Gründe für und gegen diese Abänderungen, für und gegen Ausscheidung von Höhenklassen sind weitläufig in besonderen Schriften und in der Allg. Forst= und Jagd=Zeitung, Jahrgang 1860 bis 1866 erörtert worden.

5 Stämme von 20 Centimeter Stärke
3   „   „ 25   „   „
1 Stamm   „ 30   „   „ .

Nach Hartig sind zuvörderst die Kreisflächen zu berechnen und hierauf sind, wenn die eben genannten 9 Probestämme gefällt werden sollen, neun nach der Grundstärke gleich große Gruppen auszuscheiden, somit,

da 500 Stämme mit 20 Ctm. . . . 157,1 □ M.
   300   „   „ 25   „ . . . 147,3 „
   100   „   „ 30   „ . . . 70,7 „
   ———————————————————————————————————————
              zusammen 375,1 □ M.

Grundfläche haben, neun Gruppen mit je 41,68 □ M. Grundfläche, es sind somit für die

20 Ctm. starken 500 Stämme 3,77 Probestämme
25   „   „   300   „   3,53   „
30   „   „   100   „   1,70   „

zu wählen.

Der Unterschied springt in die Augen. Hartig bestimmt für die stärkeren Stammklassen eine größere Zahl von Probestämmen, wie Draudt.

Robert Hartig ist augenscheinlich von der Anschauung ausgegangen, daß die Stammgruppen mit gleicher Grundstärke auch annähernd gleiche Holzmassen haben werden. Wenn man dann die Proben mit gleicher Zahl und gleicher Sorgfalt diesen Stammgruppen, diesen gleichwerthigen Größen entnimmt, so wird das Resultat die relativ größte Genauigkeit beanspruchen können, indem für annähernd gleich große Holzmassentheile je ein Repräsentant, ein Probestamm, untersucht worden ist. Das Draudt'sche Verfahren kann diesen Vortheil nicht erreichen, weil dasselbe den Stammgruppen, für welche je ein Probestamm gefällt werden soll, ungleich große, mit den Stammstärken steigende Kreisflächen=Summen zuweist und hierfür den mittleren Modellstamm fällen läßt. Im obigen Beispiel würde nach Draudt je ein Probestamm gefällt werden:

in der Stärkegruppe von 20 Ctm. für 31,4 □ M.
   „   „   „   „ 25   „   „ 49,1 „
   „   „   „   „ 30   „   „ 70,7 „

Stamm=Grundfläche. Da das stärkere Holz, zumal in Nutzholz=Beständen, höheren Werth hat, da man außerdem bei der Auszeichnung des Probeholzes nicht selten gezwungen ist, weniger gut passende Exemplare für die stärkeren Probestämme anzunehmen, weil die tauglichen Mittelstämme nur in ganz geringer Zahl, im Bestande zerstreut, vorhanden sind und nicht leicht gefunden werden können, so würde allerdings eine Vermehrung der Zahl der Beobachtungen in diesen stärkeren Stammklassen wegen Erhöhung des Genauigkeitsgrads in Betracht kommen können. Allein leider ist das Verfahren von Robert Hartig bei größeren Vorraths=Aufnahmen nicht anwendbar, weil das Verhältniß zwischen den Grundflächen der Stammgruppen und den Grundflächen der Probestämme nicht konstant bleibt, sondern von Gruppe zu Gruppe wechselt und deshalb eine gemeinsame Aufarbeitung des Probeholzes unstatthaft ist. Es ist Sektions=Vermessung der Probestämme vorzunehmen, die bei größeren Aufnahmen unausführbar ist. Man kann bei Anwendung des Draudt=Urich'schen Verfahrens den eben erwähnten Uebelstand dadurch begegnen, daß man für die Messung der werthvolleren Holzarten oder Stärkeklassen einen höheren Probeholzsatz wählt und gesonderte Probeholz=Aufarbeitung eintreten läßt (cf. § 18).

Die vielfach übliche Holzmassen=Aufnahme auf sog. Probeflächen liefert erfahrungsgemäß in unregelmäßigen Beständen unzuverlässige Ergebnisse. Die sorgfältige Auswahl, Absteckung und geometrische Aufnahme dieser Probeflächen und die Messung der Stärken nimmt gewöhnlich einen der Bestands=Auszählung fast gleichkommenden Zeitaufwand in Anspruch. Es ist aber, hiervon ganz abgesehen, mit allem Nachdruck zu betonen, daß nicht der Zeitaufwand und der Kostenpunkt, sondern lediglich der Genauigkeitsgrad bei der Wahl der Methoden ausschlaggebend sein darf; keine intelligente Administration wird die erforderliche, immer geringfügige Mehrausgabe beanstanden, denn es handelt sich um die einträglichste Benutzung von Kapital=Werthen, die in jedem größeren Wirthschafts=Bezirke nach Millionen zählen.

---

§ 11.

Höhenklassen.

Da die mittlere Bestands=Beschaffenheit nicht selten auf einzelnen Flächen=Theilen, z. B. Mulden, Bergrücken, Hügeln u. s. w., unterbrochen wird durch besonders langschaftige oder außergewöhnlich kurzschaftige Stammformen, so ist vor der Stärkemessung jeder Bestand sorgfältig zu durchgehen und dabei zu prüfen, ob das Verhältniß zwischen den Grundstärken und den Höhen in allen Theilen der Unterabtheilung ein ähnliches ist. Kommen beträchtliche Unterschiede im Höhenwuchs bei gleicher Stärke vor, die flächenweise gesondert werden können, so bildet man Höhenklassen durch Zusammenfassung derjenigen Bestands=Theile, in welchen ein ähnliches Verhältniß zwischen Grundstärke und Höhe vorwaltet. Diese Flächen=Theile werden durch Anplatten dauernd getrennt. Wenn der Unterschied so beträchtlich ist, daß der Holzvorrath nicht gleicher Wachsthumsklasse entspricht, so werden die Höhenklassen nicht nur geometrisch aufgenommen, sondern auch bei der Probeholz=Fällung und speziellen Ertrags=Berechnung gleich einer besonderen Unterabtheilung behandelt (und durch Hinzufügung einer arabischen Ziffer zum Buchstaben der Unterabtheilung, z. B. 46 . c.$_2$. bezeichnet).

Erscheint die Flächen-Vermessung nicht nothwendig (wie es ge= wöhnlich bei unvollkommenen Beständen, die keine Anhaltspunkte für die Aufstellung von Ertragstafeln gewähren, der Fall sein wird), so werden die ausgeschiedenen und lediglich durch Anplatten gesonderten Höhenklassen nur bis zur vollzogenen Auszeichnung des Probeholzes getrennt behandelt; die Aufarbeitung des Probeholzes und die Er= trags=Berechnung erfolgt gemeinsam für die den Gesammt=Bestand umfassende Unterabtheilung.

Anmerkung. Treten die Höhen=Unterschiede nicht flächenweis gesondert, sondern bunt gemischt auf, so wird in der Regel die Ausscheidung von Höhenklassen weniger rathsam sein, als die sorgsame Auswahl des Probeholzes.

———

§ 12.
Stärkemessung.

1. Ausmessung.

Die Bestände, welche voraussichtlich im ersten Jahrzehnt zum Anhieb kommen und diejenigen jüngeren Bestände, in denen die Holz= stärken ungleichmäßig beschaffen und vertheilt sind, sind stammweise (1,3 Meter oberhalb des Bodens) mit der Kluppe[1]) zu messen. So= wohl die prädominirenden, als die übergipfelten Stämme werden ge= messen und ungetrennt verbucht, die Stangen unter 9 Centimeter Brusthöhe=Durchmesser werden in den haubaren Beständen[2]) nicht gemessen. Einem Buchführer werden in stammreichen Beständen zwei und in lichter stehenden Beständen drei Kluppen=Führer beige= geben. Die Kluppirung geschieht streifenweise, die gemessenen Streifen werden in der Richtung nach den noch zu messenden Bestandstheilen in weit sichtbarer Weise gekennzeichnet (leichtes Anplatten, Anreißen, Kreidestrich).

———

[1]) Kluppen mit G. Heyer'scher Konstruktion verdienen den Vorzug. Zu be= ziehen vom Mechanikus Weingärtner in Darmstadt.

[2]) Für die Stangenhölzer u. s. w. ist dieser Minimalsatz in der Regel auf 3 Centimeter festzusetzen.

Die Brusthöhen-Durchmesser werden nach Centimetern ausgerufen. Die Kluppen erhalten die Eintheilung von 1,0—3,0 Centimeter = 2, 3,0—5,0 Centimeter = 4 u. s. f.[1]). Der Buchführer trägt die ausgerufenen Centimeter in das „Stammstärken-Register" (siehe untenstehendes Form. 1) nach Unterabtheilungen, Holzarten und Höhenklassen gesondert ein. Exzentrisch gewachsene Stämme werden über Kreuz gemessen und dann nach der mittleren Stärke angerufen. Zurückrufen der Durchmesser wird untersagt. Der Buchführer hat den messenden Arbeitern möglichst rasch zu folgen. Die Arbeiter sind unausgesetzt zu kontroliren, damit die Stämme sämmtlich gemessen werden und die Kluppe stets in 1,3 Meter Bodenhöhe angelegt wird; die Höhe von 1,3 Meter ist auf der Brust jedes Arbeiters durch einen Kreidestrich anzugeben und streng darauf zu sehen, daß sämmtliche Arbeiter — namentlich im Anfang des Geschäfts — diese Höhe einhalten.

Wenn Probeflächen zugelassen werden, so hat die Stärkenmessung in gleicher Weise zu geschehen. Bei der Berechnung der Bestands-Stammzahlen sind die Probeflächen-Stammzahlen nach dem Flächen-Verhältniß zu vervielfältigen.

2. Auszählung der Bestände.

In den jüngeren Beständen der haubaren Klasse, in den angehend haubaren Beständen und Mittelhölzern kann, sofern das Verhalten der Stärken-Abstufung ein gleichmäßiges in allen Theilen des Bestandes ist und soweit eine proportionale Vertheilung der Stamm-Menge auf die Stärkestufen unterstellt werden kann, die Messung der Baum-Durchmesser auf Probestreifen beschränkt werden, indem auf den nicht gemessenen Streifen lediglich die Stammzahl durch Zählen der Stämme bestimmt wird. Von den Arbeitern wird dabei gewöhnlich ein Gang in der eben angegebenen Weise vermessen, zwei Gänge werden gezählt. Beim Zählen sind — namentlich im Beginn des Geschäfts — schmale Gänge, die vollkommene Durchsicht bis zu dem zunächst gehenden Arbeiter oder (am Rande) bis zu den angeplatteten Stämmen gestatten, zu wählen. Die Arbeiter rufen je 100 gezählte Stämme dem Buchführer an; derselbe notirt

---

[1]) In besonderen Fällen kann auch die Kluppen-Eintheilung von Centimeter zu Centimeter (0,5 bis 1,5 = 1 Centimeter u. s. f.) abgestuft werden.

diese Hunderte durch Punkte oder Striche. Ein Arbeiter oder der Buchführer bezeichnet die gezählten Streifen, dem letzten Zähler kurz folgend, durch Anplatten. Im Stammstärken-Register (Form. 1) wird am Schlusse jeder Höhenklasse die Anzahl der gezählten, die Zahl der gemessenen Stämme (nach Holzarten) und die Gesammtzahl der Stämme zusammengestellt und später die für jede Stärkestufe (mittelst der Vervielfältigungs-Zahl) berechnete Gesammt-Stammzahl in die Spalte „Stammzahl, insgesammt" eingetragen.

Form. 1.

Stamm-Stärken-Register

für den Wirthschafts-Bezirk N. N.

25. a. Großes Wirthsjagen. Höhenklasse A. (Auszählung).

Durch-messer Ctm.	Buchen	Stammzahl ge-messen	Stammzahl insge-sammt	Eichen	Stammzahl ge-messen	Stammzahl insge-sammt
12		22	86		18	70
14		48	187		23	90
16		43	168		55	214
18		69	269			

Gezählt:

Gemessen: 1256
Gezählt 3637
Zusammen 4893

37
3637

Vervielfältigungs-Faktor
$\frac{4893}{1256} = 3{,}90$

§ 13.

Probeholz-Prozentsatz.

Die Ausdehnung der Probeholz-Fällungen wird durch die örtlichen Wirthschafts-Verhältnisse beeinflußt; Berechtigungs-Abgaben, Arbeitermangel, Verjüngungs-Maßnahmen u. s. w. können die freie Wahl der Probeholz-Menge beschränken. Im Benehmen mit dem Verwaltungs-Beamten ist die zulässige Probeholz-Quantität festzusetzen. Wünschenswerth sind hierbei folgende Prozentsätze der Gesammt-Stammzahl:

a) in Vorbereitungs-, Besamungs-, Licht- und Abtriebsschlägen, in lückigen und unregelmäßigen Beständen 2 pCt.;

b) in haubaren Beständen mit gleichmäßigem Stärken- und Höhenwuchs = 1 pCt.;

c) in angehend haubaren Beständen und in Mittelhölzern, wenn dieselben gleichmäßig bestockt sind, ½ pCt.

Für besonders werthvolle Holzarten, z. B. Eichen-Nutzholz-Stämme, Kiefern-Starkhölzer u. s. w., wird häufig ein höherer Prozentsatz erforderlich werden. In der Regel ist diese stärkere Probeholz-Fällung auf die sämmtlichen in der Höhenklasse oder Unterabtheilung vorfindlichen Stämme der betreffenden Holzgattung auszudehnen; in Ausnahme-Fällen können auch verschiedene Prozentsätze für gleiche Holzarten gewählt werden. Es sind in diesen Fällen Stärkeklassen zu bilden, die gleich den Höhenklassen behandelt werden.

---

§ 14.

Berechnung der Probeholz-Grundstärken.

Das Stammstärken-Register (Form. 1) enthält die Stammzahlen der Stärkenstufen (Durchmesser-Centimeter) für jede Höhenklasse, Holzart und Unterabtheilung. Die Stammzahlen sind in Stärke-Gruppen, zu welchen je nach dem Fällungssatz (von ½, 1, oder 2 pCt.) entweder 50 oder 100 oder 200 Stämme gehören, zu zerlegen. Das Verfahren ist im Form. 2 zu ersehen.

Form. 2.

Probestamm-Register
für den Wirthschafts-Bezirk N.
64. c. Hinterer Schloßberg. Höhenklasse B. Buchen. 1 pCt.

| Stärken-Messung | | Gruppen-Bildung | | | | | Probestämme-Berechnung | | |
Durchmesser (Ctm.)	Stammzahl	Durchmesser (Ctm.)	Stammzahl einzeln	Stammzahl zusammen	Stamm-Grundfläche einzeln (Quadr.-Meter)	Stamm-Grundfläche zusammen	Zahl	Kreis-Fläche (Qu.-M.)	Durchmesser
1	2	3	4	5	6	7	8	9	10
25	21	25	21		1,03				
24	5	24	5	100	0,23	4,18	1	0,0418	231
23	31	23	31		1,29				
22	64	22	43		1,63				
21	57	22	21		0,80				
20	73	21	57	100	1,97	3,46	1	0,0346	210
19	203	20	22		0,69				
18	114								
17	192	20	51	100	1,60	2,99	1	0,0299	195
16	286	19	49		1,39				
15	468								
14	432	19	100	100	2,83	2,83	1	0,0283	190
13	400								
12	229	19	54	100	1,53	2,70	1	0,0270	185
11	272	18	46		1,17				
10	166	18	68	100	1,73	2,46	1	0,0246	177
9	50	17	32		0,73				
Sa. 3063		17	100	100	2,27	2,27	1	0,0227	170
		17	60	100	1,36	2,16	1	0,0216	166
		16	40		0,80				
		16	200	200	4,02	4,02	2	0,0201	160
		16	46	100	0,92	1,88	1	0,0188	155
		15	54		0,96				
		u. s. f.			u. s. f.			u. s. f.	

Probestämme-Messung:

Durchmesser berechnet (Millimeter)	Durchmesser gemessen	Nr.	Höhe (Meter)	Alter (Jhr.)	etc.
11	12	13	14	15	16
231	227/234	8	22,6	98	
210	208/211	3	20,2	95	
195	194/197	11	18,9	89	
190	188/189	7	17,4	93	
185	185/186	2	16,2	88	
177	175/179	6	15,3	82	
170	168/169	1	14,5	79	
166	164/165	9	13,4	75	
160	162/163	4	12,3	73	
160	158/159	5	11,2	67	
155	154/157	10	10,8	62	

Für jede Stärkegruppe wird die Kreisflächen-Summe berechnet; durch Division mit der Stammzahl wird die Grundstärke des mittleren Modellstammes ermittelt und der zugehörige Durchmesser in Millimetern angesetzt. Die Zahl der zu fällenden Probestämme ist nach dem angenommenen Prozentsatz zu bestimmen. Der bei der

Gruppenbildung am Schluß verbleibende Stammzahl-Rest wird nicht berücksichtigt, da Theile von Probestämmen nicht gefällt werden können und die entsprechende, der niedersten Stärkestufe angehörige Holzmasse nicht der Berücksichtigung werth ist.

Die Berechnung des Probeholzes ist in jeder Unterabtheilung gesondert nach Holzarten vorzunehmen, bei Ausscheidung von Höhenklassen (Stärkenklassen) für die Holzarten derselben.

§ 15.

Auszeichnung des Probeholzes.

Zu Probestämmen sind regelmäßig geformte und beastete Stämme in denjenigen Bestandstheilen, welche der mittleren Bestands-Beschaffenheit — nach Höhe und Wuchs — entsprechen, auszuwählen. Die Auswahl geschieht unter spezieller Aufsicht des Forst-Taxators, während ein Taxations-Gehilfe das Probestamm-Register führt. Die zu Probeholz anscheinend tauglichen Stämme werden mittelst der Kluppe genau 1,3 Meter über dem Boden über's Kreuz gemessen; die Arbeiter rufen beide Durchmesser nach Millimetern an. Der Protokollführer, welcher sein Augenmerk auf eine der Bestands-Stärken-Abstufung angepaßte Stärken-Abstufung der Probestämme richtet (siehe die hiernach placirten Eintragungen in Form. 2 Spalte 12 und 13), bezeichnet die nach der Grundstärke passenden Stämme, indem derselbe durch Zurückrufen der laufenden Nummer des Probestammes bei dem Taxator anfragt. Wenn der Letztere nach Prüfung der Stammform die Wahl gutheißt, so wird der Stamm auf zwei Seiten geplattet und erhält die laufende Nummer, der Buchführer trägt gleichzeitig die beiden gemessenen Durchmesser in das Probestamm-Register ein. Mit dem Messen und Anrufen der stärkeren Stämme ist sofort beim Anfang dieser Probeholz-Auszeichnung zu beginnen, weil die passenden Exemplare für die starken Stammklassen in der Regel nicht ohne langes Suchen gefunden werden. Das Augenmerk ist bei den Letzteren vorzugsweise auf mittlere Stammform und Beastung zu richten, kleine Differenzen in der Stammstärke haben geringere Bedeutung.

§ 16.

Fällung und Aufarbeitung des Probeholzes. Alters- und Höhen-Ermittelung der Probestämme.

Das Probeholz wird durch Baumroden gefällt und in der dem dritten Theil des Brusthöhen-Durchmessers gleichkommenden Höhe über dem Wurzelknoten abgeschnitten. Von allen Probestämmen werden zunächst die Nutzholz-Abschnitte und hierauf vom übrigen (ganz zu belassenden) Schafte die Seitenäste entfernt, jedoch der Gipfel bis zur äußersten Spitze belassen. Die Höhen- und Alters-bestimmung hat der Fällung und Entastung auf dem Fuße zu folgen.

Von jedem Stamm wird die Länge bis zur Gipfelspitze in das Probestamm-Register notirt. Hierauf findet mehrmaliges Zählen der Jahrringe auf abgehobelten Radien der Abschnittsfläche mit Zuhilfe-nahme der Loupe, schwarzer Kreide u. s. w. statt. Die der Stock-höhe entsprechenden Wachsthumsjahre werden zugesetzt. Diese Alters-Bestimmung hat zuvörderst alle Stärkenklassen zu durchlaufen. Kommen beträchtliche Abweichungen im Alter der Probestämme vor, so ist dieselbe für alle Stärkegruppen so lange fortzusetzen, bis das Durchschnitts-Alter der Stärkegruppe den weiteren Untersuchungen gegenüber konstant bleibt. Wenn zwischen den stärkeren und schwä-cheren Stämmen nur Unterschiede von wenigen Jahren beobachtet werden, so kann die Altersbestimmung gleichfalls beschlossen werden, wenn die ferneren Zählungen nicht mehr das mittlere Alter ver-ändern.

Nach dieser Höhen- und Altersbestimmung werden die Nutzholz-abschnitte sektionsweise (1 Meter Länge) vermessen und der Massen-gehalt nach den gebräuchlichen Nutzholz-Klassen verbucht. Innerhalb jeder Höhenklasse (Stärkenklasse) und Unterabtheilung findet hierauf für jede Holzart die Aufarbeitung des bei der Nutzholz-Vermessung abgetrennten Brennholzes in Raummeter Scheit- und Prügelholz, des Reisholzes in Wellen oder Haufen in ortsüblicher Weise statt. Wenn die Gewinnung von Fichtenlohe gebräuchlich ist, so wird die Fällung während der Schälzeit vorgenommen und die Rinde in orts-üblicher Weise aufgeschichtet.

Bei der Aufnahme des Probeholzes werden Theile von Raummetern genau vermeſſen (die Höhe nach Centimetern). In das Berechnungs=Ergebniß wird mit dem Raummeter=Gehalt (inkl. Ueber=maß) dividirt. Die in das Normalmaß aufgearbeiteten Wellen werden gezählt. Die bisher nach der Stückzahl verwertheten Hopfen=stangen, Bohnenstecken ꝛc. werden nur klaſſifizirt und gezählt. Das anfallende Stockholz wird in gleicher Weiſe gebucht, obgleich der nur einen geringen Reinerlös liefernde Ertrag desſelben in der Regel keine Berückſichtigung bei der Ertrags=Berechnung findet. Dem Probe=Wellenholz dürfen keine ſog. Feierabendwellen vor der Abzählung der Wellen entnommen werden. Das Probeholz iſt vor Diebſtahl zu beſchützen.

Die Ergebniſſe der Vermeſſung werden in der Regel in leere Spalten des Probeſtamm=Regiſters oder in beſondere Aufnahmeliſten eingetragen.

Anmerkung. Hand in Hand mit der Ertrags=Regelung iſt das forſt=ſtatiſche Verſuchsweſen fortzubilden. Es werden in dieſer Richtung ſpezielle Unter=ſuchungen über den Derbmaſſengehalt dieſer Probeſtämme und über die Sortimenten=Verhältniſſe derſelben nutzbringend erſcheinen und es kann die Sektions=Vermeſſung für einen Theil des Probeholzes (die Ausdehnung auf das Scheit=, Prügel= und Reisholz) angeordnet werden. Obgleich das ſpezielle Verfahren beſonders zu regeln iſt, ſo wird doch hier vorläufig bemerkt, daß die Zahl der Unterſuchungen zu den Kreisflächen der Stärkegruppen (und nicht zu den Stammzahlen) in Proportion zu ſetzen iſt. Bei Zeitmangel kann dann die zeitraubende Vermeſſung der zahlreich gefällten ſchwächeren Stämme mit geringem Werth auf eine kleinere Zahl be=ſchränkt werden, wenn der erlangte Genauigkeitsgrad genügend erſcheint. Die Nutzholz=Abſchnitte werden in der oben angegebenen Weiſe vermeſſen. Die Zer=theilung des Brennholzes auf Meter=Länge geſchieht vor der ſektionsweiſen Ver=meſſung. Die Aufarbeitnng unterbleibt. Die mittlere Stärke der Abſchnitte iſt über's Kreuz zu meſſen und nach Millimetern in die Spalten „Scheitholz ꝛc." ein=zutragen. Die Wellen werden aufgebunden und am zugehörigen Stamm auf=geſchichtet. Nach der Aufarbeitung wird die Ermittelung des Derbgehalts der Brennholz=Verkaufsmaße nach bekanntem Verfahren (Reisholz durch Waſſerprobe) vorgenommen.

Die Meſſungs=Reſultate ſind ſofort an die oberſte Forſtbehörde einzuſenden.

§ 17.

Berechnung des Haubarkeits= und Zwischennutzungs-Vorraths der gemessenen Hochwald-Bestände. Verzeichnung der Gesammt-Vorräthe.

Wenn bei Auszeichnung der Probestämme die berechneten Durch=messer der mittleren Modellstämme annähernd genau gewählt werden konnten, so kann die zeitraubende Berechnung der wirklich gefällten Brust=höhen=Kreisfläche erspart werden. Es werden in diesem Fall die Zahlen der gemessenen und aufgearbeiteten Derbmeter, Raummeter und Wellen des Probeholzes mit $\frac{100}{p}$ multiplizirt und die Ergeb=nisse, nach Holzarten getrennt, als Vorrath der Unterabtheilung (Höhenklasse) in die „Darstellung des Holzvorraths" eingetragen (Form. 3). Wenn dagegen beträchtliche Abweichungen zwischen den berechneten und gefällten Kreisflächen zu vermuthen sind, so ist die ausgezeichnete Kreisflächen=Summe zu summiren und nach dem Ver=hältniß derselben zur Bestands=Kreisflächen=Summe der betreffenden Holzart (Höhen= und Stärkenklasse) ist die Vorraths=Berechnung zu vollziehen. Für die Holzverkaufs=Sorten wird hierauf der Festmeter=Gehalt auf Grund der Derbgehaltsfätze, welche in der betreffenden Forst=Verwaltung üblich sind[1]), bestimmt. Die Spalten 1 bis 8 des nachstehenden Form. 3 sind hiernach auszufüllen.

---

[1]) Aus den umfangreichen Untersuchungen in Baden unter Leitung des Forst=raths Krutina (der sich schon mehrfach durch anerkennenswerthe Leistungen auf dem Gebiete der Forststatistik und Forststatik verdient gemacht hat) kann man die folgenden abgerundeten Mittelsätze zur allgemeinen Anwendung empfehlen:

   I. a) Scheitholz von glattem Stammholz von 15 Ctm. ϑ aufwärts = 0,75 Festmeter pro Raummeter.

      b) Scheitholz von knorrigem und stark borkigem Stammholz von 15 Ctm. ϑ aufwärts = 0,70.

  II. a) Prügelholz von Stämmen, 7 bis exkl. 15 Ctm. ϑ = 0,70.

      b) Prügelholz von Aesten = 0,63.

 III. a) Wellenhundert (1 Meter lang, 1 Meter Umfang) von Prügeln mit Aus=scheidung des schwachen Reisholzes = 4,0 Festmeter.

      b) Normal=Wellen = 2,5 Festmeter.

 IV. a) Hopfenstangen, 8 Meter und mehr lang, 9,0—10,5 Ctm. (0,3 Meter über dem Abhieb) stark = 4,0 Festmeter pro Hundert.

Form. 3.

Darstellung
des Holz-Vorraths der Hochwald-Bestände
des Wirthschafts-Bezirks N. N. nach dem Stande vom Sommer 18 . .

| Des Waldtheils | | Flächengröße | Holz-Arten | Mittlerer Brusthöhen-Durchmesser und mittlere Gipfelhöhe. | Holzsorten | Haubarkeits- und Zwischennutzungs-Vorrath | | | Hievon Zwischennutzung | | | Bleibt Haubarkeits-Vorrath | | | | Mittleres Alter | Haubarkeitsdurchschnitts-Zuwachs | | Massen-Bonitäts-Klasse |
| Nr. | Namen | | | | | Festmeter, Raummeter, Wellenhundert u. s. w. | Umwandlung in Festmeter | Werthmeter | Festmeter, Raummeter, Wellenhundert u. s. w. | Umwandlung in Festmeter | Werthmeter | des Waldtheils | | per Hektar | | | Festmeter | Werthmeter | |
		Hekt.		Meter								Festmeter	Werthmeter	Festmeter	Werthmeter	Jhr.			
1	2	3	4	5	6	7	8	9	10	11	12	13	14	15	16	17	18	19	20
26. a.	Prisch-lein	26,3	Buch.	0,263 / 20,8	Schth. I	3840	2880	3082											
					do. II	832	582	782	52	36	49								
					Ast-Prügel-holz	1426	898	970	104	65	71								
					Wellen-hundert	260	650	99	18	45	7								
			Birk.	0,148 / 14,5	Stmm.. Prügel-holz	42	29	25	"	"	"								
					Wellen-hundert	8	20	2	"	"	"								
					Summa . .	6408	5059	4960	274	146	127	4913	4833	187	184	96	1,95	1,92	2

Zur Notiz. Die Bedeutung der Werthmeter (Spalte 9, 12, 14, 16, 19) wird § 20 erörtert werden.

Trennung des Haubarkeits= und Zwischennutzungs=Vorraths. Da die Ausscheidung des übergipfelten und unterdrückten Holzes bei der Holzmassen=Aufnahme zu umständlich und zeitraubend sein würde, auch in der Regel die erreichten Resultate nicht zuverlässig genannt werden können, so werden gelegentlich der Probeholzfällungen Probe=Durchforstungen auf abgemessenen Flächen mittlerer Bestandsbeschaffenheit vorgenommen. Nach diesen Ergebnissen und im Zusammenhalt mit den erfahrungsgemäßen Durchforstungs=Erträgen schätzt man den Zwischennutzungs=Ertrag von Bestand zu Bestand — nach Raummeter, event. Wellenhundert pro Hektar — und trennt hiernach die Verzeichnung in der Darstellung des Holz=vorraths (Form. 3, Spalte 10, 11, 13 und 15). Sodann wird der Massen=Durchschnitts=Zuwachs berechnet und in die Spalte 18 des Form. 3 eingetragen.

---

§ 18.

Behandlung besonderer Fälle.

1. Bei der Auszählung der Bestände (§ 12, 2) können erfahrungsmäßig Irrthümer sich leicht einschleichen, wenn die bei der Stärkenmessung nicht aufgenommenen schwachen Stämme (unter 9 Centimeter Brusthöhen=Durchmesser) zahlreich vertreten sind. Es ist für die Arbeiter schwer, beim Zählen die Grenze zwischen den gemessenen und nicht gemessenen Stärkestufen sicher zu bestimmen — um so mehr, als in unregelmäßig erwachsenen Beständen die betreffenden

---

IV. b) Hopfenstangen, 6,6 Meter l. u. 7,5-90 Ctm. st. = 2,0 Festmt. pr. Hundert.

    c)   „   5,4 „ „ „ 6,0-7,5 „ „ = 1,3   „   „   „

    d) Truderstangen, 5,0 „ „ „ 4,5-6,0 „ „ = 0,5   „   „   „

V.   100 Stück Baumpfähle   = 0,85 Festmeter.

VI.   100 „   Rebpfähle   = 0,45   „

VII.   100 „   Bohnenstecken = 0,20   „

VIII. a) 100 Gebunde (1 M. l., 1 M. Umf.) Eichenrinde (16—27 j. Stockschlag) = 1,5 Festmeter.

    b) 1 Ctr. = 50 Klgr. = 0,065 Festmeter.

Für das Stockholz sind nach Baur 0,53 Festmeter pro Raummeter anzunehmen.

Stämme vielfach abnorme Höhen=Verhältnisse zeigen. In diesen Fällen ist, wenn die Ausmessung zu zeitraubend erscheint, in der Regel, statt der streifenweisen Zählung mit Abplatten der gezählten Streifen, die Bezeichnung aller gezählten Stämme durch Anreißen oder leichtes Anplatten der Rinde nach der Zählung zu wählen, nachdem das trennende Höhen= und Durchmesser=Maß fest und sicher bestimmt worden ist (z. B. „alle Stämme über 9 Centimeter Durchmesser mit einer Höhe von mindestens 5 Meter sind zu zählen").

Anmerkung. Wenn man zuverlässige Arbeiter hat, so gewährt die § 12 ad 2 genannte Auszählungs=Methode in den regelmäßigen Beständen hinlänglich genaue Resultate und dabei vollzieht sich die Holzmassen=Aufnahme ungemein rasch. In regelmäßigen Stangenhölzern 2c. mißt und zählt man alle Stangen. Im Anfang des Geschäfts ist die Auszählung durch doppeltes Zählen der Bestände zu erproben.

2. Wenn Hochwald=Bestände vorkommen, welche mit einzeln stehenden, werthvollen Nutzhölzern (z. B. Eichenholländer=Stämmen, Kiefernblochhölzern) durchsprengt sind, so gewährt der oben vorgeschriebene höhere Probeholz=Prozentsatz nicht in allen Fällen die wünschenswerthe Genauigkeit. Zuverlässigere Anhaltspunkte liefert die unten bei der Vorraths=Ermittelung der Mittelwald=Bestände instruirte Zusammenstellung der Nutzholz=Ausbeute nach den Verwerthungs=Ergebnissen im letzten Jahrzehnt (Siehe § 40).

3. Wenn Probeholzfällungen nicht anwendbar erscheinen, so ist der Massengehalt der Bestände nach den bayerischen Massentafeln zu bestimmen. Das Verfahren ist aus der Gebrauchs=Anweisung dieser Tafeln (Massentafeln, bearbeitet im bayerischen Forst=Einrichtungs=Bureau. München, 1846. J. Palm) zu ersehen. Bei der Höhenmessung ist der Faustmann'sche Spiegelhypsometer anzuwenden. Für die Bestimmung der Sortiments=Verhältnisse sind in erster Linie die Prozentsätze der Fällungs=Ergebnisse in ähnlichen Beständen des Wirthschaftsbezirks maßgebend. Nur bei Ermangelung derselben darf man zu den allgemeinen Sätzen (von Burkhardt, Stahl, siehe § 10 Note) greifen.

§ 19.

Beſtimmung des mittleren Alters der gemeſſenen Hochwald-Beſtände.

In manchen Fällen divergiren die Alters=Ermittelungen, die an den Probeſtämmen vorgenommen worden ſind, ſo beträchtlich, daß das mittlere Alter durch Rechnung zu beſtimmen iſt. Bis jetzt iſt indeſſen die abſolut richtige Beſtimmungsweiſe des mittleren Alters ungleichalteriger Beſtände noch nicht aufgefunden worden, weil der Zuwachsgang dieſer Beſtände noch nicht erforſcht werden konnte.

Guſtav Heyer hat auch nachgewieſen[1]), daß die bekannten Alters= Formeln von Smalian und Gümpel nur dann richtig ſein werden, wenn man bald dieſe, bald jene Zuwachs=Funktion vorausſetzt.

Allein die genannten Formeln ſtimmen in ihren Ergebniſſen ſelbſt bei Beſtänden, welche nach dem Alter höchſt ungleich beſchaffen ſind, nahezu (bis auf wenige Jahre) überein. Es wird deshalb ge= ſtattet ſein, zur Beſtimmung des mittleren Alters ungleichalteriger Beſtände den Durchſchnitt aus den Ergebniſſen der genannten For= meln zu ziehen, indem man ſtatt der Maſſe der einzelnen Altersſtufen deren Stamm=Kreis=Fläche zu Grunde legt, was offenbar annähernd richtig ſein wird und (von mehreren Autoren) als zuläſſig er= achtet worden iſt. Nennen wir die Kreisflächen=Summe der Alters= ſtufen g, g′, g″ . . . das zugehörige Alter a, a′, a″ . . ., ſo iſt das

mittlere Alter (A) nach Smalian's Formel $A = \dfrac{g + g' + g'' \ldots}{\dfrac{g}{a} + \dfrac{g'}{a'} + \dfrac{g''}{a''}}$ nach

Gümpels Formel $A = \dfrac{g \cdot a + g' \cdot a' + g'' \cdot a'' + \ldots}{g\ \ + g'\ \ + g''}$

Man gewinnt die Anſätze für dieſe Formel, indem man die Kreisflächen und die zugehörigen Holzalter entweder einzeln nach den Alters=Beſtimmungen anſetzt, oder in Altersgruppen zuſammenfaßt. (Die Letzteren werden ausgeſchieden, wenn die Beſtandsmaſſe in mehrere, weit im Alter abſtehende Gruppen zerfällt, deren Durch= ſchnitts=Alter im Probeſtamm=Regiſter ermittelt werden kann.)

In der Regel kann jedoch das mittlere Alter der Beſtände ohne

---

[1]) Supplemente zur Forſt= und Jagd=Zeitung, Band 5, S. 30. u. ſ.

Rechnung bestimmt werden, da die Hauptmasse des Bestandes ge=
wöhnlich im Alter um wenige Jahre differirt und innerhalb dieses
Spielraums das mittlere Altersjahr durch die Mehrzahl der Beob=
achtungen angegeben wird.

Das mittlere Alter wird im Probestamm=Register (Form. 2)
berechnet und in die Darstellung des Holzvorraths (Form. 3) an=
gemerkt.

Beispiel. Die Altersbestimmungen im Form. 2 divergiren in abnormer
Weise; dennoch ergeben sich, wenn man eine Ausscheidung von fünfjährigen Alters=
gruppen (von 60—65, 66—70 .... Jahr) vornimmt, folgende nahezu überein=
stimmende Resultate:

Gruppe.	Mittel-Alter.	Stammkreis-Fläche.	$\dfrac{g}{a}$	$g \times a$
1.	62 Jahr.	1,88 ☐ m	0,0303	116,56
2.	67 „	2,01 „	0,0300	134,67
3.	74 „	4,17 „	0,0564	308,58
4.	79 „	2,27 „	0,0287	179,33
5.	82 „	2,46 „	0,0300	201,72
6.	88,5 „	5,69 „	0,0643	503,56
7.	95 „	3,46 „	0,0364	328,70
8.	98 „	4,18 „	0,0427	409,64
Zusammen		26,12 ☐ m	0,3184	2182,76

$$\text{Nach Smalian: } A = \frac{26,12}{0,3184} = 82,0$$

$$\text{Nach Gümpel: } A = \frac{2182,76}{26,12} = 83,6$$

$$\text{Zusammen: } 165,6$$

$$\text{Mittel } \frac{165,6}{2} = 82,8, \text{ abgerundet 83 Jahr.}$$

Zweite Abtheilung.

Ermittelung des Gebrauchs-Werthes der Forst-Produkte.

§ 20.

Aufgabe dieser Ermittelung. Werth-Maßstab.

Die volkswirthschaftlichen Daseins-Zwecke der Waldwirthschaft würden, wie leicht einzusehen ist, nicht erreicht werden können, wenn man bei der Regelung des forstwirthschaftlichen Betriebs lediglich die Gewinnung von roher Holzmasse, ohne spezielle Untersuchung der Rohstoff-Produktion nach den Nutzleistungen für die Bedarfs-Befriedigung, in Betracht ziehen würde. Es ist ja offenkundig, daß die Derbmassen-Gewinnung und die gleichheitliche Vertheilung des Material-Ertrags auf die wirthschaftlichen Zeitabschnitte weder für die Waldbesitzer, noch für die Konsumenten, (kaum für die Holzhauer) direkte Bedeutung hat. In der That ist es kaum nöthig, näher darzulegen, daß die Gebrauchsfähigkeit der Walderzeugnisse stets der ausschlaggebende Faktor — vor Allen bei der privatwirthschaftlichen Ordnung des Forstbetriebs sein wird.

Augenscheinlich sind die Unterschiede im Benutzungs-Werth der Forst-Produkte von der Wald-Ertrags-Regelung bisher nicht nach ihrer wahren Bedeutung gewürdigt worden. Man hat zwar niemals geläugnet, daß die Nutzleistung der Holzarten ungemein verschiedenartig ist, daß der Gebrauchswerth vom raschbrennenden Nadelholz-Reisig bis zum Buchen-Scheitholz, von der Bohnen- und Hopfenstange bis zum nutzfähigsten Eichenstarkholz überaus beachtenswerthe Abstufungen zeigt. Aber man hat Untersuchungen über die Beziehungen der Gebrauchswerthe der Walderzeugnisse nicht für nöthig gehalten. Man hat offenbar geglaubt, daß die Nachhaltigkeit des Forstertrags auch ohne subtile Unterscheidungen in der genannten Richtung gesichert werden kann. Allein diese Ansicht ist ohne Frage unrichtig. Die Unterschiede in der Gebrauchsfähigkeit haben unverkennbar weittragende wirthschaftliche Wichtigkeit. Die Vermuthung, daß sich bei der Begründung des Etats auf die Massen-Gewinnung der Werth-Ertrag z. B. in den Staatswaldungen eines Landes durch das Zusammenwirken der Werth-Verschiedenheiten im Laufe der Zeit ausgleichen werde — diese Meinung ist eine ebenso willkürliche, als irrthümliche Annahme.

Wenn wir zunächst hinblicken auf die Wahl der nachzubauenden Holzarten, wenn wir fragen, ob die Verjüngung auf Fichten- oder Buchen-Hochwald, Kiefern- oder Mittelwald-Betrieb zu richten ist, so ist ersichtlich, daß die Unterschiede im örtlichen Massen-Ertrag dieser Holz- und Betriebsarten nicht die entscheidende Bedeutung haben können. Es ist ebenso selbstverständlich, daß diese Unterschiede bei der Wahl der Umtriebszeiten nicht direkt maßgebend sein können. Vielmehr sind die Gebrauchs-Werthe in vorderster Reihe beachtungswürdig, wenn man die wirthschaftlichen Zielpunkte festzustellen bestrebt ist — das ist ja sonnenklar.

Die gleichmäßige Vertheilung oder die zweckmäßige Abstufung der Nutzungen im Einrichtungs-Zeitraum würde ferner ohne die Berücksichtigung der Gebrauchswerthe auf eine ganz unsichere, durchaus trügerische Grundlage gestützt werden; es würde die Nachhaltigkeit des Rentenbezugs stets fragwürdig bleiben. Betrachten wir zunächst das Vorhandensein regelrechter Bestockungs-Zustände — vollbestockte Bestände, gleichmäßig in Bezug auf Vorkommen der Holzarten, regelmäßig nach dem Alter abgestuft —, so bewirken schon die Verschiedenheiten der Standortsgüte wesentliche Divergenzen im Gebrauchswerthe der quantitativ gleichstehenden Haubarkeits-Erträge. Thatsächlich sind Schwankungen von 10 bis 30 pCt. zu beobachten, wenn der jährliche Abgabesatz bald auf den besseren, bald auf den schlechteren Standortsklassen gewonnen wird. Diese vollkommene Beschaffenheit der Bestockung ist aber bekanntlich höchst selten gegeben. Die periodische Nutzung umfaßt faktisch ganz verschiedenartig beschaffene Bestände; die jährliche Fällung trifft bald Buchen-, bald Kiefernbestände, bald älteres, bald jüngeres Holz, bald vollwüchsige und langschaftige, und dann wieder verkrüppelte, licht stehende Bestände. Kann man den Ansprüchen der Waldbesitzer und der Konsumenten genügen, indem man lediglich die Vertheilung des Massen-Ertrags von Periode zu Periode planmäßig ordnet, ohne nachzuweisen, daß die Gewinnung hinsichtlich des Gebrauchs-Werthes congruenten Gang einhalten wird? Wenn z. B. in den jetzt haubaren Altersklassen werthvolle Nutzhölzer vorherrschen, dagegen in den jüngeren, den späteren Wirthschaftsperioden zuzuweisenden Beständen eine zuwachsarme Brennholz-Bestockung vorwiegt, so würde die Gleichstellung des Material-Ertrags thatsächlich eine Ausraubung des Waldvermögens durch die Nutzung in den zunächst gelegenen Perioden bewirken und mit nachhaltiger Waldwirthschaft in direktem Widerspruch stehen.

Beispiel. Man kann die Bedeutung, welche dieser Berücksichtigung der Gebrauchswerthe in der Praxis beizulegen ist, durch ein Beispiel veranschaulichen. (Wir unterstellen dabei Bestockungs-Verhältnisse, welche in den Verwaltungs-Bezirken des Verfassers häufig anzutreffen sind.) In einer Betriebsklasse finden sich, so nehmen wir an, außer übergeführten Mittelwaldungen vorzugsweise Buchen-, Kiefern- und Fichtenbestände vor. Die periodische Nutzung ist nach dem Material-Ertrage wie folgt geregelt worden.

Bestandsformen beim Abtrieb:	I. Periode.	II. Periode.	III. Periode.	IV. Periode.
	a) Unvollkommene Kiefern- und Buchen-Bestände = 0,3 der Fläche.	a) 80—100 jährige Fichtenbestände, gut = 0,7.	a) 50—60jäh. Kiefern-Bestände, gut = 0,8.	a) 80—85jäh. Buchen = 0,9.
	b) Unregelmäßige, zu Hochwald übergehende Mittel-Waldungen mit zahlreichen Eichen-, Kiefern- u. s. w. Oberholz = 0,7 der Fläche.	b) 50 — 60 jährige Kiefern, licht, = 0,1. c) 100 jährige Buchen, vollk. = 0,2.	b) 80 — 100j. Buchen, gut = 0,2.	b) 80 j. Fichten = 0,1.
Perioden-Etat in Festmetern:	68200	71161	72121	74360
Verhältniß des Perioden-Ertrags:	1,00	1,04	1,06	1,09

Der Etat ist sonach steigend regulirt worden und die Nachhaltigkeit scheint vollkommen gesichert zu sein.

Indessen ändert sich die Sachlage sehr wesentlich, wenn wir die durchschnittlichen Gebrauchswerthe auf Grund der betreffenden Verwerthungs-Ergebnisse betrachten. Nimmt man Buchen-Scheitholz = 1,00 an, so stehen die Gebrauchswerthe des Perioden-Ertrags in folgendem Verhältniß:

	Periode I.	Periode II.	Periode III.	Periode IV.
Verhältniß des durschnittlichen Gebrauchswerthes der Perioden-Erträge:	1,8	1,3	0,70	0,84
Perioden-Erträge nach Gebrauchswerthen:	122760	92509	50485	62462
Verhältniß dieser periodischen Erträge:	1,00	0,75	0,41	0,51

Es ist somit thatsächlich eine weitgehende Verletzung der nachhaltigen Benutzung unbewußt angeordnet worden. (Der Leser wird diese Darstellung durch ähnliche Berechnungen auf Grund der örtlichen Werth-Verhältnisse seines Wirth-schafts-Bezirks prüfen können.)

Wenn die Regelung des Wald-Ertrags lediglich die Massen-Einheiten berücksichtigen würde, so würde sich dieselbe von vornherein auf eine trügerische, unhaltbare Grundlage stellen. Die richtige, scharf zutreffende Bemessung der Gebrauchswerthe hat, wie wir sehen werden, mit mannigfachen Schwierigkeiten zu kämpfen. Aber man erreicht auch bei unvollkommenen Ergebnissen eine größere Annäherung an die wahren Zielpunkte der Waldwirthschaft als bei der Rohmassen-Vertheilung; man betritt unverkennbar mit dieser Bestimmung der Gebrauchswerthe den Weg, der zur Weiter-Entwickelung der Wald-Ertrags-Regelung führen wird.

Irrthümer und Unrichtigkeiten können dabei anfänglich unter-laufen, aber dieselben bleiben erfahrungsgemäß in ihren Wirkungen weit zurück hinter den großartigen Ungenauigkeiten, welche aus einer verfehlten, irrationellen Gesammtrichtung der forstlichen Ertrags-Regelung hervorgehen.

Werthmaßstab. Allgemein giltige Verhältnißzahlen für den Gebrauchs-Werth der Forstprodukte sind bis jetzt nicht festgestellt worden; wir besitzen keinen allgemeinen Werthmaßstab für die technischen Nutzleistungen der Hölzer in Hinblick auf die hauptsäch-lichen Verwendungs-Arten.

Anmerkung. Es ist möglich, daß man in der Zukunft, wenn die forst-statische Forschung auch dieses Gebiet aufgehellt haben wird, einzelne physikalisch bestimmbaren Eigenschaften der Hölzer als Qualitäts-Messer benutzen wird. Es ist namentlich zu vermuthen, daß das Trocken-Gewicht der Holzarten und Holzsorten benutzbare Anhaltspunkte darbieten wird. Denn nach den bisherigen Untersuchungen ist es höchst wahrscheinlich, daß nicht nur die Brennkraft, sondern auch die Dauer, die Tragkraft ꝛc., somit die wichtigsten technischen Eigenschaften der Hölzer in direktem Verhältniß zum spezifischen Gewicht stehen. Die bis jetzt beobachteten Abweichungen, z. B. die geringe Dauer des schweren Buchenholzes, die geringe Brennkraft des Eichenholzes ꝛc., wird man vielleicht auf andere Ursachen — ich nenne beispielsweise den Austrocknungsgrad[1]), die Fällungszeit, ungeeignete Standorts-Verhältnisse ꝛc. — zurückführen. Man darf hoffen, daß die Fortführung und Erweiterung der bisherigen, sehr verdienstvollen Forschungen (von

---

¹) Vollkommen trockenes Buchenholz soll (nach Lauprecht) überaus lange der Fäulniß widerstehen.

Nördlinger, Th. Hartig u. A.) zur Auffindung der naturgesetzlichen Grundlagen dieser Beziehungen führen wird.

Vorläufig kann man annehmen, daß sich das örtliche Verhältniß der Gebrauchswerthe in den Wald=Durchschnitts=Preisen, welche in den letzten zehn (oder zwanzig) Jahren bei freier Konkurrenz erzielt worden sind, im Großen und Ganzen ausgesprochen hat. Dieses Werth=Verhältniß wird, so muß man weiter annehmen, auch in der Zukunft bestehen bleiben, so lange die bisherigen Beziehungen zwischen Angebot und Nachfrage unverändert fortbestehen; es werden sich in der Znkunft die in Geld ausgedrückten **Nominal-Preise** dieser Güter ändern, aber nicht die **Sachpreise**, die **normalen Preissätze.** Wenn dagegen eine wesentliche Umgestaltung der Produktions= und Verbrauchs=Verhältnisse vorauszusetzen ist, so hat man hinzublicken auf das Preis=Verhältniß derjenigen Absatz=Bezirke, in denen die kommenden Preisfaktoren bereits in der Vergangenheit in Wirksamkeit waren.

Anmerkung. Bei genauer Untersuchung der Preis=Verhältnisse wird man zwar vielfache Schwankungen im Einzelnen finden — namentlich bei den Sortimenten, die gewöhnlich in geringer Menge abgegeben werden. Aber im Großen und Ganzen ist eine gewisse Stetigkeit der gegenseitigen Beziehungen unverkennbar. So haben (nach Bühler) die Marktpreise in Stuttgart für Buchen= Birken= und Nadel=Brennholz das folgende gegenseitige Verhältniß zum Buchen= Klafterholz eingehalten:

	Buchen=Klafterholz.	Birken=Klafterholz.	Nadelholz=Klafterholz.
1850—1859	1,00	0,84	0,63
1860—1872	1,00	0,88	0,66

In den Staatswaldungen Württembergs zeigen die Durchschnittspreise das folgende Verhältniß:

	1850/59	1860/71
Buchen=, Scheit= und Prügelholz	1,00	1,00
Eichen = Nutzholz	2,37	2,28
Buchen=Nutzholz	1,48	1,48
Nadelholz=Nutzholz	1,48	1,31
Eichen=, Scheit= und Prügelholz	0,83	0,89
Nadelholz=, Scheit und Prügelholz	0,55	0,58
Eichen=Wellen	0,50	0,49
Buchen=Wellen	0,51	0,56
Nadelholz=Wellen	0,29	0,34

Aus den Staatswaldungen Preußens liegen uns folgende Angaben per 1837 und 1867 vor bezüglich des Durchschnitts aus den Holztaxen der sämmtlichen Oberförstereien des Staates:

	1837	1867
Buchen=Scheitholz	1,00	1,00
Eichen=Nutzholz	3,60	3,42
Nadel=Nutzholz	2,25	2,22
Nadel=Scheitholz	0,62	0,68

(Siehe: Dr. A. Bühler, über den Einfluß des Mineral=Kohlen=Bergbaus auf die Forstwirthschaft. Stuttgart, 1874.)

Aber immerhin kann man der obigen Grundannahme mannigfache Ein= wendungen entgegenstellen. Wenn auch die Volkswirthschaftslehre annimmt, daß die Schwankungen der Marktpreise lediglich als ein beständiges Gravitiren um den normalen Preissatz anzusehen sind, indem bei frei spielenden Konkurrenz= Bestrebungen die Preise zum normalen Preissatz zurückgetrieben werden, wenn auch weiter anzunehmen ist, daß sich dieser normale Preissatz in den durchschnittlichen Marktpreisen der letzten 10 (oder 20) Jahre hinlänglich aussprechen konnte, so kann man doch erwidern, daß im forstlichen Betriebe die von der National=Oekonomik vorausgesetzte Wandelbarkeit des Angebots nach Maßgabe der Nachfrage nicht nur sehr langsam, sondern auch stets unzureichend zum Vollzug gelangen konnte. Man kann sagen, daß hier die nivellirende Kraft des wirthschaftlichen Eigen=Interesses bei dem Charakter der Waldwirthschaft weniger scharf gewirkt haben wird, als in anderen Gewerbszweigen. Wenn in der That in einem längeren oder kürzeren Zeitraume einzelne Holzarten oder Holzsorten stark begehrt und über den normalen Preissatz bezahlt werden, so kann die Forstwirthschaft diese lukrativen Waaren in der Regel nur in der planmäßigen Nutzungs=Menge anbieten. Die Wald=Eigen= thümer sind außer Stande, in der Gewinnung dieser Erzeugnisse in gleicher Weise gegenseitig zu konkurriren, wie z. B. die Fabrikanten von Modewaaren rc. Wenn andrerseits der Marktpreis unter den sog. normalen Preissatz zurückgeht, so wird die Gewinnung nicht schwächer betrieben werden, und noch weniger können die Waldbesitzer diesen Zweig ihrer Produktion verlassen, indem sie rasch zu einem mehr lohnenden Erwerbs=Zweige überspringen.

Die Betrachtung vom Standpunkt der Volkswirthschafts=Lehre kann somit zu der Annahme führen, daß die Preisgestaltung der Walderzeugnisse in erster Linie von den Gesetzen beeinflußt werde, welche man für das Verhalten der „Monopol= Preise" annimmt; denn es ist ein gegebenes, unveränderliches Angebot voraus= zusetzen, es ist nicht thunlich, eine beliebige Gütermenge in den Verkehr zu bringen, das Angebot befindet sich ausschließlich in einzelnen Händen. Aber die Monopol= Preise sind bekanntlich nach den Gebrauchswerthen abzustufen; bei gleicher Zahlungs= fähigkeit der Konsumenten bestimmen sich die Monopol=Preise, einem gegebenen An= gebote gegenüber, lediglich nach den Gebrauchswerthen. Wir werden somit auf die frühere Grundlage der Werthmessung zurück geführt.

Indessen ist auch die Voraussetzung, daß die bisherigen Preise der Forstpro=

dukte Monopol-Preise waren, nur bedingungsweise richtig. Das Angebot war that-sächlich nicht stabil, sondern in regelloser Weise auf- und abschwankend. Die Nach-frage ist auch nicht immer aus der scharfen Bemessung der Gebrauchswerthe hervor-gegangen und hiernach auf die einzelnen Waldprodukte vertheilt worden. Die Ge-wohnheiten der Konsumenten, die Transport-Verhältnisse und andere Faktoren sind nicht ohne Einfluß auf die Preisgestaltung geblieben.

Man ist jedoch zu der Annahme berechtigt, daß im Großen und Ganzen die bisherigen mittleren Preisverhältnisse die wahren Gebrauchswerthe — wenn auch nicht haarscharf, so doch genügend sicher — angeben, vor Allen hinsichtlich derjenigen Forstprodukte, welche bisher bei allgemeiner Konkurrenz massenhaft verwerthet worden sind. Für einzelne Holzarten und Holzsorten, die selten und mit geringer Menge angefallen sind, kann die Durchschnitts-Preis-Berechnung, wie ich wiederholt be-merke, einen unzuverlässigen Ausdruck für den effektiven Gebrauchswerth liefern. Indessen wird, wenn auch in der Zukunft nur kleine Quantitäten verwerthet wer-den, der Fehler unerheblich sein; wenn aber in Folge der Wirthschafts-Pläne das Angebot dieser Produkte eingreifend und massenhaft verstärkt werden wird, so sind, wie schon erwähnt wurde, nicht die bisherigen Preisverhältnisse, sondern allgemeine Preisfaktoren anzuwenden, die Wirthschaftsbezirken entstammen, in denen sich bereits die projektirten Verwerthungs-Verhältnisse konsolidirt haben.

Es ist schließlich noch des Einwurfs zu gedenken, daß namentlich das zu-künftige Verhältniß zwischen Nutzholz- und Brennholz-Preis im Allgemeinen nicht scharf beurtheilt werden kann. Wenn auch bisher eine ziemlich gleichlaufende Ent-wickelung der Nutzholz- und Brennholz-Preise stattgefunden hat, so kann man doch mit Grund muthmaßen, daß in der Zukunft die Nutzholzpreise — bei dem Auf-wärtsstreben der wirthschaftlichen Produktion — in verschärfter Gradation steigen werden, während bei den Brennholzpreisen — gegenüber der mächtigen Konkurrenz fossiler Brennstoffe — eine minder starke Aufwärts-Bewegung zu erwarten ist. Kein Sterblicher kann diese gegenseitige Preisgestaltung, die im dunklen Schoße der Zukunft ruht, mit Sicherheit voraussagen. Man kann nur vermuthungsweise ent-gegnen, daß auch beim Bauholz in den Bausteinen, die schon jetzt in der ausgedehntesten Weise verwendet werden, ein gefährlicher Rivale erwachsen wird. Immerhin ist nicht zu übersehen, daß heute die Erweiterung der Nutzholz-Wirthschaft an der Spitze des forsttechnischen Programms steht. Wenn in der Zukunft die gebrauchsfähigsten Nutzhölzer erzeugt und gepflegt werden, so kann die betonte Unsicherheit keine nach-theiligen Folgen haben. Diese Nutzholz-Erzeugung wird von der Rentabilitäts-Be-rechnung in erweitertem Umfange schon jetzt gerechtfertigt werden. Wenn aber zu-künftig eine heute nicht veranschlagte Preiserhöhung die Lukrativität erhöhen wird, so ist um so mehr Grund vorhanden, der herkömmlichen Bestimmungsweise der wirthschaftlichen Zielpunkte zu entsagen.

Endgültige Würdigung finden indessen alle diese Einwürfe durch die einfache Thatsache, daß diejenige Ertrags-Regelung, welche die Gebrauchswerthe nicht be-achten würde, von der vernunftgemäßen Erfüllung der Fundamental-Zwecke der Waldwirthschaft weit entfernt bleiben würde. Die Forstwirthe haben ohne Frage die praktische Bedeutung der erwähnten Zweifel und Bedenken an der Hand der Erfahrung zu ergründen — und bis dahin sind phrasenreiche Betheuerungen der Aussichtslosigkeit dieser Bestrebungen nicht das Papier werth, auf das sie geschrieben werden.

Die Eventualität einer Aenderung der bisherigen Verbrauchs-Verhältnisse im Laufe des ersten Wirthschafts-Abschnitts — z. B. steigende Nutzholz-Ausbeute aus den zu Brennholz aufgenommenen Bestandstheilen — werden wir bei den Maßnahmen zur Sicherstellung der Ertrags-Ordnung besprechen (§ 69).

<hr>

§ 21.

Ermittelung der Durchschnittspreise im letzten Jahrzehnt und Feststellung der örtlichen Werthfaktoren.

Die Zusammenstellung der Durchschnitts-Erlöse bei den Holz- und Rinden-Verkäufen mit freier Konkurrenz hat in der Regel für die letzten zehn Wirthschaftsjahre stattzufinden; doch kann unter besonderen Verhältnissen auch die Ausdehnung dieser Berechnung auf die letzten zwanzig Wirthschaftsjahre nothwendig werden. Von Jahr zu Jahr werden zunächst die nach Abzug der Gewinnungskosten verbleibenden Netto-Erlöse, getrennt für die aufgearbeiteten Holzsorten, nach dem Gesammt-Betrage (des Jahres-Erlöses der betreffenden Holzsorten) und nach dem Jahres-Durchschnittspreis per Festmeter, per Raummeter u. s. w. nachgewiesen. Diese Zusammenstellung wird wo möglich für die gesammten Waldungen des Wirthschafts-Bezirks — ohne Trennung nach besseren oder schlechteren Absatzlagen — angefertigt; nur bei auffallenden und durchgreifenden Verschiedenheiten der Preis-Gestaltung innerhalb der Wirthschaftsbezirke werden „Preis-Bezirke" ausgeschieden und besonders behandelt. Die Berechnung der Durchschnittspreise ist einfach und wird keiner besonderen Erläuterung bedürfen; für die Nutzholz-Sorten wird die Stückzahl, die Festmeterzahl und der Geld-Netto-Erlös, der letztere sowohl für die gesammte Abgabe, als per Festmeter, per 100 Hopfenstangen u: s. w. von Jahr zu Jahr nachgewiesen; für die Brennholzsorten wird die Raummeter-Zahl u. s. w., der Geld-Netto-Erlös für die gesammte Abgabe und per Raummeter 2c. verzeichnet.

Anmerkung. Da diese Nachweisung zugleich statistischen Zwecken dient (siehe § 51 ad 11), so werden gleichzeitig die Geld-Erlöse excl. Gewinnungs-Kosten für die Abgaben gegen Taxpreise, an Berechtigte u. s. w., die bei der Berechnung der Durchschnittspreise nicht berücksichtigt werden, mit rother Tinte eingetragen.

Für die Bestimmung der örtlichen Werthfaktoren ist nun zunächst der Werthmaßstab aufzusuchen. Man wird eine gleichheitliche und übersichtliche Ordnung der Werthfaktoren für größere Landesgebiete anbahnen können, wenn man die Wirthschafts-Bezirke in Absatzgruppen ausscheidet. Man kann hierbei die in den Wirthschafts-Bezirken vorherrschenden Holz- und Betriebsarten und die bisherige Vertheilung der Verwerthung auf Nutzholz- und Brennholz-Abgabe zu Grunde legen, indem man nach dem Prozentsatz des Geld-Netto-Erlöses für Brennholz (mit Abstufungen von 10 zu 10 pCt.) die Gruppen beziffert. Wenn beispielsweise die Kiefern-Hochwald-Wirthschaft vorherrschend ist und der bisherige Brennholz-Rein-Erlös 55 bis 65 pCt. des gesammten Rein-Erlöses betragen hat, so würde dieser Bezirk der Absatz-Gruppe „Kiefern 6" zuzuweisen sein; wenn bei vorherrschender Fichten-Wirthschaft der Rein-Erlös für Nutzholz 75 bis 85 pCt. vom gesammten Netto-Erlös des Wirthschafts-Bezirks betragen hat, so würde man diesen Bezirk mit „Fichten 2" beziffern.

Anmerkung. Diese scharfe Ausscheidung in Absatzgruppen wird hauptsächlich in Rücksicht auf die Zusammenstellung und Ausgleichung der Werthfaktoren (§ 22) und die Bemessung der Coefficienten bei Veränderung des Holz-Sorten-Verhältnisses in Folge Wechsel der Bewirthschaftungsart empfohlen. (Siehe § 52 und 54.)

Es ist hierauf zu untersuchen, ob bei der Ermittelung der Werthfaktoren ein einheitlicher Werth-Maßstab für alle Nutzholz- und Brennholz-Sorten angenommen werden kann oder ob verschiedene Werthmesser — einmal für die Nutzholz-Sorten und zweitens für die Brennholz-Sorten — zu Grunde zu legen sind. Die Nutzholz- und die Brennholz-Preise werden im letzten Jahrzehnt nicht immer parallelen Gang eingehalten haben, günstige Handels-Konjunkturen können die Nutzholz-Preise, kalte Winter die Brennholz-Preise in die Höhe getrieben haben u. s. w. Man wird in manchen Fällen die Werth-Verhältnisse schärfer bemessen können, wenn man die Nutz-

holz-Preise unter sich und die Brennholz-Preise unter sich vergleicht.

Diese Trennung der Ermittelung der Werthfaktoren wird indessen nicht immer erforderlich werden. Bei vorherrschenden Buchen-
Hochwald-Betrieb, oft auch bei Kiefern-Wirthschaft auf ärmeren Bodenarten, beim Mittelwald-Betrieb mit Buchen-Oberholz, beim Niederwald-Betrieb u. s. w. ist in der Regel die Nutzholz-Ausbeute nicht
sehr hervorragend. Andrerseits tritt beim Fichten- und Weißtannen-
Betrieb sehr oft der Geld-Ertrag des Brennholzes zurück. Man
wird annehmen dürfen, daß ein doppelter Werthmesser nur in den
Absatzgruppen 4—6 — d. h. bei einem Brennholz-Ertrag in Nutz-
holz-Wirthschaften von über 35 pCt. und bei einem Nutzholz-Ertrag
in Brennholz-Wirthschaften von gleichfalls über 35 pCt. — zu Grunde
zu legen ist. (Dieser doppelte Werthmesser wird lediglich für die
Ermittelung der Werthfaktoren angenommen; bei den Ertrags-Berechnungen wird ein einheitlicher Werthmaßstab zu Grunde gelegt; zu
diesem Zweck werden schließlich die Coefficienten auf die gemeinsame
Wertheinheit — nach dem mittleren Verhältniß im Jahrzehnt —
umgerechnet. Siehe unten.)

Für die Feststellung des Werth-Maßstabes gilt die
Regel, daß diejenige Holzsorte, welche den Werthertrag
im letzten Jahrzehnt in erster Reihe geliefert hat, zu
wählen ist. Bei vorwiegender Buchen-Brennholz-Wirthschaft wird
man den Raummeter Buchenscheitholz, bei Fichtenwirthschaft den Festmeter Bloch- oder Bauholz von etwa 20—30 Centimeter mittlerer
Stärke, bei Kiefernwirthschaft die letztere Nutzholz-Sorte oder den
Raummeter Kiefern-Scheitholz, bei Mittelwald-Wirthschaft den Raummeter Buchen-Scheitholz, bei Niederwald-Wirthschaft den Raummeter
Buchen- oder Heinbuchen-Prügelholz oder 100 Wellen u. s. w. als
Werthmaßstab (Werth-Einheit) benutzen können. Wenn örtlich eine
feinere Klassen-Ausscheidung für die als Werthmaßstab benutzten Nutz-
holz- und Brennholz-Sorten üblich sein sollte, so wird man besser
thun, alle diese Klassen zusammen zu fassen, um eine breite zuverlässige Grundlage zu gewinnen. Die einzelnen Werthfaktoren werden
dagegen womöglich für alle Abstufungen der Verkaufssorten zu ermitteln gesucht. (Wenn beispielsweise das Buchenscheitholz als Werth-

maßstab dient und örtlich drei Scheitholz=Klassen ausgeschieden worden sind, so wird der Durchschnitts=Preis, der sich für die gesammte Abgabe dieser drei Klassen ergibt, zu Grunde gelegt, aber die Werthfaktoren werden für Klasse I, II und III berechnet.)

Es wird sodann von Jahr zu Jahr beziffert, in welchem Verhältniß der Jahres=Durchschnittspreis dieser Wertheinheit zum Jahres=Durchschnittspreis der übrigen Verkaufs=Sorten steht, indem man mit dem — stets erndtekostenfreien — Jahres=Durchschnittspreis der Werth=Einheit in den Preis per Fest=, Raummeter u. s. w. der übrigen Holzsorten dividirt. Hierauf bestimmt man die durchschnittlichen Werthverhältnisse für das letzte Jahrzehnt, indem man die Jahresfaktoren mit der zugehörigen Zahl der Festmeter, Raummeter u. s. w. multiplizirt und die Summe der Produkte durch die Gesammtzahl dieser Verkaufsmaße dividirt. Das umstehende Form. 4 wird das Verfahren (zunächst für die Wahl eines einheitlichen Werthmaßstabes) klar machen.

Wenn zwei Werthmesser gewählt worden sind, z. B. für das Nutzholz der Festmeter Fichten=Blochholz, für das Brennholz der Buchen=Scheitholz Raummeter, so ist die Rechnung in der eben angegebenen Weise für Nutzholz und für Brennholz durchzuführen. Es ist hierauf zu bestimmen, welche Holzsorte bei der zukünftigen Holz=Abgabe prävaliren wird und hiernach ist der gemeinsame Werth=Maßstab für die Ertrags=Berechnung und Nutzungs=Veranschlagung festzusetzen. Die Werthfaktoren, welche sich auf den ausscheidenden Werthmesser beziehen, sind sodann auf den neuen gemeinsamen Werth=Maßstab umzuwandeln und es ist zu diesem Zweck der Umwandlungsfaktor in der eben angegebenen Weise aus den Jahresfaktoren zu berechnen. Hiermit sind die für den früheren Werthmesser berechneten Faktoren zu multipliziren.

Berechnung

der Werth-Faktoren nach Maßgabe der Durchschnitts-Preise per 1865/1866 bis 1874/1875 für den Verwaltungs-Bezirk R. (Absatzgruppe: Buchenhochwald 9.)

Wirthschafts-jahre	Buchen-Scheitholz				Fichten-Blochholz, 20 bis 30 Ctm. Ø				Kiefern-Scheitholz I. Kl.			
	Raum-meter	Netto-Erlös per Raum-meter	Werth-Verhält-niß	Werth-Verhältniß × Raummeter-Zahl	Festmeter	Netto-Erlös per Festmeter	Werth-Verhält-niß zu Buchen-Scheith.	Werth-Verhältniß × Festmeter-Zahl	Raummeter	Netto-Erlös per Raummeter	Werth-Verhält-niß zu Buchen-Scheith.	Werth-Verhältniß × Raum-meter-Zahl
		R. M.				R. M.				R. M.		
1865/66	887	13,8	1,00	887	156	16,6	1,20	187,2	86	8,0	0,58	49,9
1866/67	1224	13,4	1,00	1224	112	16,4	1,22	136,6	564	7,6	0,57	321,5
1867/68	938	12,4	1,00	938	86	16,2	1,31	112,7	—	—	—	—
1868/69	1526	11,8	1,00	1526	123	15,8	1,34	164,8	—	—	—	—
1869/70	1236	11,0	1,00	1236	214	15,1	1,37	293,2	312	6,4	0,58	180,9
1870/71	1156	11,6	1,00	1156	228	15,8	1,36	310,1	37	6,8	0,59	21,8
1871/72	1336	12,5	1,00	1336	157	16,8	1,34	210,4	—	—	—	—
1872/73	1240	13,9	1,00	1240	136	17,5	1,26	171,4	—	—	—	—
1873/74	1623	14,7	1,00	1623	122	18,4	1,25	152,5	45	8,5	0,58	26,1
1874/75	985	14,4	1,00	985	111	17,2	1,19	132,1	123	8,3	0,58	71,3
Summa	12151	—	—	12151	1445	—	—	1871,0	1167	—	—	671,5
Durchschnitt	—	—	1,00	—	$\frac{1871}{1445} = 1,2948 =$		1,29	—	$\frac{671,5}{1167,0} = 0,5754 =$		0,58	—

§ 22.

Zusammenstellung der konkreten Werthfaktoren für Bezirke mit gleichen Absatz-Verhältnissen und Ausgleichung der Ziffern.

Im Forsteinrichtungs-Bureau der obersten Forstbehörde werden die für die einzelnen Wirthschaftsbezirke ermittelten Werth-Faktoren nach „Absatzgruppen"[1]) zusammen gestellt und dabei geprüft, gesichtet und nöthigenfalls durch Interpolation vervollständigt. Allgemeine Vorschriften hinsichtlich der Verfahrungsarten im Einzelnen, der Zusammenfassung der Absatzgruppen u. s. w. lassen sich natürlich nicht geben; es wird indessen nicht schwer fallen, den richtigen Weg zu finden. In vorderster Reihe wird man zur Ausscheidung der abnormen Erscheinungen und zur Bestimmung der mittleren Ziffern die graphische Methode zu Hülfe rufen.

Wenn die mittleren Werthfaktoren für die einzelnen Absatzgruppen bestimmt worden sind, so hat man noch die zwischen diesen Absatzgruppen (des Buchen-Hochwalds, Fichten-, Kiefern-Hochwalds u. s. w.) obwaltenden Preisverhältnisse zu bemessen. Diese Vergleichung wird in der Regel dadurch erschwert werden, daß bei der örtlichen Ermittelung der Werthfaktoren für diese Absatzgruppen verschiedene Wertheinheiten — bald Buchen-Scheitholz, bald Fichten- oder Kiefern-Nutzholz — zu Grunde gelegt worden sind. Man wird zur Bemessung dieser Wechsel-Beziehungen vorzugsweise die Absatzgruppen, in denen sich die Nutzholz- und Brennholz-Wirthschaft annähernd die Wagschale hält — die Absatzgruppen 4, 5 und 6 — benutzen können. Immerhin wird ein so umfangreiches Material vorliegen, daß man große Durchschnitts-Zahlen gewinnen kann.

Diese allgemeinen Werthfaktoren werden bei der örtlichen Wald-Ertrags-Regelung zu Grunde gelegt. Eigenthümliche lokale Absatz-Verhältnisse können nur dann eine Abweichung von dieser Regel begründen, wenn dieselben hervorragende Bedeutung haben und ohne Zweifel konstant — wenigstens in den nächsten Wirthschaftsperioden — bleiben werden.

Wenn bei der Wald-Ertrags-Regelung eine eingreifende Ver-

---

[1]) Vergl. S. 163.

änderung der jetzigen Holz-Angebots-Verhältnisse für die späteren Ab=
schnitte des Einrichtungs=Zeitraums oder für die zweite Umtriebszeit
angeordnet wird oder der Betrachtung zu unterwerfen ist, so werden
die Werthfaktoren für die Absatzgruppen, welche diesen veränderten
Holzabgabe=Verhältnissen entsprechen, den Ertrags=Berechnungen zu
Grunde gelegt.

Anmerkung. Die Ermittelung der Wertheinheiten für diejenigen Produkte
der ferneren Nutzung, welche bisher in der betreffenden Absatzgruppe nicht ver=
werthet worden sind und deshalb bei der Feststellung der Werthfaktoren keine Be=
rücksichtigung finden konnten, wird später (§ 69) erörtert werden.

---

§ 23.
Berechnung des Werth-Vorraths der gemessenen Bestände.

Da einestheils die allgemeinen Werthfaktoren für die einschlägige
Absatzgruppe von der obersten Forstbehörde endgültig festgestellt wer=
den und da andrerseits die in den gemessenen Holzvorräthen vorfind=
lichen Sortiments=Antheile durch die Probeholz=Fällung ermittelt wor=
den sind, so ist die Umwandlung der Massen=Vorräthe in Werth=Vor=
räthe selbstverständlich leicht zu vollziehen. Bei diesen Multiplikationen
benutzt man die Crelle'schen Rechentafeln. (Berlin, Reimer.) Die
Werthvorräthe der Unterabtheilungen werden in die Darstellung der
Holzvorräthe (Form. 3 bei § 17, Spalte 9, 12, 16) eingetragen
und der Werth=Durchschnitts=Zuwachs (Spalte 19) berechnet.

Dritte Abtheilung.
Bonitirung der Hochwaldungen nach dem Massen-Durchschnitts-Zuwachs.

§ 24.
Zwecke dieser Bonitirung.

Durch die Vorraths=Aufnahme ist die bisherige Werth=Pro=
duktion der älteren Bestände, die gewöhnlich je nach der Beschaffen=
heit dieser Einzelbestände sehr verschiedenartig ist, bestimmt worden.
Es ist nunmehr die zukünftige Werthproduktion dieser älteren, ge=

meſſenen Beſtände bis zum Abtriebsalter zu ermitteln und ferner iſt die Werth=Produktion der jüngeren, nicht ſpeziell gemeſſenen Beſtockung bis zum Haubarkeits=Alter zu erforſchen. Es iſt endlich die Werth=Produktion der nachzuziehenden Beſtockung einzuſchätzen.

Wir wiſſen bis jetzt nicht, nach welchen Geſetzen ſich die Entwickelung geſchloſſener Holzbeſtände von der Jugend bis zum forſtlichen Haubarkeits=Alter vollzieht. Wir kennen nicht einmal die Geſetze der Maſſen=Erzeugung für vollkommene Beſtände und die beſten Standortsklaſſen, während wir die Produktion von Gebrauchswerthen für alle Standortsklaſſen, ſowohl für die vollkommenen, als für die unvollkommenen Beſtände zu beurtheilen haben. Es eröffnet ſich darum in dieſer Richtung ein großes, ſchwer zu bebauendes Arbeitsfeld.

Bei der unendlichen Manigfaltigkeit der örtlichen Standorts=, Beſtockungs= und Wachsthums=Verhältniſſe iſt offenbar die Zuſammenfaſſung der ähnlichen Beſtände in Ertrags = Klaſſen (Beſtands= Klaſſen) unbedingt erforderlich. Es iſt nun zunächſt zu fragen, ob dieſe Beſtands=Klaſſen nach dem örtlichen Werth=Ertrage oder nach Maſſen=Erzeugung zu trennen ſind.

Auf den erſten Blick wird es ſcheinen, als ob die Bemeſſung der Ertragskräfte nach Gebrauchs=Werthen der nächſtliegende, direkte Weg zur Standorts= und Beſtands=Klaſſifikation ſei. Man wird ſagen: für alle erwachſenen Beſtände ſind die bisher erzeugten Gebrauchswerthe beſtimmt worden, man kann nach den Unterſchieden der Werthvorräthe per Hektar oder nach dem Werthdurchſchnitts=Zuwachs Werth=Ertrags=Klaſſen ausſcheiden; man kann hierauf die jüngeren Beſtände vergleichen mit älteren Beſtänden, die ähnlicher Standorts=Beſchaffenheit entſtammen — warum ſollte man den Wachsthums=Gang für dieſe Werth=Ertrags=Klaſſen nicht ebenſo genau beſtimmen können, wie für andere Bonitäts=Klaſſen?

Es iſt nicht zu bezweifeln, daß dieſes Verfahren für die lokale Bonitirung ſchärfere Reſultate hervorbringen würde, als die Bonitirung nach dem rohen Maſſen=Ertrag. Aber wir können dennoch die direkte Werth=Ertrags=Bonitirung nicht zur ausſchließlichen Anwendung befürworten, weil bis jetzt die vielgeſtaltigen und ſchwer zu beſtimmenden Werth=Ertrags=Verhältniſſe noch durch keinen Licht=

Streifen erhellt worden sind. Sicherlich ist es unabweisbar erforderlich, daß die bisherigen schwachen Versuche, diese ersten erfreulichen Schritte auf dieser Bahn (von Robert Hartig, Bose, Burckhardt) durch eine allseitige, umfassende Inangriffnahme dieser Forschungen weiter geführt werden und wir zählen bedingungslos diese Untersuchungen, denen wir den folgenden Abschnitt widmen werden, zu den wichtigsten Aufgaben der Ertrags=Regelung. Allein bei dem heutigen Stande unserer Kenntnisse und Erfahrungen dürfen wir nicht wagen, ausschließlich diesen direkten Weg zur Bemessung der Ertragskräfte zu befürworten; wir wählen vielmehr den Umweg mittelst der Bonitirung nach dem Massen=Durchschnitts=Zuwachs zur Haubarkeits=Zeit. Ausschlaggebend für die Wahl dieser Massen=Bonitirung ist außerdem die Erwägung gewesen, daß die auf die örtlichen Preisbeziehungen gegründete direkte Werth=Ertrags=Bonitirung vorläufig lediglich lokale Bedeutung haben kann, daß der Tarator, welcher ausschließlich nach örtlichen Werth=Ertrags=Klassen zu bonitiren hat, in Wirthschafts=Bezirken mit abweichenden Werth=Verhältnissen die Schärfung des Blickes entbehren wird, welche die Beurtheilung des Ertrags=Vermögens nach gleichem Maßstab gewährt.

Zwar sind die Gesetze der Massen=Erzeugung in geschlossenen Hochwald=Beständen bis jetzt auch noch nicht mit der erforderlichen Zuverlässigkeit erforscht worden. Allein es ist wahrscheinlich, daß die Culminations=Zeit des Haubarkeits=Durchschnitts=Zuwachses in geschlossenen Hochwald=Beständen bei allen Holzarten und auf allen Standorten viele Jahrzehnte andauert. Nach den neueren Ertrags=Tafeln (von Burckhardt, R. Hartig, Grebe) würde sogar der normale Massen=Durchschnitts=Zuwachs für alle in Frage kommenden Abtriebszeiten kaum nennenswerth differiren. Wenn aber auch die fernere Forschung einen andern Wachsthums=Verlauf konstatiren sollte, wenn auch der laufende Zuwachs kürzere Zeit dem Durchschnitts=Zuwachs gleichstehen und denselben auf der Gipfelhöhe erhalten sollte, wenn auch dieser Kulminations=Punkt früher oder später eintreten sollte, als die bis jetzt bekannten sog. Normal=Ertrags=Tafeln angeben — sehr beträchtlich werden die Unterschiede voraussichtlich niemals werden. Immerhin bleibt bei dem heutigen Stande unserer Kenntnisse die Annahme des stabilen Haubarkeits=

Durchschnitts=Zuwachses die relativ sicherste Grundlage der Boni=
tirung.

Die Umrechnung der Massen=Erträge in die örtlichen Gebrauchs=
werth=Erträge nach dem Holzsorten=Verhältniß, welches die Probeholz=
Fällungen ergeben haben, und die Aufstellung der Werth=Ertrags=
Tafeln auf diesem indirekten Wege wird im § 26 erörtert werden.

———

§ 25.

Bonitäts-Maßstab.

Da der Haubarkeits=Durchschnitts=Zuwachs in der Regel zwischen
dem 60. und 90. Jahre gipfelt[1]), so ist der Massenbonitirung
der Haubarkeits = Durchschnitts = Zuwachs im 80 jährigen
Bestandsalter zu Grunde zu legen.

Um eine Gleichstellung der Bonitäts=Klassen für Deutschland
und die Nachbarländer[2]) anzubahnen, sind die Massen=Bonitäts=
klassen nach der Festmeter=Zahl dieses Haubarkeits=Durch=
schnitts=Ertrags pro Hektar abzustufen und zu beziffern.

Es soll beispielsweise die Kiefernklasse 2 die Kiefernbestände
mit 1,5—2,5 Festmeter Haubarkeits=Durchschnitts=Zuwachs im
80. Jahr umfassen, die Fichtenklasse 6 = 5,5—6,5 Festmeter
Haubarkeit=Durchschnitts=Zuwachs im 80. Jahr für Fichtenbestände
angeben u. s. f. Die Zahl der Klassen kann sonach im Allgemeinen
beliebig gewählt werden. In der Regel wird man die Klassen,
namentlich die mittleren Klassen nach halben Festmetern abstufen,
z. B. Klasse $2\frac{1}{2}$, $3\frac{1}{2}$, $4\frac{1}{2}$ für die Haupt=Holzarten bilden; es ist
jedoch eine Beschränkung der Klassenzahl auf insgesammt 4 bis 5
gewöhnlich ausreichend und der Vereinfachung halber räthlich. —

———

[1]) Siehe die Tabelle bei § 26.

[2]) Ich habe hier namentlich Oesterreich im Auge. Die deutschen Forstwirthe
sollten, meines Erachtens, das Band der gemeinsamen wissenschaftlichen und wirth=
schaftlichen Bestrebungen, das uns schon lange mit den intelligenten und überaus
liebenswürdigen Fachgenossen im Kaiserstaat an der Donau verknüpft, immer enger
schlingen.

Für jede im Wirthschaftsbezirk herrschend auftretende Holzart wird eine besondere Reihenfolge von Klassen angenommen. Treten konstante Bestandsmischungen in großer Verbreitung auf, so kann auch eine besondere Klassifikation für derartige Mischungen (z. B. Buchen 0,6 und Eichen 0,4 oder Kiefern 0,5 und Buchen 0,5) vorgenommen werden.

----

§ 26.

Massen- und Werth-Ertrags-Tafeln.

Die Aufstellung der Ertragstafeln hat der Bonitirung voraus zu gehen.

Haubarkeits-Massen-Erträge. Der Haubarkeits-Durchschnitts-Zuwachs variirt für die zu betrachtenden Abtriebsalter zwar nicht sehr beträchtlich, indessen sind diese Abweichungen immerhin bei der Aufstellung der Ertragstafeln zu beachten. Vorläufig und bis zur Feststellung genauer Sätze sind die Klassen-Ziffern nach den Verhältnißzahlen der nachstehenden Tabelle, die auf Grund der bestehenden Ertragstafeln ermittelt worden ist, zu berechnen und mit dem hiernach veränderten Haubarkeits-Durchschnitts-Zuwachs ist das einschlägige Bestandsalter zu multipliziren, wodurch die Haubarkeits-Massen-Glieder der Ertragstafeln unmittelbar bestimmt werden.

Jahr	Buchen-Hochwald	Fichten-Hochwald	Kiefern-Hochwald
50	0,89	0,92	1,09
60	0,95	0,97	1,06
70	0,99	1,00	1,04
80	1,00	1,00	1,00
90	0,99	0,99	0,96
100	0,97	0,97	0,91
110	0,95	0,92	0,85
120	0,93	0,88	—

Für Eichen-, Lerchen-, Birken-Bestände 2c. werden selten Ertrags-tafeln aufzustellen sein; man kann eventuell die betreffenden Reduktions-

Zahlen den Burkhardt'ſchen Hilfstafeln für Forſttaxatoren (Hannover 1873, Rümpler) entnehmen.

Zwiſchennutzungs = Erträge. Zur Ermittelung derſelben ſind in erſter Reihe die Ergebniſſe der bisherigen Durchforſtungen ꝛc. und der Probehiebe in den vollſtändig und nahezu vollkommen geſchloſſenen Beſtänden zuſammenzuſtellen. Sollten genügende Er= fahrungen durch dieſe Ermittelungen nicht gewonnen werden, ſo kann man für vollwüchſige und annähernd vollwüchſige Beſtände die folgenden Prozentſätze des Haubarkeits=Ertrages im 80. Jahre als Anhaltspunkte benutzen, die auf Grund der bisherigen Veröffent= lichungen zuſammengeſtellt worden ſind. Dieſe Prozentſätze ſind zunächſt für die mittleren Beſtands = Klaſſen und die Abſtufung von 1 Feſtmeter nachſtehend verzeichnet worden; die Korrektionen für die weiter gebildeten Beſtands=Klaſſen ſind leicht zu beſtimmen.

Als Zwiſchennutzung können hiernach folgende Prozente des 80jährigen Haubarkeits=Ertrags angenommen werden.

Eingangs=Zeit	Buchen=Beſtands=Klaſſen				Kiefern=Beſtands=Klaſſen					Fichten=Beſtands=Klaſſen				
Jahr	2	3	4	5	2	3	4	5	6	3	4	5	6	7
bis 30	—	2	4	6	8	7	6	5	4	—	1	2	3	4
30—40	2	4	6	8	8	7	6	5	4	2	3	4	5	6
40—50	3	5	7	9	7	6	5	4	3	3	4	5	6	7
50—60	3	5	7	9	5	5	4	3	2	3	4	5	6	7
60—70	3	5	7	9	4	4	4	3	2	2	3	4	5	6
70—80	2	4	6	8	3	3	3	2	1	2	3	4	5	6
80—90	2	4	6	8	3	3	3	2	1	1	2	3	4	5
90—100	2	4	6	8						1	2	3	4	5
100—110	2	4	6	8										

Es iſt ſelbſtverſtändlich, daß der Taxator bei Anwendung dieſer Tabelle die örtlichen Nutzungs=Verhältniſſe zu berückſichtigen hat.

Beſtimmung des Gebrauchswerthes der Haubarkeits= und Zwiſchennutzungs=Maſſen=Erträge. In der Darſtellung des Holz=Vorraths (§ 17 Form. 3) ſind nicht nur die Derbmaſſen der Beſtände (nach Feſtmetern), ſondern auch die Wertheinheits= Zahlen (nach Werthmetern) nachgewieſen worden. In Spalte 20 dieser Nachweisung sind zugleich die Massen-Bonitäts-Klassen ersichtlich. Wenn man lediglich die Ertrags-Regelung des betreffenden Wirthschafts-Bezirks ins Auge zu fassen hätte, so würde es genügen, wenn man einerseits die Derbmassen-Zahlen und andrerseits die Werthgehalts-Zahlen der Haubarkeits-Erträge für die Unterabtheilungs-Flächen (nicht per Flächeneinheit) zusammenstellen und hierbei einmal die Bestands-Klassen und zweitens die Alters-Klassen, letztere nach zehnjähriger Abstufung, trennen würde (z. B. Fichtenbestände der Bestandsklasse 3, 110—120jährig, 100—110jährig u. s. f., Fichtenbestände der Bestandsklasse 4, 110 bis 120jährig u. s. f.) Nach Addition der Festmeter- und Werthmeter-Zahlen könnte man hierauf durch Division der Ersteren in Letztere die „Bestands-Werth-Ziffern" für die einzelnen Bestands- und Altersklassen bestimmen. Man könnte diese Reduktions-Faktoren (nach Ausscheidung der anomalen Erscheinungen) auf graphischem Wege ausgleichen und berichtigen.

Da aber gleichzeitig allgemein gültige Erfahrungssätze gewonnen werden sollen, so sind in allen Fällen neben der direkten Bestimmung dieser Werthziffern auch die Holzsorten-Verhältnisse nach den Prozentsätzen in analoger Weise zu ermitteln. (Die direkte Bestimmung der Bestands-Werthziffern wird lediglich zur Kontrole für diese Berechnung aus den Sortiments-Verhältnissen beibehalten.) Die zusammengehörigen Prozentsätze für Nutzholz, Scheitholz, Prügelholz u. s. w. jeder Bestands- und Altersklasse werden auf je 100 Theile des sog. Meterpapiers[1]) aufgetragen und die Kurven ausgeglichen. Diese Prozentsätze werden sodann mit den örtlichen Werthfaktoren multiplizirt und dadurch die Werthziffern für die Masseneinheiten der Bestände gefunden. (Siehe Form. 5.)

Besondere Vorsicht erfordert bei diesen Ermittelungen die Feststellung der Nutzholz-Ausbeute. Die richtige Bestimmung der Nutzholz-Antheile ist schon bei der Auswahl des Probeholzes zu berücksichtigen (siehe § 18) und nochmals bei der oben genannten Zusammenstellung durch Vergleichung der Nutzholz-Prozentsätze im Einzelnen und Ausscheidung extremer Erscheinungen zu verbessern.

Die Werthziffern für die Zwischennutzungs-Erträge be-

---

[1]) Kartenpapier mit eingedrucktem Millimeter-Netz.

ſtimmt man aus den Ergebniſſen der bisherigen Nutzungen und aus den Durchforſtungs=Ergebniſſen der Probeflächen nach Umwandlung in Wertheinheiten in ähnlicher Weiſe.

Die Ausführung dieſer Arbeiten iſt ſo einfach und leicht, daß die nähere Erläuterung überflüſſig erſcheint. Die nothwendigen Aus=gleichungen und Berichtigungen können zudem nicht allgemein geregelt werden; der verſtändige Taxator, der die erforderliche Sorgfalt auf=wendet, wird den richtigen Weg nicht verfehlen.

Form. 5.

Zuſammenſtellung

der Holzverkaufsſorten und Werthverhältniſſe der gemeſſenen Hochwald-Beſtände

im Wirthſchafts-Bezirk N. nach Maſſen-Ertrags-Klaſſen.

Kiefern, Beſtandsklaſſe 3.

Wald-theil	Maſſen=Haubarkeits=Vorrath					Werth=Vorrath
	Nutzh. 3. Kl.	Scheitholz	Prügelholz	Reisholz	Zuſammen	
	Feſtmeter					Werth=meter
a. 50—59j. Beſtände						
12. a.	3	54	34	12	103	47
10. b.	28	372	204	64	668	317
15. d.	16	195	142	58	411	187
44. c.	15	340	118	16	489	243
Zuſ.	62	961	498	150	1671	794
pCt.	4	57	30	9	100	

Beſtands=Werth=Ziffer durch direkte Beſtimmung = 0,475
Berechnung der Beſtands=Werth=Ziffer aus den Prozentſätzen und Werthfaktoren:

$$0{,}04 \times 0{,}76 = 0{,}030$$
$$0{,}57 \times 0{,}52 = 0{,}296$$
$$0{,}30 \times 0{,}44 = 0{,}132$$
$$0{,}09 \times 0{,}20 = 0{,}018$$
$$\overline{\phantom{0{,}00} 0{,}476}$$

Kiefern, Beſtandsklaſſe 2.

Wald-theil	Maſſen=Haubarkeits=Vorrath					Werth=Vorrath
	Nutzh. 3. Kl.	Scheitholz	Prügelholz	Reisholz	Zuſammen	
	Feſtmeter					Werth=Meter
a. 50—59j. Beſtände						
63. a.	15	595	610	252	1472	638
22. b.	—	28	42	8	78	35
65. c.	4	130	159	75	368	156
36. b.	6	214	218	38	470	219
Zuſ.	25	967	1029	373	2394	1048
pCt.	1	40	43	16	100	

Beſtands=Werth=Ziffer durch direkte Beſtimmung = 0,438
Berechnung der Beſtands=Werth=Ziffer aus den Prozentſätzen und Werthfaktoren·

$$0{,}01 \times 0{,}76 = 0{,}008$$
$$0{,}40 \times 0{,}52 = 0{,}208$$
$$0{,}43 \times 0{,}44 = 0{,}189$$
$$0{,}16 \times 0{,}20 = 0{,}032$$
$$\overline{\phantom{0{,}00} 0{,}437}$$

Die Verwendung dieſer interpolirten Beſtands=Werth=Ziffern zur Reduktion der Maſſen=Erträge, die nach den obigen Tabellen berechnet werden, in Werth=Erträge wird ebenſo wenig einer beſonderen Anweiſung bedürfen. Die Maſſen= und Werth=Ertrags=Tafeln ſind für alle herrſchend auftretenden Holzarten und alle Ertragsklaſſen anzufertigen.

Form. 6.

Maſſen- und Werth-Ertrags-Tafel

für die Hochwaldbeſtände des Wirthſchafts-Bezirks N., per Hektar.

Kiefern-Maſſen-Ertrags-Klaſſe 3.

Eingangs=Jahr der Haubarkeits=Nutzung	Haubarkeits=Maſſen=Erträge						Haubarkeits=Werth=Erträge			Zwiſchennutzungs=Maſſen=Erträge					Zwiſchennutzungs=Werth=Erträge	
	Abtriebs=Ertrag	Durchſchnitts=Zuwachs	Derbmaſſen=Prozent=Verhältniß				Beſtands=Werth=Ziffer	Abtriebs=Ertrag	Durchſchnitts=Zuwachs	Eingangszeit	Ertrag	Derbmaſſen=Prozent=Verhältniß			Werth=Ziffer	Werth=Ertrag
			Nutzh. III. Kl.	Scheitholz	Prügelholz	Reißholz						Scheitholz	Prügelholz	Reißholz		
	Feſtmeter						Werth=Meter			Jahr	Feſt=meter				Werth=Meter	
1	2	3	4	5	6	7	8	9	10	11	12	13	14	15	16	17
50	118	3,27	3	56	29	12	0,466	55	1,10	bis 30	17	—	30	70	0,172	3
60	191	3,18	5	60	28	7	0,487	93	1,55	30-40	17	5	35	60	0,300	5
70	218	3,12	10	65	20	5	0,512	112	1,60	40-50	14	10	45	45	0,340	5
80	240	3,00	12	69	15	4	0,523	126	1,57	50-60	12	20	55	25	0,396	5
90	259	2,88	14	68	14	4	0,530	137	1,52	60-70	10	30	55	15	0,428	4
100	273	2,73	16	67	14	3	0,538	147	1,47	70-80	8	45	50	5	0,464	4
										80-90	8	60	35	5	0,476	4

§ 27.

Beſtands-Bonitirung.

Die Einſchätzung der vorhandenen Beſtockung in die Beſtands=Klaſſen (Maſſen=Ertrags=Klaſſen, Wachsthumsklaſſen) kann ſich bei den regelmäßig beſchaffenen Beſtänden, deren Vorrath gemeſſen und in die Darſtellung Form. 3 aufgenommen worden iſt, auf den dort

angegebenen Massen=Durchschnitts=Zuwachs gründen. Bestände, welche
von Jugend auf unvollkommen waren oder durch Natur=Ereignisse
und fehlerhafte Behandlung im Schluß unterbrochen und im Wuchs
benachtheiligt worden sind und darum nach bisheriger und fernerer
Entwickelung mit dem Wachsthumsgang der entsprechenden Ertragsklasse
nicht übereinstimmen, werden als „unvollkommene Bestände (Klasse 0)
registrirt und nach dem ferneren Werthzuwachs besonders eingeschätzt.
Zu dieser Kategorie werden auch die in Verjüngung liegenden Be=
stände, die unvollständigen Kulturen und die Blößen gezählt.

Die jüngeren nicht gemessenen Bestände werden in die Massen=
Ertragsklassen eingeschätzt, indem man nahe gelegene Bestände mit
ähnlichen Wachsthums=Faktoren, welche den höheren Bestandsaltern
angehören und darum gemessen wurden, sorgfältig vergleicht. Lage,
Bodenbeschaffenheit, Bestandsschluß, Höhenwuchs bilden hierbei die
Vergleichungspunkte. Das Einschätzungs=Verfahren kann selbstver=
ständlich nicht im Speziellen normirt werden. Es ist eine gründliche
Betrachtung der Jungwüchse, Stangenhölzer u. s. w. unerläßlich.
Bei Kontrole der Taxations=Arbeiten ist streng zu prüfen, ob bei
dieser Einschätzung der jüngeren Bestände die unbedingt erforderliche,
ausdauernde und tiefgehende Untersuchung der Bestands=Beschaffenheit
unausgesetzt obgewaltet hat und ob die Resultate der Vergleichung
zutreffend erscheinen.

Blößen, Verjüngungsschläge und junge Kulturen werden nach
dem Standort bonitirt.

Mit der Bonitirung der Bestände verbindet man die Bestands=
Beschreibung (§ 29).

—————

§ 28.

Standorts-Bonitirung.

Während der Zweck der Bestands=Bonitirung die Ertrags=Be=
stimmung für die vorhandene Bestockung ist, hat die Standorts=
Bonitirung die Erträge zu ermitteln, welche sämmtliche, örtlich an=
bauwürdige, Holzarten unter normalen Wachsthums=Verhältnissen lie=

fern werden. Die Lösung dieser Aufgabe ist nicht leicht. Die Boden-Analyse gewährt bekanntlich bis jetzt keine Anhaltspunkte zur Beurtheilung der Ertragsfähigkeit des Waldbodens; man ist lediglich auf das gutachtliche Ermessen, auf die sorgsame Vergleichung von Boden, Lage u. s. w. angewiesen. Für die im Wirthschaftsbezirk heimischen Holzarten lassen sich durch diese Vergleichung mit den thatsächlichen Erträgen auf ähnlichen Standorten hinlänglich zuverlässige Ergebnisse erreichen. Allein die Schwierigkeiten häufen sich, wenn die Normal-Erträge für Holzarten zu bestimmen sind, deren Zucht bisher im Wirthschaftsbezirk nicht betrieben worden ist, die aber bei Regelung der Holznachzucht in Frage kommen werden. Nach den bis jetzt veröffentlichten Erfahrungen ist man nur zu vermuthen berechtigt, daß bei gleicher Standortsgüte im großen Durchschnitt geschlossene Buchenbestände ungefähr 65 pCt. und geschlossene Kiefernbestände ungefähr 75 pCt. vom Haubarkeits-Massen-Ertrag gleichalteriger, geschlossener Fichtenbestände auf den besseren Standortsklassen liefern werden. Indessen haben erfahrene Taxatoren in der Regel im Verlaufe der Forsteinrichtung hinlänglich Gelegenheit gefunden, die gegenseitigen Beziehungen des Massenertrags der Holzarten auf den verschiedenen Standortsklassen zu erforschen. Wenn man, wie bei der Bestands-Bonitirung, den Haubarkeit-Durchschnitts-Zuwachs im 80. Bestandsalter für alle Holzarten zu Grunde legt und die Klassen nach ganzen und (bei den mittleren Klassen) nach halben Festmetern per Hektar abstuft, so läßt sich bei Aufwendung der erforderlichen Sorgfalt eine für praktische Zwecke genügende Zuverlässigkeit erreichen. Spezielle Vorschriften lassen sich auch hier nicht geben.

In der Regel ist der Anbau gemischter Bestände zu projektiren. Die Standortsklasse wird, wenn eine Holzart herrschend aufzutreten hat und die beizumischenden Holzgattungen untergeordnet bleiben werden, für diese herrschende Holzart bestimmt. Bei gleichmäßigen Mischungen nimmt man die mittlere Bonitäts-Ziffer an. Die Standortsklassen werden mit römischen Ziffern bezeichnet, z. B. Fichte IV, Kiefer III, Buche II*). Wenn für die fernere Bewirthschaftung

---

*) Die Werth-Ertrags-Klassen (siehe § 31) werden zur Unterscheidung mit lateinischen Buchstaben bezeichnet.

Mittel= und Niederwald=Betrieb in Betracht zu ziehen ist, so werden die nach §§ 44 und 48 zu bestimmenden Ertrags=Klassen verzeichnet.

---

§ 29.
Standorts- und Bestands-Beschreibung.

Die wesentlichsten Merkmale der Standorts= und Bestands=Beschaffenheit werden in Hinblick auf ihre wirthschaftliche Bedeutung in konciser Ausdrucksweise dargestellt. Die Standorts=Beschreibung wird in der Regel abtheilungsweise, die Bestands=Beschreibung nach Unterabtheilungen getrennt.

Bei der **Standorts-Beschreibung** ist zunächst die örtliche Lage (Bergebene, Bergkopf, Bergrücken, Thalebene, Mulde, Kessel, Nord=, Süd=, Ost= und West=Abhang, eben, sanft geneigt, mittelstark geneigt — 11 bis 20 Grad —, steil [21—30 Grad], schroff [31 bis 45 Grad], Felswand — über 45 Grad Elevation —) anzugeben. Dabei ist die Lage gegen die herrschende Sturmrichtung und in Hinsicht auf Frost=, Schneebruch=Gefahr u. s. w. zu bezeichnen.

Es ist sodann der Boden nach der geognostischen Abstammung (Granit, Syenit, Gneiß; Glimmerschiefer, Urthonschiefer, Quarzschiefer; Grünstein; Felsit=, Quarz=, Thon= und Augit=Porphyr; Basalt, Trachyt, Phonolith, Laven und Tuff; Grauwacke; Steinkohle; Rothliegendes; Zechstein; Bunt=Sandstein; Muschelkalk; Keuper; schwarzer, brauner, weißer Jura; Wealden=Formation; Quader=Sandstein; Kreide= und Kreide=Mergel; Tertiär=Formation; Dilluvium und Alluvium) zu bezeichnen. Die Bodenart wird nach folgenden Unterscheidungen angegeben: Thon= und Lettenboden, Lehmboden (sandiger Lehmboden und lehmiger Sandboden), frischer Sandboden, trockener Sandboden, Kalk= und Mergel=Boden, Moorboden, Sumpf. Man unterscheidet ferner Gruß=, Grand=, Gerölle= und Kiesboden, Steinwände, Steinfelsen, Steinköpfe; bezeichnet auch wohl die Kulturfähigkeit durch Angabe besonderer Hindernisse (z. B. „dicht lagernde Granitblöcke verhindern Anpflanzung" u. s. w.). In Bezug auf Tiefgründigkeit unterscheidet man „tiefgründig, mitteltief, flach=

gründig". Bei abnormen Untergrunds-Verhältnissen werden diese angegeben: „undurchlassende Thonlage, Ortsstein, Kieslage". Man nennt den Boden „naß, feucht, frisch, trocken", „fest, streng, mild, locker, flüchtig". Die Humushaltigkeit und Bodenkraft werden in der Bestands-Beschreibung nicht angegeben, da die Standortsgüte durch die Klassifikation gekennzeichnet wird. Vorübergehende Erscheinungen (Haide-Ueberzug u. s. w.) werden nur so weit angegeben, als sie für die Bestands-Chronik Werth haben.

Anmerkung. Man kann die geognostische Abstammung und die Boden-arten der Wirthschaftsbezirke kartographisch darstellen, indem man für die Formationen Farben und für die Haupt-Bodenarten die Bezeichnung durch Punkte und Striche wählt (z. B. für Sandboden Punkte, für Thon horizontale Striche, für sandigen Thonboden ein Punkt zwei Striche, für Kalk vertikale wellige Linien u. s. w.). Diese Karten werden den statistischen Mittheilungen über Ertrags-Verhältnisse, Wachsthums-Gesetze u. s. w. (§ 52) beigegeben. (Siehe: Carte agricole de la France par Delesse. Extrait du Bulletin de la société de géographie. Octobre 1874.)

Bei der **Bestands-Beschreibung** ist vor Allem die Ermittelung des mittleren Alters wichtig. In den älteren Beständen ist das mittlere Alter bei der Vorraths-Aufnahme bestimmt worden. Die Alters-Ermittelung in den jüngeren Beständen wird in der Regel in den Betriebs-Nachweisungen Anhaltspunkte finden. Nöthigenfalls sind Stangen mittlerer Stärke fällen zu lassen und die Jahrringe zu zählen. (Bei Kiefern zählt man die Astquirle.)

Die Holzarten werden bei gemischten Beständen nach ihrem Antheil an der Bestandsmasse in Zehnteln ausgedrückt, z. B. Kiefern 0,6, Buchen 0,4. Untergeordnet auftretende Beimischungen werden nur namhaft gemacht, z. B. Buchen mit einzelnen Kiefern. Finden sich Horste und kleine Gruppen besonderer Beschaffenheit, welche wegen ungenügender Größe nicht zu besonderen Unterabtheilungen ausgeschieden wurden, so schätzt man die Größe und notirt diese und die Beschaffenheit der Bestockung anhangsweise.

Zur Bestimmung des Bestands-Schlusses schätzt man zunächst die im Bestande vorhandenen Blößen und Lücken nach der Flächengröße, welche dieselben voraussichtlich bei der Haubarkeits-Zeit haben werden (mithin ohne Einrechnung der kleinen, verwachsenden Bestandslücken). Diese Flächen-Größe wird als ertragslos von der

Bestandsfläche abgezogen. Nachdem der Bestand in dieser Weise purifizirt worden ist, wird der Bestandsschluß als „gedrängt, ge= schlossen, räumlich" angesprochen[1]. Licht stehende, in Verjüngung be= griffene, angehauene oder durch Natur=Ereignisse zerstörte Bestände u. s. w. werden als „unvollkommene" eingetragen. Geräumte Ver= jüngungen werden als „vollkommen" oder „nachbesserungsbedürftig" (mit 0,1, 0,2, 0,3 ..... der vollen Kultur) klassifizirt.

Die Wachsthums=Verhältnisse werden durch die Klassen= Einschätzung ausgedrückt; nur besonders beachtenswerthe Erscheinungen werden bei der Bestands=Beschreibung namhaft gemacht.

Bezüglich der bisherigen wirthschaftlichen Behandlung wird bei den jüngeren Beständen die Entstehungsart (Saat, Pflan= zung u. s. w.), die Zahl und die Zeit der vorgenommenen Durch= forstungen und weitere bemerkenswerthe Vorkommnisse (z. B. „hat wiederholt von Spätfrösten gelitten", „war längere Zeit von Weich= hölzern überwachsen" u. s. w.) angegeben.

Vierte Abtheilung.

Forststatische Erforschung der örtlichen Wachsthums-Gesetze[2].

§ 30.

Zweck und Methode.

Die Ermittelungs=Art der Ertrags=Faktoren, die wir im vor= stehenden Abschnitt kennen gelernt haben, ist augenscheinlich ein nothdürf= tiges Aushilfsmittel. Bei dem Mangel aller positiven Kenntnisse über die Gesetze der Holzproduktion mußten wir nothgedrungen die Zuflucht

---

[1] Die Schätzung nach Zehnteln des idealen Vollbestands ist erfahrungs= gemäß trügerisch, weil jedem Taxator ein anderes Ideal der Vollbestockung vor= schwebt.

[2] Diese Werth=Ertrags=Bonitirung ist gelegentlich der Wald=Ertrags=Regelung, jedoch von Delegirten des forststatischen Bureaus vorzunehmen.

nehmen zu der Unterstellung, daß die Kulmination des Massen=
Durchschnitts=Zuwachses in vollkommenen Hochwald=Beständen mehrere
Jahrzehnte andauert. Wir haben dabei nicht verschwiegen, daß bis jetzt
für diese Annahme positive, unanfechtbare Beweise noch nicht erbracht
worden sind. In der That ist nicht zu verkennen, daß die bisher
übliche Verbindung von Einzel=Beobachtungen zur Darstellung des
Massen=Ertrags=Ganges der Wachsthums=Klassen in erster Linie
Gefühlssache war; es ist die Zugehörigkeit der Einzel=Beobachtungen
zu den örtlich ausgeschiedenen Ertragsklassen rein willkürlich durch
unsicheres Tasten bestimmt worden.

Die Wald=Ertrags=Regelung kann eine Methode, welche auf
einer derartigen trügerischen Grundlage beruht, nur vorübergehend als ein
augenblickliches Aushilfsmittel benutzen. Sie kann bei diesem unvoll=
kommenen Verfahren nicht für alle Zukunft stehen bleiben. Un=
bestreitbar ist die gründliche Erforschung der Wachsthums=Gesetze
eine der vornehmsten Aufgaben der forstlichen Wirthschafts=Ordnung.
Es ist leicht nachzuweisen, daß in den meisten Gegenden Deutsch=
lands — zumal in Süd= und Mittel=Deutschland — schon bei den
jetzigen Holzpreisen jeder Wirthschafts=Bezirk, welcher eine Flächen=
größe von 2000 Hektar hat, durchschnittlich einen Kapital=Werth von
mindestens 2 ½ Millionen Reichs=Mark besitzt. Die Forstwirthe
würden sich einer strafwürdigen Leichtfertigkeit schuldig machen, wenn
sie das Verhalten der Ertrags=Faktoren, welche für die volkswirth=
schaftliche Benutzungs=Fähigkeit dieser Kapital=Kräfte maßgebend ist,
ohne eingehende Würdigung ließen.

Die traurige Periode in der Entwickelungs=Geschichte der Forst=
wirthschaft, in der man gewohnt war, das intensive Vorwärtsstreben nach
Erkenntniß der Naturgesetze des Waldbaus als nutzlose, theoretische
Spielereien zu verhöhnen, neigt sich — Gott sei es gedankt! —
unverkennbar ihrem Ende zu. Wenn man den heutigen Stand der
Forstwirthschaft, ohne Selbsttäuschung und ohne dünkelhafte Ueber=
schätzung der thatsächlichen Leistungen, mit andern Zweigen der
menschlichen Gewerbsthätigkeit vergleicht, so kann man sich der Er=
kenntniß nicht verschließen, daß der Entwickelungsgang der Wald=
wirthschaft durch eine kräftige, nachhaltige Aufwärts=Bewegung
gefördert werden muß, wenn dieser Gewerbszweig nur dem intelli=

genten Handwerks=Betrieb, wie er sich in unsern Tagen herausgebildet hat, ebenbürtig zur Seite bleiben soll. Während sich die verschwisterte Landwirthschaft schon längst auf naturwissenschaftlicher Basis auf= blühend entwickelt hat, während in allen andern Zweigen der Technik, Wissenschaft und Praxis durch einträchtiges, ergänzendes Zusammen= wirken die herrlichsten Früchte tragen — haben die Forstwirthe bisher im Großen und Ganzen den von den Voreltern überkommenen Handwerksregeln eine gläubige Verehrung gewidmet, ist auf dem Gebiete der Waldproduktion das Unkraut des individuellen, un= bewiesenen Dafürhaltens in üppiger Fülle gediehen.

Fragen wir, um dieses herbe Urtheil zu rechtfertigen, nach der Begründung einiger forstwirthschaftlicher Fundamental=Sätze. Wir sind gewohnt zu glauben, daß die Hochwald=Erziehung im vollen Bestandsschluß thatsächlich die größten Massen= und Werth=Erträge liefern werde. Wenn und wo ist diese Grundannahme der heutigen Forstwirthschaft durch vergleichende Beobachtungen als eine zweifel= freie Thatsache nachgewiesen worden? Bis jetzt noch nicht! Die Richtigkeit derselben ist vielmehr, wenn man z. B. die Buche und die kräftigen Bodenarten in's Auge faßt, entschieden unglaubwürdig. Prüft man die Untersuchungen über den Ertrag des sog. Seebach'= schen Lichtungshiebes (im Solling 2c.) eingehend, so wird man zu der Vermuthung hingedrängt, daß der Buchenhochwald, zwar nicht von Jugend auf, aber von einem noch näher zu bestimmenden Stangenholz=Alter an, bei einer Lichtstellung, deren vortheil= haftester Stärkegrad noch näher zu ermitteln ist, höhere Massen= Erträge und darum selbstverständlich beträchtlich höhere Werth=Erträge — jedenfalls auf den besseren Standorts=Klassen erzeugen wird, als bei der Erziehung im vollkommenen Kronenschluß. Wenn aber für die Buchenhochwaldungen die Wagschale sich hinneigt zur Er= ziehung im gelichteten Stande (mit Bodendeckung), so ist offenbar für die andern Waldbäume (selbst für die Fichte in geschützten Lagen) die Stammmenge und Abstandszahl ebenfalls untersuchungswürdig.

In Uebereinstimmung mit der oben genannten Grundannahme hat man weiter supponirt, daß die nachhaltige Material=Gewinnung im Hochwald=Betriebe eine höhere sei, als im Mittelwald=Betriebe. Durch welche vergleichende Beobachtungen ist die Wahrheit dieser

Meinung begründet worden? Es wurden aus Baden ftatiftifche Erhebungen über die Maffen-Erträge diefer Betriebsarten mitgetheilt; obgleich diefelben kein Löfungs-Verfuch diefer Frage genannt zu werden verdienen, fo begründen diefe Nachweifungen immerhin die Vermuthung, daß gut beftockte, regelmäßig bewirthfchaftete Mittel= waldungen die Ertrags-Leiftungen des Hochwald-Betriebes bei fonft gleichen Produktions-Faktoren übertreffen werden. Es ift nicht un= wahrfcheinlich, daß in der Zukunft Betriebsformen zur Herrfchaft gelangen, welche in der Mitte zwifchen dem bisherigen Hochwald= Betriebe und dem bisherigen Mittelwald-Betriebe ftehen — licht= bedürftige Holzarten mit höherer Umtriebszeit als Oberftand, fchatten= ertragende Holzarten mit ermäßigter Umtriebszeit als Unterholz. Es ift kaum noch zu bezweifeln, daß im Hochwald=Betriebe eine der Standorts-Befchaffenheit entfprechende, mehr oder minder reichliche Bei= mifchung von lichtbedürftigen Oberhölzern (mit hohem Gebrauchs= werthe) die Intenfität der Werthproduktion wefentlich verftärken wird. Es ift andrerfeits möglich, daß man ftatt der Fortfetzung des bisherigen Mittelwald-Betriebs die Erhöhung des Unterholz-Umtriebs mit Uebergang zur Samenholz-Beftockung und die Verringerung derjenigen Oberholzklaffen, die durch Ueberreife anbrüchig werden, einträglicher finden wird.

Bei der Erörterung anderer wirthfchaftlicher Probleme ift die forftftatifche Beftimmung des Nutzeffekts eben fo wenig beachtet worden. Die individuellen Meinungs-Aeußerungen über die zweck= mäßigfte Verjüngungsweife durchftrömen noch immer die forftliche Journal-Literatur. Aber das ausfchlaggebende Moment, die quali= tative Bedeutung des Lichtungszuwachfes, ift dabei niemals durch vergleichende Unterfuchungen ziffermäßig nachgewiefen worden. Wir wiffen heute noch nicht, ob die Forftwirthe im Schwarzwald in ihrem dunklen Drange den rechten Weg gefunden haben, oder ob die Verehrer des Kahlfchlags auch bei dem Anbau fchattenertragender Holzarten die Volkswirthfchaft mehr bereichern.

Als eine der wichtigften Entfcheidungen im Forftbetriebe muß man ohne Frage die Auswahl der anzubauenden Holzarten bezeichnen. Aber was wiffen wir denn über die Werth-Produktion der anbau= fähigen Holzgattungen bei gleicher Standortsgüte? Schritt für Schritt

kann man, den üblichen Waldbau=Regeln nachgehend, darlegen, daß
die Grundlage derselben von Vermuthungen und fragwürdigen Hypo=
thesen gebildet wird, die dadurch keine Wahrheit geworden sind, daß
man ihre Richtigkeit seit Ende des vorigen Jahrhunderts nicht
geprüft hat.

Wir beabsichtigen nicht, zu läugnen, daß die exakte Forschung
auf dem Gebiete der Forstwirthschaft mit ganz besonderen Schwierig=
keiten zu kämpfen hat; wir werden dieselben in diesem Abschnitt
genugsam kennen lernen. Aber die vereinigte Menschenkraft hat schon
größere Hindernisse erfolgreich beseitigt, auf andern, noch mehr un=
zugänglich scheinenden Gebieten ist die induktive Forschung durch=
gedrungen zur klaren Erkenntniß der ewigen Gesetze der Schöpfung.
So lange wir nicht auf ähnliche Anstrengungen zurückblicken können,
dürfen wir nicht von der Erfolglosigkeit forststatischer Forschungen
reden. Nur auf diesem Wege können wir die befruchtende Quelle
des wirthschaftlichen Fortschritts auch für unsere schöne Berufsthätigkeit
erschließen.

***

Zur Ermittelung der örtlichen Wachsthumsgesetze bieten sich zwei
Wege dar. Man kann erstens in allen regelmäßigen, durchforsteten
Beständen von Zeitabschnitt zu Zeitabschnitt Stammzahl, mittlere
Höhe und Formzahl, Massen= und Werth=Vorrath genau aufnehmen,
die Abgänge verbuchen und diese Untersuchungen über größere Länder=
gebiete verbreiten. Nach etwa 40 bis 60 Jahren würde man auf
diesem Wege eine Fülle werthvoller Anhaltspunkte zur Bemessung
des Wachsthumsganges der heimischen Holzarten für die untersuchten
Standorts=Klassen gewonnen haben. Man könnte zur Deduktion
allgemeiner Gesetze vorschreiten. — Zu dieser genauen Messung der
Bestandsfaktoren (bei den zehnjährigen Revisionen der Ertrags=Re=
gelung) sind wir unzweifelhaft, unsern Nachkommen gegenüber, ver=
pflichtet. Aber der Gegenwart kann diese Ermittelungs=Methode, die
uns überaus langsam vorwärts führen würde, nicht ausschließlich ge=
nügen. Während der langen Untersuchungszeit würde — ganz ab=
gesehen von andern Bedenken — die Benutzung des werthvollsten
National=Eigenthums der Muthmaßung überantwortet bleiben.

Man muß darum Methoden der direkten Unterſuchung zu er=
mitteln beſtrebt ſein. Man muß dieſelben zugleich wirkungskräftig
geſtalten, indem man der Organiſation der Wald=Ertrags=Regelung
ein allgemeines Beobachtungs=Syſtem einfügt. Die Reſultate dieſer
Forſchungen werden nicht nur dem forſtſtatiſchen Verſuchsweſen, deſſen
Einrichtung in den deutſchen Staaten hoffentlich bald über die Be=
rathung der Inſtruktionen hinauskommen wird[1]), die weſentlichſte
Stütze gewähren, ſondern auch durch unmittelbare praktiſche Wir=
kungen achtunggebietend für die ausübenden Forſtwirthe werden.

Theodor Hartig hat eine derartige Methode der direkten Unter=
ſuchung zuerſt angewandt[2]) und Robert Hartig iſt in die Fußſtapfen
ſeines Vaters getreten[3]). In den folgenden Blättern ſoll eine den
praktiſchen Zwecken angepaßte Modifikation dieſer Beſtimmungs=Me=
thode, welche innerhalb ſehr unregelmäßiger Beſtockungs=Zuſtände zu=
nächſt angewandt worden iſt und hier im Laufe der Jahre zuver=
läſſige Reſultate geliefert hat, dargeſtellt werden. Weit davon ent=
fernt, die abſolute Zuverläſſigkeit dieſer Beobachtungs=Methode zu be=
haupten, glaube ich doch ſagen zu dürfen, daß dieſelbe bei allſeitiger
Durchführung die Erkenntniß der wahren Wachsthums=Geſetze unſerer
heimiſchen Holzarten in beſſerer Weiſe anbahnen wird, als die üblichen
Verfahrungsarten. Es werden ſich ohne Zweifel dem Leſer bei der
Prüfung der nachſtehenden Vorſchläge zahlreiche Bedenken aufdrängen
und es wird nicht überflüſſig ſein, darauf hinzuweiſen, daß die wahre
Bedeutung dieſer Bedenken nur durch die praktiſche Erprobung des
Verfahrens ſich beurtheilen läßt, die ohne Zweifel vielfache Verbeſſe=
rungen bewirken wird.

---

[1]) Doppelt erfreulich ſind bei dieſem Stande der Sache die Fortſchritte in
Württemberg unter Leitung des Profeſſors Baur und die erfolgreichen Ebermayer'=
ſchen Beobachtungen, welche die naturgeſetzliche Fundamentirung der Forſtwirthſchaft
anſtreben.

[2]) Vergleichende Unterſuchungen über den Ertrag der Rothbuche im Hoch= und
Pflanzwalde, im Mittel= und Niederwald=Betriebe. 2. Auflage. Berlin, 1851.
Förſtner. S. 34.

[3]) Vergleichende Unterſuchungen über den Wachsthumsgang und Ertrag der
Rothbuche und Eiche im Speſſart u. ſ. w. Stuttgart, 1865. Cotta.

Die Rentabilität der Fichten=Nutzholz= und Buchen=Brennholz=Wirthſchaft im
Harze und Weſergebirge. Stuttgart, 1868. Cotta.

Das zu lösende Problem ist die scharfe und sichere Bemessung des Wachsthums-Ganges für die im Wirthschaftsbezirk heimischen Holzarten. Dieses Gebiet der Forschung ist bis jetzt, wie gesagt, in auffallender Weise vernachlässigt worden. Die bisher veröffentlichten Erfahrungs-Tafeln sind thatsächlich, wie Theodor Hartig richtig bemerkt, dadurch entstanden, daß man aus einigen vorliegenden Beobachtungen eine Menge von Zahlen und Zahlenreihen nach individuellen Ansichten komponirte. Die Erfahrungs-Tafeln sollten den Namen „Gefühls-Tafeln" tragen. Man hat bei der Zusammenstellung dieser Beobachtungen gar nicht gefragt, welche Mittel zur Würdigung der Standorts-Qualität benutzt werden können.

Aus der Anschauung des Standorts können wir nicht unmittelbar entnehmen, welcher Ertragsklasse derselbe mit seiner Holzbestockung angehört und die Boden-Analyse liefert uns ebenso wenig Anhaltspunkte. Es ist indessen auch nicht die Beschaffenheit von Boden und Lage nach den überaus verschiedenen Merkmalen, sondern nur die Produktionskraft der Standorte zu beurtheilen. Hierfür sind die einzig sicheren Kennzeichen in den Resultaten verflossener Produktion, die wir in den vorhandenen Beständen zu bemessen vermögen, zu finden.

Bei der Holzmassen-Aufnahme wird, wie wir gesehen haben, der Holzvorrath der älteren vollkommenen und nahezu vollkommenen Hochwaldbestände bis herab zu der jüngst durchforsteten Bestockung speziell bestimmt. Es ist nun in den meisten Fällen nicht schwer, in der ältesten Bestockung Bestände von mittlerer Vollholzigkeit, die regelmäßige Beschaffenheit zeigen, aufzufinden. Da die älteste Bestockung in der Regel auf allen Standorts-Verschiedenheiten vorkommt, so kann man örtliche Bonitätsklassen im Anschluß an diese älteren vollkommenen Bestände ausscheiden. Diese „Musterbestände" gelten dann als Repräsentanten der örtlichen Bonitätsklassen; man klassifizirt die übrige, jüngere Bestockung der Betriebsklasse, indem man die Bestände heraussucht, welche als Vertreter der betreffenden Musterbestände betrachtet werden können. Wenn man ein Verfahren zur sicheren Erkennung der jüngeren, dem Wachsthumsgang der einzelnen Musterbestände angehörigen, vollkommenen Bestände ausfindig machen würde, so fände man offenbar für die Aufstellung einer glaubwürdigen, örtlichen Ertragstafel eine zuverlässige Grundlage. Man könnte die bekannten Ertragsgrößen dieser jüngeren Bestände als die früheren Vorräthe der Musterbestände substituiren.

Es ist nun offenbar anzunehmen, daß sich die Standortskraft in dem Wachsthum der stärkeren, seit langer Zeit ungehemmt erwachsenen Stämme der alten, regelmäßigen Hochwaldbestände am vollkommensten ausgesprochen haben wird. Man kann die mittleren Stämme dieser stärksten Gruppe hinsichtlich ihrer Stärke, Form und Höhe in früheren Altersjahren untersuchen, indem man Probestämme zerschneidet und die betreffenden früheren Jahrringe bestimmt. Wenn man hierauf in der jüngeren Bestockung Bestände finden würde, deren stärksten Stammgruppen (bei Vergleichung einer gleichen Stammzahl per Flächen=Einheit) in ihren Mittelstämmen gleiche oder ähnliche Stärke, Form und Höhe zeigten, wie die Mittelstämme des Muster=Bestands für das betreffende Bestandsalter, so könnte man ohne Frage annehmen, daß diese Bestände gleicher oder ähnlicher Produktionskraft entstammen.

Es ist nothwendig, daß man die zu vergleichenden Stämme des Musterbestands („Weiserstämme“) für die stärksten Stamm=klassen bestimmt. Im Verlaufe des Bestandslebens findet bekanntlich eine fortdauernde Verringerung der Stammzahl durch die Hinweg=nahme der im Wuchs zurückgebliebenen, im Kampfe um's Dasein überholten Gerten, Stangen und Stämme statt. Das genannte Ver=gleichungs=Verfahren muß sich, wie leicht einzusehen ist, grundsätzlich entfernt halten von der Herbeiziehung derjenigen Stammklassen der jüngeren Bestände, welche theilweise bis zum Haubarkeits=Alter des Bestands ausscheiden werden. Wenn man die schwachen Stamm=klassen der Musterbestände gleichfalls der Vergleichung unter=werfen würde, so könnte man nicht annehmen, daß die gesammte Stammzahl der Musterbestände (per Flächeneinheit) ausnahmslos aus den jeweils stärksten Stammklassen der jüngeren Bestockung entstanden ist und daß es gestattet sein wird, diese Stammzahl der Musterbestände (per Flächeneinheit) in den stärksten Stämmen der jüngeren Bestände von oben herab abzuzählen und die Mittel=stämme zu bestimmen. Denn die Vertheilung der stärkeren und schwächeren Stämme über die Fläche ist in diesen jüngeren Beständen nicht so regelmäßig, daß ausnahmslos die jeweils stärksten Stämme den späteren Haubarkeits=Bestand bilden, namentlich die schwächeren Stammgruppen des Letzteren hatten früher zahlreiche gleich starke, vielfach sogar stärkere Kameraden, welche inzwischen den Durchforstungen anheim gefallen sind. Man kann besten Falls voraussetzen, daß die Stämme von hervorragender Stärke bei der Haubarkeit in der Regel noch vorhanden sein werden. Man muß das Verfahren grundsätzlich frei halten von jeder gutachtlichen Ausscheidung der Stammgruppen, denn das subjektive Ermessen würde hier gar keine Anhaltspunkte finden.

Selbstverständlich sind Bestände und größere Bestandstheile aus=zuwählen, welche unter Verhältnissen erwachsen sind, welche dem normalen Verlaufe der Entwickelung geschlossener Hochwald=Bestände entsprechen. Aus Stockausschlägen entstandene, aus dem Mittel= und Niederwaldbetrieb hervorgegangene Bestände, die früher stark gelich=teten, die stark im Alter verschiedenen, die mit Oberständern reichlich durchstandenen Orte u. s. w. sind auszuschließen. Kleinere Probe=flächen sind zu vermeiden und am allerwenigsten sind besonders dicht bestockte, kleine Bestandstheile als Muster=Bestände anzunehmen.

Nach diesen kurzen Zügen kann man die allgemeine Richtung des Weges beurtheilen, den wir vorschlagen werden. Es ist nicht zu verkennen, daß die Wahl dieser Untersuchungs=Methode in mehr=facher Hinsicht Bedenken hervorrufen kann. Man kann einwenden: wenn in einem Musterbestand beispielsweise für die 200 stärksten Stämme pro Hektar der mittlere Modellstamm berechnet worden ist und Probestämme für diese mittlere Stammklasse zur Fällung aus=gesucht werden sollen, so ist es sehr schwer, diejenigen Probestämme, welche die normale Entwickelung des geschlossenen Hochwalds ge=nossen haben, zu finden. Man kann sagen: der Grundsatz, daß in regelmäßig geschlossenen, gleichalterigen Hochwald=Beständen die Ent=wickelung der prävalirenden Stammklassen gleiche räumliche Ver=hältnisse vorfindet und darum die Bodenkraft ungeschmälert zum Ausdruck bringen kann — diese Ansicht ist zwar im Allgemeinen nicht zu bestreiten; denn der verschiedene Dichtigkeitsgrad der Be=stände wird auf die überragenden, wuchskräftigsten Baum=

Exemplare keinen hervorragenden Einfluß ausüben. Aber es ist denkbar, daß einzelne Stämme, die von gleich starken Nachbarn umringt werden, zeitweise durch diese Rivalen im Entwickelungsgang mehr oder minder gehemmt worden sind, aber immer noch die für den Mittelstamm erforderliche Stärke erreicht haben.

Man kann dieser Unsicherheit entgegenwirken, indem man bei der Auswahl der Probestämme diese bedenkliche Nachbarschaft vermeidet. Man wird auch nur dann zuverlässige Resultate erreichen können, wenn man eine große Zahl von Probestämmen aus der mittleren Stammgruppe fällen läßt. Aber ich unterschätze keineswegs die Bedeutung dieser Bedenken und muß nochmals ausdrücklich betonen, daß das Verfahren an und für sich absolute Genauigkeit nicht erzielen kann, sondern nur eine den praktischen Zwecken genügende Annäherung an die Wahrheit erstrebt.

Anmerkung. Ueber das abweichende Verfahren Theodor Hartig's findet man das Nähere in der oben angeführten Schrift, S. 7—67. Hartig bildet im Musterbestand Stärkeklassen für die sämmtlichen Stämme desselben und untersucht sog. Weiserstämme für alle Stärke-Klassen. Er zerlegt beispielsweise die Stammzahl eines 110jährigen Musterbestands (Hülseberg) in vier Gruppen und findet durch Untersuchung der Gruppen-Weiser-Stämme, daß dieselben im 80jähr. Bestands-Alter erwachsen waren:

38 Stämme zu durchschn. 101 Fuß Höhe, 11,5 Zoll Brusthöhen-Durchmesser und 33,87 Cbf. Baumspindel-Masse.
48 Stämme zu 98', 11,5 Zoll, 32,96 Cbf.
48   „   „ 86', 10,0 „ 24.73 „
18   „   „ 91', 8,5 „ 16,56 „

Enthält ein vollkommener Bestand im 80jährigen Alter mindestens die im Musterbestand beobachtete Stammzahl in der bezeichneten Qualität und kommen außerdem keine Stämme vor, die größer und holzhaltiger sind, als die größten und holzhaltigsten Stämme des Musterbestands im gleichen Alter waren, so betrachtete Hartig diesen Bestand als den 80jährigen Repräsentanten des 110jährigen Musterbestands. Er erklärt dabei ausdrücklich, daß in jeder Stammklasse nicht nur die gesuchte, vielmehr eine größere Zahl von Stämmen — außer den überschüssigen, geringeren Stämmen — vorhanden sein werde, daß dies aber der Qualität des betreffenden jüngeren Bestands als Glied der Ertrags-Tafel nicht schade.

Hartig scheint somit die Ausscheidung der jüngeren Bestände in Stammgruppen nach Gutdünken und bestem Ermessen vorzunehmen. Denn in anderem Falle würde derselbe genau die Zahl der Stämme, welche im alten Musterbestand von den Gruppen umfaßt wird, fortgesetzt in den jeweils stärksten Stämmen der jüngeren Bestände abzählen und für diese (den ursprünglichen Gruppen conformen) Bestandstheile die Mittelstämme untersuchen und vergleichen.

Die Gesammt-Stammzahlen für die jüngeren Altersstufen des Weiserbestands entnimmt Hartig der Zählung in den reciproken Mittel- und Jungholz-Beständen. Die Masse dieser Altersstufen wird nicht durch direkte Uebertragung der in den Mittel- und Jungholz-Beständen vorfindlichen Holzmassen in die Ertrags-Tafeln bestimmt; Hartig legt vielmehr die Weiserstamm-Messungen zu Grunde, indem derselbe die Stämme, welche im alten Musterbestand vertreten sind, unmittelbar nach den Ergebnissen der Sektions-Messung verrechnet und für die übrigen Stämme (die Ergänzungs-Stammzahl) die Weiserstämme (des Musterbestands) geringster Größe benutzt, d. h. nach allgemeinen Erfahrungs-Sätzen bestimmte Theile des Schaftholz-Gehalts dieser Musterbäume des Weiserbestands im betreffenden Alter bei der Massen-Berechnung der Ergänzungs-Stämme zu Grunde legt.

In dieser Weise findet Theodor Hartig die Elemente seiner Ertragstafeln. Es ist einleuchtend, daß diese Bestimmungs-Methode nur dann allseitig zuverlässige Resultate ergeben würde, wenn man die Durchführung ausnahmslos in die Hände Hartig's oder gleich ausgezeichneter und gewissenhafter Forscher legen könnte. Denn für die Ausscheidung der Mittel- und Junghölzer in Stammklassen kann man keine bindenden Regeln geben.

———

§ 31.

Auswahl der Muster-Bestände.

Ohne Rücksicht auf die Bonitirung nach dem Massen-Durchschnitts-Zuwachs klassifizirt man die im Wirthschaftsbezirk herrschend auftretenden Bestandsformen im Anschluß an die älteren Bestände, welche sich im betreffenden Wirthschafts-Bezirk zu Muster-Beständen eignen, indem man eine entsprechende Abstufung der Klassen zu erreichen und dabei die gewöhnlich in der stärksten Verbreitung vorkommenden mittleren Ertrags-Klassen näher an einander zu rücken sucht. Diese Muster-Bestands-Klassen haben zunächst örtliche Bedeutung; die allgemein benutzbaren Anhaltspunkte werden später besonders extrahirt.

Die Muster-Bestände werden nach den Ergebnissen der VorrathsMessung in den älteren, regelmäßig geschlossenen Hochwald-Beständen im Zimmer ausgewählt und im Walde besichtigt und näher bestimmt. Man bevorzugt bei dieser Auswahl in erster Linie die reinen Be stände; eine schwache Beimischung, welche keine bemerkenswerthe Aenderung des Werth-Ertrags der reinen Bestände bewirken kann, bleibt unberücksichtigt. Wenn gemischte Bestände mit ziemlich konstantem Holzarten-Verhältniß in beachtenswerther Verbreitung vorkommen, so sind für die Wachsthums-Klassen dieser gemischten Bestände ebenfalls besondere Muster-Bestände zu bestimmen. Für jede Ertrags-klasse sind wo möglich mehrere Musterflächen in verschiedenen Lagen des Wirthschafts-Bezirks auszuwählen, die bei der ferneren Untersuchung als ein Ganzes betrachtet werden.

Die Muster-Bestände sollen der mittleren Beschaffenheit der Bestände, welche den betreffenden Klassen später zugetheilt werden, in Bezug auf Kronenschluß und Bestands-Dichtigkeit nahe kommen; sie sollen die normale Entwickelung der geschlossenen Hochwald-Bestände genossen haben. Spezielle Vorschriften lassen sich für die Auswahl nicht geben[1]). Es wird vielfach vorkommen, daß die Bestockung auf der gesammten Fläche der Unterabtheilung diesem Erforderniß nicht entspricht und es kann in diesen Fällen eine Trennung der Unter-abtheilungen (mit Flächen-Vermessung und nochmaliger Aufnahme des Vorraths) nothwendig werden. Der Leiter der Werth-Ertrags-Bonitirung hat die Auswahl der Muster-Bestände im Walde zu prüfen und endgiltig festzusetzen.

Die Muster-Bestände werden fortlaufend nummerirt, im Walde abgegrenzt, auf der Karte und in den Wirthschafts-Büchern bezeichnet.

---

§ 32.

Bestimmung des mittleren Alters und mittleren Werth-Gehaltes der Muster-Bestände.

Die in verschiedenen Lagen des Wirthschafts-Bezirks für gleiche Bonitäts-Klassen gewählten Musterbestände werden zusammengetragen, indem man durch Multiplikation der Flächen mit dem mittleren Alter und mit den Haubarkeits-Werth-Durchschnitts-Erträgen

---

[1]) Einzelne Unregelmäßigkeiten, welche die Wahl als Muster-Bestände ausschließen, sind schon § 30 erwähnt worden.

und Division dieser Produkte mit der Gesammt-Fläche das mittlere Alter und den mittleren Werth-Zuwachs der Klassen-Muster-Bestände ermittelt.

Beispiel. Für die Kiefern-Werth-Ertrags-Klasse B finden sich drei passende Muster-Bestände in der 60—70jährigen Bestockung des Wirthschaftsbezirks vor:

26. a. 12,36 Hektar, 63 Jahre alt, 3,14 Werthmeter, Haubarkeits-Durchschnitts-Zuwachs
34. c. 26,25 „ 66 „ 3,26 „
11. d. 41,34 „ 61 „ 3,02 „

Das mittlere Alter und der mittlere Durchschnitts-Zuwachs berechnet sich wie folgt:

Mittleres Alter	Mittlerer Durchschnitts-Zuwachs
$12,36 \times 63 = 774,9$	$12,36 \times 3,14 = 38,810$
$26,25 \times 66 = 1732,5$	$26,25 \times 3,26 = 85,575$
$41,34 \times 61 = 2521,7$	$41,34 \times 3,02 = 124,847$
79,95 \qquad 5029,1	79,95 \qquad 249,232
$= 63$ Jahr	$= 3,12$ Werthmeter.

---

§ 33.
Klassen-Weiser-Stämme der Muster-Bestände.

Nach Bestimmung und Zusammenstellung der Muster-Bestände werden die Vergleichungs-Stammzahlen festgesetzt, d. h. es wird ein gewisser Theil der Stamm-Menge, welcher die von Jugend auf frei entwickelten Stämme enthält, (siehe § 30) für die Untersuchungs-Zwecke von der übrigen Stammzahl abgetrennt. Gewöhnlich nimmt man die stärksten 150—200 Stämme per Hektar, jedoch ist auch eine größere und geringere Vergleichungs-Stammzahl zulässig.

Man kann nun selbstverständlich nicht auf jedem Hektar der Muster-Bestände 150—200 Stämme fällen und untersuchen. Die einfachste und zweckmäßigste Untersuchungs-Methode wird erfahrungsgemäß dadurch erreicht, daß man — ohne weitere Ausscheidung von Stammklassen — den mittleren Modellstamm für diese vergleichungsfähige Stammzahl berechnet und hierauf eine genügende Zahl von Versuchsstämmen aus der Stärkestufe des mittleren Modellstamms für die Untersuchung fällen läßt.

Anmerkung. Der Zuwachsgang, welcher für dieſen berechneten mittleren Modellſtamm („muſtergültigen Klaſſen-Weiſerſtamm") beſtimmt wird, dient bei der Bonitirung beſtändig als Wegweiſer. Die „Verſuchs-Stämme" werden nur zur Ermittelung des genannten Zuwachsganges benutzt. Man berechnet ſodann für die vergleichungsfähige Stammzahl der jüngeren Beſtände die mittleren Modellſtämme und nennt dieſelben „reciproke Weiſerſtämme". Die Bedeutung dieſer Bezeichnungen iſt beachtenswerth.

Zur Berechnung der mittleren Modellſtämme trägt man aus den Muſter-Beſtänden jeder Bonitätsklaſſe die Grundflächen in Bruſthöhe für die entſprechenden Stammzahlen aus den ſtärkſten Stammklaſſen zuſammen und dividirt die geſammte Grundfläche mit der geſammten Stammzahl. (Im obigen Beiſpiel würde bei einer Vergleichungs-Stammzahl von 200 die Grundfläche für folgende Stammzahlen zu addiren ſein:

$$\text{für } 26.\ a.\quad 12{,}36 \times 200 = 2472 \text{ Stämme}$$
$$\text{„ } 34.\ c.\quad 26{,}25 \times 200 = 5250 \text{ Stämme}$$
$$\text{„ } 11.\ d.\quad 41{,}34 \times 200 = 8268 \text{ Stämme}).$$

Die Zahl der zu fällenden Verſuchsſtämme richtet ſich nach dem geforderten Genauigkeitsgrad, den örtlichen Abſatz- und Wirthſchafts-Verhältniſſen, nach den verfügbaren Arbeitskräften, der aufwendbaren Zeit u. ſ. w. Der Minimalſatz dürfte nicht unter 10 Verſuchsſtämme für jede Ertragsklaſſe anzunehmen ſein.

Die Auswahl der Verſuchsſtämme erfolgt unter ſpezieller Leitung des Bonitirungs-Kommiſſairs. Aus der Stärkeſtufe des mittleren Modellſtamms (muſtergültigen Klaſſen-Weiſer-Stamms) und aus naheliegenden Stärkeſtufen werden normal erwachſene, von gleichſtarken oder ſtärkeren Stämmen entfernte, regelmäßig beaſtete Verſuchs-Stämme ausgewählt. Die normale Stammform und die regelmäßige Beaſtung wird dabei mehr berückſichtigt, als die genaue Uebereinſtimmung der Bruſthöhen-Stärke. Stämme mit abnormem Höhenwuchs werden ſelbſtverſtändlich nicht gewählt, die erforderliche mittlere Höhe erſieht man aus dem Probeholz-Verzeichniß. Die Fällung geſchieht durch Baumroden. — Man vertheilt die Verſuchsſtämme auf die Muſter-Beſtände jeder Klaſſe nach Maßgabe der Stammzahlen.

Zur Ermittelung des Zuwachs-Ganges der Verſuchsſtämme wird zunächſt das jetzige Alter derſelben beſtimmt — durch Zählen der Jahrringe auf einem, dem Wurzelknoten möglichſt nahen

Abschnitt in der oben (§ 16) angegebenen Weise. Gleichzeitig wird die Schaftlänge bis zur Gipfelspitze gemessen und verbucht.

Wenn man eine ganz genaue Bestimmung des Massengehalts der Versuchsstämme — zunächst für das gegenwärtige Alter — vornehmen wollte, wie es für vereinzelte wissenschaftliche Untersuchungen geboten sein kann, so würde man die Probestämme sektionsweise nach ihrer äußeren Form zu vermessen haben. Diese Sektions-Vermessung wäre für alle früheren Lebensalter zu wiederholen, indem man die Schäfte und Aeste in Sektionen zu zersägen und von Abschnitt zu Abschnitt die Kreisfläche und die Höhe für die früheren Baum-Alters-Jahre (beispielsweise für das 50., 60., 70. Lebensjahr) zu bestimmen hätte. Aber es ist leicht einzusehen, daß dieses Verfahren im Großen ungemein zeitraubend sein würde und daß die hier beabsichtigten und schlechterdings nothwendigen zahlreichen Versuchs-Fällungen unausführbar sein würden. Für die annähernde Bestimmungsweise, welche das ganze Verfahren charakterisirt, ist es auch ausreichend, wenn man nur die Brusthöhen-Stärke und die Gipfelhöhe der Versuchs-Bäume sowohl für das jetzige, als für die früheren Altersjahre durch direkte Messung ermittelt und die Baumform für die letzteren nach den allgemeinen Formzahlen der bayerischen Massentafeln bestimmt. Man kann sogar behaupten, daß die bayerischen Tafeln, die großartigen Stamm-Messungen entstammen und bei Anwendung auf größere Stamm-Mengen für die zu untersuchenden Baumformen erfahrungsgemäß zuverlässige Resultate liefern, größere Sicherheit gewähren werden, als die verhältnißmäßig wenigen Einzelmessungen, die man an den Stämmen vornehmen könnte.

Man wird sich darum in der Regel auf die direkte Messung der Grundstärken und Höhen beschränken können. Die Versuchsstämme werden zur Bestimmung der Brusthöhen-Kreisflächen 1,3 Meter über dem Boden — an einem schon bei der Auszeichnung auf beiden Seiten des Stammes bezeichneten Punkte — genau horizontal durchschnitten. Die Schnittfläche wird glatt abgehobelt. Durch Zählen der Jahresringe am Stockende ist (siehe oben) das gegenwärtige Alter der Versuchsstämme bestimmt worden. Man zählt nun von der Peripherie der Brusthöhen-Schnittfläche zurück bis zum

13*

nächsten vollen Altersjahrzehnt des Baumes (beispielsweise beim 86=jährigen Alter 6 Jahresringe zurück zum 80. Jahr) und zählt dann je 10 Jahresringe bis zu den niedrigsten, in Frage kommenden Um=triebszeiten weiter, indem man die betreffenden Jahresringe (des 80., 70., 60., 50. Alters) durch Nachfahren mit Bleistift scharf auszeichnet. Hierauf befestigt man ein kreisförmiges Stück Pausch=Leinwand über die Stammfläche und zeichnet die Jahrringe bis zur Rinde und hier=auf den äußeren Umfang mit der Rinde scharf mit Bleistift durch. Man schreibt sodann auf das Blatt die Nummer des Probestammes, den Namen des Waldorts, die Holzart, das Alter und die gemessene Gipfelhöhe. Vor dem Abspannen wird an einer beliebigen Stelle eine Durchmesser=Linie gezogen und das Millimeter=Maß beigeschrie=ben. Das Blatt wird sodann im Zimmer in das ursprüngliche Maß aufgespannt und jede Stammkreisfläche durch achtmaliges Umfahren mit dem Amsler'schen Polar=Planimeter bestimmt. Dem Planimeter ist vorher für diese Art der Flächenberechnung die richtige Einstellung zu geben. Man bestimmt in dieser Weise die äußere Kreisfläche mit Rinde und ohne Rinde und die inneren Kreisflächen ohne Rinde.

Die Arbeiten im Walde erstrecken sich zweitens auf die Er=mittelung der Gipfelhöhen zur Fällungszeit und in früheren Lebensperioden. Der Schaft wird von der Gipfelspitze aus eine aus=reichende Strecke stammwärts in 1 Meter lange Abschnitte glatt ab=geschnitten. Man zählt dann zunächst die Jahrringe am ersten Ab=schnitt, 1 Meter von der Gipfelspitze. Findet man hier n Jahrringe (n vom Zuwachs aufgelagerte Hohlkegel) durchschnitten, so kann man die Baumhöhe für das um n Jahr jüngere Baumalter bestimmen. Findet man beispielsweise an einem 15 Meter langen Versuchsbaum auf der ersten Schnittfläche 3 Jahrringe und beträgt das gegenwär=tige Alter des Versuchsstammes 56 Jahre, so ist zu ersehen, daß das zunächst in Betracht kommende 50jährige Baumalter 14 Meter nicht erreicht hat, sondern erst beim nächsten Schnitt voraussichtlich ge=troffen werden wird. Wenn man die Jahrring=Zählungen auf allen Schnittflächen notirt, so kann man leicht im Zimmer bemessen, bis zu welchen Stammhöhen die zu betrachtenden Baumalter vorgedrun=gen sind und die Gipfelhöhe nach Dezimetern einschätzen.

Da die Kreisflächen dieser früheren Baumalter ohne Rinde ge=

meſſen worden ſind, für die Vergleichung jedoch die Bruſthöhen-
Grundfläche mit Rinde erforderlich wird, ſo iſt die Beſtimmung
des Rindengehalts nothwendig. Dieſelbe iſt für das jetzige Alter
mittelſt des Planimeters vollzogen worden, man kennt das Verhältniß
zwiſchen rindenloſer und berindeter Grundfläche. Man kann nun
annehmen, daß in allen Altersperioden der Flächen-Antheil der Rinde
zur Fläche des Holzes in konſtantem Verhältniß ſtehen wird. (Man
vergleiche die Unterſuchungen über die Holzhaltigkeit der Beſtände in
Baden, 2. Heft, Seite 113 u. f.) Es iſt keinenfalls ein weſentlicher
Irrthum zu befürchten, wenn man für jeden Verſuchsſtamm die rinden-
loſe Kreisfläche der früheren Altersjahre in die berindete Kreisfläche
nach dem an der jetzigen Peripherie beſtimmten Verhältniß um-
wandelt.

Die Berechnung des Maſſengehalts der Verſuchs-
ſtämme erfolgt hierauf für das jetzige und für die früheren Altersjahre nach den Formzahlen, welche den bayeriſchen Maſſentafeln
(Umrechnung von Behm[1]) zu Grunde liegen. Man benutzt dabei
ausnahmslos die Formzahlen für die haubaren Beſtände.

Es iſt nun zunächſt zu beachten, daß man durch die zahlreichen
Baumfällungen in der Stärkeſtufe des Weiſerſtammes und in nahe
liegenden Stärkeſtufen in der Lage iſt, eine genauere Alters-
Beſtimmung für den muſtergiltigen Weiſerſtamm der
betreffenden Bonitäts-Klaſſe vorzunehmen, als bei den Probeholz-Fällungen nach der Draudt'ſchen Methode. Am zweckmäßigſten
wird für dieſe Ermittelung der graphiſche Weg gewählt werden,
indem man auf eine von den gegenwärtigen Maſſengehalten der
Verſuchsſtämme gebildeten Absciſſen-Linie die jetzigen Baumalter als
Ordinaten aufträgt und zwiſchen den Punkten für letztere eine
mittlere Kurve zieht. Der Punkt, an welchem dieſe Kurve den
Maſſengehalt des Weiſer-Beſtandes ſchneidet, gibt das jetzige Alter
des Letzteren an.

In gleicher Weiſe wird die Gipfelhöhe des muſtergültigen
Weiſerſtammes genauer feſtgeſtellt. Auf eine von den Bruſt-
höhen-Durchmeſſern gebildeten Absciſſen-Linie werden die Höhen als

---

[1] Maſſentafeln. Berlin, 1875, Springer.

Ordinaten aufgetragen und die Höhe des Weiſerſtammes durch die mittlere, die Stärke des Weiſerſtammes ſchneidende Kurve beſtimmt.

Es iſt ferner zu beachten, daß die Verſuchsſtämme nicht ſämmtlich im Alter des muſtergültigen Weiſerſtamms gewählt werden konnten, daß ſogar oft kein einziger Verſuchsſtamm dem interpolirten Alter des berechneten Weiſerſtammes angehört. Man entfernt dieſe Ungleichheit, indem man für die ferneren Berechnungen nicht die Maſſe, ſondern den Jahres-Durchſchnitt der Maſſe zu Grunde legt, der für alle Verſuchsſtämme zu beſtimmen iſt.

Form. 7.

Verſuchsſtamm-Regiſter
für die Werth-Ertrags-Klaſſe Kiefern C.
im Wirthſchafts-Bezirk R. R.

Weiſerſtamm: 77 J. alt, 24 M. L., 0,317 M. D. = 0,0789 Qu.-M. Kreisfl., 0,863 F. M. Maſſe 0,0789 F. M. D. Z.

| Laufende Nummer der Verſuchs-Stämme | Vor der Fällung, mit Rinde | | Planimeter-Meſſung | | Rinden-Faktor | Grundfläche mit Rinde | Gipfelhöhe | Formzahl × Höhe | Kubikgehalt | Jahresdurch-ſchnitts-Zuwachs |
| | Durchmeſſer u. Kreisfläche | Gipfelhöhe | Alter | Grundfläche ohne Rinde | | | | | | |
	Meter u. Qu.-Mtr.	Meter	Jahre	Qu.-Mtr.		Qu.-Mtr.	Meter		Festmeter	Festmeter
1	2	3	4	5	6	7	8	9	10	11
1	0,318 ⁄ 0,0794	22,6	76	0,0703	1,13	0,0794	22,6	10,4	0,825	0,0109
			70	0,0632		0,0714	22,2	10,3	0,735	0,0105
			60	0,0536		0,0606	21,4	10,0	0,606	0,0101
			50	0,0438		0,0495	20,3	9,6	0,475	0,0095
2	0,313 ⁄ 0,0769	24,8	78	0,0675	1,14	0,0769	24,8	11,1	0,854	0,0109
			70	..575		..656	24,7	11,0	.,721	..103
			60	..474		..540	24,4	10,9	.,588	...98
			50	..385		..439	23,4	10,6	465	...93

Der mittlere Maſſen-Durchſchnitts-Zuwachs der Verſuchsſtämme wird ſchließlich für jede Klaſſe auf graphiſchem Wege beſtimmt, indem auf eine nach den Altersjahren abgeſtufte Absciſſen-Linie die durchſchnittlichen Zuwachs-Beträge der Verſuchsſtämme für alle unterſuchten Altersjahre aufgetragen werden. Bei der Auswahl der Verſuchsſtämme im Walde iſt jedoch ſelten die

Grundfläche und Höhe des berechneten Weiserstammes haarscharf getroffen worden und es werden deshalb die Kurven, die den Gang des Zuwachses der einzelnen Versuchsstämme von Jahrzehnt zu Jahrzehnt verzeichnen, in ihren Schlußpunkten höher und niedriger enden, als es dem Punkte, welcher den Jahres-Zuwachs des Weiserstammes angibt, entsprechend sein würde. Nach dem allgemeinen Gang der verzeichneten, zahlreichen Kurven zeichnet man die Kurve, die im Punkt des Weiserstamm-Jahres-Zuwachses zu enden hat, ein, was erfahrungsgemäß den Vorzug vor speciellen Reduktions-Rechnungen verdient. Man schreibt gleichzeitig die Zahlen für alle Einzel-Jahre bei.

Durch die vorstehend angegebenen Arbeiten, die zumeist auf die geometrische Darstellungsweise hinauslaufen, bestimmt man den Jahres-Zuwachs der mustergültigen Klassen-Weiserstämme für alle Ertrags-Klassen und für die Alters-Abstufungen.

---

§ 34.

Klassifikation der jüngeren Bestockung nach dem reciproken Weiserstamm-Zuwachs.

Größere Bestände, die in mittlerem Schluß, unter regelmäßigen Verhältnissen aufgewachsen, also weder durch fehlerhafte Behandlung, Frevel, Windwurf, Schnee- und Eisdruck, Insektenfraß 2c. bemerkenswerth benachtheiligt worden sind, werden zum Zweck dieser Klassifikation besonders ausgewählt. Sie sollen die auf größeren Flächen erreichbare mittlere Produktion der betreffenden Standorts-Klassen repräsentiren und dieses Ziel ist bei der Auswahl im Auge zu behalten. Wenn ein größerer Bestand kleine Lücken und Blößen, kleine Horste mit abweichendem Alter enthält, so ist zunächst zu prüfen, wie weit sich dieselben bis zur Haubarkeit ausgleichen werden. Was dann übrig bleibt, wird nach der Fläche geschätzt und von der Bestandsfläche abgezogen.

Die Auswahl der geeigneten Bestände muß auf gründliche örtliche Durchforſchung der Beſtands-Verhältniſſe geſtützt werden und erfordert beſondere Umſicht und Sorgfalt.

Dieſe Beſtände ſind in ausgedehnter Weiſe (nach Maßgabe des § 10) hinſichtlich der Stammzahlen, Stärken und Höhen gemeſſen worden. Man kann für jeden Beſtand den reciproken Weiſer-ſtamm-Durchſchnitts-Zuwachs berechnen. Zu dieſem Zweck wird zunächſt die Stärke des mittleren Modellſtammes für die gleiche Stammzahl per Hektar, welche für die Muſter-Beſtockung als Vergleichungs-Zahl feſtgeſetzt wurde, ermittelt, indem man die Kreis-flächen für die entſprechende Stammzahl aus den ſtärkſten Stamm-klaſſen der Beſtände zuſammenfaßt. Zur Beſtimmung der Höhe werden die bei der Probeholzfällung (§ 16) gemeſſenen Stamm-längen für die in der Nähe der Durchmeſſer der reciproken Weiſer-ſtämme liegenden Stammſtärken geometriſch dargeſtellt. Die Be-rechnung des Maſſeninhalts dieſer reciproken Weiſerſtämme erfolgt auf Grund der Formzahlen der bayeriſchen Tafeln für haubare Beſtände. Das mittlere Alter der reciproken Weiſerſtämme wird durch graphiſche Interpolation der bei der Holzaufnahme beſtimmten Alter in gleicher Weiſe, wie bei den muſtergültigen Weiſerſtämmen ermittelt. In dieſer Weiſe werden die Elemente für die Ermittelung des Durchſchnitts-Zuwachſes der reciproken Weiſerſtämme für alle vergleichungsfähigen Beſtände beſtimmt. Dieſer berechnete Weiſerſtamm-Inhalt wird nebſt Höhe und Durchmeſſer in die Darſtellung des Holz-Vorraths (Form. 3 bei § 17) an geeigneter Stelle mit rother Tinte eingetragen.

---

§ 35.
Aufſtellung örtlicher Werth-Ertrags-Tafeln.

Die durchſchnittlichen Zuwachs-Beträge der reciproken Weiſer-ſtämme, die für die konkreten Beſtände berechnet werden, treffen ſelten genau zuſammen mit den Durchſchnitts-Zuwachs-Ziffern, welche bei der Kreisflächen- und Höhen-Meſſung der muſtergiltigen Weiſerſtämme (der alten Beſtände) für das entſprechende Baum-Alter beſtimmt worden ſind. In der Regel ſteht die Weiſer-Stamm-Produktion der konkreten Beſtände zwiſchen dieſen Muſter-Beſtands-Klaſſen, bald näher der einen, bald näher der andern Klaſſe.

Es erleichtert das Interpolations=Verfahren, wenn man zunächst eine Reduktion auf die Bonitäten der Muster=Bestands=Klassen vornimmt. Bei dieser Reduktion wird, da man hier nur örtlich benutzbare Ertrags=Tafeln erzielen will, direkt die Gebrauchs=Werth=Produktion der Bestände, das Verhältniß der Haubarkeits=Durchschnitts=Erträge im Werth=Ausdrucke, zu Grunde gelegt (während bei der Vergleichung der Weiserstämme ausnahmlos der Massen=gehalt [nach den bayerischen Tafeln] zu vergleichen ist).

Man kann leicht ersehen, welchen Musterbestands=Klassen die vergleichungsfähigen Bestände nach ihrer (reciproken) Weiser=Stamm=Produktion am nächsten stehen, (ob die Klasse A, B oder C.. am nächsten ist). Das Verhältniß zwischen mustergültigen und reci=proken Weiser=Stamm=Durchschnitts=Zuwachs kann für das mittlere Alter der reciproken Weiserstämme ebenso unmittelbar den früheren Untersuchungen entnommen werden. Mit diesem Coefficienten wird der Haubarkeits=Werths=Durchschnitts=Zuwachs, der selbstverständlich jedesmal für das mittlere Alter des vergleichungsfähigen jüngeren Bestands (nicht für das mittlere Alter der Weiserstämme) zu beziffern ist (s. Darstellung des Holz=Vorraths) in „vergleichungsfähigen Durchschnitts=Zuwachs" umgewandelt. Man schreibt diese Ziffern mit rother Tinte unter den berechneten Werth=Durchschnitts=Zuwachs in die betreffende Spalte der Darstellung des Holz=Vorraths ein (Form. 3 bei § 17).

Beispiel. Für die Kiefern=Klasse C und das 62jährige Altersjahr ist der mustergültige Weiserstamm=Zuwachs bei der graphischen Bestimmung auf 0,0099 Fest=meter festgesetzt worden. In einem vollkommenen 62jährigen Kiefern=Bestand findet man einen reciproken Weiserstamm=Zuwachs von 0,0097 Festmeter. Der Haubarkeits=Durchschnitts=Zuwachs dieses 62jährigen Bestands berechnet sich auf 2,61 Werthmeter per Hektar. Man findet dann den vergleichungsfähigen Werth=Durchschnitts=Zuwachs durch die Proportion: $0{,}0097 : 0{,}0099 = 2{,}61 : x$ und es ist $x = 2{,}66$ Werthmeter per Hektar.

Diese vergleichungsfähigen Zuwachs=Beträge werden sodann für alle zu einer Musterbestands=Klasse gehörigen Bestände geometrisch verzeichnet (auf eine nach Altersjahren abgestufte Abscissen=Linie auf=getragen). Nach Ausscheidung der abnormen Erscheinungen, über=haupt nach sorgfältiger Sichtung der einzelnen Beobachtungen, die oft große Schwierigkeiten bereitet und stets volle Aufmerksamkeit er=

Form. 8.

Oertliche Werth-Ertrags-Tafel

für die Kiefern-Bestände des Wirthschafts-Bezirks N. N. per Hektar.

Werth-Faktoren:

a. Buchen-Scheitholz 1,00 per Festmeter
b. Kiefern-Nutzholz I. Klasse 1,12 per Festmeter
c.   „   II.   „   0,98   „   „
d.   „   III.   „   0,88   „   „

e. Kiefern-Scheitholz   0,52 per Raummeter
f.   „   =Prügelholz   0,44   „   „
g.   „   =Reis-Kohlholz 0,17   „   „
(mit Ausnutzung bis 3 Centimeter Stärke).

Musterbestands-Klasse B					Musterbestands-Klasse C					Musterbestands-Klasse D					Bemerkungen
Massen-Ertrags-Klasse 3,0					Massen-Ertrags-Klasse 2,5					Massen-Ertrags-Klasse 2,0					
Vorertrag		Haubarkeits-Ertrag			Vorertrag		Haubarkeits-Ertrag			Vorertrag		Haubarkeits-Ertrag			
Ein-gangszeit	Werth-Meter	Ein-gangszeit	Nutzung	Durch-schnitts-Zuwachs	Ein-gangszeit	Werth-meter	Ein-gangszeit	Nutzung	Durch-schnitts-Zuwachs	Ein-gangszeit	Werth-meter	Ein-gangszeit	Nutzung	Durch-schnitts-Zuwachs	
Jahr		Jahr	Werthmeter		Jahr		Jahr	Werthmeter		Jahr		Jahr	Werthmeter		
1	2	3	4	5	6	7	8	9	10	11	12	13	14	15	16
bis 30	3,5	40	60,0	1,5	bis 30	2,8	40	32,0	0,8	bis 30	1,7	40	20,0	0,5	Die Haubarkeits-Ertrags-Ziffern dieses Formulars entstammen nur bis zum 60. Bestandsalter der Untersuchung im Walde.
30—40	5,5	45	121,5	2,7	30—40	4,4	45	63,0	1,4	30—40	2,7	45	40,5	0,9	
40—50	8,0	50	150,0	3,0	40—50	6,4	50	100,0	2,0	40—50	4,0	50	60,0	1,2	
50—60	10,0	55	170,5	3,1	50—60	8,0	55	132,0	2,4	50—60	5,0	55	82,5	1,5	
60—70	12,0	60	186,0	3,1	60—70	9,6	60	156,0	2,6	60—70	6,0	60	96,0	1,6	
70—80	13,0	65	195,0	3,0	70—80	10,4	65	169,0	2,6	70—80	6,5	65	104,0	1,6	
		70	203,0	2,9			70	182,0	2,6			70	112,0	1,6	
		75	210,0	2,8			75	187,5	2,5			75	120,0	1,6	
		80	216,0	2,7			80	192,0	2,4			80	128,0	1,6	

fordert, werden die mittleren Zuwachs=Kurven eingezeichnet. (Man sucht die sämmtlichen Klaſſen einer Holzgattung auf einen Bogen des Meter=Papiers zu bringen, um die Aehnlichkeit der Kurven beurtheilen zu können). Nach Feſtſtellung dieſer durchſchnittlichen Zuwachs=Beträge sind die Haubarkeits=Werth=Erträge in die örtliche Ertragstafel (Form. 8) zu verzeichnen.

Für die Beſtimmung der Zwiſchennutzungs=Erträge bietet das dargeſtellte Verfahren keine beſonderen Anhaltspunkte dar. Dieſe Einträge sind auf Grund der Ergebniſſe der Probe=Durchforſtungen u. ſ. w. nach der § 17 gegebenen Anleitung beizufügen.

Zur Vergleichung mit den Ergebniſſen der Maſſen=Bonitirung überschreibt man den Ertragstafeln nicht nur die Muſterbeſtands=Klaſſe (Werth=Ertrags=Klaſſe), sondern auch die Maſſen=Ertrags=Klaſſe.

---

§ 36.
Vergleichung der Werth-Ertrags-Tafeln mit den Maſſen-Ertrags-Tafeln.

Dieſe Vergleichung iſt in der Regel im Forſt=Einrichtungs=Büreau der oberſten Forſtbehörde vorzunehmen. Bei Divergenz der Werth=Zuwachs=Kurven der Maſſen= und Werth=Bonitirung wird zunächſt unterſucht, ob die Maſſen=Zuwachs=Kurven, die sich bei Anwendung der Weiſerſtamm=Bonitirung zur Darſtellung der Maſſen=Produktion herſtellen laſſen, übereinſtimmen mit den Maſſen=Zuwachs=Kurven, die nach der bei § 26 berechneten Tabelle bei der Maſſen=Bonitirung zu Grunde gelegt worden sind, denn es iſt möglich, daß der hier (nach den bisher veröffentlichten Ertragstafeln) unterſtellte Zuwachsgang unzutreffend iſt. Ergeben sich hierbei beträchtliche Abweichungen, so gibt die Muſterbeſtands=Bonitirung, wenn dieſelbe nicht ganz unſichere Reſultate geliefert hat, den Ausſchlag. Die Prüfung hat sodann die Vertheilung des Holzmaſſen=Ertrags auf die örtlichen Verkaufsmaße zu betrachten und hierbei sind namentlich die Nutzholz=Antheile speciell zu prüfen. Nach Ausſcheidung der in dieſer oder jener Richtung unwahrſcheinlichen und regelwidrigen Ertrags=Ziffern

werden die berichtigten Ertrags-Tafeln feſtgeſtellt und die Anwendung derſelben bei der betreffenden Wald-Ertrags-Regelung ſpe-
cieller geordnet.

Nach Beendigung der Ertrags-Regelung werden im forſtſtatiſchen
Bureau der Forſt-Direktion aus den örtlichen Ertrags-Ermittelungen
die Anhaltspunkte geſammelt, welche zur Erforſchung der allgemeinen
Wachsthums-Geſetze geſchloſſener Holzbeſtände unter gleichen Stand-
orts-Verhältniſſen benutzt werden können (Stammzahlen, Baumhöhen,
Bruſthöhen, Stärken, Maſſen-, Holzſorten-, Werth-Verhältniſſe u. ſ. w.).

<h2 align="center">Fünfte Abtheilung.</h2>

<h3 align="center">Ueberſichtliche Zuſammenſtellung der Standorts- und Beſtands-Ver-
hältniſſe.</h3>

<h3 align="center">§ 37.</h3>

<h3 align="center">Alters-Klaſſen-Tabelle.</h3>

Die Ergebniſſe der Holzgehalts-Aufnahmen in den älteren Beſtänden und die Einſchätzungen bei der Beſtands- und Standorts-
Bonitirung (nach dem Maſſen-Durchſchnitts-Zuwachs) ſind, nach den
einzelnen Waldtheilen getrennt, in eine „Alters-Klaſſen-Tabelle"
zuſammen zu tragen. Dabei iſt eine Form zu wählen, welche
die Zuſammenfaſſung der gleichartigen Beſtände nach Beſtockungs-
Gruppen geſtattet. Man muß die vorhandene Beſtockung nach
den vorherrſchenden Holzarten und den Altersabſtufungen kategori-
ſiren; man muß mit beſonderer Sorgfalt eine Gruppenbildung er-
ſtreben, welche das Chaos der konkreten Beſtockungs-Zuſtände des
Wirthſchafts-Bezirks in lichtbringender, überſichtlicher Ordnung, zurückgeführt auf eine geringe Zahl gleichartig beſchaffener Beſtockungs-
Glieder, dem Auge vorführt. Die Vergleichung der Bewirthſchaf-
tungs-Verfahren nach ihren finanziellen und wirthſchaftlichen Nutz-
leiſtungen, die wir in ſpäteren Abſchnitten erörtern werden, iſt unter

allen Umständen zu befreien von den umständlichen und zeitraubenden Nutzungs-Berechnungen u. s. w., welche nothwendig sein würden, wenn man die Werth-Erträge, die bei verschiedenen Bewirthschaftungs-Arten eingehen, in steter Wiederkehr für die sämmtlichen Unter-abtheilungen der Wirthschafts-Bezirke im Einzelnen bestimmen wollte. Es ist vielmehr in erster Reihe durch eine zweckentsprechende, scharf trennende, die gleichartigen Bestockungs-Verhältnisse übersichtlich zusammenfassende Gruppenbildung die summarische Ertrags-Berechnung — vor Allen für die späteren Abschnitte der Uebergangs-Zeit — zu ermöglichen.

Die Hochwald-Bestände werden in der Regel zunächst nach den vorherrschenden Holzgattungen — z. B. in reine Fichten-, Buchen-Kiefern-Bestände, in gemischte Buchen- und Kiefern-Bestände, gemischte, Kiefern- und Buchen-Bestände u. s. w. — ausgesondert. Innerhalb dieser Hauptformen der Bestockung werden entweder zwanzigjährige oder zehnjährige Alters-Abstufungen ausgeschieden — für die haubaren und angehend haubaren Bestände zehnjährige, für die Mittel- und Junghölzer zwanzigjährige Altersklassen[1]). — Für diese Bestockungs-Gruppen werden sodann die Bestands-Klassen (Massen-Ertrags-Klassen) und die Standorts-Klassen getrennt verzeichnet und sowohl die produktionsfähigen Waldflächen der Bestandstheile (ohne Abzug der Lücken und Blößen[2]), als auch die Werth-Vorräthe dieser Unterabtheilungen nachgewiesen.

Die Einrichtung der Altersklassen-Tabelle ist aus Form. 9 er-sichtlich. Die erste Seite wird überschrieben: „Unvollkommene Bestockung" und ist zur Verzeichnung der lückigen, krüppelhaften, an-gehauenen 2c. Bestände bestimmt. Die vollkommen oder bis auf unwesentliche Nachbesserungen vollständig verjüngten Bestände werden in die entsprechende Altersklasse des Jungholzes eingetragen; sind dieselben noch nicht vollständig geräumt worden, so wird die nach-

---

[1]) Wenn die Vorraths-Abstufung nur für niedrige Umtriebszeiten ausreicht, wie es beispielsweise nicht selten in Kiefern-Beständen vorkommt, so wählt man durchgängig zehnjährige Altersstufen.

[2]) In der Darstellung des Holzvorraths (Form. 3) ist die Fläche des Voll-bestands (die nach Abzug der Lücken und Blößen von der produktionsfähigen Bestandsfläche verbleibt) und diese produktionsfähige Waldfläche getrennt nachzuweisen.

form. 9a.

Alters-Klaffen-Tabelle

für die Hochwald-Beftände des Wirthschafts-Bezirks U. U.

nach dem Stande im Sommer 18 . .

B. 121—140 jährige Buchen=Beftände

Maffen=Ertragsklaffe 4

Waldtheil	Nachzucht: Betriebs= und Stand=orts=klaffen	Fläche (Hektar)	Werth=Vorrath (Werth=Meter)
26a.	Fichten III-IV	7,2	3682
45b.	Kiefern IV	20,3	10425
56d.	Schälw. I	24,2	12156
112a.	Fichten IV	18,6	9325
Sa.		70,3	35588

Hiervon:

	Fläche (Hektar)
Fichten IV	18,6
Fichten III-IV	7,2
Kiefern IV	20,3
Schälw. I	24,2
Zuf. w. oben	70,3

Maffen=Ertragsklaffe 3½

Waldtheil	Nachzucht: Betriebs= und Stand=orts=klaffen	Fläche (Hektar)	Werth=Vorrath (Werth=Meter)
30b.	Fichten III-IV	38,2	17572
31c.	Fichten IV	8,6	3874
35e.	Schälw. II	11,5	5238
37h.	Schälw. II	7,3	3336
45d.	Schälw. II	4,9	2158
56a.	Fichten III-IV	5,3	2428
59b.	Kiefern III-IV	8,6	3795
82c.	Fichten IV	6,5	2987
Summa		90,9	41388

Hiervon:

	Fläche (Hektar)
Fichten IV	15,1
Fichten III-IV	43,5
Kiefern III-IV	8,6
Schälw. II	23,7
Zuf. w. oben	90,9

Maffen=Ertragsklaffe 3

Waldtheil	Nachzucht: Betriebs= und Stand=orts=klaffen	Fläche (Hektar)	Werth=Vorrath (Werth=Meter)
11b.	Kiefern III-IV	3,4	1314
16a.	Kiefern III	7,8	3418
17c.	Kiefern III-IV	18,3	7114
18e.	Kiefern II-III	29,1	11615
22f.	Fichten III	14,5	5510
25e.	Fichten III-IV	36,8	13616
27c.	Schälw. III	12,4	4712
29a.	Fichten II-III	11,5	4218
112a.	Buchen III	40,6	15022
Summa		174,4	66539

Hiervon:

	Fläche (Hektar)
Ficht. III-IV	36,8
Fichten III	14,5
Ficht. II-III	11,5
Kief. III-IV	21,7
Kiefern III	7,8
Kief. II-III	29,1
Buchen III	40,6
Schälw. III	12,4
Zuf. w. oben	174,4

Maffen=Ertragsklaffe 2½

Waldtheil	Nachzucht: Betriebs= und Stand=orts=klaffen	Fläche (Hektar)	Werth=Vorrath (Werth=Meter)
4a.	Fichten II-III	4,2	1210
7c.	Kiefern II-III	5,8	1711
10d.	Buchen II-III	16,2	4903
16e.	Buchen II-III	11,5	3312
18c.	Schälw. III	14,3	4290
Summa		52,0	15426

Hiervon:

	Fläche (Hektar)
Fichten II-III	4,2
Kiefern II-III	5,8
Buchen II-III	27,7
Schälwald III	14,3
Zuf. w. oben	52,0

Form. 9 b.

Haupt-Zusammenstellung

der Altersklassen-Tabelle für die Hochwald-Bestände

nach dem Stande im Sommer 18 . .

Vorhandene Bestockungs-Gruppen				Nachzuziehende Holzarten und Massen-Ertrags-Klassen														
				Fichten-Betriebsklasse				Kiefern-Betriebskl.				Buchen-Betriebskl.				Schälwald-Betriebsklasse		
Holzarten und Holz-Alters-Angabe	Massen-Ertrags-Klassen	Fläche	Werth-Vorrath	IV	III bis IV	III	II bis III	IV	III bis IV	III	II bis III	III	II bis III	II	I bis II	I	II	III
		Hektar	Wthmtr.	Hektaren				Hektaren				Hektaren				Hektaren		
B.121-140-jährige geschlossene Buchen	4	70,3	35588	18,6	7,2	.	.	20,3	.	.	.	.	.	.	.	24,2	.	.
	3 ½	90,9	41388	15,1	43,5	.	.	.	8,6	.	.	.	.	.	.	.	23,7	.
	3	174,4	66539	.	36,8	14,5	11,5	.	21,7	7,8	29,1	40,6	.	.	.	.	.	12,4
	2 ½	52,0	15426	.	.	.	4,2	.	.	.	5,8	.	.	.	.	.	.	14,3
Summa		387,6	158941	33,7	87,5	14,5	15,7	20,3	30,3	7,8	34,9	40,6	27,7	.	.	24,2	23,7	26,7
C. 101-120-jährige geschlossene Buchen-Bestände	u. s. w.			u. s. w.				u. s. w.				u. s. w.				u. s. w.		
80 jähr. Haubarkeits-Durchschnitts-Ertrag per Hektar				über 3,75 Fm.	3,25 bis 3,75 Fm.	2,75 bis 3,25 Fm.	2,25 bis 2,75 Fm.	über 3,75 Fm.	3,25 bis 3,75 Fm.	2,75 bis 3,25 Fm.	2,25 bis 2,75 Fm.	2,75 bis 3,25 Fm.	2,25 bis 2,75 Fm.	1,75 bis 2,25 Fm.	1,25 bis 1,75 Fm.	örtliche Standortsklasse		

zuhauende Werthmaſſe zwar in die Vorrathsſpalte der unvollkommenen Gruppe aufgenommen, jedoch ohne Beifügung der Flächengröße. Die unvollkommene Beſtockung iſt nur in Ausnahmefällen — nach den fünfjährigen Werthzuwachs=Prozenten, ſiehe § 56 — zu klaſſifi= ciren und geordnet nach der Abſtufung dieſer Prozente einzutragen; in der Regel wird der Werthzuwachs einzeln für jeden Beſtand bei der Aufſtellung der Wirthſchaftspläne berechnet und es können in dieſen Fällen die unvollkommenen Waldtheile in bunter Miſchung verbucht werden.

Die nachzubauenden Holzarten und die den Letzteren entſprechenden Standortsklaſſen werden vorläufig mit Bleiſtift eingetragen, da bei der definitiven Feſtſtellung der Wirthſchaftspläne die erſtmaligen Projekte häufig verändert werden.

Die folgenden Seiten der Altersklaſſen=Tabelle werden zur Verzeichnung der ganz oder nahezu geſchloſſenen, regelmäßig beſchaffenen Buchen=, Kiefern=, Fichten= ꝛc. Beſtände benutzt, wie Form. 9 a zeigt.

Die ſummariſche Beſtimmung des Werth=Ertrags der wahl= fähigen Bewirthſchaftungs=Arten (§ 56) ſtützt ſich in erſter Linie auf die Haupt=Zuſammenſtellung der Altersklaſſen=Tabelle (Form. 9 b) deren Einrichtung nicht zu erläutern ſein wird.

Anmerkung. Es erleichtert die Aufſtellung der Altersklaſſen=Tabelle, wenn man vorher die Unterabtheilungen nach ihrer Vertheilung auf die Beſtockungs= Gruppen zuſammenſtellt.

Der Altersklaſſen=Tabelle wird eine Inhalts=Ueberſicht beigefügt, welche für die fortlaufende Nummernfolge der Unterabtheilungen die Seitenzahlen der Tabelle angibt.

Erforschung der Produktions-Faktoren für den Mittelwald-Betrieb [1].

Erste Abtheilung.
Vorraths-Messung in Mittelwald-Beständen.

§ 38.
Stärken-Messung.

Die Holzmassen-Aufnahme begegnet in Mittelwald-Beständen ganz besonderen Schwierigkeiten.

Schon bei der Holzmassen-Aufnahme ist die für die Hochwald-Bestände in großer Ausdehnung zulässige Auszählung der Stämme unausführbar; es sind sämmtliche Oberholzstämme in Brusthöhe zu messen.

Die Unterholz-Produktion wird durch Abtrieb von Probeflächen bestimmt. Da die Grenze zwischen Oberholz und Unterholz häufig (und namentlich in den Beständen mit hiebsreifem Unterholz) schwer zu bestimmen ist, so rechnet man gewöhnlich zu Oberholz alle Stangen und Stämme über 15 Ctm. Brusthöhen-Durchmesser.

Das Oberholz wird stammweise 1,3 Meter über dem Boden mit einer Meßkluppe (Heyer'scher Konstruktion) gemessen und kenntlich gezeichnet. Die Stämme von über 40 Ctm. Grundstärke werden doppelt gemessen und nach dem mittleren Durchmesser angerufen.

---

[1] Die Produktions-Verhältnisse des geregelten Plänter-Betriebs 2c. kann man durch die Untersuchungs-Methoden, welche nachstehend für den Mittelwald-Betrieb erörtert werden, bemessen.

Die Ausscheidung von Höhenklassen innerhalb einer Unter=
abtheilung wird selten nöthig werden. Der Buchführer hat den
(im Mittelwalde auf breiteren Streifen messenden) Kluppenführern
rasch zu folgen. Im Uebrigen sind die im § 12 gegebenen Be=
stimmungen maßgebend; für die Verbuchung benutzt man das Form. 1.

<hr>

§ 39.

Höhen-Messung.

Da bei der Vorraths-Aufnahme des Mittelwaldes das Draudt'=
sche Verfahren selten anwendbar sein wird, so sind in der Regel
spezielle Höhen=Ermittelungen vorzunehmen. Die durchschnittliche
Gipfelhöhe der Oberhölzer ist für alle Stärkestufen mittelst des
Faustmann'schen Spiegel=Hypsometers[1]) zu bestimmen. Es
wird zunächst der Prozentsatz für die Zahl der Höhenmessungen nach
Maßgabe der zu erreichenden Genauigkeit festgesetzt; man nimmt als
Regel an, daß diese Höhen=Beobachtungen mindestens auf 5 pCt. der
gesammten Oberholz=Stammzahl auszudehnen sind.

Bei der Vertheilung der Höhen=Untersuchungen auf die ver=
schiedenen Stärkestufen ist zu beachten, daß ein gleicher Genauigkeits=
grad hinsichtlich der Holzmassen dieser Stärkestufen und deren Ge=
brauchswerthe zu erstreben, daß somit die Zahl der Beobachtungen
nicht nach den Stammzahlen zu bemessen ist[2]). Da jedoch weder
die örtlichen Massen=Vorräthe, noch die örtlichen Gebrauchswerthe
bekannt geworden sind, auch mathematische Genauigkeit nicht erforder=
lich ist, so sind die folgenden annähernden Sätze zu benutzen, welche
der Erfahrung entstammen.

Bei dem mittleren Satz von einer Höhenbeobachtung
für je 100 Oberholz=Stämme ist je eine Höhenbeobachtung
für die folgenden Stämme vorzunehmen:

<hr>

[1]) Zu beziehen vom Oberförster Faustmann in Babenhausen bei Darmstadt.
[2]) Siehe § 10 Note. (Vergleichung der Verfahrungs-Arten von Draudt und
Robert Hartig.)

bei 15—20 Ctm. Brusthöhen-Durchmesser für je 400 Stämme
  „ 21—25 „   „   „ „ 200 „
  „ 26—30 „   „   „ „ 150 „
  „ 31—35 „   „   „ „ 100 „
  „ 36—40 „   „   „ „ 70 „
  „ 41—45 „   „   „ „ 50 „
  „ 46—50 „   „   „ „ 40 „
  „ 51—55 „   „   „ „ 25 „
  „ 56—60 „   „   „ „ 20 „
  „ 61—65 „   „   „ „ 17 „
  „ 66—70 „   „   „ „ 13 „

Man berechnet nach dieser Tabelle die Zahl der Höhenbeobachtungen bei einem Genauigkeitsgrad von 5, 6, 7 .... pCt.

Nach Vollzug der Höhenmessungen werden die für jede Unterabtheilung gefundenen Zahlen geometrisch dargestellt, indem die mittleren Höhenkurven des betreffenden Waldtheils aufgesucht werden.

---

§ 40.

Stamm-Messungen zur Ermittelung der örtlichen Baumformen.

Zur Bestimmung des Massen- und Werthgehalts der Oberhölzer sind, wie gesagt, die Probeholz-Fällungen, welche das Draudt'sche Verfahren vorschreibt, nicht überall durchzuführen; nicht nur die Fällung, sondern vorzugsweise die Bearbeitung und Herausschaffung der starken Oberhölzer würde erhebliche Beschädigungen des Unterholzes zur Folge haben. Es würde zwar in jungen Schlägen, in den von Wegen durchzogenen Abtheilungen u. s. w. die Vornahme der Probeholz-Fällungen dieser Methode zu ermöglichen sein, allein dadurch gewinnt man keine Anhaltspunkte für die Vorraths-Bestimmung in den übrigen Abtheilungen und zudem würden für die Zuwachs-Untersuchungen spezielle Messungen nothwendig werden, die dem Charakter des Draudt'schen Verfahrens fern liegen.

Wenn man für die Ertrags-Regelung des Mittelwald-Betriebs,

die zu den ſchwierigſten Aufgaben der Forſtwirthſchaft zählt, ſichere Anhaltspunkte gewinnen will, ſo muß man durch zahlreiche Stamm=Meſſungen die örtlichen Baumform= und Baum= Zuwachs=Geſetze ermitteln. Das Verfahren iſt umſtändlich und zeitraubend; aber auf keinem andern Wege kann man, meines Er= achtens, die rationelle Bewirthſchaftung der Mittelwaldungen erforſchen.

Anmerkung. Die Leſer, welche der Anſicht huldigen, daß für die Mittel= wald=Wirthſchaft eine genaue Ertrags=Beſtimmung im Allgemeinen zwecklos ſei, weil bei den Schlagſtellungen die Individualität der Oberholz=Stämme den Aus= ſchlag gebe und dieſe Rückſichtnahme alle Nutzungs=Berechnungen über den Haufen werfe, verweiſen wir auf die §§ 64 und 65. Vorläufig glauben wir durch einige Bemerkungen die Verſtändigung anbahnen zu können.

Bei der Wirthſchafts=Regulirung werden, wie wir ſpäter ſehen werden, aus= nahmslos nur diejenigen Oberholz=Mengen in den einzelnen Schlägen als Schlag= ſtellungs=Vorräthe normirt, für welche ſich unzweifelhaft gebrauchsfähige Stämme und Stangen vorfinden. Der Taxator findet genügende Anhaltspunkte für die Bemeſſung dieſer konkreten Ueberhalts=Maſſe — in den Erfahrungen bei der bis= herigen Schlagſtellung, in dem Stammzahlen=Verhältniß und in der ſorgfältigen Be= trachtung der Oberholz= und Unterholz=Beſchaffenheit. Es iſt ſomit bei der Schlag= ſtellung die Auszeichnung der planmäßigen Oberholzmenge ſtets ermöglicht und es fragt ſich nur, ob der Wirthſchafts=Führer dieſe Sätze annähernd treffen wird. (Die ganz genaue Einhaltung der Normen iſt ſelbſtverſtändlich weder räthlich, noch nöthig.) Für dieſe Verwirklichung innerhalb des zuläſſigen Spielraums iſt nun allerdings der ſog. praktiſche Blick nicht immer ausreichend, aber man kann ein einfaches Mittel benutzen — man kann die Meßkluppe zur Hand nehmen, die Ueberhalts=Maſſe berechnen und bei weſentlichen Differenzen die erſtmalige Aus= zeichnung vor dem Hieb berichtigen. Laßreidel, Oberſtänder, angehende Bäume 2c., welche zur hinreichenden Ergänzung der auf Grundlage der konkreten Beſtockungs= Verhältniſſe feſtgeſetzten Oberholz=Mengen geeignet ſind, finden ſich faſt überall vor. Die gleichmäßige Vertheilung der Oberhölzer iſt zudem in den meiſten Fällen der Berückſichtigung der Gebrauchsfähigkeit der vorhandenen Stamm=Individuen unter= zuordnen; nach Auszeichnung der vorzugsweiſe geeigneten Stämme findet man immer noch taugliche Ergänzungs=Stämme.

Aber auch bei einer irrthümlichen Feſtſetzung der Oberholz=Menge gewährt die Etats=Wirthſchaft immer noch hinlängliche Sicherheit. Wird in einigen Schlägen die berechnete Vorraths=Größe bei der Schlagſtellung beträchtlich verringert, ſo er= gibt ſich ein Nutzungsplus; bei Einhaltung des Werth=Etats ſind die jährlichen Schlagflächen zu verringern und man gewinnt für den Ausfall an Oberholz=Pro= duktion in den betreffenden Schlägen größere Zuwachs=Beträge in den übrigen Schlägen in Folge des verſpäteten Abtriebs derſelben. Wird dagegen die berechnete Nutzung nicht voll bezogen, eine größere Oberholz=Menge bei den Schlagſtellungen belaſſen, ſo gewinnt man einen Zuwachs=Ueberſchuß in den gehauenen Schlägen.

In der Regel wird sich Zuwachs-Gewinn und Zuwachs-Verlust so weit ausgleichen, daß allen Anforderungen der nachhaltigen und rationellen Bewirthschaftung Genüge geleistet werden kann. Der urspüngliche Plan für das wirthschaftliche Gebäude wird lediglich bezüglich der inneren Konstruktion einige Abänderungen erfahren. (Der Verfasser hatte Gelegenheit zahlreiche Erfahrungen in diesem Gebiet während einer längeren Praxis in herabgekommenen Mittelwaldungen mit größtentheils anbrüchigen Oberhölzern zu sammeln.)

Wachsthumsklassen. Durch Betrachtung der Standorts- und Bestands-Beschaffenheit und der Ergebnisse der Stärken- und Höhen-Messung kann man beurtheilen, ob eine durchgreifende, alle Stärken-Klassen durchdringende Verschiedenheit im Oberholz-Wachsthum zwischen den Waldtheilen des Wirthschaftsbezirks wahrnehmbar ist. Wenn in dieser Richtung nur untergeordnete Verschiedenheiten beobachtet werden, welche bei der Probeholz-Fällung vermittelt werden können (was häufig der Fall sein wird), so erleichtert die Vereinigung der sämmtlichen Bestände zu einer Wachsthumsklasse sehr wesentlich die Erforschung der Produktions-Verhältnisse. Wenn dagegen die Verschiedenheiten des Oberholz-Wuchses sehr bemerkbar werden und eine größere Flächen-Ausdehnung einnehmen, so ist man genöthigt, mehrere Wachsthumsklassen auszuscheiden. Man wählt für diese örtlichen Wachsthumsklassen als Leitsterne für die Bonitirung Musterbestände in denjenigen jungen oder zum Hiebe bestimmten Mittelwald-Schlägen, in denen die Fällung von Probeholz vorgenommen werden kann, und bezeichnet die Klassen mit Oberholz-Wuchs Klasse I, II .... In der Regel werden zwei bis drei Klassen genügen.

Auswahl der Probebestände. Die Bestimmung der Formgesetze durch zahlreiche Stamm-Messungen hat selbstverständlich in Beständen stattzufinden, welche die mittlere Oberholz-Beschaffenheit der betreffenden Klasse besitzen. Diese Schläge werden zur Probeholz-Fällung ausgewählt (ohne Rücksicht auf die bisherige Hiebsordnung). Man greift dabei nach Bedarf in ältere Schläge und in junge Schläge, in denen ein Oberholz-Nachhieb statthaft ist, über.

Probeholz-Stammzahl. Zur Bemessung der Zahl der Versuchsstämme hat man die Stammzahlen aus allen Unterabtheilungen des Wirthschaftsbezirks zusammen zu tragen. Unter Anwendung der oben (§ 39) mitgetheilten Sätze für die Höhen-Beobachtungen kann man bemessen, welche Stamm-Mengen und Holzmassen bei einem Prozentsatz von 1, 2, 3 . . . . . in den Probebeständen zu fällen sind. Zur Bestimmung der Form= und Wachsthums=Gesetze ist in allen Fällen bis zu der unter den örtlichen wirthschaftlichen Verhält= nissen erreichbaren Genauigkeits=Grenze vorzudringen und die An= spornung der verfügbaren Arbeitskräfte zur höchsten Leistungsfähigkeit unabweisbar erforderlich. Die Versuchs=Fällungen dürfen nöthigen= falls bei einjährigem Vollzug den Jahres=Etat übersteigen; die Er= mittelungen können aber auch zwei oder drei Jahre vor dem Taxations= Jahre beginnen. Eine kleine Zahl von Beobachtungen ist völlig zwecklos. Der Minimalsatz wird bei kleinen Wirthschaftsbezirken auf 3 Versuchsstämme für jeden Hektar der Mittelwald=Fläche und in größeren Bezirken auf 2 Stämme per Hektar anzunehmen sein.

Auszeichnung des Probeholzes. Nach Festsetzung des Prozentsatzes wird die nach Maßgabe der im vorigen § mitgetheilten Skala für die Holzarten und Stärkestufen der Wachsthums=Klassen berechnete Zahl der Probestämme in den Probe=Beständen ausgewählt. (Dieses Probestämme=Verhältniß ist jedoch nur annähernd einzuhalten.) Die zu Probeholz geeigneten, regelmäßig gewachsenen Oberholz=Stämme werden mit Rücksicht auf Schlagstellung ausgewählt und auf ver= schiedenen Seiten kenntlich bezeichnet und nummerirt. Die Probe= holz=Auszeichnung ist in den Probebeständen bis zur Erreichung der erforderlichen Stammzahl für jede Wuchsklasse fortzusetzen. Die Vollendung der Schlagstellung bleibt in diesen Probebeständen dem nächsten Wirthschaftsjahr vorbehalten.

Fällung und Aufarbeitung des Probeholzes. Der Probeholz=Fällung geht der Abhieb und die Aufarbeitung des Unter= holzes unter 15 Centimeter Stärke excl. Laßreidel voraus, so weit dasselbe von Probeholz=Fällungen beschädigt werden kann. Die Fällung der Probestämme erfolgt in ortsüblicher Weise (in der Regel durch Baumroden). Die etwa umgeschlagenen Stämme, Stangen und Aeste (von dem nicht zu Probeholz bestimmten Gehölz) werden sofort vom Probeholz gesondert und bleiben bis zur vollendeten Aufarbeitung des Probeholzes liegen. Die Stämme werden mit einer Stockhöhe von $\frac{1}{8}$ des Durchmessers abgeschnitten. Der Schaft wird bis zur Gipfelspitze entästet und die Länge gemessen. Die schadhaften Stellen des Nutzholzschaftes werden zur Beurtheilung des brauchbaren Nutz=

holz-Antheils aufgehauen; vom Verwaltungs-Beamten (Oberförster u. s. w.) wird die ortsübliche Länge des Nutzholz-Klotzes nnd dessen Klassifizirung bestimmt.   Hierauf wird zuerst das Astholz in 1 Meter lange Brennholz-Abschnitte zerlegt und, nachdem das Reisholz in Wellen aufgebunden oder in regelmäßige Haufen aufgesetzt worden ist, das gesammte Astholz in unmittelbarer Nähe des Probestammes, getrennt vom Stammholz, für die spezielle Vermessung aufgeschichtet.

Das Schaft-Brennholz wird in 1 Meter lange Abschnitte zersägt und vom Nutzholz-Klotz abgetrennt, aber nicht aufgeschichtet, sondern in ursprünglicher Boden-Lage belassen.   In dieser Weise wird das Probeholz fertig zur Vermessung hergerichtet.   Die ältesten Stämme werden zum Zweck der Zuwachs-Untersuchung (siehe § 44) auf Brusthöhe durchschnitten.   Das sog. Feierabend-Gehölz der Holzhauer darf nicht vom Probeholz genommen werden.

Altersbestimmung und Vermessung der Probestämme. Das Alter der Probestämme wird durch Zählen der Jahrringe in bekannter Weise bestimmt.   Zum Zweck der Untersuchung des Zuwachsganges werden die Jahrringe auf den Abschnitten vom Gipfel abwärts, wie bei den Weiser-Stämmen der Hochwald-Muster-Bestände (§ 33) abgezählt.

Die Brusthöhen-Stärke wird 1,3 Meter über dem Boden doppelt gemessen.   Bei den Stärken-Messungen benutzt man eine Kluppe Heyer'scher Konstruktion und verzeichnet ausnahmslos die Kreisflächen. Die Nutzholz-Abschnitte werden nach Sektionen von 1 Meter Länge — in $\frac{1}{2}$, $1\frac{1}{2}$, $2\frac{1}{2}$ . . . . Meter vom unteren Abschnitt, möglichst über's Kreuz — gemessen und das Mittel der Kreisfläche eingetragen.   Hierauf kommen die (aufzustellenden) Scheitholz- und Prügelholz-Abschnitte zur (kreuzweisen) Vermessung.   Das Gipfel-Reisholz wird in Wellen aufgebunden oder geschätzt.   Das Scheit- und Prügelholz wird getrennt aufgehäuft und die genaue Aufarbeitnng nach dieser Trennung überwacht.   Man trennt die Eintragungen für Schaftholz von den Eintragungen des Astholzes durch einen Strich.

Die Astholz-Vermessung wird in gleicher Weise vorgenommen und die Aufschichtung des Scheit- und Prügelholzes gleichfalls getrennt vollzogen.   Die (schon aufgearbeiteten) Wellen werden gezählt und eingetragen.   Wenn es ortsüblich ist, das Reisholz in Haufen aufzuarbeiten, so werden für das Astholz des Stammes die Theile des Normal-Haufens durch kubische Vermessung bestimmt.

Diese Sektions-Vermessung wird für sämmtliche Probestämme vorgenommen. Die Ermittelung der früheren Stamm-Grundfläche an den auf Brusthöhe durchschnittenen älteren Beständen geschieht nach dem Verfahren, welches § 33 angegeben worden ist. (Siehe auch § 44.)

Die Aufarbeitung geschieht in ortsüblicher Weise, indem das zu Scheitholz und das zu Prügelholz bei der Vermessung ausgeschiedene Holz genau nach dieser Trennung, welche die örtliche Klassen-Ausscheidung zu beachten hat, aufgearbeitet wird.

Die Verbuchung der Vermessung geschieht nach Waldorten, Holzarten, Wachsthums-Klassen in ein Vermessungs-Register, dessen Einrichtung leicht zu bestimmen ist.

Derb-Massen-Berechnung des Probeholzes. Da die mittleren Kreisflächen für die 1 Meter langen Sektionen direkt gemessen worden sind, so kann sich die Derb-Massen-Berechnung auf die Addition der Kreisflächen für die Nutzholz- und Brennholz-Klassen beschränken.

Den Massengehalt der Reisholz-Wellen und Haufen könnte man durch die Wasserprobe bestimmen[1]), doch führt diese umständliche und zeitfordernde Arbeit zu Weiterungen, ohne die Genauigkeit erheblich zu fördern. Man kann deshalb die oben mitgetheilten Durchschnitts-Sätze oder die ortsüblichen Derbmassen-Ziffern zu Grunde legen.

Aufstellung von Massen-Formzahlen. Die Stamm-gehalts-Zahlen, welche aus den Einzelmessungen hervorgehen, differiren in der Regel bei gleichen Stärken- und Höhenstufen sehr beträchtlich. Die direkte Interpolation, welche sich auf die Verzeichnung des Kubikgehalts der Probestämme stützt, kann nur in seltenen Fällen Anwendung finden. Die Punkte, welche die Masse der in großer Zahl für jede Stärken- und Höhenstufen gemessenen Stämme angeben, erfüllen einen großen Raum des Papiers; die Zusammentragung führt zu einer unentwirrbaren Regellosigkeit hin. Man muß

---

[1]) Verfahren siehe Baur, Holzmeßkunst. Anleitung zur Aufnahme der Bäume und Bestände. Wien 1875. S. 91.

größere Durchschnitts-Zahlen zu gewinnen suchen; man muß die Einzelstämme und Stärkestufen zu größeren Baumgruppen vereinigen. Bei
der graphischen Interpolation werden deshalb die Formzahlen[1]
der Probestämme zu Grunde gelegt und der mittlere Gang
derselben für die einzelnen Stärke- und Höhestufen zu bestimmen gesucht. (Baumform-Zahlen für Walze nach Massen-Antheilen.)

Anmerkung. Die Bestimmung und Vergleichung der mittleren Modellstämme für die Gruppen würde aus naheliegenden Gründen größere Schwankungen
und Ungenauigkeiten mit sich führen, als die Vergleichung der Formzahlen.

Im Vermessungs-Register werden zunächst für alle Probestämme
die Idealwalzen aus Grundstärke und Höhe berechnet. Zugleich ist
hier der konkrete Stamminhalt ersichtlich und es kann deshalb die
Baumformzahl berechnet und beigeschrieben werden.

Bei Vergleichung dieser Formzahlen wird man finden, daß die
Formzahlen für Kiefern und Eichen eine gewisse Stabilität für die
Stärken-Abstufungen zeigen und daß deshalb der geometrischen
Darstellung die Durchschnittszahlen für zweckmäßig abgestufte Stärkeklassen zu Grunde gelegt werden können, während die Formzahlen
der Fichten und Buchen, Lerchen, Tannen und Birken bei der Gruppirung nach Höhenklassen vergleichungsfähig sein werden. Man
wird zugleich finden, daß es nöthig ist, große Stammgruppen zu
bilden, große Durchschnittszahlen zu gewinnen. Weitere Anhaltspunkte
lassen sich für die Zusammenfassung der Formzahlen in Gruppen[2]
und die graphische Darstellung und Ausgleichung nicht geben. Der
richtige, zum Ziele führende Weg wird selten mit dem ersten Anlauf
gewonnen werden; man muß hin und her probiren, breitere und
schmälere Wege aufsuchen.

Nach Feststellung der Kurven schreibt man den letzteren die zugehörigen Baumformzahlen von Stufe zu Stufe bei.

Bestimmung der mittleren Baumwerth-Ziffern. Die
Vorrathsmessung hat im Mittelwald-Betrieb gleichfalls — aus den
im § 20 entwickelten Gründen — die Erforschung der Werth-Pro-

---

[1]) Siehe § 10 Anmerkung.

[2]) Die Stärkeklassen sind wegen der späteren Berechnung der Baum-Werth-
Ziffern auch bei der Zusammenstellung nach Höhen-Klassen in geordneter Reihenfolge einzutragen.

duktion als Endziel zu erstreben — darüber werden denkende Forst=
wirthe einig sein. — Während nun in Hochwaldbeständen die Werth=
ziffer für die Gesammtheit der in diesen Beständen vereinigten
Stamm=Individuen bestimmt werden konnte, ist dieselbe in den
Mittelwaldungen für die einzelnen Oberholz=Bäume festzustellen, die
man in geeignete Gruppen zusammenfaßt.

Bei der Bemessung der Werth=Produktions=Verhältnisse der
Mittelwaldstämme fällt die kubische Masse der Nutzholz=Ab=
schnitte schwer in die Wagschale, weil sich diese Ziffern bei Berech=
nung der Gebrauchswerthe mit den hohen Nutzholz=Faktoren verviel=
fältigen, während sich die Zahlen der Brennholz=Antheile hierbei
größtentheils verringern. Bei der Zusammenstellung der Nutzholz=
Antheile findet man zudem in der Regel starke Schwankungen der
Nutzholzsätze, welche für die einzelnen Stämme durch Messung ge=
funden worden sind — vor Allen bei alten Eichenklötzen, die ge=
wöhnlich mit mannigfachen Qualitätsmängeln behaftet sind. Es ist
deshalb nothwendig, daß man die Nutzholz=Prozente gesondert für
größere Stammgruppen zusammenstellt und auf graphischem Wege
ausgleicht.

Die berichtigende Ausgleichung der Schwankungen erreicht in=
dessen nicht immer die wünschenswerthe Zuverlässigkeit, vielmehr er=
scheint oft die Vermehrung der Untersuchungen erforderlich. Man
kann in einzelnen Fällen die thatsächliche Nutzholz=Abgabe im
letzten Jahrzehnt benutzen, um wenigstens die werthvollsten starken
und langen Nutzholzsorten im schärferen Prozentsatz auszudrücken —
wenn sich bisher die Gewinnung mehrerer Nutzholz=Abschnitte aus
einem Baum auf seltene Fälle beschränkt hat oder diese Nutzholzstücke
durch die Numeration als zusammen gehörig gekennzeichnet worden
sind. Auf Grund der Abgabe=Listen wird dann eine Zusammen=
stellung der im letzten Jahrzehnt abgegebenen Nutzholz=Abschnitte an=
gefertigt. Dieselbe hat für richtig — gewöhnlich von 5 zu 5 Centi=
meter — abgestufte Stärkeklassen die Längen, Mittenstärken und
Kubikgehalte der einzelnen Nutzholzklötze, die Letzteren nach den orts=
üblichen Nutzholzklassen, für die verschiedenen Holzarten nachzuweisen.
Da sich der hierbei ermittelte Durchschnitt der Länge, Stärke und
Holzmasse auf Mittenstärke bezieht, so ist die betreffende Brusthöhen=

Stärke zu bestimmen und an Stelle der Mittenstärke zu setzen. Aus den Sektions-Probemessungen läßt sich die Abnahme des Durchmessers von der Brusthöhen- zur Mittenstärke nach den Durchschnitts-Sätzen für die verschiedenen Stammgruppen ermitteln. Man gibt dieser Abnahme einen allgemeinen Ausdruck pro Längenmeter des Nutzholz-Abschnitts, indem man der Länge von der Mitte des Probestammes bis zum Meßpunkt die Meßpunkt-Höhe (1,3 Meter) hinzurechnet, diese halbe Länge des Nutzholz-Abschnitts verdoppelt und den Abnahme-Satz (von der Stamm-Mitte bis zum Meßpunkt) für diese Gesammt-Länge ausdrückt. Nach den mittleren Sätzen per Meter Nutzholz-Länge wird die durchschnittliche Mittenstärke der im Verzeichniß getrennten Abstufungen auf Brusthöhen-Stärke umgewandelt. Diesen Resultaten der bisherigen Fällung werden die Ergebnisse der Probeholz-Vermessung zugefügt. Endlich werden die durchschnittlichen Nutzholz-Kubik-Zahlen graphisch dargestellt und durch vermittelnde Kurven verbunden. Im Vermessungs-Register werden hierauf die Nutzholz-Zahlen entsprechend korrigirt, indem die überschießenden oder fehlenden Nutzholz-Beträge dem Scheitholz ab- oder zugeschrieben werden.

Wenn indessen im letzten Jahrzehnt aus dem Schaft- und Astholz der Einzelstämme vielfach zwei oder drei Nutzholz-Abschnitte abgegeben worden sind und die zusammengehörigen Klötze nicht bestimmt werden können, so kann man selbstverständlich auf diesem Wege eine schärfere Erforschung der Nutzholz-Antheile nicht erreichen.

Eine weitere berichtigende Ausgleichung der Sortiments-Antheile für das Brennholz ist unnöthig, da die direkte Interpolation der Baum-Werth-Ziffern hinlängliche Sicherheit gewährt.

Es sind hierauf die Werthfaktoren für die Raummaße in Werthfaktoren für Derbmasse umzurechnen. Die Ermittelung der Werthfaktoren, die auch für den Mittelwald-Betrieb der im § 21 gegebenen Anleitung zu folgen hat, kann nur auf den Raumgehalt der örtlichen Brennholz-Verkaufsmaße bezogen werden. Da aber die sektionsweise Vermessung der Versuchs-Stämme nicht den Raum, den die Holzsorten bei der Aufarbeitung einnehmen werden, sondern die feste Holzmasse bestimmt hat, so sind die Werthfaktoren umzuwandeln. Für den Derbmassen-Gehalt der Scheitholz- und Prügelholz-Raummeter könnte man die oben mitgetheilten Zahlen zu

Grunde legen. Da aber diese Durchschnittssätze nicht überall zu=
treffend sein werden, da örtliche Unterschiede vielfach durch die nicht
gleiche Aufarbeitung (Uebermaß u. s. w.) hervorgerufen werden, so
ist anzuordnen, daß die Aufarbeitung des Probeholzes gesondert für
das zu Scheitholz, Prügelholz u. s. w. aufgenommene Holz stattzu=
finden hat. Man kann dann aus den örtlichen Untersuchungen Durch=
schnitts-Sätze herleiten, indem man die Summe der Festmeter=Ein=
heiten dieser Brennholz-Sorten, die durch Messung gefunden wurde,
mit den Raummeter=Zahlen der Aufarbeitung vergleicht.

Bei der Werthberechnung des Reisholzes werden nicht die Derb=
massen=Beträge, sondern die Zahl der Wellen=Haufen mit den (Raum=)
Werthfaktoren umgewandelt; die ganz genaue Bestimmung des Derb=
gehalts ist deshalb nicht dringend nöthig, man kann die eben benutz=
ten allgemeinen Erfahrungs-Sätze beibehalten.

Die Umrechnung der Faktoren ist einfach. (Hat man z. B.
für das Kiefern=Scheitholz den Derbholz=Satz 0,68 bestimmt und
als Werthfaktor für den Raummeter 0,49 gefunden, so treffen auf
den Festmeter Kiefern=Scheitholz $\frac{0{,}49}{0{,}68} = 0{,}72$ Wertheinheiten.)

Zur Bestimmung des Werthgehalts der Probestämme
(Form. 10) berechnet man im Probeholz=Register den Werthgehalt
der Probestämme (durch Multiplikation der Nutzholz=, Scheitholz=
Festmetertheile u. s. w. mit den Werthfaktoren) von Stärke=Gruppe
zu Stärke=Gruppe, dividirt mit der zugehörigen Holzmasse in den
Werthgehalt und berichtigt und interpolirt diese Baum=Werth=
Ziffern auf graphischem Wege. Spezielle Vorschriften lassen sich
auch in dieser Richtung nicht geben. Die Arbeit ist eine mühsame
und darf nur zuverlässigen, umsichtigen und gewissenhaft arbeitenden
Forstwirthen anvertraut werden. Der Vollzug ist im Forst=Einrich=
tungs=Bureau der obersten Forstbehörde scharf zu kontroliren.

Wirthschaftliche Verhältnisse bedingen oft die besondere Berech=
nung der Nutzholz=Vorräthe und Erträge, auch der Erträge einzelner
Nutzholz=Sorten (z. B. Eichen=Holländerholz, Schwellenholz u. s. w.).
Es werden dann die „Nutzholz=Ziffern" der Stämme in ana=
loger Weise, wie die Baum=Werthziffern bestimmt. (Siehe Spalte 20
des Formulars.)

Probestamm-Register

für die Mittelwald-Oberhölzer des Wirthschafts-Bezirks N. N.

Wachsthums-Klasse I.

Eichen, 20—22 Meter Höhe, 0,55 bis 0,70 Meter Brusthöhenstärke.

Laufende Nummer	Brusthöhenstärke		Gipfelhöhe	Derbmasse						Ideal-Walze	Baumform-Zahl	Werth-Einheiten						Baum-Werth-Ziffer	Nutzholz-Ziffer	Alter
	Durchmesser	Kreisfläche		Nutzholz		Scheitholz	Prügelholz	Reisholz	Zusammen			Nutzholz		Scheitholz	Prügelholz	Reisholz	Zusammen			
				I. Klasse	II. Klasse							I. Klasse	II. Klasse							
	Meter	Qudr.-Meter	Meter	Festmeter				Fstm. (Well.)	Festmeter			Werthmeter								Jahr
1	2	3	4	5	6	7	8	9	10	11	12	13	14	15	16	17	18	19	20	21
624	0,560	0,246	20,4	1,79	.	0,22	0,67	0,31 (22)	2,99	5,01	0,60	4,33	.	0,15	0,35	0,13	4,96	1,66	1,45	186
712	0,580	0,264	20,2	1,60	.	0,28	0,82	0,18 (13)	2,88	5,33	0,54	3,87	.	0,19	0,43	0,08	4,57	1,59	1,35	178
715	0,660	0,342	20,1	1,92	.	0,40	1,16	0,22 (16)	3,70	6,85	0,54	4,64	.	0,27	0,60	0,10	5,61	1,52	1,25	203
723	0,670	0,353	21,3	2,40	.	0,32	1.00	0,36 (26)	4,08	7,51	0,54	5,81	.	0,21	0,52	0,16	6,70	1,64	1,42	224
746	0,700	0,385	21,8	2,50	.	0,52	1,01	0,28 (20)	4,31	8,30	0,52	6,05	.	0,35	0,53	0,12	7,05	1,64	1,41	242
				10,21	.	1,74	4,66	1,35 (97)	17,96			24,70	.	1,17	2,43	0,59	28,89	1,61	1,38	

Bemerkung. Die in diesem Form. für die Einzelstämme ausgeführte Berechnung der Werth-Einheiten wird in der Regel nur für die Stärkegruppen vorgenommen.

§ 41.

Berechnung des Massen- und Werth-Gehalts der Oberholz-Vorräthe.

Nachdem durch die eben genannten Arbeiten die mittleren Baum-form-Zahlen und Werth-Ziffern für die Wachsthums-Klassen festge-stellt worden sind, hat man im Stammzahlen-Register zunächst durch Multiplikation der Höhen mit den Formzahlen die sog. Richthöhen, und durch Multiplikation der Letzteren mit den Grundflächen die Massen-Gehalte der Stärke-Gruppen zu bestimmen. Diese Holz-masse wird dann mittelst der Nutzholz- und Baumwerth-Ziffern in Wertheinheiten umgewandelt.

Form. 11.

Stammzahlen- und Holzvorraths-Register

für die Mittelwald-Bestände des Wirthschafts-Bezirks N. N.

46 a. Sommerrangen. Eichen.

Stärken-messung		Stamm-grundfläche	Gipfelhöhe	Baum-Formzahl	Richthöhe	Massen-Gehalt	Reduktion auf Wertheinheiten				Bemerkungen
Durch-messer	Stamm-zahlen						Nutzholz-Ziffer	Baum-werthziff.	Nutzholz-	Gesammt-Vorrath	
Ctm.		Q.-M.	Meter		Meter	Festm.			Werthmeter.		
1	2	3	4	5	6	7	8	9	10	11	12
78	15	7,168	22,8	0,727	16,6	119,0	1,12	1,58	134,5	188,0	
77	23	10,710	22,7	0,727	16,5	176,6	1,08	1,46	190,7	257,8	
76	25	11,341	21,6	0,729	15,7	178,0	1,06	1,39	188,7	247,4	
75	12	5,301	20,5	0,731	15,0	79,5	1,03	1,34	81,8	106,5	

§ 42.

Unterholz-Aufnahme.

Die bei der Oberholz-Aufnahme nicht gemessenen Gerten und Stangen (unter 15 Centimeter Brusthöhen-Stärke) werden nach ihrem Massen- und Werthgehalt durch Fällung dieses Gehölzes auf Probeflächen und Aufarbeitung in die ortsüblichen Raummaße bestimmt. Diese Probeflächen werden sowohl in Bestände mit dichterem, als in Bestände mit mittlerem und lichtem Unterholz-Bestand eingelegt und dabei in die 15—20jähr., 20—25jähr., 25—30jähr. u. s. f. Mittelwaldschläge gleichmäßig vertheilt. Nach Umwandlung der RaumMeter und Wellenhunderte in Werthmeter berechnet man einestheils den Unterholz-Werth-Vorrath und anderntheils den Werth-Durchschnitts-Zuwachs des Unterholzes per Hektar. Nach dem Letzteren wird der Unterholz-Vorrath der Mittelwaldungen, in denen keine Probefällungen stattgefunden haben, eingeschätzt.

---

§ 43.

Zusammenstellung der Holzvorräthe der Mittelwald-Bestände.

An die Stelle der Altersklassen-Tabelle der Hochwald-Bestände tritt die „Vorraths-Tabelle der Mittelwald-Bestände." In derselben sind, wenn die Fortsetzung der Mittelwald-Wirthschaft beabsichtigt wird, die Holzvorräthe nach den Altersklassen des Unterholzes — in der Regel nach fünfjährigen Abstufungen — nachzuweisen. In jeder Unterholz-Klasse werden die Bestände nicht nach der laufenden Nummerfolge, sondern nach Maßgabe des Werthvorraths per Flächeneinheit geordnet, indem die Bestände, welche die geringste Werthmeter-Zahl per Hektar haben, an die Spitze jeder Unterholz-Klasse geschrieben werden. Die Wachsthums-Klassen werden beigeschrieben. Es werden nur die Werth-Vorräthe nachgewiesen, weil die Verzeichnung der Massen-Vorräthe keinen Zweck haben würde.

Wird die Ueberführung der vorhandenen Mittelwalbungen in den Hochwald-Betrieb projektirt, so wird auf die Unterholz-Klassen keine Rücksicht genommen. Man trennt in diesem Falle die Nachweisung nach der Abstufung der Werthvorräthe per Hektar, z. B. bis 50, 50—100, 100—150 .... Werthmeter per Hektar.

Vorraths-Tabelle
der Mittelwald-Beftände des Wirthfchafts-Bezirks N. N.

Des Waldorts		Flächen-Größe	Unterholz-Alter	Oberholz-Werth-Vorrath des Waldtheils						Unterholz-Wth.-Vorrath		Gesammt-Werth-Vorrath p. Hektar	Wachsthums-Klasse
No.	Namen			Eichen		Buchen	Kiefern	Andere Holz-Arten	Zusammen	Vor-herrschende Holzarten	Werth-Gehalt		
				Handels-holz	Geringes Nutzholz und Brennh.								
		Hektar	Jahr	Werth-Meter							Werthmeter		
				I. 30—35jährige Schläge									
26. b.	Höhen-busch	26,23	33	42	30	85	46	22	225	Hainb.	105	8,59 4,01 12,60	II
			u. f. w.				u. f. w.			u. f. w.			

Zweite Abtheilung.
Feftftellung der Zuwachs-Verhältniffe der Mittelwald-Beftände.

§ 44.
Bukünftige Werthmehrung der gegenwärtigen Oberholz-Vorräthe.

Die Ermittelung der ferneren Zuwachs-Verhältniffe der gegenwärtigen Werth-Vorräthe ift in doppelter Richtung nothwendig — zur Beftimmung der Hiebs-Erträge des Mittelwaldes und zur Vergleichung der örtlichen Leiftungsfähigkeit diefer Betriebsart mit andern Benutzungsarten.

Wenn wir zunächft den erften Zweck ins Auge faffen, fo bieten fich für die Unterfuchung zwei Wege dar. Man kann die Probeholz-Meffungen, die für ein und diefelbe Wachsthums-Klaffe vorgenommen worden find, in Altersgruppen bringen, für jede Gruppe das mittlere Alter und den mittleren Stammwerth beftimmen und den zwifchen diesen Baumaltern liegenden Zuwachs (im Prozentsatz oder in sonst geeigneter Art) ausdrücken. Allein dieser Weg, auf dem man scheinbar zu großen Durchschnittszahlen gelangt, liefert erfahrungsgemäß nicht ganz verlässige Anhaltspunkte; man wird auf diese Weise selten zu Zuwachs-Kurven gelangen, welche den Eindruck der Glaubwürdigkeit machen, weil im Mittelwalde die Stämme jeder Altersstufe ganz heterogenen Zuwachs-Leistungen entstammen.

Man wird sicherer gehen, wenn man das oben bei der Weiserstamm-Vermessung (§ 33) dargestellte Verfahren einhält, indem man an einer ausreichenden Zahl von älteren Stämmen die Jahrringe früherer Altersjahre auf dem Brusthöhen-Durchschnitt der Stämme mit Bleistift auszeichnet und auf Pausleinwand überträgt und die Gipfelhöhe dieser früheren Wuchsperioden in der schon mehr erwähnten Weise bestimmt.

Anmerkung. Das Verfahren ist § 33 dargestellt worden. Da die Zerschneidung der Nutzholz-Klötze auf Brusthöhe in einzelnen Fällen, z. B. bei knapp 9 Meter langen Eichenholländer-Klötzen, eine erhebliche Werths-Minderung derselben bewirken würde, so kann man ausnahmsweise die Untersuchung der besonders werthvollen Nutzholz-Klötze an der unteren (Fällungs-) Abschnittsfläche vornehmen, und die Kreisflächen in Brusthöhe durch Rechnung bestimmen, indem man das an der unteren Abschnittsfläche obwaltende Verhältniß zwischen den äußeren und inneren Kreisflächen auf die Brusthöhen-Kreisfläche überträgt. (Das Verhältniß zwischen berindeter und rindenloser Kreisfläche wird dabei nach den sonstigen Untersuchungen in Brusthöhe angenommen.)

Wenn die in einem Schlag gefällten Probestämme auf ihren Brusthöhen- oder Wurzel-Abschnitten durchgängig oder überwiegend die früheren Abtriebszeiten des Unterholzes in der Abstufung der Ringbreite deutlich erkennen lassen, so werden die Jahrringe dieser früheren Umtriebszeiten des Mittelwaldes (und nur innerhalb dieser Umtriebszeiten die vollen Alters-Jahrzehnte) ausgezeichnet.

Für die nach Brusthöhen-Stärke und Gipfelhöhe ermittelten Stämme der früheren Altersjahre hat man sodann den Massen- und Werthgehalt zu berechnen. Man benutzt hierzu die Baumform-Zahlen und Baumwerth-Ziffern, welche für die einschlägigen Stärkestufen und Höhenstufen bei den (nach Maßgabe des § 40) vorgenommenen Stamm-Messungen bestimmt worden sind[1]).

---

[1]) Selbstverständlich können hier die bayerischen Massentafeln keine Anwendung finden.

Der Zuwachs von einer Altersſtufe zur andern wird erfahrungs=
gemäß am gebrauchsfähigſten durch die **fünfjährigen Werth=Zu=
wachs=Prozente** ausgedrückt.

Zur Bemeſſung der zukünftigen Werthmehrung des vorhandenen
Vorraths werden für jede Wachsthums=Klaſſe dieſe fünfjährigen Zu=
wachs=Prozente nach Stärken=Klaſſen und gleichzeitig nach Höhen=
Klaſſen zuſammen geſtellt. Man ſucht hierauf zu beurtheilen, in
welcher Richtung die fernere Durchſchnitts=Berechnung und Interpo=
lation ähnliche Faktoren treffen wird; allgemein iſt dies ſchwer zu
beurtheilen[1]). Die graphiſche Darſtellung und Vermittelung kann
der ſchon mehrfach gegebenen Anleitung folgen.

Die Zuwachs=Berechnung wird weſentlich vereinfacht, wenn in
jeder Oberholz=Wuchs=Klaſſe ein und derſelbe Prozentſatz für alle
Holzarten, Stärken= und Höhen=Abſtufungen angenommen werden
kann (gewöhnlich ſchwanken bei gutbeſtockten Mittelwaldungen die
Werth= und Zuwachs=Prozente des Oberholzes in der Nähe von 3 pCt.
per Jahr). Wenn ein derartiger Mittelſatz ohne Gefährdung der
Genauigkeit gewählt werden kann, ſo darf man dieſes erwünſchte Er=
gebniß nicht durch ſubtile Ausſcheidungen in Frage ſtellen.

Die Zuwachs=Berechnung auf Grund der mittleren Zuwachs=
Prozente wird im allgemeinen Wirthſchaftsplan (ſiehe § 65) vorge=
nommen und wird ſpäter erörtert werden.

Anmerkung. Die Zeichnung der Jahrringe auf Pausleinwand und die
Berechnung der Kreisflächen mit dem Amsler'ſchen Polar=Planimeter erfordert
keinen großen Zeitaufwand; in wenigen warmen und regenloſen Herbſttagen kann
man zahlreiche Zuwachsmeſſungen ausführen. Abnorm gewachſene Stämme werden
dabei ſelbſtverſtändlich ausgeſchloſſen. Das Durchſchneiden der Nutzholz=Klötze in
Bruſthöhe iſt gewöhnlich weniger ſchadenbringend als es den Anſchein hat; eine
Werthminderung von 5 Mark pro Stamm gehört zu den Ausnahmen. Die Er=
gebniſſe der Zuwachsmeſſung werden baldmöglichſt graphiſch zuſammengeſtellt, denn
oft wird man ergänzende Meſſungen zu Hilfe nehmen müſſen. — Die Zahl der
Meſſungen kann hier nicht normirt, überhaupt das Verfahren nur nach den Grund=
zügen angegeben werden; der Taxations=Kommiſſär hat die Ausführung ſpeziell zu
inſtruiren.

---

[1]) Der Verfaſſer hat zudem in dieſer Hinſicht nur ungenügende eigene Er=
fahrungen, weil derſelbe den oben zuerſt genannten Weg eingeſchlagen und vergeblich
verſucht hat, durch großartige Stamm=Meſſungen brauchbare Durchſchnittszahlen zu
gewinnen.

Zur Erreichung der hier verfolgten Zwecke können wir die Anwendung des Preßler'schen Zuwachsbohrers nicht befürworten. Wenn man auch davon absehen wollte, daß die kleinen Cylinder, die zur Messung des Stärkenzuwachses aus den Bäumen herausgebohrt werden, sicherlich in den seltensten Fällen den Punkten der mittleren Jahresringbreiten entstammen werden, so würde das Verfahren schon darum verwerflich sein, weil der Massenzuwachs aus dem Stärken-Zuwachs auf diesem, von Preßler betretenen Wege niemals mit Sicherheit hergeleitet werden wird. Die allgemeinen Gesetze des Höhen-Wachsthums und der Form-Gestaltung sind, wie wir wissen, weder für die einzelnen Lebensperioden der Stämme, noch für die verschiedenen Standortsklassen, weder für die Erziehung im geschlossenen Stande, noch für die mit freier räumlicher Entwickelung aufwachsenden Waldbäume bekannt. Preßler nimmt nun in Ermangelung zuverlässiger Anhaltspunkte und zur Abkürzung des beschwerlichen Weges der exakten Forschung zu Muthmaßungen seine Zuflucht. Er unterscheidet fehlenden Höhenwuchs, vollen und mittleren Höhenwuchs. Bei alten Stämmen, für welche fehlender Höhenwuchs angenommen wird, soll sich (nach Preßler) der Stärkezuwachs ungleichmäßig am Schafte insofern auflagern, als in der oberen Hälfte des Schaftes ein stärkerer Zuwachs erfolgt, wie im unteren Stammtheil. Preßler glaubt weiter muthmaßen zu dürfen, daß die frühere Masse zur jetzigen Masse sich verhalten wird, mindestens wie der frühere Durchmesser (d), erhoben zur Potenz 2,3 zum jetzigen Durchmesser (D), gleichfalls erhoben zur Potenz 2,3 und höchstens wie $d^3 : D^3$. Wenn voller Höhenwuchs erfolgt, so nehmen nach Preßler'scher Meinung die Höhen in gleichem Verhältniß zu, wie die Durchmesser und es besteht, wenn die Formzahl dieselbe bleibt, die Proportion $d^3 : D^3$. (Die Höhen steigen nebenbei bemerkt, nach meinen zahlreichen Beobachtungen, in allen Lebensperioden durchgängig verhältnißmäßig geringer, als die Durchmesser.) Preßler nimmt ferner an, daß bei vollem Höhenwachsthum eine Veränderung der Formzahlen nicht stattfinde. (Da aber nicht nur die bayerischen Massentafeln ein Steigen der Formzahlen mit dem Alter konstatiren da auch Preßler in den holzwirthschaftlichen Tafeln 2c. diese Formzahlen von früher Jugend bis zum höchsten Alter wachsen läßt, so wird man die Richtigkeit dieser Annahme gleichfalls bezweifeln dürfen.) Für mittleren Höhenwuchs (nach erreichtem Mannbarkeits-Alter der Bäume) soll nach Preßler'scher Muthmaßung die Massenmehrung gleichfalls dem Verhältniß $d^3 : D^3$ folgen, weil in dieser Wachsthums-Periode eine eintretende Ausbauchung der Stammform die Formzahl erhöhe. Preßler schreibt nun vor, daß die Forstwirthe bestimmen sollen, ob das Zuwachs-Verhältniß der Bäume sich mehr dem Quadrat oder dem Würfel der Grundstärke nähert u. s. w. — Auf diese Hypothesen ist der Gebrauch des Zuwachsbohrers fundamentirt worden.

Es ist zu bedauern, daß der eifrige und verdienstvolle Tharander Professor unterlassen hat, die sog. „Gesetze der Stammbildung" durch eine Reihe von scharf beweisenden, komparativen Untersuchungen unter verschiedenartigen Standorts- und Wachsthums-Verhältnissen zu begründen — der Bahn Theodor Hartig's folgend. Preßler hat, allem Anschein nach, nur eine kaum nennenswerthe Zahl von Einzelmeffungen vorgenommen. Man kann leider, so lange diese beweisenden Versuche mangeln, den unbegründeten Muthmaßungen dieses Schriftstellers nur einen höchst untergeordneten Werth beilegen. Die Anwendung des Zuwachsbohrers gründet sich auf die Einschätzung der Wachsthums-Gesetze, die durchaus unzulässig ist. Das Verfahren würde stets von einer bedenkenerregenden Fehlerhaftigkeit begleitet werden, auch wenn die Stärkenmehrung durch Anbohren richtig bestimmt werden könnte.

----

§ 45.

Bemeffung der Gesammtwerth-Produktion der Mittelwald-Oberholz-Stämme.

Die gegenseitigen Beziehungen, welche zwischen der örtlichen Werthproduktion der zu Oberholz tauglichen Holzarten von der Jugend bis zum Alter obwalten, sind maßgebend für die Auswahl der Holzarten und Altersklassen bei der Schlagstellung, für die Feststellung der ertragreichsten Oberholzmenge, für die Ermittelung der gewinnbringenden Fällungs-Alter, für die Vergleichung der Einträglichkeit des Mittelwald-Betriebs mit der Hochwald- und Niederwald-Wirthschaft u. s. w. Dabei ist nicht nur die örtliche Werth-Produktion der wahlfähigen Holzgattungen bei freier Entwickelung für die einzelnen Abtriebszeiten zu vergleichen, sondern auch der Kronenraum dieser Holzgattungen in sämmtlichen Lebensperioden gegenseitig zu würdigen, denn diejenige Oberholz-Dichtigkeit, welche den Maximal-Ertrag des Mittelwaldes gewinnen läßt, ist bis jetzt nicht bekannt.

Werth-Produktion der im freien Stande erwachsenden Oberholz-Stämme. Aus den Meffungen und Berechnungen, welche in der eben erörterten Weise an den älteren Stämmen hinsichtlich der Produktion von Altersstufe zu Altersstufe vorgenommen worden sind, kann man die mittlere Werthmenge in den Altersjahren vom Laßreidel bis zum Hauptbaum und alten Baum ersehen. Zur Vergleichung berechnet man den Werth-Durchschnitts-Zuwachs für alle untersuchten Holzgattungen der Wachsthums-Klaffen, indem man mit Abstufung von 5 zu 5 Jahren alle Untersuchungen zusammen setzt und den mittleren Stamm mit dem mittleren Alter dividirt, die Ergebniffe geometrisch darstellt und die mittlere Kurve zu bestimmen sucht. Bei diesen Untersuchungen ist beharrlich bis zur erreichbaren Genauigkeits-Grenze vorzudringen; das Verfahren kann selbstverständlich im Speziellen hier nicht instruirt werden. Die Anwendung der Ergebnisse wird später erörtert werden (§ 65).

Wachsraum der Oberholzstämme. Unter den Produktions-Faktoren des Mittelwaldes ist das Verhalten der zu Oberholz geeigneten Waldbäume hinsichtlich der Kronen-Ausbreitung und der Kronen-Dichtigkeit ebenso beachtenswerth, als die Vergleichung der Zuwachs-Leistungen der wahlfähigen Holzgattungen. Es ist zu erforschen, welche Stamm-Zahl auf der Flächen-Einheit zur vollen Kronen-Entwickelung gelangen wird, wenn diese oder jene Holzart die Oberholz-Bestockung bildet, wenn der Boden tiefgründig, frisch und humusreich oder flachgründig und trocken ist. Man muß wissen, wie sich der Unterholz-Ertrag gestaltet, wenn dicht belaubte Buchen und Fichten, Bäume und Hauptbäume, in großer Menge das Unterholz beschirmen oder wenn lichtkronige Lerchen und Eichen, mehr oder minder zahlreich, mehr oder minder alt, vorherrschen.

Allein diese Fragen sind in der Regel nicht so leicht zu beantworten, als sie gestellt werden können. Zunächst ist die direkte Messung der mittleren Schirmflächen der Oberhölzer bei der regellosen Ausbreitung der Krone eine ungemein schwierige Aufgabe. Man hat zwar versucht, das Verhältniß zwischen Schaft-Durchmesser (in Brusthöhe) und Kronen-Durchmesser festzustellen. Allein diese sog. Abstandszahlen differiren nach Holzart, Holzalter und Standort nicht unbeträchtlich und selbst in ein und demselben Bestand wird man für gleiche Holzarten und Holzstärken sehr verschiedene Abstandszahlen finden. Für die Dichtigkeit der Belaubung, für die Gradation der Beschirmung haben wir gar keinen Maßstab; es mangeln in der Regel die vergleichungsfähigen Bestockungsformen, die den Unterholz-Ertrag für die in Frage kommenden Abstufungen der Oberholz-Bestockung nachweisen würden.

Allein es ist immerhin möglich, dieses Dunkel, dessen Aufhellung eine Grundbedingung für die rationelle Regelung der Mittelwald-Wirthschaft ist, in gewissen Richtungen zu lichten. Man kann zunächst die bei den örtlichen Standorts-Verhältnissen zulässige Maximal-Oberholz-Menge, bei deren Vorhandensein das Unterholz

zum Boden-Schutzholz ohne bemerkenswerthe Ertragsleistungen herabgedrückt werden würde, festzustellen suchen. Man kann zweitens den
Unterholz-Ertrag bei einem lichten Oberholz-Stand ohne
dichten Schirmdruck (z. B. unter Eichen- und Lerchen-Oberholz),
der dem Niederwald-Ertrage nahe stehen wird, zu bemessen suchen.
Es ist dann nicht sehr schwer, die zwischen diesen Grenzpunkten liegenden Zwischenstufen so weit zu beurtheilen, als es für die innere
Regelung des Mittelwald-Betriebs erforderlich ist.

So lange über das Verhalten der Abstandszahlen zahlreiche
direkte Untersuchungen, die dem forststatischen Versuchswesen zu über-
antworten sein dürften, mangeln, erreicht die Ertrags-Regelung eine
gleiche Sicherheit, wenn sie — statt der Abstandszahl — die Oberholz-Grundfläche in Brusthöhe per Hektar nach dem
Maximalsatze bestimmt. Zu diesem Zweck wird die Stamm-
Grundfläche für die Waldtheile, welche die größte Menge von Oberholz besitzen, zusammengestellt. Man durchgeht hierauf diese Mittelwald-Bestände und schätzt die Oberholz-Menge, welche auf den größeren
Lücken Platz finden würde, in Prozenten der vorhandenen Oberholz-
Grundfläche (oder Masse) ein, indem man stets die wirthschaftliche erreichbare Oberholz-Menge in's Auge faßt[1]).

Anmerkung. Die Stammgrundfläche pro Hektar wird ihr Maximum in
Oberholz-Beständen erreichen, welche auf tiefgründigen, humusreichen Boden stocken
und gleichzeitig durch richtige Vertheilung der Baumkronen nach Höhenschichten
(wobei die lichtbedürftigen Eichen, Birken, Lerchen 2c. vorwiegend in oberster Schicht
stehen) günstige Verhältnisse für die Entwickelung der Baumkronen darbieten. Nach
den Erfahrungen des Verfassers wird auch bei dieser Beschaffenheit der Oberholz-
Bestockung die Brusthöhen-Grundfläche auf größeren Flächen selten mehr als
20 ☐ Meter pro Hektar vor dem Hieb des Schlages betragen. In der Regel
wird der Maximalsatz zwischen 10 und 20 ☐ Meter pro Hektar schwanken.

Die Einwirkung der Oberholzmenge u. s. w. auf die Unterholz-
Produktion wird im folgenden § erörtert werden.

---

[1]) Die Frage, wie weit und wann diese Oberholz-Menge in den einzelnen
Mittelwald-Schlägen in Folge der Oberholz-Nachzucht-Verhältnisse hergestellt werden
kann, wird bei der planmäßigen Einrichtung der Mittelwald-Wirthschaft erörtert.

§ 46.

Ermittelung der Unterholz-Produktion.

Die Untersuchung ist in vorderster Reihe auf die Bestimmung der vortheilhaftesten Unterholz=Umtriebszeiten zu richten. Bei der Vertheilung der Unterholz=Probe=Hiebe sucht man Mittelwald=Schläge, deren Unterholz von gleicher Holzarten=Mischung gebildet wird und deren Oberholz eine annähernd gleiche Beschirmung verursacht, zu treffen und sucht dabei eine möglichst gleichmäßige Vertheilung der Probehiebe in die Alters=Abstufungen des Unterholzes — zwischen den 15—20jährigen, 20—25jährigen u. s. f. Altersgruppen — zu erreichen. Für diese Probehiebe berechnet man die durchschnittliche Jahres=Produktion und berichtigt und interpolirt die Ziffern auf graphischem Wege.

Anmerkung. Wenn in den älteren Schlägen ein Theil der über 15 Centimeter starken, als Oberholz aufgenommenen Stangen beim Hiebe zum Unterholz aufzuarbeiten sein wird, so ist diese (meistens geringfügige) Holzmasse gutachtlich zu schätzen, dem Unterholz=Ertrage zuzusetzen und dem Oberholz=Ertrage abzuziehen.

Die Untersuchung richtet sich in zweiter Linie auf die Produktion der zu Unterholz wahlfähigen Holzgattungen. Wenn sich ältere Schläge mit ähnlicher Oberholz=Beschaffenheit und gleicher Standortsgüte vorfinden, deren Unterholz vorherrschend entweder von Hainbuchen, oder von Eichen, oder von Rothbuchen u. s. w. gebildet wird, so kann man durch Einlegung von Probehieben die Verschiedenheiten der Unterholz=Produktion dieser Holzarten direkt bemessen. Meistens wird indessen mit Sicherheit lediglich die Gesammt=Produktion der örtlich leistungsfähigsten Holzarten festgestellt werden können; die gegenseitigen Beziehungen der Holzarten in dieser Richtung kann man selten genau bestimmen. Diese Differenzen haben auch, da nicht der Massen=, sondern der Werth=Betrag ausschlaggebend ist, meistens untergeordnete Bedeutung.

Die Untersuchung hat sich drittens mit der Unterholz=Produktion in Hinblick auf die Abstufungen der Beschirmung durch das Oberholz zu befassen. Man sucht hier, wie schon erwähnt wurde, den Spielraum dieser Produktion, der örtlich zwischen voller Ueberschirmung und vereinzeltem Vorkommen des Oberholzes obwaltet, zu bestimmen — wieder durch Probehiebe in der für diese Untersuchung geeigneten Bestockung.

Die Benutzung der gesammelten Materialien wird § 65 erörtert werden.

———

§ 47.
Standorts- und Bestands-Beschreibung.

Für die Standorts-Beschreibung sind die im §. 29 gegebenen Vorschriften im Allgemeinen maßgebend. Wenn die Fortsetzung der Mittelwald-Wirthschaft begutachtet werden kann, so sind die Standorts-Klassen im Anschluß an die örtlichen Oberholz-Wuchs-Klassen (siehe § 40) auszuscheiden. Selbstverständlich hat die Einschätzung ohne Rücksicht auf die derzeitige Bestands-Beschaffenheit lediglich nach der Standorts-Güte zu erfolgen. Man bezeichnet diese Standorts-Klassen mit römischen Ziffern.

Wenn die Verjüngung der Mittelwald-Bestände zu Hochwald-Bestockung in Frage zu ziehen ist, so sind die Massen-Bonitäts-Klassen für Fichten oder Buchen oder Kiefern u. s. w. nach § 28 einzuschätzen. Für die Begründung des Niederwald-Betriebs bonitirt man nach dem Massen-Durchschnitts-Zuwachs (siehe § 48).

Die Bestands-Beschreibung hat in prägnanter Ausdrucks-weise zunächst das Alter, die Holzarten und die Wachsthums-Ver-hältnisse des Unterholzes, sodann die Vertheilung des Oberholzes nach Holzarten (z. B. Eichen 0,6, Kiefern 0,4), die Gesammtmenge des Oberholzes per Hektar nach Werthmetern anzugeben; es wird weiter bemerkt, ob die Altersabstufung nach Oberholz-Klassen vor dem Unterholz-Abtriebe („alte Bäume," „Hauptbäume," „Bäume," „angehende Bäume," „Oberständer"), regelmäßig oder unregelmäßig in Hinblick auf die bisherige planmäßige Gradation sein wird, im letz-teren Falle wird angegeben, welche Klasse vorwiegt oder mangelhaft ist (z. B. „nicht ganz regelmäßiges Klassen-Verhältniß, die Eichen-Ober-ständer und angehenden Bäume mangeln, die vorhandenen sind

meistens mit Fehlern behaftet, dagegen übersteigen die Eichen=
Hauptbäume und alten Bäume den normalen Vorrath um ⅓").
Ferner werden die Wachsthums=Verhältnisse des Oberholzes kurz an=
gegeben (z. B. „kurzschaftig, geringer Wuchs," oder „lang= und froh=
wüchsig") und die stärker auftretende Anbrüchigkeit einzelner Ober=
holz=Klassen bemerkt (z. B. Eichen=Hauptbäume und alten Bäume
durchgängig mehr oder minder rothfaul, theilweise auch weißfaul).
Mit besonderer Aufmerksamkeit werden die Nachzucht=Verhältnisse
des Oberholzes behandelt; es wird in jedem Mittelwald=Schlag genau
untersucht, in welcher Zahl und Vertheilung die Kernwuchs=Stangen
u. s. w. der gebrauchsfähigsten Holzarten sich vorfinden, welche
Beschaffenheit die Laßreidel, angehenden Bäume, Bäume u. s. w.
haben u. s. w. Die Reproduktionsfähigkeit der Unterholz=Stöcke,
das Alter und die Vertheilung derselben hat man speziell zu wür=
digen, u. s. f.

Gelegentlich der Bestands=Beschreibung werden die Mittelwald=
Schläge, hinsichtlich der Oberholz=Mengen, welche bei den nächsten
Schlagstellungen belassen werden können, klassifizirt. Hierbei richtet
man den Blick in erster Linie auf die Oberholz=Vorräthe, welche in
den jüngsten Schlägen gefunden worden sind. Man bildet sodann
durch eine entsprechende Abstufung der Schlagstellungs=Vorräthe Klassen
(z. B. Vorraths=Klasse a. 150—200 Werthmeter; b. 200—250 Werth=
meter per Hektar u. s. f.). Die Einschätzung der Schläge in diese
Klassen hat nun zunächst die Stamm=Grundflächen und die zuge=
hörigen Werth=Massen zu Grunde zu legen, welche für diejenigen Laß=
reidel, Oberständer, Bäume u. s. w., die unzweifelhaft als Oberholz
für den folgenden Unterholz=Umtrieb benutzt werden können, im Stamm=
zahlen=Register nachgewiesen werden. Man findet ferner in den Stamm=
Messungen Anhaltspunkte, um annähernd genau bemessen zu können,
welche Stamm=Grundflächen und Werthmengen vor dem Hieb des
Schlages vorhanden sein werden. Nun sind allerdings diese Sätze
nicht unmittelbar maßgebend, vielmehr fällt die Beschaffenheit des
Oberholzes schwer in die Wagschale. Allein mit Benutzung dieser
Anhaltspunkte und im Anschluß an den Thatbestand, welcher der
bisherigen Praxis entstammt, können Forstwirthe, welche in der Mittel=
wald=Schlagstellung Erfahrung haben, hinreichend genau die faktisch

erreichbaren und zulässigen Schlagstellungs = Vorräthe bemessen und
wesentliche Irrthümer bei der Klassifikation vermeiden. (Die lokal=
kundigen Wirthschafts=Beamten haben bei dieser Klassifikation mitzu=
wirken.)

Die Bestands=Beschreibung bildet den ersten Theil des Wirth=
schafts=Buches, welches eine ähnliche Einrichtung, wie beim Hochwald=
Betrieb (siehe § 69) erhält.

Fünfter Abschnitt.

Erforschung der Produktions-Faktoren für die Niederwald-Wirthschaft.

§ 48.
Bestands-Bonitirung.

Als Vorarbeit für die Bonitirung der vorhandenen Niederwald=Bestände wird eine Zusammenstellung der Erträge beim letzten Nutzungsumlauf angefertigt. Die Erträge werden nach Verkaufs=Sorten ausgeschieden, hierauf in Derbmassen= und Werth=Einheiten umgewandelt; für jeden Schlag wird der Massen=Ertrag per Hektar und der Massen=Durchschnitts=Zuwachs und hierauf die Bestandswerth=Ziffer (siehe § 26) für die Holzerträge berechnet. (Bei Eichen=Schälwaldungen wird der Holz= und Rinden=Ertrag gesondert nachgewiesen.)

Es wird sodann die Zahl der Wachsthumsklassen — in der Regel zwei bis drei — festgestellt. Für jede Wachsthumsklasse sucht man in den haubaren und nahezu haubaren Schlägen eine Muster=Bestockung auszuwählen und bestimmt innerhalb derselben mehrere Probeflächen zur Abholzung. In denjenigen Niederwald=Schlägen, welche ein benutzungsfähiges Alter erreicht haben, sucht man Probeflächen aus, welche nach ihrer Bestands=Beschaffenheit — bei Schälwaldungen vorzugsweise hinsichtlich der Eichen=Beimischung — den Wachsthums=Verhältnissen der Muster=Bestände entsprechen. Man läßt auf den Probeflächen die gesammte Bestockung fällen und in die örtlichen Verkaufsmaße aufarbeiten, bestimmt nach Berechnung der Derbmassen=Erträge den Holz=Durchschnitts=Zuwachs nach Festmetern und den Jahres=Rinden=Ertrag nach dem Gewicht. (Das Alter der Bestockung ist in der Regel in den Forst=Rechnungen zu ersehen.) Man bestimmt endlich nach Umwandlung des Holzsorten=Anfalls in Werthmeter die Bestands=Werth=Ziffern (siehe § 26).

Die Bestands=Bonitirung legt den Massen=Durch=schnitts=Ertrag beim Abtrieb im 15= oder im 20jährigen Be=standsalter zu Grunde und benutzt hierbei die Massen=Erträge der Probehiebe in den Muster=Beständen und der jüngeren Bestockung lediglich als Richtpunkte für die Einschätzung der Massen=Durchschnitts=Erträge in ähnlicher Weise, wie bei der Massen=Bonitirung der Hoch=wald=Bestände. (Klasse 2 = 1,5—2,5 Festmeter Holz=Durchschnitts=Ertrag im 20. Jahre u. s. f.) Weitere Anhaltspunkte gewährt bei dieser Einschätzung die Zusammenstellung der Fällungs=Ergebnisse der letzten Nutzungs=Umlaufs=Zeit. Wenn man in dieser Weise die sämmtlichen Niederwald=Bestände nach den durchschnittlichen Holz=Erträgen in die Massen=Ertrags=Klassen eingeschätzt hat, so sind die Bestands=Werth=Ziffern für diese Klassen (nach den Ergebnissen der Probeholz= und Wirthschaftshiebe auf graphischem Wege) zu be=stimmen. Man kann endlich kleine Werthertrags=Tafeln für die Niederwald=Wirthschaft aufstellen.

Die Rinden=Erträge werden stets gesondert eingeschätzt — nach dem Gewicht — und in Werth=Einheiten umgewandelt.

---

§ 49.
Standorts- und Bestands-Beschreibung.

Dieselbe folgt der bei der Beschreibung der Hochwald=Bestände (§ 29) gegebenen Anleitung. Wenn in Schälwaldungen eine Ver=stärkung der Eichen=Bestockung in Aussicht zu nehmen ist, so wird bei der Standorts=Beschreibung der Rinden=Ertrag auch für die ferneren Umtriebszeiten gutachtlich eingeschätzt (z. B. 25a. Standorts=Bonität für Niederwald: erster Umtrieb 2,0 Holz, 1,5 Ctr. Rinde; zweiter Umtrieb 2,0 Holz, 2,0 Ctr. Rinde jährlicher Durchschnitts=Ertrag bei 15jährigem Umtrieb; für Buchen=Hochwald: 2,5 u. s. f.)

§ 50.
Zuwachs-Verhältniſſe der Niederwaldungen.

Die weiteren Unterſuchungen richten ſich zunächſt auf die Be=
ſtimmung der einträglichſten Niederwald=Umtriebszeiten und
dieſe Ermittelung iſt beſonders für Eichen=Schälwaldungen wichtig.
Man betrachtet hier in der Regel die Umtriebsjahre 15 bis 20, in=
dem man das Verhalten der Holz= und Rinden=Durchſchnitts=Erträge
nach den Ergebniſſen der Probeholz=Fällungen und der bisherigen
Nutzungen zu bemeſſen ſucht.

Es iſt ferner die vortheilhafte Menge der Ausſchlagſtöcke
feſtzuſtellen. Man zählt auf beſonderen Verſuchsflächen, bei deren
Auswahl man gleichartige Standortsgüte und Beſtockung, aber ver=
ſchiedene Dichtigkeitsgrade der letzteren — zu treffen ſucht, die Stöcke
und vergleicht den Holz= und Rinden=Ertrag. Aus den Probehieben
ſucht man ferner die Produktivität der Holzarten im Nieder=
wald=Betriebe zu beurtheilen und das vortheilhafteſte Miſchungs=Ver=
hältniß feſtzuſtellen. Es iſt namentlich für die Schälwaldungen zu
beurtheilen, ob auf den minder guten Bodenarten die reine Eichen=
Beſtockung oder eine mäßige Beimiſchung von ſog. Raumholz
(Haſeln, Kiefern u. ſ. w.), die Hackwald=Wirthſchaft u. ſ. w. räth=
lich ſein wird.

Endlich iſt das Ueberhalten von lichtbedürftigen Oberhölzern —
Lerche, Eiche, Kiefer u. ſ. w. — für verſchiedene Stamm=Mengen
per Hektar bis zu einem mittelwald=ähnlichen Beſchirmungsgrade zu
unterſuchen.

Durch zweckmäßige Auswahl der Probeflächen und ſorgfältige
Benutzung aller erreichbaren Anhaltspunkte muß der Taxator ſein
Gutachten über die zweckmäßigſten Wirthſchafts=Maßnahmen zu mo=
tiviren ſuchen.

Statistische Erforschung der bisherigen Produktions- und Konsumtions-Verhältnisse im Absatzgebiet.

---

§ 51.
Oertliche Untersuchungen.

Vor Beginn der forstlichen Ertrags-Regelung hat die Central-Forst-Behörde statistische Ermittelungen für die sämmtlichen inländischen Waldungen anzuordnen. Zu diesem Zwecke wird das Wald-areal in Erhebungs-Bezirke eingetheilt, die sich an die bestehenden Staats-Forstverwaltungs-Bezirke (Oberförstereien, Reviere u. s. w.) und die der technischen Betriebsleitung unterstellten Gemeinde-, Privat- u. s. w. Forstbezirke möglichst anschließen und gewöhnlich ein und demselben größeren politischen Verwaltungsbezirk (Regierungs-bezirk) angehören. Als Erhebungs-Beamte sind in der Regel die betreffenden Revier-Verwalter zu verwenden, die rechnungsverständige Schreiber u. s. w. zur Unterstützung auf Staatskosten beiziehen dürfen, in größeren Bezirken werden außerdem jüngere, wissenschaftlich gebil-dete und geschäftskundige Forsttechniker zur Aushilfe beigegeben.

Den Erhebungs-Beamten werden die einschlägigen Resultate der Katastrirung und Steuer-Veranlagung und die Ergebnisse der letzten Volkszählung mitgetheilt.

Die sorgsame, durchaus zuverlässige Ermittelung ist bei diesen mühsamen Arbeiten durch unausgesetzte Kontrole und Ueberwachung zu sichern. Entstehen bei der Zusammenstellung der Ergebnisse Zweifel, welche eine leichtfertige, ungenaue Bearbeitung vermuthen lassen, so hat sich ein Kommissair der obersten Forstbehörde ohne Verzug an Ort und Stelle zur Untersuchung der sämmtlichen Aufnahmen zu begeben. Derselbe hat die Ergebnisse dieser Prüfung in einem Revisions-Bericht der obersten Forstbehörde vorzulegen und diese hat bei unzuverlässigen und fahrlässigen Arbeiten ausnahmslos Bestrafung zu verfügen. Diese Anordnungen sind bei der Wichtigkeit der Aufgabe wohlbegründet; sie sind nothwendig, weil erfahrungsgemäß nicht zu erwarten ist, daß sich alle Erhebungs-Beamte einer mustergültigen Genauigkeit befleißigen werden.

Die „Forststatistik" soll in erster Linie ein anschauliches Bild der örtlichen Konsumtions-Verhältnisse liefern, jedoch sind auch die Produktions-Verhältnisse im Erhebungsbezirk nach den hauptsächlichen Beziehungen zum Holzverbrauch darzustellen.

Im Wesentlichen sind Erhebungen über folgende Gegenstände vorzunehmen.

I. Lage, Größe, Bewaldungs- und Bevölkerungs-Verhältnisse des Erhebungs-Bezirks.

1. **Feststellung des bisherigen und des erreichbaren Absatz-Gebiets.** Benennung der Gemarkungen, Kreise 2c., welche bisher ausschließlich aus dem Erhebungs-Bezirk den Forstprodukten-Bedarf bezogen haben. Einschätzung des Holzbezugs 2c., der nur theilweise auf den Erhebungsbezirk angewiesenen Gemeinden nach Prozenten des gesammten Holzverbrauchs dieser Ortschaften. Angabe der durch Eisenbahnen, Wasserstraßen 2c. mit Nutzholz- und mit Brennholz-Absatz zu erreichenden hauptsächlichen Konsum-Orte und Gegenden. Darstellung des zunächst gelegenen Absatz-Gebiets in einem Ausschnitt der topographischen Karte.

2. **Größe des Erhebungs-Bezirks.** Vertheilung von Feldern, Wiesen, Gärten, Weiden 2c. und Wald nach der Gesammtfläche und nach Prozentsätzen.

3. **Angabe der Einwohner-Zahl, der Zahl der Gebäude und der Zahl der selbstständigen Haushaltungen** für den Erhebungs-Bezirk nach den Ergebnissen der letzten Volkszählung. Berechnung per Quadrat-Kilometer. Vertheilung der Haushaltungen nach Berufsarten.

4. Flächengröße
   a. des ertragsfähigen Waldbodens (inkl. Waldwege und exkl. Straßen),
   b. des nicht produktiven, der Forstverwaltnng unterstehenden Areals,
   c. der benutzungsfähigen sonstigen Bodenfläche, welche der Forst=Verwaltung unterstellt worden ist.

5. Von der ertragsfähigen Waldfläche befinden sich
   a. im Besitz des Staates und im landesherrlichen Besitz?
   b. im Besitz der Gemeinden?
   c. im Besitz der Körperschaften, Stiftungen, Institute ꝛc.?
   d. im Besitz von Privaten?
   e. im gemeinschaftlichen Besitz des Staates und anderer Eigenthümer?

6. Wie viele Hektaren ertragsfähiger Waldfläche treffen auf je 1000 Haushaltungen oder je 1000 Einwohner des Erhebungs=Bezirks
   a. von den Staats=Waldungen?
   b. von den Gemeinde=Waldungen?
   c. von den Körperschafts=Waldungen?
   d. von den Privat=Waldungen?
   e. insgesammt?

7. Wie weit liegt der Mittelpunkt des Waldgebiets von den zunächst erreichbaren Eisenbahn= oder Schifffahrts=Stationen? Wie hoch belaufen sich die durchschnittlichen Landfracht=Ausgaben per Festmeter Holz und per Centner Steinkohle?

II. Charakteristik der Produktions-Verhältnisse.

8. Uebersicht der Holzarten, Betriebsarten, planmäßigen Umtriebszeiten und der Altersklassen nach dem derzeitigen Stande.

Getrennt für die Staats=, Gemeinde=Stiftungs= und — so weit möglich — für die Privat=Waldungen sind die derzeitigen Bestockungs= und Wirthschafts=Verhältnisse — nach der Gesammtfläche und nach den Prozentsätzen — im Wesentlichen darzustellen und zwar für folgende Unterscheidungen:

I. Waldungen im schlagweisen Betriebe.

  A. Hochwald.

    a. Eichen-Bestände, rein oder fast rein,

    b. Buchen-Bestände,

      aa. rein oder fast rein,

      bb. mit eingemischten Eichen,

      cc. mit anderem Laubholz,

    c. sonstige Laubholz-Bestände,

    d. gemischt Laub- und Nadelholz,

    e. Kiefern,

    f. Fichten,

    g. Tannen,

    h. Lerchen,

    i. gemischt Nadelholz.

  B. Mittelwald.

    a. Bleibender Mittelwald,

      aa. im Oberholz vorwiegend Eichen,

      bb. „ „ „ Buchen,

      cc. „ „ „ gemischte Holzarten,

    b. in Ueberführung zu Hochwald begriffen.

  C. Niederwald.

    a. Eichenschälwald,

      aa. ohne Fruchtbau,

      bb. mit Fruchtbau,

    b. Erlen,

    c. Birken,

    d. Weidenheeger mit und ohne Kopfholz,

    e. sonstiger Niederwald.

  D. Kopf- und Schneidelholz-Betriebsflächen.

II. Waldungen im Plänter-Betriebe,

    a. vorherrschend Laubholz,

    b. vorherrschend Nadelholz.

III. Pflanz- und Hude-Waldungen.

IV. Betriebsmäßig aufzuforstende Blößen aller Betriebsarten
(mit Ausschluß der betriebsmäßigen Jahresschläge).

Für I. A. Hochwald werden außerdem die Flächen für folgende Unterscheidungen getrennt:

1. Vertheilung nach planmäßigen Umtriebszeiten:
   a. 60 Jahre und darunter,
   b. 61—80 Jahre,
   c. 81—100 Jahre,
   d. 101—120 Jahre,
   e. über 120 Jahre.
2. Vertheilung nach Alters-Klassen:
   a. bis 40 Jahre,
   b. 41—80 Jahre,
   c. 81—120 Jahre,
   d. über 120 Jahre.

Für I. B. Mittelwald werden die Flächen weiter für folgende Unterscheidungen nachgewiesen:

1. Vertheilung nach Umtriebszeiten:
   a. Unterholz-Umtrieb bis (einschließlich) 15 Jahre,
      aa. mit einem höchsten betriebsplanmäßigen Oberholz-Alter von 80 Jahren und darunter,
      bb. desgl. von über 80 Jahren,
   b. Unterholz-Umtrieb über 15 Jahre,
      aa. höchstes Oberholz-Alter 80 Jahre und darunter,
      bb. desgl. über 80 Jahre.

Für I. C. Niederwald gelten die Unter-Abtheilungen:
   a. 15 Jahre Umtriebszeit und darunter,
   b. über 15jährige Umtriebszeit.

In die oben genannten Holz- und Betriebsarten sind alle Waldungen des Erhebungs-Bezirks, also auch Park-Waldungen, kleine Holzungen u. s. w. einzureihen. Beimischungen anderer Holzarten ohne wirthschaftliche und bleibende Bedeutung (z. B. geringfügige Einsprengungen von Boden-Schutzholz, Treibholz) klassifizirt man als reine Bestände. Zu Schälwald werden die Niederwaldungen dann gerechnet, wenn mehr als die Hälfte der Bestockung von der Eiche gebildet wird und Rinden-Gewinnung stattfindet.

Diese statistischen Aufnahmen sind auch für die Privat-Waldungen, welche nicht der forsttechnischen Betriebsleitung unterstehen, mit der erreichbaren Genauigkeit durchzuführen (gleichzeitig werden die Ertrags-Verhältnisse — siehe ad III — ermittelt).

9. Angabe der Flächentheile, welche nach der Ansicht des Erhebungs-Beamten dem Waldbetriebe mit natürlicher Verjüngung aus Gründen der Volkswohlfahrt zu erhalten sind (sog. Schutz-Waldungen).

10. Kartographische Darstellung der örtlichen Lage der Waldungen innerhalb des Erhebungs-Bezirks und der vorherrschenden Holz- und Betriebsarten. Es sind alle Wald-Parzellen über 5 Hektaren Flächengröße nach ihrer Lage einzuzeichnen. Durch verschiedene Farben werden die vorherrschenden Holz- und Betriebsarten — Fichten-Hochwald, Buchen-Hochwald u. s. w. — gekennzeichnet. Durch Schraffur u. s. w. kann man die Staats- und Gemeinde-Waldungen hervorheben. Man wählt gewöhnlich den Maßstab: 1: 50000 und benutzt einen Ausschnitt der topographischen Karte oder reducirte Kataster-Karten.

III. Ertrags-Verhältnisse.

11. Uebersicht der durchschnittlich jährlichen Holzabgabe im letzten Jahrzehnt nach Holzarten und Holzsorten. Diese Zusammenstellung wird getrennt für die Wirthschafts-Bezirke des Staats, der Gemeinden, Körperschaften und Privat-Eigenthümer, für welche Betriebs-Nachweisungen aufgestellt worden sind, angefertigt. Für die Privat-Waldungen, für welche Ertrags-Nachweisungen mangeln, wird der Ertrag nach örtlicher Besichtigung und unter Vergleichung mit ähnlichen, forsttechnisch behandelten Waldungen geschätzt und summarisch am Schluß der Uebersicht verzeichnet. Hierauf ist der durchschnittliche Jahres-Ertrag für sämmtliche Waldungen zusammen zu stellen (nach Festmetern) und es sind die Holzarten- und Holzsorten-Verhältnisse des Material-Ertrags zu berechnen.

Für die Waldungen, welche der technischen Betriebsleitung unterstehen, wird diese Zusammenstellung benutzbar für die Berechnung der Durchschnitts-Preise (§ 21) eingerichtet werden können. Zu diesem Zweck werden für jeden Wirthschaftsbezirk die Holzsorten getrennt verzeichnet. Für die Nutzholz-Verkaufssorten werden die Stückzahlen, die Festmeter-Ziffern und die Netto-Geld-Erlöse der einzelnen Jahres-

Erträge, und für die Brennholz-Sorten die Raummeter-Zahlen und die Netto-Geld-Erlöse dieser Jahres-Erträge angegeben. Dabei werden die Erlöse, welche für die Bestimmung des Durchschnitts-Preises ungeeignet sind, z. B. die Abgaben um ermäßigte Preise u. s. w., roth eingetragen[1]).

IV. Nutzholz-Verbrauch.

12. Bemessung der Theile der Nutzholz-Abgabe, welche

    a) im Erhebungsbezirk verbraucht,

    b) im Erhebungsbezirk durch Sägebetrieb und andere Holzgewerbe der Ausfuhr aus dem Erhebungsbezirk zugeführt worden sind und

    c) im runden und behauenen Zustande per Eisenbahn- und Wasserfracht u. s. w. in entfernte Verbrauchsgebiete gebracht worden sind.

13. Nach welchen Verbrauchs- und Handels-Gebieten war die Ausfuhr vorwiegend gerichtet? Welche Holzarten und Holzsorten waren hierbei im Wesentlichen vertreten? (Wenn möglich, nach den Büchern der Holzhändler zusammenzustellen.)

14. Welche Holzarten und Holzsorten sind in den Erhebungsbezirk mit nennenswerthen Massen eingeführt worden und annähernd mit welchen durchschnittlichen Jahres-Beträgen?

15. Sind im Staats-, Gemeinde- oder Privat-Eigenthum des Erhebungsbezirks Baustein-Brüche, Lehm-Lager u. s. w. in ausgiebiger Benutzung? Wie groß ist die jährlich durchschnittliche Gewinnung? (Auszudrücken nach Kubikmetern.) Ist die bisherige Ausbeute als nachhaltig anzunehmen? Wie hoch stellen sich durchschnittlich die Gewinnungs- und Behauungs-Kosten der Bausteine per Kubikmeter nach den vorkommenden Gesteinsarten? Wie hoch stellen sich die Preise für die gebrannten und getrockneten Lehmsteine?

16. Findet Einfuhr von Brennholz-Surrogaten in bemerkenswerthem Maße statt? Mit welchem Jahres-Betrage? Aus welchen Gegenden? Wie hoch stellen sich die Preise für den Mittelpunkt des Verbrauchs-Gebiets?

---

[1]) Die Berechnung und Ausgleichung der Werth-Faktoren (siehe § 21 und § 22) wird sofort — vor Beginn der Wald-Ertrags-Regelung — im Forst-Einrichtungs-Bureau vorgenommen. (Siehe unten § 53.)

17. Findet Ausfuhr statt? Mit welchem Jahres-Betrage?

18. Welche Art des Häuserbaues ist im Erhebungsbezirk vorherrschend?

19. Gutachtliche Bemessung des regelmäßigen, nachhaltigen Verbrauchs von Bau-, Werk- und Nutzholz im Erhebungsbezirk nach Holzarten und Holzsorten mit besonderer Berücksichtigung der Stärken-Verhältnisse. Berechnung der Mittelsätze per 1000 Haushaltungen und 1000 Einwohner.

V. Brennholz-Verbrauch.

20. Bemessung der Theile der Brennholz-Abgabe, welche durch Eisenbahn- und Wasser-Transport aus dem Erhebungsbezirk ausgeführt worden sind. Nach welchen Gegenden war die Ausfuhr gerichtet?

21. Werden im Erhebungsbezirke Kohlengruben oder Torfstiche betrieben? In Staats-, Gemeinde- oder Privatbesitz? Jährliche Ausbeute? Nachhaltig? Brennkraft im Vergleich mit Buchen- oder Kiefern-Scheitholz? Preise der Sorten loko Grube oder Torfstich? Gegenwärtige Gewinnungskosten? Betrag der Ausfuhr von Steinkohlen, Braunkohlen, Torf. Verbrauch im Erhebungsbezirk von der Produktion innerhalb desselben.

22. Einfuhr von Stein- und Braunkohlen und Torf.

23. Gesammt-Verbrauch dieser Brennstoffe im Erhebungsbezirk. Ermittelung des Verbrauchs zu industriellen Zwecken und des Verbrauchs zur Zimmer-, Heerd-Feuerung u. s. w., (durch Anfrage bei den Eisenbahn-Behörden, Handelskammern u. s. w. festzustellen). Sammlung von Angaben über die Zunahme des Haus-Verbrauchs, über die bisherige Preis-Bewegung u. s. w. Angabe der gegenwärtigen Preise an der nächsten Bahn- oder Schifffahrts-Station.

24. Holzkohlen-Verbrauch und dessen Nachhaltigkeit bei steigenden Holzpreisen.

25. Brennholz-Einfuhr. Angabe der jährlichen Quantitäten und der Bezugs-Quellen.

26. Berechnung des durchschnittlichen Verbrauchs für den Hausbedarf (exkl. gewerbliche und industrielle Verwendung) an Brennholz, Steinkohlen, Braunkohlen, Torf u. s. w. für je 1000 Haushaltungen und 1000 Einwohner.

VI. Nebennutzungen.

27. Lohrinden-Verbrauch im Erhebungsbezirk und Ausfuhr. Angabe der Gegenden, nach denen die Ausfuhr gerichtet war.

VII. Berechtigungen.

28. Generelle Beschreibung der Holz-, Streu- und Weide-Berechtigungen. Gesammt-Erforderniß nach Holzarten, Holzsorten, Streu-Quantitäten, Weideflächen u. s. w.

---

§ 52.

Zusammenstellung und kartographische Darstellung der Haupt-Ergebnisse der örtlichen Untersuchungen.

Im Forsteinrichtungs-Bureau der obersten Forstbehörde werden die Ergebnisse der statistischen Ermittelungen in den Erhebungsbezirken gesichtet und geordnet. Es werden zunächst die Areal-Verhältnisse nach dem Durchschnitt für das ganze Landesgebiet und für die Provinzen (Regierungsbezirke) nachgewiesen. Es wird die gesammte Bodenfläche und die gesammte Waldfläche angegeben, die Vertheilung der Bodenfläche nach Kulturarten, der mittlere Bewaldungssatz, die Vertheilung der Fläche nach Holz- und Betriebsarten, Umtriebszeiten und Altersklassen innerhalb der Staats-, Gemeinde-, Körperschafts- und Privat-Waldungen dargestellt. In gleicher Weise werden die Ertrags-Verhältnisse nach Eigenthums-Kategorien zusammengestellt — nach Festmeter Durchschnitts-Ertrag der bisherigen Nutzholz- und Brennholz-Abgabe. Endlich werden die Verbrauchs-Verhältnisse (Nutzholz- und Brennholz-Einfuhr und -Ausfuhr, Kohlen-Konsumtion u. s. w.) übersichtlich dargestellt.

Bei der speziellen Behandlung der einzelnen Landestheile sucht man zunächst nach der Oberflächen-Gestaltung und hinblickend auf die Abstufung der bisherigen Holzabgabe per 1000 Einwohner, die (gewöhnlich in größeren und kleineren Gruppen zerstreuten) Waldungen des Landes in „Waldgebiete" zusammen zu fassen. Man beginnt mit dieser Aussonderung in den Bergforsten, die durch ihre natürliche Lage in der Regel die Gruppenbildung erleichtern und die Grundzüge der Eintheilung vorzeichnen. Die Waldgebiete sollen ganz oder nahezu gleichartige Produktions= und Konsumtions=Verhältnisse umfassen. Da die Bewirthschaftung zukünftig in erster Linie auf Nutzholz=Produktion zu richten ist, so wird die Gruppenbildung in den Gebirgs=Waldungen vorzugsweise die Absatzrichtungen zu berück= sichtigen haben. Beispielsweise wird man im Holzhandelsgebiet des Rheins in Baden den Schwarzwald und Odenwald, in Bayern den Frankenwald und Spessart u. s. w. abgrenzen; man wird den Harz und das Fichtelgebirge im Elbegebiet, den Solling im Wesergebiet aussondern u. s. f.

Nach Ausscheidung und Abgrenzung dieser Gebirgs=Waldgebiete wird man in die waldreichen Vorberge, Hügel=Länder und Ebenen herabsteigen und hier nach der topographischen Lagerung der Stand= orts=Verhältnisse und nach dem Verhältniß der Bevölkerungs=Ziffer zur Waldfläche wieder gleichartige Produktions= und Konsumtions= Verhältnisse zu vereinigen suchen. (Derartige Waldgebiete wird man beispielsweise in Baden im Hügelland zwischen Pfinz und Neckar und in der Taubergegend, in Bayern in der fränkischen Ebene, in Preußen in der Mulde zwischen Harz und Thüringer Wald, im nord= deutschen Flachlande u. s. w. finden.) Man fährt mit dieser Aus= scheidung, welche ihre Richtpunkte in der Abstufung der Ertragssätze per 1000 Einwohner und in der Berücksichtigung der Standorts= Verhältnisse, der örtlichen Lage — in der Nähe von Wasserstraßen, Eisenbahnen, bevölkerten Landesstrichen u. s. w. — findet, fort, bis alle Landestheile in Waldgebiete, welche hinsichtlich der Produktions= und Holz=Konsumtions=Verhältnisse annähernd gleichartige Beschaffen= heit haben, zusammengefaßt worden sind.

Die Zusammenstellung der statistischen Ermittelungen wird sodann speziell auf diese Waldgebiete gerichtet. Für jede einzelne Gruppe und deren Absatzgebiet wird die Produktion, die Einfuhr und die Ausfuhr sowohl für die Nutzholz= und Brennholz=Sorten, als auch für die Stein= und Braunkohlen übersichtlich dargestellt, es werden über= haupt alle bei der örtlichen Untersuchung (§ 51) behan= delten Beziehungen zwischen Produktion und Konsumtion ſpeziell bemeſſen und gewürdigt. Man ſucht vorzugsweiſe die erzeugungsfähige Nutzholz = Menge zu beſtimmen und das Ab= ſorbtions=Vermögen des Abſatz-Gebiets zu bemeſſen. — Die Ergeb= niſſe werden veröffentlicht.

Bei der überſichtlichen Zuſammenſtellung und Vergleichung der Produktions= und Konſumtions=Verhältniſſe iſt in ausgedehntem Maße die kartographiſche Darſtellung zu benutzen. Dieſe Methode der ſtatiſtiſchen Graphik ſucht bekanntlich die ſtatiſtiſchen Durchſchnitts= Verhältniſſe für die ſämmtlichen Abſchnitte eines Landſtrichs nach ihrer topographiſchen Lagerung durch Farbe und Schraffur zu ver= anſchaulichen.

Man kann bei dieſer bildlichen Darſtellung die Durchſchnitts= Verhältniſſe getrennt für die einzelnen Erhebungs=Bezirke zur An= ſchauung bringen, denn die Abſtufung und die Zuſammengehörigkeit der Produktions= und Konſumtions=Verhältniſſe wird durch Farbe und Schraffur gekennzeichnet. (Später kann man dieſe Kartogramme auch auf die „Waldgebiete" ausdehnen.) Im Weſentlichen ſind die folgenden ſtatiſtiſchen Durchſchnitts=Verhältniſſe kartographiſch darzu= ſtellen:

1. Die bisherige geſammte Holzabgabe in den Erhebungs=Be= zirken nach ihrer Vertheilung auf die Kopfzahl der Bevölkerung der= ſelben[1]). Für die vorherrſchenden Holz= und Betriebsarten — z. B. Fichten=Hochwald, Buchenwald, Mittelwald — werden beſondere Farben gewählt und durch die Art der Schraffur wird die Abſtufung der geſammten Derbholz=Abgabe (Stammholz, Stockholz, Wellen) gekenn= zeichnet, beiſpielsweiſe für folgende Unterſcheidungen: unter 1000 Kbm. per 1000 Einwohner, von 1000—1250, von 1251—1500 und über 1500 Kbm. per 1000 Einwohner.

Dieſe Darſtellung kann auch getrennt für Nutzholz= und für Brennholz=Abgabe ausgeführt werden.

---

[1]) Es iſt näher zu unterſuchen, ob die Darſtellung für die Einwohner=Zahl oder für die Zahl der Haushaltungen den Vorzug verdient. Bei Nutzholz=Abgabe kann auch die Gebäude=Zahl in Betracht kommen.

2. Der bisherige Gesammt-Holz-Verbrauch per 1000 Einwohner nach der Abstufung in den Erhebungs-Bezirken. Für Laubholz und für Nadelholz werden verschiedene Farben gewählt und die Gradation des Verbrauchs wird durch Art der Schraffur kenntlich gemacht.

3. Darstellung der Wald-Vertheilung und der Produktion pro Waldflächen-Einheit. Wenn man Uebersichts-Karten im Maßstab 1 : 100000 zu Grunde legt[1]), so werden in der Regel die Waldflächen nach ihrer natürlichen Lage im Erhebungs-Bezirk eingezeichnet werden können.

Anmerkung. Wenn diese Darstellungsweise nicht gewählt werden kann, so sucht man die Waldfläche durch kreisförmige Flächen-Diagramme, die in dem Mittelpunkte der Erhebungs-Bezirke eingezeichnet werden, nach ihrer Flächen-Größe zu veranschaulichen. Man bestimmt zu diesem Zwecke den Radius, welchen die Waldfläche haben würde, wenn dieselbe in eine kreisförmige Figur zusammengedrängt sein würde und mit diesem Radius (im Kartenmaßstab) zeichnet man einen Kreis in den Mittelpunkt des Erhebungs-Bezirkes. (Bei unregelmäßiger Figur der Erhebungs-Bezirke, die die Einzeichnung der Waldkreise innerhalb der Grenzen nicht gestattet, kann man auch statt der Kreisform die Rechteckform mit gleicher Basis und differenter Höhe wählen.) Der Waldflächentheil erhält Farbe und Schraffur, während die Fläche des Feld-Areals u. s. w. nicht kolorirt wird.

Durch die Wahl der Farben werden die vorherrschenden Holz- und Betriebs-Arten und durch die Art der Schraffur die bisherige Derbholz-Abgabe per Hektar — beispielsweise für die Abstufungen unter 2,5 Festmeter per Hektar, von 2,5 bis 3,0, von 3,0 bis 3,5 und über 3,5 Festmeter per Hektar — angegeben.

Diese kartographischen Darstellungen können noch auf den Verbrauch der Steinkohlen u. s. w. im Erhebungs-Bezirke (per 1000 Einwohner), auf die Nutzholz-Ausfuhr und -Ein-

---

[1]) Generalstabskarten sind vorhanden:

a) im Maßstab 1 : 50000 für Bayern, Baden, Württemberg, Hessen, Hohenzollern, Regierungs-Bezirk Kassel;

b) im Maßstab von 1 : 80000 für Rheinland und Westphalen;

c) im Maßstab von 1 : 100000 für die altpreußischen östlichen Provinzen, Hannover, Schleswig-Holstein, Wiesbaden, Königreich Sachsen, die thüringischen und anhaltischen Länder, Braunschweig;

d) im Maßstab 1 : 200000 die Reimann'schen Spezialkarten von Deutschland (bis auf einige bayerische Sektionen vollendet, umfaßt Elsaß-Lothringen).

fuhr, auf das Vorkommen der Alters=Klaſſen, auf die bis=
her eingehaltenen Umtriebszeiten u. ſ. w. ausgedehnt werden.

Anmerkung. Die Nutzholz= und Brennholz=Ausbeute nach dem bisherigen
Geld=Ertrags=Verhältniß wird nicht für die Erhebungs=Bezirke, ſondern lediglich
für die der techniſchen Betriebs=Leitung unterſtehenden Wirthſchafts=Bezirke, ge=
legentlich der Wald=Ertrags=Regelung kartographiſch dargeſtellt (ſiehe § 54). Die
kartographiſche Darſtellung der Wald=Boden=Verhältniſſe (nach der geognoſtiſchen
Abſtammung und den Boden=Arten — § 29 —) und die Vergleichung mit der
Darſtellung ad 3 wird gleichfalls bei der Wald=Ertrags=Regelung vorgenommen.

§ 53.
Allgemeine Unterſuchungen.

Im Anſchluß an die bisher beſprochenen örtlichen Unterſuchungen
ſind nicht nur die konkreten Verbrauchs=Verhältniſſe, welche die Wald=
produktion in den zugehörigen und erreichbaren Abſatz=Gebieten vor=
finden wird, gründlich zu erforſchen; es iſt außerdem die abſolute Ge=
brauchsfähigkeit der Waldprodukte nach Maßgabe der hauptſächlichen
Verwendungs=Arten durch allgemeine Unterſuchungen aufzuhellen[1]).

Bei der Regelung der Nutzholz=Wirthſchaft fallen zunächſt die
Konſum = Verhältniſſe der Schiffs = Werften in die Wag=
ſchale, denn zur Zeit finden anſehnliche Holz=Quantitäten beim Schiffs=
bau Verwendung. Es iſt zu bemeſſen, welche Holzarten und mittleren
Dimenſionen thatſächlich bisher vorwiegend verbraucht worden ſind
und wie weit das Angebot von Schiffs=Bauholz in den Stärkeſtufen
der einzelnen Holzarten ohne bemerkenswerthe Schädigung der Ge=
brauchsfähigkeit zum Bau der Kriegs= und Handels=Schiffe herab=
ſteigen darf. Denn man muß davon ausgehen, daß die Produktion
der beſonders dicken und langen Eichen=Schiffsbauhölzer ungemein
hohe Erzeugungs=Koſten verurſacht und deshalb nicht weiter ausge=
dehnt werden ſollte, als es für die Kriegs= und Handels=Marine
Deutſchlands unbedingt erforderlich iſt. Es ſind ferner die bisherigen
Erfahrungen hinſichtlich der Surrogirung der Holz = Konſtruktionen
durch Eiſen zu würdigen. Es iſt die Einfuhr von Eichen=Schiffs=

---

[1]) Die Verwendung der Ergebniſſe bei Feſtſtellung der wirthſchaftlichen Ziel=
punkte werden wir im nächſten Paragraphen kennen lernen.

Bauholz quantitativ und qualitativ zu bestimmen, die Nachhaltigkeit der Quellengebiete dieser Holzeinfuhr zu untersuchen — u. s. w.

Aehnliche Untersuchungen sind hinsichtlich der Verwendung des Holzes zum Bau und zum Betrieb der Eisenbahnen erforderlich. Die Gebrauchsfähigkeit der Holzarten beim Bahn-Oberbau — namentlich die Dauer der nicht imprägnirten Eichen- und der imprägnirten Kiefernschwellen — ist durch vergleichende Beobachtungen nach großen Durchschnitts-Ergebnissen zu bemessen. Die mittleren Rundholz-Stärken, die für die Zwischen-, Stoß- und Wechsel-Schwellen am ausgiebigsten sein werden, sind zu bestimmen. Die Holzdauer ist speziell nach dem Holzalter und der Fällungszeit zu untersuchen. Die Kosten und die Erfolge bei der Surrogirung der Holzschwellen durch Stein-Unterlagen u. s. w. sind mit der Verwendung von Holz zu vergleichen. Die Holz-Verbrauchs-Verhältnisse der Eisenbahn-Waggon-Fabriken sind zu ermitteln, u. s. w.

Der wichtigste Gegenstand dieser Untersuchungen ist ohne Zweifel der Bretter-Verbrauch (Diehlen, Bohlen, Latten u. s. w.). Der Umsatz größerer Handelsorte ist nach den Holzarten und Holzsorten — z. B. 15—20 Ctm. Breite, 20—25 Ctm., 25—30 Ctm., über 30 Ctm. Breite — zu ermitteln und es ist der unbedingt nothwendige Bedarf für die breiteren Sorten — im Prozentsatz — festzustellen. Das Preis-Verhältniß ist nach dem Durchschnitt längerer Zeitperioden zu bestimmen.

Aehnliche Untersuchungen sind bezüglich der Gebrauchsfähigkeit der Holzarten und Mittenstärken bei der Verwendung zum Häuser-, Wasser- und Grubenbau vorzunehmen. Die Verbrauchs-Verhältnisse der Kanthölzer — etwa von 10—15 Ctm., 15—20 Ctm., 20—25 Ctm. und über 25 Ctm. Beschlag, und für die zugehörigen Längen, — ferner den Stempel- und Stammholz-Verbrauch beim Bergbau u. s. w. hat man genau quantitativ und qualitativ zu bemessen.

Wenn die Verwendung des Holzes zu Faßdauben, Möbeln, im Wagner-, Drechsler-Gewerbe, zu Telegraphen- und Hopfenstangen, zu Weinpfählen, Schnitzwaaren u. s. w. örtliche Bedeutung hat, so können auch in dieser Richtung Untersuchungen erforderlich werden.

Es ist ferner die Konsum-Fähigkeit der Export-Gebiete eingehend zu würdigen. Für Deutschland kommt vorzugsweise England, Holland, Belgien und Frankreich in Betracht. Die bisherige Größe der gesammten Einfuhr an Holz in rohem und verarbeitetem Zustand ist quantitativ und qualitativ von den Konsular-Behörden zu bemessen und mit Gutachten über die zukünftigen Verbrauchs-Verhältnisse, über die Preise und Transport-Kosten u. s. w. vorzulegen. Man hat ferner eine Aufklärung der Holz-Vorraths-Verhältnisse der zunächst konkurrirenden Länder — Norwegen, Schweden, Ostsee- und Weichsel-Gebiet, Böhmen, Gallizien — zu versuchen und namentlich zu bestimmen, welche Holzmassen noch in der Nähe der Seeküsten und Flußgebiete vorhanden sind, ob der Transport später durch Eisenbahnen, Floßbäche u. s. w. erleichtert werden wird u. s. w. Die Holz-Einfuhr aus Amerika ist bezüglich der Transportkosten und der Nachhaltigkeit zu würdigen u. s. w.

Ueber die absolute Tragfähigkeit, Dauer u. s. w. der Holzarten sind komperative Untersuchungen vorzunehmen und dabei ist der Einfluß des Holzalters, der Fällungszeit, des Standorts, der Erziehungsart speziell ins Auge zu fassen.

Die Brennkraft der Holzarten und Holzsorten ist unter Berücksichtigung der zuletzt genannten Faktoren, durch umfassende Untersuchungen klar zu stellen. Man hat allgemein gültige Vergleichungs-Zahlen zu gewinnen, welche den Wärme-Effekt der Steinkohlen-, Braunkohlen-, Torf-Sorten gegenüber der Wärmeleistung der Brennholz-Sorten sowohl hinsichtlich der Zimmer-, als hinsichtlich der Heerd-Feuerung angeben. Für die verschiedenen Landesgegenden wird das jetzige Preisverhältniß auf Grundlage der heutigen Steinkohlenpreise nach diesen Wärme-Effekten bemessen.

Die Gebrauchsfähigkeit der Eichenrinde ist nach dem Alter der Stockschläge, den Standorts-Verhältnissen, nach der Bestandsdichte u. s. w. zu untersuchen.

Bei der Feststellung der forstwirthschaftlichen Zielpunkte müssen ferner statistische Ermittelungen vorliegen hinsichtlich der nachweisbaren Preisbewegung der forstwirthschaftlichen Produkte, der gleichzeitigen Preisbewegung der landwirthschaftlichen Produkte, der Stein- und Braunkohlen- und Torfsorten. Die

Verzinsung des Verkaufswerthes größerer Feldgüter durch die reine Verpachtungs-Rente, die Rentabilität des Eisenbahn-Betriebs und der Gang derselben in den Kultur-Staaten, die Bewegung der landwirthschaftlichen Bodenpreise u. s. w. ist für die Vergangenheit statistisch zu erforschen. Die Ergebnisse der Untersuchungen über die Wachsthums-Gesetze der Holzarten bei Erziehung im freien Stande und im Bestandsschluß, die schon früher erwähnt wurden, sind nach Standorts-Gruppen übersichtlich zu ordnen. Es ist die Aufstellung allgemeiner Wachsthums-Gesetze zu versuchen.

Besondere Sorgfalt ist auf die vergleichende Zusammenstellung der örtlichen Werthfaktoren zu verwenden. (Siehe § 22.) Mit der Orts-Statistik wird, wie wir gesehen haben, die Nachweisung der Durchschnitts-Preise aus allen der forsttechnischen Betriebsleitung unterstehenden Waldungen eingeliefert. Für die vorherrschenden Holz- und Betriebs-Arten (Kiefern-Hochwald, Buchen-Hochwald u. s. w.) werden nach Maßgabe der bisherigen Brennholz-Werth-Abgabe „Holz-Absatz-Gruppen" ausgeschieden, indem gleichartige Abgabe- und Verbrauchs-Verhältnisse zu einer Gruppe vereinigt werden. Die Gruppen werden nach dem Prozentsatze des Brennholz-Erlöses vom Gesammt-Erlös beziffert.

Anmerkung. Diese Art der Bezifferung ist schon oben (§ 22) erläutert worden. Wenn beispielsweise in einem Wirthschafts-Bezirke der erndtekostenfreie Geld-Erlös für Brennholz 85—95 pCt. vom gesammten erndtekostenfreien Erlös im letzten Jahrzehnt betragen hat und der Buchenhochwald-Betrieb vorherrschend war, so ist diesem Wirthschafts-Bezirke der Buchenhochwald-Absatzgruppe 9, bei einem Brennholz-Erlös von 75 bis 85 pCt. der Buchenhochwald-Absatzgruppe 8 zuzurechnen. Wenn dagegen in einem Wirthschafts-Bezirke der Fichten-Hochwald-Betrieb die vorherrschende Bewirthschaftungsart ist und der Rein-Erlös für Brennholz nur 25 bis 35 pCt. beträgt, so wird man diesen Wirthschafts-Bezirk der Fichten-Absatzgruppe 3 zutheilen.

Bei divergenten Verbrauchs-Verhältnissen innerhalb dieser Gruppen sind Unterabtheilungen in entsprechender Weise auszusondern. Wenn man die Werthfaktoren für diese Gruppen zusammenstellt, so liefern die großen Durchschnitts-Zahlen, die man dadurch erhält, schärfere Anhaltspunkte für die Bemessung der Werth-Verhältnisse der Holzarten und Holzsorten, als die oft unvollkommenen und lückenhaften Untersuchungen in einem Einzelbezirk. Man kann die Letzteren berichtigen und ergänzen und in dieser Weise „normale" Werth=Faktoren für die einzelnen Wirthschaftsbezirke aufstellen, die bei der örtlichen Wald=Ertrags=Regelung zu Grunde zu legen sind. Wenn in einem Wirthschafts=Bezirke ein weitgehender Wechsel der Abgabe=Verhältnisse projektirt wird, so kann man die „planmäßigen" Holzabsatz=Gruppen, denen der Wirthschafts=Bezirk vorübergehend oder ständig angehören wird, scharf bemessen und die entsprechenden Werthfaktoren zur Anwendung mittheilen.

Anmerkung. Es wird kaum nöthig sein, besonders zu betonen, daß an dieser Stelle die vielverzweigten forststatistischen Untersuchungen und Vergleichungen nur andeutungsweise besprochen werden können. Wir werden im folgenden Ab=schnitt einige Anwendungen dieser forststatistischen Forschungen kennen lernen und wenigstens die Hauptrichtungen der Benutzung derselben kennzeichnen.

Inzwischen wollen wir diese theilweise neuen Vorschläge mit wenigen Worten zu begründen versuchen, denn es liegt die Besorgniß nahe, daß dieselben — nament=lich von den älteren Fachgenossen — als „unpraktische", doktrinäre Bestrebungen als nutzlose Spielereien mit Zahlen betrachtet werden, die den vielgeplagten prak=tischen Forstwirth noch mehr belästigen und dem Walde entfremden. Wir dürfen zur Bekämpfung derartiger Anschauungen an das eigene Nachdenken unserer Fach=genossen appelliren. Man wird nicht behaupten wollen, daß die Forstwirthe in=stinktiv die rationellen Zielpunkte der Wald=Produktion unter allen Verhältnissen treffen werden. Aber dann kann man auch offenbar nicht bestreiten, daß die Grund=lage für die Regelung der Waldwirthschaft nur durch die eben erwähnte Bebauung des forststatistischen und forststatischen Gebiets auf breiter Bahn — unbekümmert um Hindernisse und Mißerfolge — gewonnen werden kann. Es ist dabei gleich=bedeutend, ob das privatwirthschaftliche Waldbenutzungs=System oder die menge= und güterreichste Produktion prinzipiell erstrebt werden soll. Aber es ist zu er=warten, daß der Widerstreit dieser Systeme von selbst erlöschen wird, wenn man die Konsum=Verhältnisse mit der erreichbaren Schärfe bemessen und namentlich den Starkholz=Verbrauch auf die absolute Bedarfsgröße zurückführen wird. Man kann nicht genug wiederholen, daß es für die zukünftige Entwickelung unserer schönen Berufsthätigkeit verderbenbringend sein würde, wenn man die herkömmlichen Wirth=schaftsformen, welche doch sicherlich nicht der scharfen Vergleichung ihrer Nutz=leistungen entstammen, durch Redensarten von der Wichtigkeit der Waldungen im Haushalte der Natur beschönigen wollte, die nur den Laien blenden können. Ver=geblich würde man die wahren Richtpunkte für die rationelle Benutzung der herr=lichen Waldschätze unseres Vaterlandes durch zielloses Hin= und Hertasten, durch subjektive Muthmaßung u. s. w. zu errathen suchen.

Feſtſtellung der forſtwirthſchaftlichen Zielpunkte.

---

§ 54.

Bemeſſung und örtliche Vertheilung der hauptſächlichen Produktions-Richtungen.

Die Ergebniſſe der eben erörterten ſtatiſtiſchen Ermittelungen gewähren einen Ueberblick über die thatſächlichen Produktions-Verhältniſſe in den Staats-, Gemeinde-, Körperſchafts-, Privat-Waldungen u. ſ. w. der betreffenden Länder (reſp. über die Produktions-Verhältniſſe der Wald-Beſitzungen einer Herrſchaft u. ſ. w.). Die bisherige Vertheilung und die qualitative und quantitative Stärke der einzelnen Produktions-Zweige kann man im Großen und Ganzen hinlänglich ſicher erkennen. Es iſt hierauf ſpeziell für die Wirthſchafts-Bezirke, deren Betriebsleitung der betreffenden Forſt-Verwaltung unterſteht, das einſchlägige ſtatiſtiſche Material zuſammenzuſtellen. (Wenn beiſpielsweiſe die Staats-Forſtverwaltung die Bewirthſchaftung der Staats-, Gemeinde-, Körperſchafts- und Kronfidei-Kommiß-Waldungen zu führen hat, ſo ſind die auf dieſes Wald-Areal bezüglichen ſtatiſtiſchen Ermittelungen geſondert nachzuweiſen.) Es wird zunächſt eine „Ueberſicht der hauptſächlichen Produktions-Zweige" angefertigt, welche nicht nur die Fläche, ſondern auch den Geld-Ertrag der Wirthſchafts-Bezirke etwa getrennt nach folgenden Gruppen angibt:

a) Eichen-Nutzholz-Zucht,

b) Fichten- und Tannen-Nutzholz-Produktion,

c) Kiefern-Nutzholz-Wirthſchaft,

    d) Buchen-Brennholz-Produktion,

    e) Nadel-Brennholz-Produktion,

    f) Mittelwald mit vorwiegender Nutzholz-Erzeugung,

    g) Mittelwald mit vorwiegender Brennholz-Produktion,

    h) Eichenrinden-Produktion.

Die Vertheilung der Flächen und Geld-Erträge auf diese Produktions-Zweige wird in dieser Uebersicht sowohl nach Gesammt-flächen und Gesammt-Erträgen, als auch nach Prozenten für die einzelnen Wirthschafts-Bezirke und für die zusammen gehörigen Produktions-Gebiete angegeben.

Die Vertheilung der Geld-Erträge auf Nutzholz und Brennholz nach Prozenten wird zugleich in Uebersichts-Karten (Maßstab 1 : 100000) bildlich dargestellt. Man wählt hierzu die § 52 ad 3 genannte Methode, bezeichnet die verschiedenen Produktions-Zweige durch die Wahl der Farben und bestimmt die Schraffur für eine angemessene Abstufung der Prozentsätze, welche die untergeordneten Produktions-Zweige in den betreffenden Bezirken einnehmen. (Man wählt z. B. bei vorwiegender Fichten-Nutzholz-Produktion besondere Schraffuren für den Brennholz-Antheil von 20—30 pCt., von 30—40 pCt. und von über 40 pCt. Brennholz-Antheil u. s. w.) Für die Schraffur-Linien wählt man die Farbe der betreffenden, untergeordnet auftretenden Produktions-Zweige. (Wenn beispielsweise von 30 pCt. Brennholz-Ertrag im Fichten-Hochwald die Fichte 20 pCt., die Buche 10 pCt. liefert, so schraffirt man mit je zwei Linien der Fichten-Farbe und mit je einer Linie der Buchen-Farbe.) Diese kartographische Darstellung wird in der Regel gesondert für die einzelnen Wirthschafts-Bezirke vorgenommen werden können. Man wird dann die bisherige Lagerung der Produktions-Zweige scharf erkennen können, indem man die topographische Darstellung für größere Gebietstheile überblickt.

Auf Grund der statistischen Ermittelungen haben sodann die lokalkundigen Mitglieder der obersten Forst-Behörde die „planmäßigen Produktions-Gebiete" für die Zweige der Holz-Erzeugung, welche für die zukünftige Bewirthschaftung vorzugsweise in Betracht kommen, in allen Landestheilen vorläufig festzustellen. Man kann beispielsweise mit der Eichenstarkholz-Zucht beginnen, dann zum Eichenschälwald-Betrieb, zur Fichten- und Kiefern-Nutzholz-Wirthschaft, zur Buchen-Brennholz-Wirthschaft, zur Mittelwald-Wirthschaft mit vorwiegender Eichen- und Kiefern-Schwellen-Produktion u. s. w. übergehen. Es wird nicht schwer sein, die Gebietstheile auszusondern, welche in Folge der Standorts- und Bestockungs-Verhältnisse die relativ günstigsten Bedingungen für die in Betracht kommenden Produktions-Richtungen darbieten. Wenn in größerem Flächen-Umfang nur bestimmte Waldbaum-Arten anbau-fähig erscheinen (z. B. die Kiefer im norddeutschen Flachland und auf den Süd- und Westseiten der Sandstein-Gebirge), so wird man vor Allen diese bedingten Produktions-Gebiete feststellen.

Diese Eintheilung der Landestheile in Produktions-Gebiete soll lediglich einen vorläufigen Ueberblick über die natürlichen Produktions-Verhältnisse der Länder gewähren. Sie ist in keiner Weise maß-gebend für die definitive Feststellung der Produktions-Bezirke durch die oberste Forstbehörde und noch weniger für die Veränderungen der Haupt-Richtungen, die bei der örtlichen Wald-Ertrags-Regelung zur Sprache kommen werden.

Wenn in einem Lande sehr verschiedene Holzgattun-gen in weiten Grenzen gezüchtet werden können, und wenn die Absatz-Verhältnisse mannigfache Bewirthschaftungs-formen gestatten, so ist die Abgrenzung und Vertheilung der einzelnen Produktions-Richtungen offenbar ein schwer zu lösendes Problem. Mit dem Beginn der Untersuchungen, die diesem Ziele zu widmen sind, betritt man in der That ein weites, wenig bebautes Arbeitsfeld. Es ist selbstverständlich an dieser Stelle eine erschöpfende Darstellung aller örtlichen Erwägungen und Ver-gleichungen, die fast ausnahmslos die Zuhülfenahme der statistischen Forschung bedingen, nicht möglich. Die folgende fragmentarische Er-örterung dieses vielverzweigten Gegenstandes kann nur einige Richt-punkte für die mannigfachen Untersuchungen darbieten, zu umsichtigen, tiefgehenden Forschungen auf diesem ebenso wichtigen, als schwierigen Gebiete anregen und auf deren Bedeutung hinweisen. Bei Inangriff-nahme dieser Untersuchungen werden die Aufgaben derselben bald klar vor Augen treten; aber die befriedigende Lösung wird sich minder rasch vollziehen.

Der Schwerpunkt der deutschen Forstwirthschaft ruht zur Zeit unverkennbar in der Brennholz-Produktion. Die Nutzholz-Ausbeute wird selbst in den deutschen Staats-Waldungen gegenwärtig im großen Durchschnitt nicht den vierten Theil des gesammten Holz-Einschlags betragen. Nicht nur in den Gegenden, welche vom Wasser- und Eisenbahn-Verkehr abgelegen sind, und deren Absatzgebiet nicht über die unmittelbare Nachbarschaft der Wirthschaftsbezirke hinausreicht; auch in den verkehrsreichsten Landesstrichen Deutschlands ist die Verjüngung noch immer vorwiegend auf Brennholz-Zucht gerichtet.

Die Verwerthung des Brennholzes hat in der Vergangenheit ohne Frage ziemlich günstige Verhältnisse vorgefunden. In vielen Gegenden hat die Konkurrenz der Mineral-Kohlen die Brennholz-Preise noch nicht auf die Grenze herabgedrückt, welche man bei scharfer Vergleichung der Nutzleistung dieser Brennmaterialien ziehen muß. In Folge der eminenten Steigerung des Kohlen-Verbrauchs bei der Kessel-Feuerung, in Schmelz- und metallurgischen Oefen u. s. w. hat die progressive Zunahme der Kohlen-Förderung ausgiebigen Abfluß gefunden. Der Aufschwung der Nutzholz- und Brennholz-Preise ist sogar — wunderbarer Weise — bisher ziemlich parallel gelaufen. Man darf auch hoffen, daß zukünftig das Brennwerth-Verhältniß zwischen Mineralkohlen und Brennholz nicht scharf die Holzpreise bestimmen wird, weil die herkömmliche Holz-Feuerung, welche der Gewohnheit, den bestehenden Feuerungs-Einrichtungen u. s. w. entspricht, von den Haupt-Konsumenten, den Bewohnern der Landorte, erst dann verlassen werden wird, wenn der Preis-Unterschied zwischen Kohlen und Holz auffallend zu werden beginnt. Aber wenn man auch hoffen darf, daß die Brennholz-Preise beständig etwas oberhalb der Preise äquivalenter Kohlenmengen oscilliren werden — ganz ohne Frage werden in der Zukunft die Brennholz-Preise durch die Kohlen-Preise regulirt werden. Schon heute liefern die Waldungen nicht den fünften Theil der in Deutschland verbrauchten Brennstoff-Menge; die Omnipotenz der Steinkohle wird in der Zukunft sicherlich noch verstärkt werden, wie die bisherige Entwickelung der Kohlen-Förderung zeigt. Wenn man die Brennholz-Produktion an die Spitze der Wirthschafts-Zwecke stellen will, so ist zu bedenken, daß von einer erfolgreichen Bekämpfung der Kohlen-Konkurrenz durch massenhafte Brennholz-Erzeugung in der That nicht die Rede sein kann. Und da die Kohlen-Vorräthe noch einige Jahrtausende ausreichen dürften — Nordamerika könnte die Erdenbewohner auf Jahrtausende hinaus versorgen, der Staat Virginien allein Europa für eine Reihe von Generationen —, so könnte man nur auf eine Erhöhung der Kohlenpreise spekuliren, welche ungefähr dem Aufschwung der Nutzholzpreise die Wagschale zu halten hätte — in der That eine gewagte Spekulation.

Anmerkung. Die Steinkohlen- und Braunkohlen-Förderung im Zollverein hat betragen per Jahr

		Steinkohlen	Braunkohlen
		Millionen Ctr.	
1861/65 durchschnittlich		351,3	112,5
1866/70	„	497,0	143,5
Eingeführt wurden per Jahr 1861/65	„	18,1 Millionen Ctr. Stein- und Braunkohlen.	
1866/70	„	30,6	„
Ausgeführt wurden per Jahr 1861/65	„	46,6	„
1866/70	„	75,5	„
Die Konsumtion im Zollverein per Jahr 1861/65	„	435,3	„
1866/70	„	595,6	„

Die Förderung hat somit in den zwischenliegenden fünf Jahren um 39% der Verbrauch um 37% zugenommen.

Der durchschnittliche Brennholz-Ertrag per Jahr hat in den Staatswaldungen Preußens (1871), Bayerns (1861/67) und Sachsens (1863) mit Einrechnung des Stock- und Reisholzes 2,14 Festmeter per Hektar betragen. Wenn man aproximativ für alle deutschen (Staats-, Gemeinde-, Privat- 2c.) Waldungen 2 Festmeter Brennholz-Ertrag per Jahr und Hektar annimmt, so ergibt sich für die Gesammt-Fläche des deutschen Reichs eine jährliche Brennholz-Gewinnung von 27,9 Millionen Festmeter. Nach den vorliegenden Untersuchungen kann man annehmen, daß im großen Durchschnitt 5 Ctr. Steinkohle und 20 Ctr. Braunkohle an Heizwerth einen Festmeter gemischtes Laub- und Nadel-Brennholz ersetzen werden, oder — nach der durchschnittlichen Stein- und Braunkohlen-Förderung — 6,3 Ctr. gemischte Kohle. Wenn man die gesammte Brennholz-Produktion im deutschen Reich durch Kohlen-Gewinnung ersetzen wollte, so würde eine Mehrausbeute von 175,8 Millionen Centner Stein- und Braunkohle = 27% der Förderung pro 1866/70 erforderlich werden, d. h. es hätte lediglich die **jährliche** Zunahme der Kohlen-Gewinnung, die bisher regelmäßig stattgefunden hat, etwa auf drei Jahre vorzugreifen. Schon die jährliche Kohlen-Ausfuhr beträgt (1870) 80 Mill. Centner = 12% der Förderung. Die Einfuhr ist durch die Zunahme der Förderung in den deutſchen Gruben und die Verminderung der Frachtſätze größtentheils auf die Küſtenorte zurückgedrängt worden.

In Hinblick auf dieſe Ziffern wird man die Verminderung der Brennholz=Erzeugung nicht gefahrbringend nennen können, vielmehr zugeben, daß die Brennholz=Produktion in den deutſchen Waldungen mit Leichtigkeit und ohne bemerkbare Erſchütterung durch die Gewinnung foſſiler Brennſtoffe erſetzt werden kann.

Ueber den bisherigen Hausverbrauch von Kohlen liegen keine ſtatiſtiſchen Nachweiſungen vor. In Großbritannien werden zur Zimmerfeuerung ꝛc. 10 bis 11 Ctr. per Kopf und Jahr verbraucht; aber dieſe Ziffer iſt für Deutſchland nicht maßgebend, weil einerſeits das Klima des vereinigten Königreichs vom Klima unſeres Vaterlandes verſchieden iſt und zweitens die in England übliche Heizung in offenen Kaminen einen größeren Aufwand von Heizmaterial beanſprucht, als die in Deutſchland übliche Ofenfeuerung. (Die Kohlenförderung hat in Großbritannien 1872 = 2468 Millionen Centner betragen, gegen das Vorjahr eine Zunahme von 119 Millionen Centner. In London beträgt der geſammte Kohlenverbrauch (1872) per Kopf 44,8 Centner, in Berlin (1871) per Kopf 21,9 Centner. Die franzöſiſchen Steinkohlengruben haben 1873 175 Millionen Ctr. Kohle geliefert. Die Förderung verdoppelt ſich gegenwärtig alle 12½ Jahre, alſo ähnlich wie in Deutſchland. Frankreich verbraucht zur Zeit 240 Millionen Ctr.)

Der Geſammt=Verbrauch an Kohlen ſtellt ſich per Kopf und Jahr wie folgt:

Großbritannien	(1872)	. . .	66,6 Ctr.
Frankreich	(1873)	. . .	6,6 „
Deutſches Reich	(1870)	. . .	16,3 „
Preußen	(1870)	. . .	22,2 „
Sachſen	(1870)	. . .	24,7 „

Noch mehr bedenkenerregend, als dieſe expanſive Entwickelung der Kohlen Gewinnung iſt für den vorwärts ſchauenden Forſtwirth das bisherige Verhalten der Kohlenpreiſe.

Steinkohlen=Preiſe in Silbergroſchen per Centner.

Preußen		Sachſen		Zollverein	
1838/42	3,07	1848/52	3,29	1848	2,93
1843/47	2,98	1853/57	3,21	1851	2,84
1852/56	3,27	1858/62	3,34	1854	3,24
1857/61	3,48	1863/67	3,16	1860	3,20
1862/66	2,63	1868/70	3,60	1861/65	2,68
1867/70	2,83			1866/70	2,93

(Dieſe Preiſe ſind die durchſchnittlichen Grubenpreiſe für alle Sorten Stein-Kohlen.)

Die Hoffnung, daß die Kohlenpreiſe in der Zukunft ähnlich dem bisherigen Gange der Holzpreiſe ſteigen werden, iſt in Hinblick auf dieſe Zahlen kaum zuläſſig. Auf den Gang der Kohlenpreiſe haben vor Allen die Eiſenpreiſe Einfluß; die Erzeugung des Eiſens beanſprucht etwa den dritten Theil des geſammten Kohlen=Verbrauchs. (Im Jahre

1873 sind die Eisenpreise — für gewalztes und geschmiedetes Eisen, für Sturz- und Kesselblech — durchschnittlich 30%, und andrerseits die Stück- und Würfelkohlen 40%, Coaks 33%, Kleinkohlen 69% gesunken.) Wenn auch der Eisen-Verbrauch keinenfalls in der Zukunft abnehmen und ebenso wenig die Zahl der Dampfkessel verringert werden wird, so wird dies bei der gewaltigen Expansivkraft der Kohlenförderung die bisherige Preisbewegung nicht wesentlich ändern. Zudem ist für die Zukunft eine Ersparung im Kohlenverbrauch, namentlich in Folge der allgemeinen Einführung kondensirender Dampfmaschinen, verbesserter Einrichtungen beim Schmelzprozeß ꝛc. zu erwarten. (In zehn Jahren ist der Verbrauch der großen Schiffsmaschinen der atlantischen Linien von $4\frac{1}{2}$ Pfund per indicirte Pferdekraft auf $2\frac{1}{2}$ Pfund, selbst auf $1\frac{1}{4}$ Pfund ermäßigt worden.) Man wird voraussichtlich die jetzt werthlosen Lager kleiner Kohlen in den größeren Feldern (20%) in der Zukunft nutzbar machen — durch Gasbereitung auf dem Grunde der Kohlengruben und Zuleitung des Gases zu den Fabrikorten in der Nähe der Kohlengruben, die in Preußen (1871) 48,8% der gesammten Kohlen-Produktion verbraucht haben. Es ist weiter die Versorgung der Städte mit Heizgas zu häuslichen und Fabrikations-Zwecken nur eine Frage der Zeit; in Birmingham würde das Projekt schon 1863 zur Ausführung gekommen sein, wenn das Oberhaus zugestimmt und nicht einen Eingriff in die Obliegenheiten der Gasgesellschaften vermuthet hätte.

Die fossile Kohle ist der einzige, aber auch ein überaus mächtiger Rivale des Brennholzes. Die oft erwähnte Zerlegung des Wassers zu Feuerungs-Zwecken, die Benutzung der Elektricität, die Sammlung der Sonnenstrahlen in einem Focus mittelst gigantischer Linsen — alle diese Vorschläge werden stets utopisch bleiben.

Für die Brennholz-Gewinnung kommt vorzugsweise der Noth-buchen-Hochwald in Betracht. Die andern Holzarten und Bestandsformen haben in der Regel eine minder hohe Leistungsfähigkeit für die Brennstoff-Erzeugung. Die Nutzholz-Ausbeute ist bekanntlich im Buchenhochwald-Betriebe selbst unter den günstigsten Boden- und Absatz-Verhältnissen ganz geringfügig; es ist auch keine Aussicht vorhanden, daß die Verwendung dieser Holzart als Bau-, Werk-, und Nutzholz nennenswerth steigen wird. Die Fortpflanzung der Buchenhochwald-Wirthschaft kann unter besonderen örtlichen Konsumtions-Verhältnissen gerechtfertigt erscheinen — im Allgemeinen wird die Zukunft der reinen Buchenhochwald-Wirthschaft unverkennbar von der Gefahr einer immensen Kapital-Vergeudung bedroht. Es ist kaum zu bestreiten, daß die bisherige Verwendung von Brennholz in ausgedehntem Maße — lediglich eine wirthschaftliche Anomalie genannt werden muß — von der bisherigen Preissteigerung ganz zu schweigen.

Der Volkswohlstand unseres Vaterlandes würde auf einer höheren

Stufe stehen, wenn die Forstwirthschaft die planmäßige Behandlung der Waldungen von Anfang an auf Nutzholz-Produktion gerichtet haben würde, wenn das Angebot von Brennholz verringert und die Förderung und der Verbrauch von fossilen Brennstoffen gesteigert worden wäre. Die heutigen Produktions- und Konsumtions-Verhältnisse werden mit den Grundsätzen einer rationellen Volkswirthschafts-Politik schwer zu vereinbaren sein. Wir kaufen zur Zeit im deutschen Reiche beträchtliche Nutzholz-Massen vom Ausland, vermindern dagegen künstlich die Förderung aus unseren ergibigen Kohlenfeldern, indem wir mit hohen Umtriebszeiten die starken Brennholzsorten erzeugen, die trotz der guten Preise nur unter den Selbst-Erzeugungs-kosten verwerthet werden können.

Mit der fortschreitenden wirthschaftlichen Entwickelung unserer Nation werden voraussichtlich die Mineralkohlen mit beständig abnehmenden Frachtkosten in alle Gebirgswinkel unseres Vaterlandes gebracht werden. Die ausgedehnte Verjüngung der Waldungen zur Brennholz-Zucht würde, mit seltenen Ausnahmen, einem waghalsigen Spiel vergleichbar sein — die Zukunft der Wald-Produktion, dieses wichtigen Zweiges der Volkswirthschaft, würde dabei auf diejenige Karte gesetzt werden, die die geringsten Gewinn-Chancen darbieten würde.

Unbestreitbar ist die Nutzholz-Produktion an die Spitze der Wirthschaftszwecke zu stellen — diese Erkenntniß bricht sich in neuerer Zeit unaufhaltsam Bahn. Der Nutzholz-Verbrauch ist in Deutschland seit langen Jahren fortdauernd in zunehmender Progression gestiegen, und unser Vaterland ist außerdem durch seine zahlreichen Wasserstraßen für die Ausfuhr günstig situirt, von waldarmen Ländern begrenzt. Es ist im hohen Grade wahrscheinlich, daß die Nutzholz-Produktion in Deutschland dem inländischen Verbrauch weit nachsteht.

Anmerkung. Ueber die bisherige Holzeinfuhr und Holzausfuhr Deutschlands besitzen wir keine ganz zuverläßigen Mittheilungen. Nach der Handels-Bilanz des deutschen statistischen Amtes, die indessen nicht ganz genau ist, hat die Einfuhr an Bau- und Nutzholz und Holzwaaren betragen:

1872: 297 Millionen R. M.
1873: 311

Die Holzausfuhr dagegen:

1872: 116 Millionen R. M.
1873: 99   „   „   .

Die durchschnittlich jährliche Mehreinfuhr beträgt somit 196 Millionen Reichs-Mark, während der Rein-Ertrag der sämmtlichen deutschen Staatswaldungen nur 54—56 Millionen Mark betragen wird.

In der That ist die Einfuhr von sog. nordischem Holze nach Rheinland, Westphalen u. s. w. zur Zeit ungewöhnlich stark; man darf vermuthen, daß in Norddeutschland ein fühlbarer Mangel an Nutz- und Bauholz eintreten wird, wenn die Devastation der nordischen Wälder ihr trauriges Ende gefunden hat. Ein einziger, kleiner Nordseehafen — Emden — hat im Jahre 1873 über 80000 Kubikmeter Nutzholz aus Schweden, Norwegen, Rußland u. s. w. nach Rheinland und Westphalen u. s. w. verfrachtet, während die Holz-Ausfuhr Bayerns in das Main- und Rheingebiet — inkl. des sehr beträchtlichen Transit-Verkehrs aus Böhmen u. s. w. — nur circa 225000 Kubikmeter beträgt. Das nordöstliche Deutschland verbraucht massenhaft russisches Holz; die Holzhandels-Berichte aus Schlesien erwähnen in erster Linie das Holz aus Gallizien u. s. w.

Zur gründlichen Beleuchtung dieser wichtigen Frage mangelt uns, wie gesagt, das zureichende statistische Material. Indessen werden immerhin einige, wenn auch unsichere Anhaltspunkte durch die Ergebnisse, welche die Benutzung der Staatswaldungen in den größeren Ländern Deutschlands geliefert hat, dargeboten.

Die bayerischen Waldungen haben in der Wirthschafts-Periode 1861/67 durchschnittlich jährlich geliefert:

Staatswaldungen . . . . 0,87 Kubikmeter Nutzholz p. Hektar
Gemeinde- und Körperschafts-Waldungen 0,60   „   „   „

Ueber den Nutzholz-Ertrag der Privat-Waldungen mangeln Angaben und man muß denselben einschätzen. Die Stammholz-Ausbeute hat in den Staatswaldungen 4,31 Raummeter, in den Gemeinde-Waldungen 3,03 Raummeter und in den Privatwaldungen 3,31 Raummeter durchschnittlich per Hektar und Jahr betragen. Die Privatwaldungen sind in diesem Lande zum großen Theil in Besitz von Standes- und Grundherrn und werden pfleglich behandelt; im Nadelholz-Hochwald-Betrieb stehen 62 pCt. der Gesammt-Fläche (im Staatswald nur 59 pCt.), im Hochwald-Betriebe im Allgemeinen 74 pCt. und hiervon werden mit 60—72jähriger Umtriebszeit nur 38 pCt., die übrigen Hochwaldungen mit 73—120jähriger Umtriebszeit bewirthschaftet. Man wird annähernd richtig schätzen, wenn man die Nutzholz-Ausbeute der Privatwaldungen zu 0,66 Festmeter annimmt. Die bayerischen Waldungen haben bei dieser Voraussetzung 1861/67 1,7 Millionen Festmeter Nutzholz geliefert. Hiervon sind ungefähr 16 pCt.[1] exportirt worden. Es entfällt somit auf je 1000 Einwohner ein Jahres-Verbrauch von 297 Festmeter Nutzholz.

Aus den übrigen größeren Ländern des Deutschen Reichs sind bisher nur

---

[1] 16—17 pCt. Genau läßt sich die Ziffer nicht feststellen, weil die Bahn-Einfuhr nicht nachgewiesen worden ist.

Nutzholz=Erträge der Staatswaldungen bekannt geworden. Wenn man indeſſen
unterſtellt, daß zwiſchen dem Nutzholz=Ertrage der Staats= und der Gemeinde= und
Privatwaldungen das für Bayern angenommene Verhältniß obwaltet, ſo wird man
höchſtwahrſcheinlich die bisherige Nutzholz=Gewinnung, namentlich für Preußen
überſchätzen, denn es iſt fraglich, ob in den Privatwaldungen dieſes Landes die
hohen Umtriebszeiten üblich ſind, welche oben für die bayeriſchen Privatwaldungen
angegeben wurden. Es entfallen bei Anwendung der bayeriſchen Verhältnißzahlen
auf je 1000 Einwohner:

in Preußen . . . . . . 136 Feſtmeter
„ Sachſen 377   „
„ Würtemberg 376   „

Nutzholz = Abgabe per Jahr.

Bei den verhältnißmäßig hohen Nutzholz=Preiſen iſt es nicht wahrſcheinlich,
daß bisher in Bayern eine Nutzholz=Verſchwendung ſtattgefunden hat, es iſt eben=
ſowenig die Vermuthung zu begründen, daß eine minder beträchtliche Verwendung
von Bauholz=Surrogaten, als in den anderen Ländern, anzunehmen ſei. Es iſt im
Gegentheil zu vermuthen, daß in den gewerbreichen Provinzen der preußiſchen
Monarchie, in Sachſen und Würtemberg ein größerer Nutzholzverbrauch auf je
1000 Einwohner trifft, als in Bayern. Wenn wir indeſſen den Satz von 297 Feſt=
meter per 1000 Einwohner beibehalten, ſo können in das Ausland abgegeben
werden:

in Bayern . . . . 272000 Feſtmeter
„ Sachſen 193840   „
„ Würtemberg . . . 140460   „
Zuſammen 606300 Feſtmeter

Bei einem Verbrauch von 297 Kubikmetern per 1000 Einwohner würden
in Preußen mangeln 3 867 059 Feſtmeter. Wenn die obigen 606 300 Feſtmeter
nach Preußen exportirt würden, ſo würden hier noch 3 260 759 Feſtmeter mangeln.
Wenn man einen Durchſchnittspreis von 20 M. per Feſtmeter annimmt, ſo berech=
net ſich für Preußen eine an das Ausland zu zahlende Nutzholz=Ankaufs=Summe
von 65 Millionen Mark, während der geſammte Reinertrag der preußiſchen Staats=
forſte (1869/73) nur jährlich 19 095 528 M. betragen. Die Handels=Bilanz be=
ziffert allerdings für die beiden Jahre 1872 und 1873 eine durchſchnittlich jähr=
liche Mehreinfuhr von 196 Millionen Mark, allein dieſe Mehreinfuhr wird zum
größten Theil aus Holz = Fabrikaten beſtehen und es gewähren deshalb die Ziffern
der Handels = Bilanz keine ſcharfen Anhaltspunkte für die Bemeſſung der Einfuhr
an roher Holzmaſſe.

Wenn auch die obigen Ziffern, der Art ihrer Entſtehung zufolge, in keiner
Weiſe Anſpruch auf Genauigkeit und Zuverläſſigkeit haben, ſo iſt doch jedenfalls
die Vermuthung geſtattet, daß die intenſive Anbahnung der Nutzholz=
Wirthſchaft in den deutſchen Waldungen unvermögend ſein wird,
den inländiſchen Nutzholz=Verbrauch im nächſten Jahrhundert zu

befriedigen. Bis dahin wird aber voraussichtlich die Waldverwüstung in Schweden, Norwegen, Rußland u. s. w. ihr Ende gefunden haben. Die waldarmen Nachbarländer — Großbritannien, Holland, Belgien, Frankreich — sind dann im verstärkten Maße auf Deutschland mit dem Bezug der Bau- und Nutzhölzer angewiesen. Die Nutzholz-Ausbeute in den sämmtlichen deutschen Waldungen wird zur Zeit zwischen 6 und 8 Millionen Festmeter betragen. Wenn es im Laufe des nächsten Jahrhunderts möglich wäre, die Nutzholz-Abgabe etwa um das dreifache zu steigern, so würde der zukünftige Verbrauch Deutschlands und der Nachbarländer aus den deutschen Waldungen immerhin nur theilweise befriedigt werden können.

Es ist darum ohne Frage die forstwirthschaftliche Produktion in Deutschland allgemein auf die Erziehung gemischter Bestände, in denen die zu Nutzholz geeigneten Holzarten vorherrschen, zu richten. Rothbuchen-Samenhölzer und Stockschläge und andere Brennhölzer sind vorwiegend als Zwischen-Bestand und als bodenschirmendes Unterholz zu züchten. Die reichliche Beigabe von Oberständen wird zur Beförderung dieser Nutzholz-Produktion in ausgedehnter Weise benutzt werden können.

Die spezielle Feststellung der Hauptrichtungen der Nutzholz-Produktion kann selbstverständlich an dieser Stelle nur andeutungsweise besprochen werden. Für jedes Einzelland, für jede Provinz, überhaupt für jedes größere Waldgebiet ist die Stärke der einzelnen Produktions-Zweige nach den Holzverbrauchs-Verhältnissen im Absatz-Bezirke zu bemessen und die örtliche Vertheilung nach der Lage der Forstbezirke gegenüber den Eisenbahnen und Wasserstraßen, nach den Standorts- und Bestockungs-Verhältnissen, die theils für diese, theils für jene Nutzholz-Gattung günstigere Bedingungen darbieten werden, nach den Berechtigungs-Verhältnissen u. s. w. zu ordnen. Die Basis für diese Feststellungen wird durch die im vorigen Abschnitt besprochenen forststatistischen und forststatischen Untersuchungen gebildet.

Unter diesen Produktions-Zweigen erfordert zunächst die Nachzucht des Eichen-Schiffsbau-Holzes unsere Beachtung. Der Bedarf der deutschen Kriegs- und Handels-Marine an Eichen-Schiffsbauholz — und der Marine von Großbritannien und Holland — ist in Folge der Verwendung des Eisens beim Schiffsbau sichtlich in Abnahme begriffen; auf vielen Schiffswerften Englands sind in der letzten Zeit hölzerne Schiffe nur in verschwindend kleiner Zahl gebaut worden. (In England waren unter 100 im Jahre 1869 erbauten größeren Handelsschiffen nur 14 reine Holzschiffe). Schiffs-Bauholz ist bisher vorzugsweise in Südwest-Deutschland abgegeben worden — größtentheils für die holländische Marine. Obgleich zur Zeit Durch=schnitts-Preise von 40—60 Mark per Kubikmeter für das sog. Eichen=Holländerholz (schnürige und gesunde Eichen-Klötze von 8,4 Meter Länge und 45 Centimeter Stärke aufwärts) in den in der Nähe der Wasserstraßen gelegenen Waldungen bezahlt werden, so kann man die fortgesetzte Erzeugung dieses Schiffs = Bauholzes, soweit der aus=ländische Bedarf in Betracht kommt, vom privat= und volkswirth=schaftlichen Standpunkte aus nicht befürworten, weil der Werth=Zu=wachs der Eichen in den erforderlichen hohen Alters-Perioden in der Regel äußerst gering ist, während andrerseits die vielfachen Alters=Gebrechen von Jahr zu Jahr zunehmen und sehr häufig eine Ab=nahme des Verkaufs=Werthes im Laufe der Zeit bewirken. Die Eichenholländer=Preise sind seit dem Jahre 1860 ziemlich stabil ge=blieben und erst in den letzten drei Jahren macht sich eine (wahr=scheinlich bald vorübergehende) Aufwärtsbewegung bemerklich; es ist keinenfalls auf die immense Steigerung der Schiffsbauholz=Preise zu rechnen, welche diesem Produktionszweig eine gesicherte Einträglichkeit verleihen würde. Die Nachzucht der zum Schiffsbau erforderlichen Starkhölzer wird sich deshalb auf den nothwendigsten Bedarf der deutschen Kriegs= und Handels=Marine zu beschränken haben und den Staats=Waldungen zuzuweisen sein.

Anmerkung. Ueber den Verbrauch von Schiffsbauholz mangeln dem Ver=fasser alle zuverlässigen Angaben. Nach den Mittheilungen von Holzhändlern wür=den per englische Register=Ton (= 2,83 Kubikmeter) ein Holzverbrauch von circa 3 Kubikmeter beim Neubau hölzerner Schiffe erforderlich werden. Von der eng=lischen Flotte gehen jährlich circa 7 pCt. durch Schiffbrüche verloren; eine Zu=nahme des Gesammt=Tonnengehalts der Marine ist nicht nachweisbar. Die Han=delsflotte des deutschen Reichs bestand (1873) aus 4495 Schiffen mit 1033725 englische Register=Tons, die Kriegsflotte (Mitte 1874, inkl. der im Bau begriffenen Schiffe) aus 55 Schiffen mit 76500 Tonnen=Gehalt. Man könnte sonach ver=muthen, daß 200—300000 Kubikmeter Schiffsbauholz für den deutschen Schiffs=bau jährlich verbraucht würden, wenn die obigen Zahlen zuverlässig sein würden, und die Verwendung des Eisens bemessen werden könnte.

Dagegen fällt der Schwellenholz=Bedarf der Eisenbahnen mehr in die Wagschale. Zu Schwellen ist das Eichen= und Kiefern=

Holz in der Regel schon mit 25 Centimeter End-Stärke bei 2,5 Meter
langen Abschnitten gebrauchsfähig; die Lieferung des Schwellenholzes
läßt sich durch Umtriebszeiten erreichen, welche in der Regel die geforderte Verzinsung gewähren werden Es ist nicht zu bezweifeln,
daß durch die ausgedehnte Einführung der Schwellenholz-Zucht ein
sehr lohnender Produktions-Zweig eingebürgert werden würde. Die
bisherigen Versuche, das Schwellenholz (durch Steinwürfel u. s. w.)
zu surrogiren, haben die Holz-Verwendung nicht zu verdrängen
vermocht.

Es sind deshalb die Verhältnisse des Bahn-Schwellenholz-Ver-
brauchs sorgfältig zu erforschen; die mittlere Dauer der Schwellen,
die wahrscheinliche Zunahme des Schwellen-Verbrauchs durch den
fortschreitenden Bahnbau, die Gebrauchsfähigkeit der Holzarten im
natürlichen und imprägnirten Zustande u. s. w. muß man festzustellen suchen. Es ist hierauf durch vergleichende Untersuchungen und
Beobachtungen zu ermitteln, ob die Erziehung des Schwellenholzes
im geschlossenen Stande des Hochwalds, oder im Eichen-Lichtungs-
hiebe, Mittelwald-Betrieb u. s. w. eine höhere Leistungsfähigkeit in
Gemäßheit der örtlichen Standorts- und Bestockungs-Verhältnisse
haben wird, u. s. w.

Anmerkung. Im deutschen Reich waren Ende 1873 24103 Kilometer
Eisenbahnen in Betrieb. Es liegen im großen Durchschnitt circa 1333 Schwellen
per Kilometer. Hierzu sind 18% für Nebengeleise zu rechnen, somit 1573 Schwellen
per Kilometer für die Hauptlinien. Die Dauer von nicht imprägnirten Eichenschwellen wird auf 15 Jahre, von nicht imprägnirten Kiefernschwellen auf 7—8 Jahre,
von imprägnirten Kiefernschwellen auf 12—14 Jahre angegeben. Bei einem
mittleren Rundholzgehalt per Schwelle von 0,16 Kubikmeter und einer mittleren Dauer
von 12 Jahren berechnet sich der jährliche Ersatz auf circa 21,0 Kubikmeter per Kilometer und auf 506163 Kubikmeter per Jahr. In Deutschland wurden in der Periode
1840/60 jährlich im Durchschnitt — ziemlich gleichmäßig — 554—555 Kilometer
neu gebaut, seit 1860 circa 900 Kilometer per Jahr. Deutschland hat jetzt 2455 Kilometer per 1000 deutsche Quadratmeilen und 547 Kilometer per 1 Million Einwohner in Betrieb; England dagegen 4535 Kilometer per 1000 deutsche Quadratmeilen und 801 Kilometer per 1 Mill. Einwohner, Belgien 6299 Kilometer per
1000 Quadratmeilen und 648 Kilometer per 1 Mill. Einwohner. In England
werden immer noch über 800 Kilometer per Jahr seit 1865 gebaut und es ist deshalb
zu erwarten, daß die obige deutsche Zunahme von 900 Kilometer per Jahr noch einige
Zeit andauern wird. Für diesen Neubau wird unter Hinzurechnung von 18% für Nebengeleise ein Schwellenmaterial von ca. 226500 Kbm. verbraucht werden. Man kann deshalb

den derzeitigen Gesammt-Verbrauch von Schwellenholz in Deutschland auf circa 700000 — 800000 Kubikmeter beziffern. Es ist außerdem zu erwägen, daß die holzarmen Nachbarländer Großbritannien, Holland, Frankreich und Belgien zur Unterhaltung ihres Eisenbahn-Netzes jährlich ca. 1¼ Mill. Kbm. Schwellenholz (nach den obigen Sätzen für 51019 Kilometer) jährlich verbrauchen. Wenn die deutsche Forstwirthschaft den Schwellenholz-Bedarf lediglich der deutschen Eisenbahnen mit Eichenholz befriedigen wollte, so würde man immer auf einer Waldfläche von 2 Mill. Hektaren vorwiegend Eichen-Schwellenholz züchten dürfen, denn eine nachhaltige Abgabe von ¼ Festmeter Eichen-Schwellenholz per Hektar wird nach den Erfahrungen des Verfassers (in mit Eichen-Oberholz gut bestockten Mittelwaldungen) im großen Durchschnitt zu erreichen sein. Allein es ist zu untersuchen, ob es nutzbringender ist, die Eichen durch Kiefern zu ersetzen, da imprägnirte Kiefernschwellen ähnliche Dauer haben, wie nicht imprägnirte Eichenschwellen. Die Kosten des Imprägnirens stellen sich z. Z. per Schwelle mit Kreosot auf ca. 90 Pfennige, mit Zinkchlorid auf ca. 30 Pfennige und mit Quecksilbersublimat auf ca. 1 Mark. Die örtlichen Erziehungskosten für Eichen- und Kiefern-Schwellenholz sind hiermit zu vergleichen.

Bei der Begründung der Nutzholz-Produktion ist die oberste Rücksicht auf die Erzeugung der Stammstärken zu legen, welche die gesuchten Brettersorten und Bauhölzer liefern, denn der Verbrauch des geschnittenen und behauenen Holzmaterials wird von der forstlichen Produktion den Löwenantheil in Anspruch nehmen. Diesen großen Konsumtions-Zweig hat die Holzzucht im Walde vorzugsweise in der nutzbringendsten Weise zu befriedigen und es ist deshalb der statistischen Ermittelung der Verbrauchs-Verhältnisse von Brettern, Bohlen, Stollen, Latten, Bauhölzern, dann von Bausteinen u. s. w., der Feststellung der Betriebs-Ergebnisse gut geleiteter Holzsäge-Werke u. s. w. alle Sorgfalt zu widmen.

Vorzugsweise werden Fichten-, Kiefern- und Tannen-Bretter verbraucht und es wird die Nadelholz-Hochwald-Wirthschaft voraussichtlich in der Zukunft immer größere Verbreitung gewinnen. Die Ermittelung der Sorten-Verhältnisse des bisherigen Bretter-Verbrauchs und die Feststellung der Prozent-Antheile, welche bei breiten Brettersorten unbedingt erforderlich werden, ist eine wichtige Obliegenheit der Forststatistik. Hiernach ist für die einzelnen Produktions-Gebiete diejenige mittlere Brusthöhen-Stärke der Bestände (zur Haubarkeits-Zeit), welche im großen Durchschnitt bei der Nutzholz-Wirthschaft als Regel zu erstreben ist, für die vorherrschenden Holzarten festzustellen. Die Umtriebszeiten, welche diese mittleren Brusthöhen-Durchmesser unzweifelhaft liefern, bilden den Ausgangspunkt bei der Vergleichung der Rentabilität der Bewirthschaftungs-Arten. Es ist unnöthig, die Bedeutung besonders zu betonen, welche die genaue Ermittelung der nutzfähigsten Sorten- und Breiten-Verhältnisse der Bretter, Bohlen, Dielen, des Bauholzes (und speziell des unbedingt erforderlichen Verbrauchs der über 25 Centimeter breiten Sorten) hat, denn es ist leicht einzusehen, daß die gebräuchlichen Umtriebszeiten wesentlich herabgesetzt werden könnten, wenn beispielsweise eine mittlere Bretterbreite von 20 Centimeter in einem Absatz-Bezirke genügen würde, in dem bisher vorherrschend Bretter von 30 Centimeter Breite erzeugt worden sind.

Anmerkung. In Bezug auf Brettersorten scheint in den einzelnen Handels-Gebieten das Herkommen den Verbrauch und das Angebot wesentlich zu beeinflussen. Im Handels-Gebiet des Mains und Rheins sind Bretter unter 19 Centimeter Breite in nennenswerthen Quantitäten geradezu unverkäuflich und Latten mit 49 Millimeter Breite nur in geringen Massen zu verwerthen. In Sachsen überhaupt im Handels-Gebiet der Elbe, werden dagegen die Bretter von 12 bis 19 Centimeter Breite bis herab zur Lattenbreite massenhaft verbraucht. Der rheinische Holzhandel findet seine Quellengebiete in der Starkholz-Zucht des Schwarzwaldes, des Frankenwaldes, des Fichtelgebirgs, des bayerischen Waldes und des bayerschen Gebirgs und bei der unausgesetzten Lieferung von starken Blöchern hat sich der Holzhandel gewöhnt, den Schwerpunkt in den Verkauf der breiten Brettersorten (der 4,7 Meter langen, durchschnittlich 30 Centimeter breiten und 24 Centimeter dicken sog. Holländerbretter) zu legen, ohne den Gebrauchswerth genauer zu prüfen. Das Preisverhältniß im Gebiete des Rheins war in den Jahren 1872 und 1873 das folgende:

per Kubikmeter
Bretter-Holzmasse

	per Kubikmeter Bretter-Holzmasse
195 Millimeter breite Kanalbretter (3,07 Meter lang, 21 Millimeter dick)	1,00
243, 292 Millimeter breite Kanalbretter	1,00
49 Millimeter breite, gleichlange und dicke Latten .	0,77
195 Millimeter breite Holländerbretter (4,67 Meter lang, 25 Millimeter dick)	1,03
219 Millimeter breite dergleichen Holländerbretter .	1,05
243 ,, ,, ,, ,, .	1,07
268 ,, ,, ,, ,, .	1,09
292 ,, ,, ,, ,, .	1,14
316 ,, ,, ,, ,, .	1,15
340 ,, ,, ,, ,, .	1,17
49 ,, ,, 4,67 Meter lange, 25 Millimeter dicke Latten	0,95

Man kann ſonach annehmen, daß die Holländer-Bretter von 30 Centimeter Breite zur genannten Zeit ungefähr 14 pCt. höher bezahlt worden ſind, als die kürzeren Bretter von 20 Centimeter Breite. Da indeſſen bei dem Schneiden der ſtärkeren und längeren Blöche das Ausnutzungsprozent (um circa 10 pCt.) für die breiteren Bretterſorten geringer zu ſein pflegt, indem verhältnißmäßig größere Maſſentheile zu Schwarten und Brennholz abfallen, und da dieſer Verluſt die bei Verarbeitung von ſtarken Blöchern eintretende Erſparung von Produktions-Koſten überwiegen wird, ſo iſt vorläufig ein ſehr weſentlicher Gebrauchs-Werth-Gewinn bei der Produktion der ſtarken Blochholz-Sorten für das Rheingebiet nicht anzunehmen.

Im Elbgebiet (Rieſa) werden (1873) die 23—28 Ctm. breiten Bretter 10 pCt. per Kubikmeter Brettholzmaſſe höher bezahlt, als die 16 bis 21 Ctm. breiten Bretter. Die geſchnittenen Bauhölzer ſtanden damals an der Elbe in folgendem Preis-Verhältniß, wenn man die 5—7½ Meter lang und 16—20 Ctm. wahnkantig geſchnittenen Bauhölzer = 1,0 ſetzt:

Länge	bis 15 Ctm.	16—20 Ctm.	21—25 Ctm.	26—30 Ctm.	31—35 Ctm.	über 35 Ctm.
bis 5 Meter	0,88	0,96	1,04	1,14	1,24	1,32
5—7½ „	0,92	1,00	1,10	1,20	1,28	1,36
7½—10 „	0,96	1,04	1,14	1,24	1,32	1,40
10—12½ „	1,04	1,14	1,24	1,32	1,40	1,48
12½—15 „	1,14	1,24	1,32	1,40	1,48	1,60
15—17½ „	1,24	1,32	1,40	1,48	1,60	1,68

Die Verſteigerungs-Preiſe im Walde werden nicht ſelten in den Quellen-Gebieten des rheiniſchen Holzhandels eine ſchärfere Steigerung für die ſtärkeren Blöcher zeigen, wie die Bretter-Preiſe. Es wird dies theilweiſe dadurch verurſacht daß nach den Uſancen des rheiniſchen Holzhandels, bei größeren Bretter-Lieferungen ſtets eine gewiſſe Quantität 12zölliger Holländer-Bretter (29,2 Centimeter Breite) gefordert und ſomit nach den ſtärkeren Blöchern eine lebhafte Nachfrage hervorgerufen wird.

Die ſpezielle Ermittelung dieſer Verhältniſſe ſoll durch die vorſtehenden aphoriſtiſchen Bemerkungen lediglich angeregt werden. Beſondere Sorgfalt wird man dabei der Feſtſtellung der Stärken-Verhältniſſe des Bauholzes und namentlich der Prozentantheile für die Bauhölzer mit über 20 Centimeter Beſchlag widmen müſſen. Wenn man finden ſollte, daß der nothwendige, unverringerbare Verbrauch der ſtarken Nutzhölzer in der That beträchtlich geringer iſt, als man bisher vermuthet hat, was nicht geradezu unwahrſcheinlich iſt, ſo

würden die Daseinszwecke der gebräuchlichen hohen Nutzholz-Umtriebs-
zeiten immerhin problematisch erscheinen.

Von andern Zweigen des Holzverbrauchs ist der Bedarf der
Steinkohlen- und Braunkohlen-Gruben, überhaupt des
Erdbaues, untersuchungswürdig.

Anmerkung. Nach langjährigen Erfahrungen in Preußen rechnet man,
daß zur Gewinnung von 100 Ctr. Steinkohlen durchschnittlich 0,155 Kbm. Holz
erforderlich werden (v. Dechen). Da die Kohlen-Gewinnung im Zollverein 1870
680 Millionen Centner betragen hat, so entziffert sich ein jährlicher Holzbedarf von
mindestens 1 Million Kubikmeter für die Kohlengruben, wenn man den obigen
Satz auch auf die Braunkohlen-Förderung anwendet. Thatsächlich wird der Gesammt-
Verbrauch in Deutschland größer sein.

In den königlichen Steinkohlen-Gruben bei Saarbrücken ist per 1875 eine
Holzmasse von circa 93000 Kubikmeter erforderlich, welche sich wie folgt vertheilt:

Stempel, von 16—18 Ctm. mittl. Durchmesser 49,8 pCt.

Stammholz, unter 31 Ctm. (bei Eichen unter

36 Ctm.) mittl. Durchmesser . . . . . 21,1 „

Stammholz von 32, resp. 37 Ctm. bis 47 Ctm.

Durchmesser . . . . 18,9 „

Stammholz über 47 Ctm. Durchmesser . . . 10,2 „

Die Verwendung des Holzes zu Telegraphenstangen kann
ferner in Betracht gezogen werden.

Anmerkung. Wenn man 15 Stangen per Kilometer und einem durchschnittlichen Massengehalt von 0,16 Festmeter per Stange rechnet, so sind für die
deutschen Telegraphen-Linien (1873: 39819 Kilometer) 87823 Kbm. Stangenholz
zur erstmaligen Anlage nothwendig. Ueber die Umwechslung der Telegraphen-
Stangen fehlen mir zuverlässige Angaben; man wird indessen den derzeitigen Holzverbrauch auf ungefähr 10000 bis 15000 Kbm. per Jahr schätzen können.

Von den übrigen Verwendungsarten des Holzes wird lediglich
der Verbrauch von Faßholz hinsichtlich der Masse Beachtung verdienen, jedoch mehr für Oesterreich, als für Deutschland. (Schon
1865 wurden aus Oesterreich in die französischen Häfen 7 Millionen
Stück Faßdauben verfrachtet.) Andere Verwendungsarten (zur Pa-
pier-, Holzstiften-, Zündholz-Draht-Fabrikation, zu Cigarren-Wickel-
formen, zu Rebpfählen, Hopfen- und Bohnenstangen, für das Wagner-
und Drehergewerbe u. s. w.) können örtlich beachtenswerth sein; aber
die erforderlichen Sortimente werden in der Regel bei allen forstlichen
Betriebsarten erzeugt und der Massen-Verbrauch ist ein mehr untergeordneter.

Von den Wald=Nebenprodukten kommt vorzugsweiſe die Eichen= Glanzrinde in Betracht. Es iſt nicht zu bezweifeln, daß die Rin= den=Produktion namentlich in Südweſt=Deutſchland (Elſaß, Baden, Würtemberg, Heſſen, Naſſau, Rheinpreußen, Unter= und Mittelfranken und Schwaben) beträchtlich verſtärkt und daß durch die allgemeine Einführung der 15—18 jährigen Umtriebszeiten die Gerbſtoff=Gewin= nung auch für die beſtehenden Eichenſtock=Schläge weſentlich erhöht werden kann. Vorzugsweiſe in den genannten Ländern hat die Forſt= verwaltung die Verhältniſſe der Schälwald=Produktion (Umtriebszeit, Beſtands=Dichtigkeit, Beimiſchung von ſog. Raumholz) gründlich zu erforſchen und den qualitativen und quantitativen Bedarf der Leder= Fabrikation zu vergleichen.

Geſtützt auf die Ergebniſſe dieſer forſtſtatiſtiſchen und forſtſtatiſchen Unterſuchungen hat man die einzelnen Pro= duktionszweige gegenſeitig nach ihrer Bedeutung abzuwägen und nach Maßgabe der örtlichen Produktions=Faktoren und der örtlichen Lage der Wirthſchaftsbezirke in die ein= zelnen Waldgebiete zu vertheilen. Es iſt für die ent= ſprechenden Produktionszweige die mittlere Bruſthöhen= Stärke anzugeben, mit welcher die Gebrauchsfähigkeit größerer Maſſenerträge beginnt und für welche unbe= ſchränkter Abſatz im geſammten Konſumtions=Gebiete vor= auszuſetzen iſt.

Die Ergebniſſe der Unterſuchungen ſind zu veröffentlichen. Bei der hier angeſtrebten Regelung des forſtwirthſchaftlichen Gewerbes iſt es nothwendig, daß nicht nur in den Staatswaldungen eines deutſchen Einzellandes, ſondern in allen Staats=, Gemeinde=, Körperſchafts= und Privat=Waldungen des deutſchen Reichs eine den großen Zielen der Waldproduktion entſprechende, gemeinſame Organiſation der Forſt= verwaltung angebahnt wird. Da die größte Waldfläche Deutſchlands ſich im Privatbeſitz befindet, ſo iſt vor Allen auf eine in das all= gemeine Syſtem paſſende, rationelle Bewirthſchaftung der Privat= Waldungen durch Belehrung über die Verbrauchs=Verhältniſſe in den betreffenden Abſatzgebieten hinzuwirken.

Wenn die Vertheilung der Produktions=Richtungen vollzogen iſt und die örtliche Ertrags=Regelung nach den Haupt=Zielpunkten feſt=

fteht, fo werden die einzelnen Wirthfchaftsbezirke nach der „plan=
mäßigen Produktions=Gruppe," der fie zugetheilt worden find,
fpeziell bezeichnet. (Siehe § 52.) Es ift für die Bezifferung der Pro=
duktions=Gruppen der zukünftige Prozentfatz des Brennholz=Werth=
Ertrags maßgebend. Wenn beifpielsweife in einem Wirthfchaftsbezirk
0,6 der Fläche dem Fichten=Hochwald=Betrieb mit einem Nutzholz=Werth=
Ertrag von 65—75 pCt. und einem Brennholz=Werth=Ertrag von
25 bis 35 pCt. zugetheilt, wenn ferner 0,4 der Fläche zu Schäl=
wald=Betrieb mit 55—65 pCt. Rinden= und Nutzholz=Werth=Ertrag
und mit 35—45 pCt. Brennholz=Ertrag beftimmt werden, fo ift
diefer Bezirk der gemifchten Produktions=Gruppe Fichten=Hochwald
0,6 III und Eichen=Niederwald 0,4 IV zuzurechnen. (Außerdem wer=
den, wie im § 52 erwähnt worden ift, die Wirthfchaftsbezirke nach
den „thatfächlichen Abfatzgruppen", denen fie angehören, be=
zeichnet — gleichfalls nach Maßgabe der vorherrfchenden Betriebsform
und nach dem Prozentfatz des bisherigen Brennholz=Werth=Ertrages.
Die Gegenüberftellung diefer Bezifferung foll das vorgefteckte Ziel
fchärfer verfinnlichen.)

<hr>

§ 55.

Feftftellung der Verzinfungs-Forderungen.

Schon in der Einleitung ift bemerkt worden, daß die Volks=
wirthfchafts=Lehre keine direkt maßgebenden Richtpunkte für die Feft=
fetzung der Kapital=Verzinfung, welche man vom forftlichen Gewerbe
zu fordern berechtigt ift, darbietet. Wir befitzen keine Normen für
die Bemeffung des Zinfen=Ertrags der im Waldbetriebe thätigen
Boden= und Betriebs=Kapitalien, welche der allgemein gültigen Ver=
gleichung der Produktionszweige nach der erfahrungsmäßigen oder
der — in Hinblick auf Annehmlichkeit und Sicherheit des Renten=
Bezugs — erforderlichen Größe der Kapital=Verzinfung entftammen.
Aus den volkswirthfchaftlichen Lehren kann man nur ganz allgemein
folgern, daß es ungerechtfertigt fein würde, für die Kapital=Kräfte,
welche im Walde wirken, denfelben Zinfen=Ertrag zu fordern, welcher

gegenwärtig für die sichere Ausleihung baarer Geldsummen landes=
üblich ist. Man darf sagen, daß das forstliche Gewerbe, wenn das=
selbe die reine Waldrente dem Zinsenertrag hypothekarisch angelegter
Geldkapitalien nahe führen würde, ein äußerst lukrativer Wirthschafts=
zweig sein würde.

Es wird in der volkswirthschaftlichen Literatur ausdrücklich hervor=
gehoben, daß die Boden=Produkte im Laufe der wirthschaft=
lichen Fortentwickelung fortdauernd im Preise steigen,
während die durch Arbeit und Kapital produzirten Güter
im Preise fallen. Es ist zwar bis jetzt die Frage nicht entschieden
worden, ob eine belangreiche Preis=Erniedrigung des Geldes im All=
gemeinen stattgefunden hat; man kann in dieser Richtung erst end=
gültig urtheilen, wenn am Ende des laufenden Jahrhunderts die
50jährigen Durchschnitts=Ziffern der Getreidepreise vorliegen[1]). Aber
immerhin ist zu vermuthen, daß eine Geldpreis=Senkung, eine
Nominalpreis=Erhöhung der Güter stattgefunden hat. Keinenfalls
wird eine Geldpreis=Erhöhung konstatirt werden. Es ist zu ver=
muthen, daß auch zukünftig, wie man sagt, „der Geldwerth sinkt“
und es ist klar, daß ein gewisser Ersatz für diesen Verlust durch
die Forderung einer höheren Verzinsung für die Geldkapitalien erstrebt
werden darf.

Der Kapital=Zins erfährt zudem im Verlaufe der wirthschaft=
lichen Entwickelung zwar Steigerungen und Senkungen; aber vor=
herrschend ist die Tendenz mit der fortschreitenden Volks=
wirthschaft, die ein verstärktes Kapital=Angebot bewirkt,
zu sinken. Diese Tendenz wird sich in den langen Zeitperioden,
welche die forstliche Ertragsregelung mit ihren Berechnungen umfaßt,
geltend machen; sie wird die Wirkungen vorübergehender Zins=
steigerungen überdauern. Man sieht somit ein, daß die Forst=
wirthschaft im Allgemeinen auf Grundlage ermäßigter Zinssätze regulirt
werden darf, daß dieselbe dennoch den Vergleich mit der nach=

---

[1]) Man nimmt an, daß der Geld=Vorrath des Weltverkehrs von 1848 bis
1865 von 3000 Millionen Thaler auf 5000 Millionen Thaler gestiegen ist. Es
ist wunderbar, daß diese enorme Veränderung des Geldzuflusses keine Preis=Revo=
lution, nicht einmal eine auffallende Preiserniedrigung des Geldes bewirkt hat —
ein glänzender Beweis für die Zunahme der wirthschaftlichen Prosperität.

haltigen Rentabilität der Geldkapitalien aushalten wird. Denn es ist ein sehr erheblicher Gewinn, durch Steigerung des Grundstock-Werthes, in sichere Aussicht zu nehmen, während Geldkapitalien, auch bei sicherer hypothekarischer Ausleihung im Laufe der Zeit voraussichtlich an Werth und Zinsen-Ertrag mehr verlieren, als gewinnen werden. Allein über diese allgemeinen Betrachtungen und Vermuthungen kann uns die Erörterung aus volkswirthschaftlichen Gesichtspunkten nicht hinausführen.

Die Feststellung der forstlichen Verzinsungs-Sätze im Speziellen kann nur durch die Vergleichung der konkreten Rentabilität der örtlich wählbaren Kapital-Anlage-Arten geschehen. Es ist der rein praktische Standpunkt der privatwirthschaftlichen Vermögens-Verwaltung zu betreten.

Diese Vergleichung ist nun aber in Folge einiger Eigenthümlichkeiten des forstlichen Gewerbes mit besonderen Schwierigkeiten verknüpft. Die im Waldbetriebe ruhenden Grund-Kapitalien lassen sich nach ihrer absoluten Größe nicht scharf bemessen. Man kann weder den Werth des Waldbodens, noch den Werth des Vorraths bei nachhaltiger Benutzungsweise nach dem absoluten Betrage bestimmen. Größere, nachhaltig benutzte Waldungen werden selten öffentlich versteigert; die Erlöse würden auch, bei der unendlichen Verschiedenheit der örtlichen Bestockungs- und Preis-Verhältnisse keine allgemein benutzbaren Anhaltspunkte für die Bemessung des Boden- und Vorraths-Werthes liefern. Auch auf anderen Wegen kann man diesen Werth nicht bestimmen — nicht einmal den Verkaufs- oder Benutzungs-Werth des Wald-Bodens. Denn von dem zur Zeit der Holzzucht unterstehenden Areal würden nur kleine Theile zu Ackerland, Wiesen und Gärten benutzt werden können; die Boden-Werth-Bestimmung nach dem Verkaufspreise der Landgüter ist deshalb nicht zulässig. Der größte Theil der jetzigen Waldfläche würde lediglich zur Weide für Rindvieh und Schafe, zur Wildzucht 2c. verwendet werden können; man kann aber wieder nicht annehmen, daß der Waldbau lediglich die geringe, kaum nennenswerthe Rente dieser Benutzungs-Arten liefert. — Der Vorraths-Werth kann ebenso wenig nach dem absoluten Betrage bemessen werden. Die gleichzeitige Verwerthung der gesammten Holzbestockung eines Forstreviers ist wegen mangelnder Nachfrage nicht ohne große Verluste ausführbar und zudem würde der Erlös vielfach dem wahren Werth nachstehen, weil der wirthschaftliche Werth der Jung- und Mittelhölzer (der sogenannte Erwartungs-Werth) größer ist, als ihr Verkaufswerth.

Man kann nun allerdings den „wirthschaftlichen Werth" der Waldungen bestimmen, aber nur für irgend einen gegebenen Zinssatz. Wenn die zukünftigen Einnahmen und Ausgaben irgend einer Benutzungsart auf die Gegenwart diskontirt werden, so findet man offenbar im Unterschied den jetzigen Wald-Kapital-Werth („Wald-Erwartungs-Werth" oder „Wald-Ertrags-Werth"). Wird diese Jetztwerth-Berechnung für alle wählbaren Benutzungs-Arten durchgeführt, so kann man sagen: diese Benutzungsweise liefert die pprozentige Verzinsung für das Grundkapital x und jene Benutzungs-Art liefert die gleiche pprozentige Verzinsung für das Grundkapital y. Die Grundkapitalien, die Wald-Erwartungs-Werthe, drücken die Boden- und Vorraths-Werthe gemeinsam aus und diese Ausdrucksweise genügt in der That ohne weitere Zerlegung in Boden- und Vorraths-Werthe für alle Aufgaben der privatwirthschaftlichen Nutzungs-Ordnung.

Allein diese Wald-Erwartungs-Werthe sind offenbar relative, vom Zinsfuß abhängige Größen. Bei ein und derselben Bewirthschaftungsweise erhält man bei Annahme hoher Zinsforderungen geringe Waldwerthe, bei niedrigen Zinssätzen dagegen hohe Waldwerthe. Wenn der Zinssatz für das forstliche Gewerbe allgemein und zweifelfrei bestimmt werden könnte, wenn die Preisbewegung des Geldes, der land- und forstwirthschaftlichen Produkte kongruent verlaufen und nur die Annehmlichkeit und Sicherheit des Rentenbezugs maßgebend sein würde, so würde man eine sichere Grundlage für die Werthbemessung finden können. Man würde mit einem feststehenden Zinssatz die gegenwärtigen Benutzungs-Werthe der Waldungen für die wählbaren Bewirthschaftungsarten bestimmen und beispielsweise die erreichbar höchsten Wald-Erwartungs-Werthe als die Grundstock-Werthe betrachten können. Aber bekanntlich ist die sichere, allgemein gültige Festsetzung des forstlichen Zinsfußes bisher nicht erreicht worden; sie wird zur Zeit erst angebahnt.

Die privatwirthſchaftliche Nutzungs-Ordnung kann deshalb bei der Begründung ihrer Zielpunkte nicht von feſtſtehenden Verzinſungs-Sätzen ausgehen. Sie muß vor Allen die Verzinſungs-Verhältniſſe der Betriebs-Klaſſen bei verſchiedenen Bewirthſchaftungs-Arten klar darlegen, den finanziellen Effekt in Hinblick auf die Kapital-Verzinſung würdigen, die zukünftigen Waldzuſtände und Ertrags-Verhältniſſe, welche bei den verſchiedenen Prozentſätzen erreicht werden können, dem Auge vorführen, die nachhaltige Einträglichkeit der ſonſt wählbaren Kapital-Anlage-Arten durch gründliche und umfaſſende Unterſuchungen bemeſſen und hierdurch die Waldbeſitzer und deren Vertreter in den Stand ſetzen, endgültig die dem Waldbetriebe angemeſſene Verzinſung zu beſtimmen und gleichzeitig die zukünftigen Betriebsarten und Umtriebszeiten zu normiren.

Für dieſe Bemeſſung der Verzinſungs-Verhältniſſe muß man von vornherein eine feſte Grundlage zu gewinnen ſuchen, welche zugleich die anſchauliche Darſtellung dieſer Beziehungen ermöglicht. Nun handelt es ſich offenbar bei dieſen Unterſuchungen um den Mehr- oder Minderbezug von Jahresrenten durch Erhöhung oder Herabſetzung der normalen Umtriebszeiten und um die Anlage der betreffenden Werth-Ertrags-Unterſchiede, die zwiſchen den wählbaren Bewirthſchaftungs-Arten ſtattfinden, entweder im Holzvorrath des Waldes oder außerhalb des Waldbetriebs. Man kann ſomit davon ausgehen, daß lediglich der Zinſen-Ertrag dieſer Renten-Unterſchiede zu kapitaliſiren und der Ertrag, der bei der Anlage zur Holzproduktion (d. h. durch Erhöhung des Normal-Ertrags in Folge Hinaufrückung der Umtriebszeit) erfolgt, zu vergleichen iſt mit dem Rein-Einkommen, welches bei der Kapital-Anlage außerhalb des Waldes erzielt werden kann. Man gelangt damit zu einer einfachen und überſichtlichen Betrachtungsweiſe der Verzinſungs-Verhältniſſe des Waldbetriebs, welche namentlich für den Nicht-Techniker anſchaulicher iſt, als die

Begründung der Rentabilitäts-Rechnung auf die wandelbaren Boden- und Bestands-Werthe.

In der That laufen praktisch alle Untersuchungen auf diese Vergleichung hinaus. Bei allen Eigenthums-Verhältnissen ist die Nutznießung in erster Linie lediglich zum Bezug des jährlichen Werth-Durchschnitts-Zuwachses berechtigt. Die Werth-Substanz des Holzvorraths muß in allen Zeiten ungeschmälert dem Stamm-Vermögen erhalten bleiben. Bei den Staats-, Gemeinde-, Körperschafts- und Stiftungs-Vermögen entspricht nur diese Bewirthschaftungsweise der haushälterischen Nutznießung, welche eine heilige Verpflichtung für die jeweilig lebende Generation ist. Bei größerem Privat-Grundbesitz (der Standes- und Grundherrschaften) ist die Verpflichtung zur nachhaltigen Bewirthschaftung der Waldungen in der Regel hausgesetzlich für alle Zukunft angeordnet worden. Die Nachhaltigkeit des bisherigen Rentenbezugs kann aber nur durch die Erhaltung des Werth-Vorraths gesichert werden. Jeder Eingriff in die Werth-Substanz hat, wenn derselbe nicht als unberechtigter Uebergriff, Verschwendung u. s. w. qualifizirt werden soll, Wieder-Anlage als Stamm-Vermögen zu finden. Und umgekehrt ist die Mindernutzung, die hinter dem Werth-Durchschnitts-Zuwachs zurück bleibt, als eine Ersparung anzusehen, zu der die lebenden Nutznießer oft nicht verpflichtet sind, die aber in vielen Fällen aus dem Gesichtspunkt der Sicherung des nachhaltigen Rentenbezugs gefordert werden kann und stets von haushälterischen Nutznießern erstrebt werden wird.

Es ist somit leicht nachzuweisen, daß die privatwirthschaftliche Nutzungs-Ordnung lediglich die Verzinsungs-Verhältnisse für den Mehr- oder Minderbezug von Rente festzustellen hat. Nur ausnahmsweise werden die örtlichen Eigenthums-Verhältnisse die bedingungslose Beschränkung der Nutzung auf den jährlichen Werthzuwachs gebieten — und dann werden der privatwirthschaftlichen Ertrags-Regelung so enge Grenzen gezogen, daß die Bestimmung der Verzinsungs-Forderungen kaum nöthig erscheint. Die normalen Umtriebszeiten kann man ohne Berücksichtigung der Verzinsungs-Verhältnisse feststellen, indem man untersucht, zu welchen Abtriebsaltern der nachzubauenden Bestockung dieser Nutzungsgang hinführt. Wenn man die Holzarten anbaut, welche die höchsten Werth-Erträge

bei dieſen Abtriebszeiten liefern, wenn man die einträglichſte Nutzungs-
Reihenfolge für die jeweils hiebsreifen Beſtände beſtimmt und die
pflegliche Waldbehandlung ordnet, ſo iſt die Aufgabe der privatwirth-
ſchaftlichen Nutzungs-Ordnung erfüllt. Die Ermittelung der Ver-
zinſungsſätze hat ſomit für dieſen Ausnahmefall untergeordnete Bedeutung.

Im Uebrigen iſt die Unterſuchung direkt auf die Verzinſung der
Ertrags-Unterſchiede zu richten. Wenn die Regelung eines Renten-
genuſſes örtlich ausführbar und in Frage zu ziehen iſt, welcher dem
durchſchnittlichen Werthzuwachs **nachſteht**, ſo hat man offenbar zu unterſuchen, welchen Zinſen-Ertrag dieſe Kapital-Anlage im
Walde liefern wird und welcher Zinſen-Ertrag bei der Anlage der
Ertrags-Differenz im landwirthſchaftlichen Betriebe, in Staatspapieren
u. ſ. w. zu erwarten iſt. Wenn endlich die Uebernutzung zu
unterſuchen iſt, ſo hat man ſelbſtverſtändlich gleiche und ähnliche Erwägungen vorzunehmen.

Auf dieſer Grundlage kann nun die forſtliche Rentabilitäts-
Rechnung, nach Erforſchung der örtlichen Produktions-Faktoren hinlänglich ſcharf die bei den verſchiedenen Verzinſungs-Forderungen erreichbaren normalen Umtriebszeiten für alle anbaufähigen
Holzarten beſtimmen[1]). Man kann bei dieſer Ermittelung beiſpielsweiſe ausgehen von den niedrigſten normalen Umtriebszeiten, welche
in Betracht gezogen werden können — von den höchſten Verzinſungs-
ſätzen, welche der Waldbeſitzer beim Waldbetriebe örtlich erreichen
kann. Man hat dann die Erträge, welche bei Hinleitung der Be-
triebs-Klaſſe zu den unterſtellten Umtriebszeiten erfolgen werden, mit
den Erträgen zu vergleichen, welche beim Uebergang zu den nächſt-
höheren Stufen der normalen Umtriebszeiten eingehen würden, indem
man unterſucht, welcher Theil der Rente im letzteren Falle im Laufe
des Einrichtungs-Zeitraums (durch die Verringerung des Jahres-
Ertrags, welche in der Regel mit der Verlängerung des Einrichtungs-
zeitraums verbunden iſt) der Nutznießung entgehen und welche Verzinſung dieſer Entgang andrerſeits durch die Ertrags-Erhöhung,
welche in der Regel nach Ablauf des Einrichtungs-Zeitraums mit

---

[1]) Das Verfahren wird in §§ 56—58 dargeſtellt werden.

der höheren Abtriebszeit beginnt, finden würde. Für dieſe Ver=
gleichung iſt ohne Frage die Zinſes = Zinsrechnung anzuwenden,
denn der Waldbeſitzer kann die fragliche Renten=Differenz beziehen,
zinstragend anlegen und die Zinſen ebenſowohl einem Geld=Kapital
zufügen, wie er ſie im unterſtellten Falle dem Wald = Kapital zuzu=
fügen hat.   Man kann demgemäß die Ertrags = Verluſte auf das
Ende des Einrichtungs=Zeitraums, zunächſt mit dem höchſten Zins=
ſatze, prolongiren und unterſuchen, ob dieſes Verluſt = Kapital ent=
ſprechende Verzinſung durch den Mehrertrag finden wird, der von der
jetzt anzubauenden (ſog. Normal=) Beſtockung eingehen wird.

Dieſe Berechnung läßt ſich für alle wählbaren Verzinſungs=
Sätze (5, 4, 3, 2, 1 pCt. und die Zwiſchenſtufen) ausführen.   Man
kann ohne Frage in dieſer Weiſe die normalen Umtriebszeiten, welche
als Verzinſungs=Grenzen für die wählbaren Prozentſätze örtlich anzu=
ſehen ſind, von Altersſtufe zu Altersſtufe beſtimmen.

Anmerkung. Selbſtverſtändlich kann man die Verzinſungs=Differenzen —
ſtatt dieſelben für das Ende der erſten Umtriebszeit zu berechnen — für die Gegen=
wart beſtimmen, indem man die Netto=Erträge der Umtriebszeiten u, $u + n \ldots$
für die maßgebenden Zinsſätze p, $p' \ldots$ auf die Jetztzeit diskontirt und die Unter=
ſchiede ermittelt.   Dieſes Verfahren (ſiehe § 57 und § 58) iſt bei praktiſchen Ren=
tabilitäts=Rechnungen zu wählen.

Nichttechniker werden ſich indeſſen Zweifel und Bedenken erſparen können,
wenn ſie dieſe Berechnung der Unterſchiede der Wald=Erwartungs=Werthe und
deren Renten aus dem Geſichtspunkte betrachten, daß dabei lediglich die Ertrags=
Differenzen, welche die betrachteten Umtriebs=Erhöhungen oder Umtriebs=Ermäßi=
gungen während des Uebergangs zu den entſprechenden normalen Umtriebszeiten
begleiten, nach ihrer Verzinſung ausgedrückt werden.   Die Waldbeſitzer ſollten
ausnahmlos die Nachweiſung der örtlichen Verzinſungs=Verhält=
niſſe auf dieſer Grundlage fordern.   Namentlich werden dieſelben gut
thun, der Berechnung der Vorraths=Herſtellungs=Koſten nach dem Zinſen=Erforder=
niß eines fiktiven Bodenwerths zu mißtrauen (ſiehe § 2, ad 6).

Die Vergleichung der faktiſchen Ertrags=Unterſchiede nach der konkreten Ver=
zinſung verleiht nicht nur der Bemeſſung der Wald=Rentabilität eine reale, unan=
fechtbare Grundlage; dieſe Erörterung der forſtlichen Rentabilitäts=Fragen iſt auch
überaus einfach und überzeugend für die Waldbeſitzer und die Mitglieder der Ver=
waltungs=Behörden.   Wenn man die Darſtellung der Verzinſungs=Verhältniſſe auf
die wandelbaren Boden= und Vorraths=Werthe begründen würde, ſo würde dieſe
Berechnungsform oft eine Quelle für Mißverſtändniſſe und Einwürfe werden; denn die
Verſchiedenheit der Grundſtock=Werthe iſt für Nichttechniker häufig ein Stein des An=

ſtoßes. Man wird einwenden, daß die Boden- und Vorraths-Werthe, die man durch willkürliche Verzinſungs-Annahmen herauf- und herabſchrauben kann, keine ſolide Grundlage bei der Vergleichung der Rentabilität des Wald-Betriebs mit der Einträglichkeit anderer Wirthſchaftszweige ſein können. Hinweiſend auf die ſehr beträchtlichen
Unterſchiede des Grundſtock-Werthes, die in der Regel bei verſchiedenen Zinsforderungen hervortreten, kann man verlangen, daß vor Allen die Kapital-Unterſchiede
ſelbſt berückſichtigt werden. Wenn beiſpielsweiſe die Diskontirung mit 5 pCt. zu
normalen Umtriebszeiten führt, welche für die betreffende Oertlichkeit als Ausgangspunkt der Vergleichung dienen, ſo beziffern ſich zwar relativ geringe, aber immerhin anſehnliche Wald-Erwartungs-Werthe. Die Wald-Werth-Berechnung ſpringt
ſodann ohne Weiteres zu der Unterſuchung für eine Verzinſung von 4 pCt. über
und legt dabei ganz unvermittelt viel höhere Waldwerthe zu Grunde — und dieſe
Veränderung der Rechnungs-Baſis wird der Laie im Forſtweſen eigenthümlich
finden.

Der Wald-Eigenthümer kann, wie wir geſehen haben, den abſoluten Werth
des Waldbodens und Holzvorraths nicht bemeſſen. Es iſt denkbar, daß der Maximal-
Jetztwerth bei einem Zinsſatz von 5 pCt. dem wahren Werth des Waldes entſprechen wird; keinenfalls iſt es dem Waldbeſitzer verwehrt, von dieſem Standpunkt aus die Rentabilität des Waldbetriebes mit der Einträglichkeit anderer
Wirthſchaftszweige zu vergleichen. Derſelbe kann einwenden: „Die höheren Umtriebszeiten rentiren nur ſcheinbar mit geringerem Zinſen-Ertrag, weil die forſtliche
Rentabilitäts-Rechnung überaus große Wald-Kapitale, die nur auf dem Papiere
nachgewieſen werden, als thatſächlich beſtehend annimmt. Dieſe Werth-Annahmen
ſind rein willkürlich und in keiner Weiſe beglaubigt. Es wird lediglich nachgewieſen, bis zu welchen normalen Umtriebszeiten das hohe Grundkapital, welches
beiſpielsweiſe der Verzinſung von 4 pCt. entſprechen würde, eine Verzinſung von
4 pCt. findet — nicht aber, bis zu welchen normalen Umtriebszeiten das minder
hohe Kapital für die Verzinſung von 5 pCt., welches vielleicht den wahren Grund-
ſtock-Werth des Waldes beziffert, mit 4 pCt. verzinſt werden wird. Die rechnungs-
mäßige Erhöhung, dieſe Metamorphoſe der Boden- und Vorraths-Werthe, iſt offenbar zu beachten, wenn die Einträglichkeit verſchiedener Wirthſchaftszweige richtig gewürdigt werden ſoll.“

Es iſt indeſſen leicht nachzuweiſen, daß dieſe Einwendung auf Irrthum beruhen würde. Wenn der Waldbeſitzer für den Waldkapital-Werth eine Verzinſung
von 4 pCt. für ausreichend hält, jedoch anzunehmen geneigt iſt, daß der Wald-
Grundſtock nur den Werth habe, der ſich bei einem Diskontoſatz von 5 pCt. ergeben würde, ſo iſt zu erwägen, daß die faktiſchen Erträge der Benutzungsweiſe
welche bei einer Kapital-Verzinſung von 5 pCt. am einträglichſten ſein würde,
nicht nur eine Verzinſung von 4 pCt., ſondern einen weiteren Zinſen-Ueberſchuß
liefern würden. Indem man die Benutzungsweiſe für eine Zinsforderung von
4 pCt. zu beſtimmen ſucht, muß man dieſer Thatſache Rechnung tragen. Die
höhere Umtriebszeit hat mit 4 pCt. nicht nur den Werth des Grundſtocks, den man
für 5 pCt. berechnen kann, ſondern auch dieſen weiteren Zinſen-Ertrag, den der

Wald=Besitzer faktisch (unbehindert durch Waldwerth=Annahmen) beziehen würde, zu vergüten — d. h. den Wald=Erwartungs=Werth, welcher sich für den Zinssatz von 4 pCt. berechnet.

Man kann die Sachlage durch ein Beispiel besser veranschaulichen. Eine Betriebsklasse wird, so nehmen wir an, für 30000 M. gekauft. Es ist die einträglichste Bewirthschaftung einzurichten. Beim Uebergang zur 70jährigen Umtriebszeit würde 70 Jahre lang ein jährlicher Netto=Ertrag von 1000 M. eingehen und hierauf ein jährlicher Normal=Ertrag von 1500 M. Der Jetztwerth beträgt bei 3 pCt. = 35438 M., bei 4 pCt. = 25802 M. Bei der Ueberführung zum 80jährigen Umtrieb würde 80 Jahre lang ein jährlicher Netto=Ertrag von 900 M. und hierauf ein Normal=Ertrag von jährlich 2000 M. eingehen. Der Jetztwerth bei Einhaltung der 80jährigen Umtriebszeit beträgt demgemäß bei 3 pCt. = 33444 M., bei 4 pCt. = 23693 M. Die 80jährige Umtriebszeit ist somit weder bei einer Verzinsungs=Forderung von 4 pCt., noch bei einer Verzinsungs=Forderung von 3 pCt. die einträglichste.

Der Wald=Besitzer kann aber von der Ansicht ausgehen, daß diese wandelbaren Wald=Jetzt=Werthe, die sich für verschiedene Verzinsungs=Sätze berechnen, überhaupt keine sichere Grundlage für die Rentabilitäts=Berechnung sein können. Derselbe wird mehr geneigt sein, die Erwerbungssumme zu Grunde zu legen und zu fragen, ob die 80jährige Umtriebszeit den Kaufpreis von 30000 M. mit 3 pCt. verzinsen wird? Diese Frage ist an der Hand der Zinses=Zins=Rechnung leicht zu beantworten. Wenn die Erträge des 80jährigen Umtriebs nach 80 Jahren ein reines Kapital von $(30000 . 1{,}03^{80} =)$ 319230 M. liefern, so findet offenbar der Kaufpreis eine Verzinsung von 3 pCt. Die 80jährige Umtriebszeit liefert aus den abnormen Erträgen einen Endwerth von 289227 M. und aus dem Ueberschuß der Normal=Erträge (= 1100 M.) einen Vorwerth von 36667 M., im Ganzen 325894 M. Nunmehr kann, wie es scheint, die 80jährige Umtriebszeit gewählt werden.

Allein der Irrthum ist bald aufzufinden. Wenn der Wald=Besitzer eine Verzinsung von 3 pCt. fordert und die 80jährige Umtriebszeit einhält, so hat er beim Kauf einen Gewinn von 3444 M. erzielt. Die 80jährige Umtriebszeit verzinst durch ihre faktischen Erträge mit 3 pCt. nicht nur 30000 M., sondern 33444 M. Der Wald=Eigenthümer würde somit auf die Verzinsung des Gewinnes beim Kauf verzichten und der Thatsache, daß eine 3 pCt. übersteigende Verzinsung des Kaufpreises schon an und für sich durch die 80jährige Umtriebszeit erreicht werden kann, keine Rechnung tragen. Mit derartigen Voraussetzungen würde aber die Rentabilitäts=Berechnung zu ganz trügerischen Ergebnissen gelangen.

Wenn man die Rentabilitäts=Berechnung auf die Verzinsung der Ertrags=Differenzen stützt, so kann man von vornherein derartige zweifelvolle Erörterungen ausschließen.

Die Darstellung der forstlichen Verzinsungs=Verhältnisse gründet sich auf summarische Wirthschaftspläne, welche den periodischen Ertrag für die örtlich wahlfähigen Benutzungsarten angeben. (§ 56.) Diese Erträge werden mit den Zinssätzen, zwischen denen die Wahl voraussichtlich schwanken wird, auf die Gegenwart diskontirt (Wald-Erwartungs-Werthe, § 57). Man kann, die Ergebnisse überblickend, im Allgemeinen beurtheilen, zu welchen normalen Umtriebszeiten und Bestockungsformen die verschiedenen Zinsannahmen hinführen und welchen Einfluß diese Benutzungsarten auf die Brutto- und Netto-Erträge, die Verwerthungs-Verhältnisse u. s. w. im Einrichtungs-Zeitraum ausüben werden.

Nun wird zwar, wie wir unten sehen werden, die konkrete Normirung der Verzinsungs-Forderungen vorwiegend bestimmt durch die Größe des Unternehmer-Gewinns im Vergleich mit dem wirthschaftlichen Wagniß (§ 58) und nicht minder wird die Bemessung der erreichbaren Verzinsung bedingt durch die Sicherstellung der Hauptmasse der Holz-Erzeugung hinsichtlich des Vollgenusses der Verbrauchs- und Marktfähigkeit. Aber immerhin hat die forstliche Ertragsordnung durch allgemeine Untersuchungen und Erwägungen die Kapital-Verzinsung des Waldgewerbes umfassend und eingehend zu vergleichen mit der Kapital-Verzinsung, welche in denjenigen Wirthschaftszweigen obwaltet, die eine sichere und solide Anlage großer Kapitalkräfte gestatten und deshalb von den Waldbesitzern, statt der Holzproduktion, gewählt werden können.

In erster Linie maßgebend für diese Bemessung des wünschenswerthen „Waldrenten-Fußes" ist der bisherige Gang der Holzpreise in Vergleich mit der Preisbewegung der landwirthschaftlichen Produkte, mit dem Miethzins für Gelddarlehen, der reinen Rente der Eisenbahnen u. s. w. Der Gang der Holzpreise ist möglichst für alle Verkaufssorten nach den Durchschnittspreisen der Vergangenheit darzustellen und durch Darlegung der Momente, welche besonderen Einfluß ausgeübt haben, zu erläutern; dabei hat man der Zunahme des Kohlen-Verbrauchs in den Verbrauchsbezirken besondere Beachtung zu widmen. Die Verminderung des Angebots einzelner Nutzholzsorten ist mit der Preisgestaltung zu vergleichen u. s. w. u. s. w.

Die Preisbewegung der landwirthschaftlichen Pro=
dukte kann man größtentheils aus den durchschnittlichen Marktpreisen
ersehen, welche in den meisten Ländern Deutschlands seit langer Zeit
veröffentlicht werden. Es ist speziell zu untersuchen, ob die Preis=
zunahme gleiche Linie mit der Preiszunahme der forstwirthschaftlichen
Produkte eingehalten hat oder ob wesentliche Unterschiede bemerkbar
geworden sind. Bessere Anhaltspunkte gewähren die Erlöse bei der
öffentlichen Verpachtung größerer Feldgüter, die sich häufig für viele
Pachtperioden nachweisen lassen.

Für die Bestimmung des Zinsen=Ertrags hypothekarisch aus=
geliehener Geldkapitalien findet man nur spärliche historische
Anhaltspunkte. Man wird indessen ohne Weiteres annehmen dürfen,
daß die gegenwärtige Höhe des landesüblichen Zinsfußes in der Zu=
kunft im Großen und Ganzen unverändert bestehen bleibt, wenn auch
der heutige Zinssatz besten Falls nur noch einige Jahrhunderte aus=
dauern sollte.

Diese statistischen Forschungen, die hier selbstverständlich nur an=
gedeutet werden können, werden in der Regel von der obersten Forst=
behörde in umfassender und erschöpfender Weise in Hinblick auf die
Zielpunkte dieser Vergleichung angeordnet und geleitet werden.

Anmerkung. Ueber den Gang der Holzpreise haben wir schon in der Ein=
leitung (§ 1) einige Notizen aus Bayern und Böhmen mitgetheilt und wollen hier
andere Angaben nachtragen.

In Preußen sind in den Staatsforsten von 1837 bis 1867 die Preise ge=
stiegen:

	im Ganzen.	Durchschnitt per Jahr.
für Eichen=Nutzholz . . .	60 pCt.	2,00 pCt.
„ Nadel=Nutzholz . . .	65 „	2,17 „
„ Buchen=Scheitholz . .	67 „	2,23 „
„ Nadel=Scheitholz . .	84 „	2,80 „

Bemerkenswerth ist, daß in den Regierungsbezirken Düsseldorf und Trier,
welche die Ruhr= und Saar=Kohlenbecken enthalten, die Preise gestiegen sind:

	Düsseldorf		Trier	
	im Ganzen.	Durchschnitt per Jahr.	im Ganzen.	Durchschnitt per Jahr.
Buchen=Scheitholz . .	50 pCt.	1,67 pCt.	62 pCt.	2,07 pCt.
Nadel=Scheitholz . .	47 „	1,57 „	51 „	1,70 „

In Württemberg sind in den Staatswaldungen von 1850 bis 1871 die

Preise, wenn man die fünfjährigen Durchschnittspreise zu Anfang und Ende dieser Periode vergleicht, gestiegen:

		im Ganzen.	Durchschnitt per Jahr.
für Eichen-Nutzholz	. . . . .	96 pCt.	4,57 pCt.
„ Buchen-Nutzholz	. . . . .	93 „	4,43 „
„ Nadel-Nutzholz	. . . . .	51 „	2,43 „
„ Eichen-Scheit- und Prügelholz	107 „		5,10 „
„ Buchen- „ „ „	96 „		4,57 „
„ Nadel- „ „ „	99 „		4,71 „

Die Steinkohlenpreise sind im Wesentlichen konstant geblieben, wie die Uebersicht der Kohlenpreise in Preußen und Sachsen bei § 54 zeigt.

Ueber die Preisveränderung anderer Produkte hat Laspeyres Nachweisungen veröffentlicht. Setzt man den Preisdurchschnitt von 1841/50, resp. 1845—1850 = 100, so haben im Durchschnitt von 1851 bis 1862 ihren Preis verändert:

			in Hamburg.	in London.
Wein	auf	. . . .	216	123
Zucker	„	. . . .	118	93
Hafer	„	. . . .	141	109
Gerste	„	. . . .	139	109
Roggen	„	. . . .	138	112
Waizen	„	. . . .	131	102
Reis	„	. . . .	96	80
Kaffee	„	. . . .	135	113
Baumwolle	„	. . . .	126	112
Schweinefleisch	„	. . . .	130	125
Taback	„	. . . .	108	109
Eisen	„	. . . .	107	109
Wolle	„	. . . .	110	114
Ochsenfleisch	„	. . . .	129	149

Diese Zahlen sind, wie man sieht, noch sehr dürftig und lückenhaft.

Nach Hauck hat der Preis für eine bayerische Klafter Buchenholz in München folgende Prozentsätze vom Preis eines Scheffels Roggen betragen:

1766/83 im Durchschnitt	59,6 pCt.
1815/24 „ „	78,2 „
1825/34 „ „	82,1 „
1835/50 „ „	107,3 „

(Supplemente zur Forst- und Jagd-Zeitung. Bd. 2, S. 47.)

Hiernach würde die Aufwärtsbewegung der Roggenpreise beträchtlich der Steigerung der Holzpreise nachstehen. Die Bewegung der Waizen-Preise in Hamburg wird wie folgt angegeben:

1847/50 = 3,25 Thlr. pro Ctr.	= 1,00
1851/55 = 3,76 „ „ „	= 1,14
1856/60 = 3,72 „ „ „	= 1,14
1861/65 = 3,34 „ „ „	= 1,06

Außer dieſen ſtatiſtiſchen Forſchungen über die Ergebniſſe und die Urſachen der Preisbewegung iſt die nachhaltige Rentabilität der Kapital-Anlagearten, welche die Waldbeſitzer außer dem Waldbetriebe wählen können, nach andern Richtungen zu erforſchen. Bei der Ertrags-Regelung eines größeren Privatwald-Beſitzes hat man das Augenmmerk vor Allem zu richten auf die Verkaufspreiſe der Feldgüter, denn es iſt zu unterſuchen, ob Theile des Wald-Grund-ſtocks im landwirthſchaftlichen Betriebe anzulegen ſind, oder ob um-gekehrt dem Waldbetriebe weitere Kapital-Kräfte (durch Verkauf oder Aufforſtung der ungenügend rentirenden Feld-Domänen ꝛc.) zugewieſen werden dürfen. Die durchſchnittlichen Erlöſe bei Verpachtung größerer Güter ſind in Hinblick auf die durchſchnittlichen Ver-kaufspreiſe der Felder und Wieſen zu vergleichen. Wenn die Boni-tirung bei der Kataſter-Aufnahme zuverläſſige Reſultate geliefert hat, ſo bietet dieſelbe benutzbare Anhaltspunkte.

Es iſt ferner in einzelnen Fällen der Ertrag der Geldanlage zu induſtriellen Zwecken zu bemeſſen und unter Würdigung der Sicherheit und Annehmlichkeit des — gewöhnlich ſehr ſchwankenden — Rentenbezugs zu vergleichen.

Für die Forſt-Betriebs-Regelung in Staats- und Gemeinde-, in ſtandes- und grundherrlichen Waldungen wird in der Regel die Schulden-Tilgung vorwiegend zu berückſichtigen ſein. Im All-gemeinen iſt ſicher, daß eine Uebernutzung der Waldungen zum Zweck einer verſtärkten ſpontanen Schulden-Tilgung in den meiſten Fällen privatwirthſchaftlich minder räthlich ſein wird, als die Ver-ſtärkung des Holzvorrathes. Aber man hat dieſe Frage ſpeciell für die einzelnen Zweige der waldwirthſchaftlichen Produktion — Nutz-holz-Wirthſchaft, Brennholz-Wirthſchaft ꝛc. — zu erörtern.

Die Staats-Verwaltung kann ferner den Ertrag etwaiger Ueber-nutzungen durch den Bau von Eiſenbahnen anlegen. Es iſt deshalb die bisherige Rentabilität der Eiſenbahnen und die Nachhaltigkeit dieſes Zinſen-Ertrags zu würdigen. Es iſt zwar der Rein-Ertrag der Eiſenbahnen nicht direkt maßgebend, ſondern der Zinsfuß und Emiſſions-Kurs der Eiſenbahn-Anleihen. Allein das Kapital, welches zum Eiſenbahn-Bau angelegt wird, iſt ſo enorm groß, daß der Rein-

Ertrag der Eisenbahnen in hervorragender Weise Einfluß auf die zukünftige Verzinsung der Geldkapitalien ausüben wird.

Anmerkung. Die deutschen Eisenbahnen haben (1873) das angelegte Kapital durchschnittlich mit 4,1 pCt. verzinst. Die Netto-Einnahme der Bahnen in Großbritannien hat (1873) 4,59 pCt. des eingezahlten Kapitals betragen. Die Rente der Eisenbahnen der vereinigten Staaten wird per 1873 auf 4,3 pCt. — nach andern Quellen auf nicht ganz 4 pCt. — angegeben.

Man kann selbstverständlich die mittleren Ergebnisse dieser statistischen Ermittelungen und Vergleichungen nicht allgemein bemessen — nicht voraussagen, welche durchschnittlichen Prozentsätze für die Kapital-Anlage im Walde eine vollkommene genügende Verzinsung herbeiführen würden. Schon die unendliche Mannigfaltigkeit der örtlichen Vorraths-, Wachsthums-, Preis-, Eigenthums- 2c. Verhältnisse verhindert die specielle Beurtheilung der konkreten Verzinsungs-Ansprüche. Aber man ist gewöhnt einzuwenden, daß die Bestimmung des Zinsfußes gleichsam der archimedische Punkt für die privatwirthschaftliche Wald-Benutzung sei, daß eine Verrückung dieses Regulators des gesammten forstwirthschaftlichen Betriebs alle Wirthschafts-Pläne über den Haufen werfe.

Es ist für die Aufgabe, welche diese Schrift verfolgt, von hoher Wichtigkeit, zu fragen, ob in der That von einer willkürlichen Festsetzung der Verzinsungs-Forderungen die Rede sein kann. Wir wollen darzulegen versuchen, daß die örtlich erstrebenswerthen Verzinsungs-Sätze in engen Grenzen vorgezeichnet und bedingt werden durch die Nutzungs-Verhältnisse und wirthschaftlichen Zielpunkte eines jeden Wirthschafts-Bezirks. Es kann nicht beliebig heut ein hoher und morgen ein niedriger Zinsfuß der Wirthschafts-Ordnung unterstellt werden. Wir werden unten die wahre Bedeutung dieser Zinsfuß-Wahl anschaulicher zu machen suchen, indem wir die jährlichen Zinsen-Erträge bei verschiedenen Zinses-Sätzen — statt der stark divergirenden Kapital-Größen — vergleichen und hiernach den Unternehmer-Gewinn bemessen. Vorher wollen wir die faktischen Ergebnisse dieser Zinsfuß-Festsetzung im Allgemeinen anzudeuten versuchen und die Rückwirkung auf die zukünftigen Bestockungs-Verhältnisse durch Streiflichter beleuchten.

Die glaubwürdigſten Angaben über den Werthzuwachs = Gang geſchloſſener, vollkommener Beſtände verdanken wir Burckhardt (Hilfs= tafeln für Forſt=Taxatoren, Hannover, 1873. Seite 89). Obgleich dieſelben ſich lediglich auf die Wachsthums = Verhältniſſe der regel= mäßigen Beſtände des früheren Königreichs Hannover beziehen und zudem, dem Zweck ihrer Veröffentlichung zufolge, nur einen unzu= reichenden Genauigkeitsgrad beanſpruchen können, ſo iſt es doch wahr= ſcheinlich, daß die von Burckhardt nachgewieſenen Werthzuwachs = Pro= zente ein nicht geradezu unrichtiges Bild der mittleren Werthzuwachs= Verhältniſſe in den deutſchen Waldungen darbieten. Nach Burckhardt wird, wenn man den Haubarkeits= und Zwiſchen=Nutzungs=Zuwachs für je zehnjährige Perioden für die in Mitte der Periode vorhandene Werthmaſſe berechnet, der Nutzungswerth dieſes Vorraths per Flächen= einheit mit den folgenden durchſchnittlichen Zuwachs = Prozenten per Jahr vermehrt:

Wachsthums=Period.	Buchen.	Fichten.	Kiefern.
40—50 Jahr	5,67	5,65	7,02
50—60 „	4,72	4,71	5,28
60—70 „	3,51	3,61	3,97
70—80 „	2,69	2,45	2,24
80—90 „	2,40	2,04	1,79
90—100 „	1,94	1,47	—
100—110 „	1,42	—	—
110—120 „	1,14	—	—

Dieſe Werth=Zuwachs=Prozente können, wie geſagt, nur ganz all= gemein als Anhaltspunkte dienen und ſind auch — abgeſehen von ihrer Richtigkeit — für die Verzinſung der Ertrags=Unterſchiede, na= mentlich bei Wechſel der Holzart, nicht direkt maßgebend. Aber mit voller Sicherheit iſt zu behaupten, daß die über 60 jährigen Hoch= wald=Umtriebszeiten ſelten von denjenigen Waldbeſitzern gewählt werden können, welche dem Waldbetriebe Wirthſchafts=Kapitalien nur ſo weit zuweiſen wollen, als dieſelben eine Verzinſung (mit Zinſeszinſen) von 4 bis 5 pCt. finden. Dieſe Wald=Beſitzer können nur ein relativ geringes Betriebskapital im Waldbetriebe wirken laſſen. Vom Buchen= Hochwald=Betriebe wird man von vornherein abſehen müſſen, denn Buchen=Samenhölzer gehen beim Abtrieb im 40—50 jährigen Alter

in Buchenniederwaldſchläge über. Wählbar wird vorzugsweiſe der
Niederwald=Betrieb, vor Allen die Schälwald=Wirthſchaft ſein, ſodann
der Mittelwald=Betrieb mit Lärchen, Birken, jungen Eichen u. ſ. w.
im Oberholz, der Kiefernhochwald=Betrieb (auf gutem Boden), die
Fichten=Stangenholz=Produktion (Hopfen= und Telegraphenſtangen)
und ähnliche Benutzungsweiſen, welche ein geringes Betriebskapital
beanſpruchen und Produkte hervorbringen, deren Reifezeit eine
kurze iſt.

Die waldwirthſchaftlichen Produktions=Zweige, welche eine Ka=
pital=Verzinſung von 4 bis 5 pCt. liefern, zählen unverkennbar zur
Zeit zu den unbedingt lukrativſten Kapital=Anlage=Arten, wie die
obigen Erörterungen zeigen. Man iſt nun, wie wir geſehen haben,
prinzipiell nicht berechtigt, den Wald=Eigenthümern die Erſtrebung dieſer
günſtigen Rentabilitäts=Verhältniſſe zu verbieten. Selbſt der Staats=
Forſtbetrieb hat dieſe hohe Kapital=Verzinſung grundſätzlich zu er=
zielen, wenn die örtlichen Standorts= und Abſatz=Verhältniſſe die ge=
nannten Produktions=Richtungen begünſtigen. Allein die ausgedehnte
Begründung dieſer Betriebsarten erfordert beſondere Vorſicht. Da
ohne Zweifel zukünftig die erreichbare Rentabilität Leitſtern für die
Waldwirthſchaft werden wird, ſo iſt eine ſehr reichliche Erzeugung
der genannten Forſtprodukte zu erwarten. Das Angebot der ſchwachen
Nutzholzſorten, welche bei dieſen kurzen Umtriebszeiten gewonnen wer=
den, kann dann die Nachfrage überſteigen, es iſt möglich, daß nicht
die erwarteten Nutzholzpreiſe, ſondern beträchtlich geringere Erlöſe zu=
künftig erzielt werden und bei dieſer Veränderung der Werth=Ver=
hältniſſe würde die berechnete Rentabilität illuſoriſch werden. Wenn
die Verbrauchs=Verhältniſſe des Konſumtions=Bezirkes nicht volle
Sicherung für den nachhaltigen Abſatz dieſer geringen Nutzholz=
Sorten um entſprechend hohe Preiſe darbieten, ſo wird die beſonnene
vorſichtige Verwaltung eines großen Grundbeſitzes die genannten Be=
triebsarten nur in mäßigem Umfang zulaſſen — um ſo mehr, als
die Waldproduktion auch mit einem geringeren Zinſen=Ertrage nicht
aufhört, zu den lukrativſten Wirthſchaftszweigen zu zählen.

Immerhin kann zukünftig, bei der Durchführung der privat=
wirthſchaftlichen Nutzungs=Ordnung, der Kiefernhochwald=Betrieb
mit 50 — 60 jähriger Umtriebszeit, der Mittelwald=Betrieb mit

zahlreichen, aus raschwüchsigen Holzarten gebildeten Oberhölzern, der
Eichen=Schälwald=Betrieb und verwandte Benutzungsarten auf den
kräftigen Bodenarten der Ebenen und Hügelländer, in den bevölkerten
gewerbsreichen Landesstrichen und namentlich in den Absatzgebieten
mit Kohlen=Bergbau u. s. w. weitgehende Verbreitung finden. Es ist
zu erwarten, daß sich auf diesen vorgeschobenen, günstig situirten Glie=
dern der Waldfläche Deutschlands die Produktion von gebrauchs=
fähigen Holzsorten — Kiefern=Blochholz und =Bauholz, Eichen= und
Kiefern=Schwellenholz u. s. w. — vereinigen läßt mit hohen Ver=
zinsungs=Leistungen des Waldbetriebes. Zuverlässig kann diese Frage
heute noch nicht beantwortet werden und noch weniger kann man die
Grenzen spezieller angeben. Allein es ist wahrscheinlich, daß Betriebs=
Arten, die den Schwerpunkt in der Nutzholz=Erziehung im gelichteten
Stande suchen und genügend für Bodenschutzholz sorgen, zukünftig auf
den kräftigen Standorten ausgedehnt begründet werden; die genannten,
hochrentirenden Benutzungsarten können möglicherweise auch in den
Staats= und Gemeinde=Waldungen und den Waldungen der Standes=
und Grundherren in weiter Verbreitung eingebürgert werden. Die
kleinen, zumeist bäuerlichen Grundbesitzer, die auf ihrem Holzgrund in
erster Linie den Hausbedarf züchten und das Betriebs=Kapital, wel=
ches die längeren Hochwald=Umtriebs=Zeiten erfordern, nicht aufwen=
den können, werden ohnedies die genannten Betriebs=Arten wählen.

Der Hauptstock der forsttechnisch benutzten Waldungen liegt in=
dessen in den Bergen, überhaupt in dünn bevölkerten Landestheilen,
auf Standorten, deren Produktionskraft nicht auf der höchsten Stufe
steht. Hier ist die Forstwirthschaft in erster Linie auf die Nutzholz=
Zucht angewiesen. Die Wahl der Holzarten wird hier vorzugsweise
auf die Fichte und Weißtanne hingelenkt werden. Von den rasch=
wüchsigen Holzarten kommt die Kiefer — wegen Schneebruch und wegen
frühzeitiger Lichtstellung — oft nur in untergeordneter Weise in
Frage. Auch finden Kiefern und Eichen selten das üppige Wachs=
thum, welches sie in den Ebenen und Vorbergen in kurzen Zeitab=
schnitten empor treibt; diese Holzarten haben längere Zeitperioden
nöthig, um zu den gebrauchsfähigsten Nutzholzsorten zu erwachsen.
Die übrigen Holzgattungen — Lärchen, Eschen, Ahorn, Erlen u. s. w. —
werden selten zur Bildung des herrschenden Bestands benutzt werden

können und ebenso werden Roth= und Hainbuchen nur als Bei=
mischung, als Zwischenbestand (vielleicht nur bis zu den Wachsthums=
Perioden des beginnenden Mannbarkeits=Alters), als Bodenschutzholz
u. s. w. vorzugsweise in Betracht kommen.

Für Fichten und Tannen und auch die anderen Holzarten sind
in den genannten Lagen die 50—60 jährigen Umtriebszeiten in der
Regel nicht zur Begründung einer intensiven Nutzholz=Wirthschaft ge=
eignet — am wenigsten bei dem langsamen Holzwuchse im Gebirge
und Hochgebirge.

Die Bestimmung des Waldrenten=Fußes kann offenbar nicht
getrennt werden von der Beurtheilung der örtlichen Produktions= und
Absatz=Verhältnisse. Vorbedingung für die Regelung der einträg=
lichsten Waldbenutzung ist ja selbstverständlich die Sicherstellung der
Produktion hinsichtlich der unbeschränkten Gebrauchsfähigkeit und Ver=
käuflichkeit. Man würde die Aufgabe der Wald=Ertrags=Regelung selt=
sam auffassen, wenn man die Verzinsungs=Forderungen allgemein bemessen
und diese Normen den Waldbesitzern oktroiren würde — ohne zu fragen,
ob dabei in weitem Umfange lediglich Umtriebszeiten erzielt werden,
welche die Stangenholz=Altersstufen der Hochwald=Bestände treffen.

Zwar kann man hiergegen einwenden, daß schon bei der Fest=
stellung der Preis=Verhältnisse, welche die Grundlage für die Renta=
bilitäts=Berechnung bildet, Gefahren in diesen Richtungen fern ge=
halten werden können, denn dabei soll natürlich die Nutzholz=Aus=
beute der kurzen Umtriebszeiten nicht höher angenommen werden, als
sich dieselbe unter allen Umständen gestalten wird und es sind auch
die sicher zu erreichenden Nutzholz=Preise zu unterstellen. Man kann
sagen: wenn die wirklichen Verwendungsarten annähernd richtig be=
stimmt, die Nachfrage zutreffend prognostizirt worden ist, so wird die
relativ höchste Kapital=Verzinsung an und für sich erst in denjenigen
Wachsthums=Perioden gefunden werden, in denen der Uebergang der
Bestände von dem Brennholz= und Kleinnutzholz=Ertrage zu dem
eigentlich gebrauchsfähigen Nutzholz=Ertrage stattfindet; der Abtrieb
wird überhaupt erst dann lukrativ erscheinen, wenn die Bestände eine
zureichende Nutzholz=Gebrauchsfähigkeit erlangt haben. Allein diese
Vermuthung ist nicht ganz zutreffend. Bei dem langsam fort=
schreitenden Stärke=Wachsthum, welches in Hochlagen, auf minder

produktiven Standorts-Klassen u. s. w. stattzufinden pflegt, führt die Forderung einer Zinseszins-Mehrung von 4 bis 5 pCt. fast immer zur Brennholz-Zucht, zur Niederwald-Wirthschaft mit Buchen und Hainbuchen. Der Hochwald-Stangenholz-Betrieb gelangt bei diesen hohen Verzinsungs-Forderungen gar nicht zur Vergleichung, die höheren Umtriebszeiten können an und für sich für die Hochwald-Wirthschaft nicht durch Rentabilitäts-Rechnungen gerechtfertigt werden; diese Betriebsart ist nicht die einträglichste Form der Brennholz-Zucht; der Wald-Erwartungs-Werth dieser hohen Zinssätze gipfelt in der Regel bei dem oben genannten Stockschlag-Betrieb der brenn-kräftigen Laubhölzer. Die schroff steigenden Nachwerth-Faktoren wälzen außerdem der ausschwärmenden Rentabilitäts-Berechnung auf Schritt und Tritt schwer zu übersteigende Hindernisse in den Weg; wenn man kaum merkliche Verstärkungen der Stamm-Durchmesser in Betracht zieht, so erscheinen sehr beträchtliche Renten-Verluste. Die Besitzer derartiger Waldungen haben zu wählen zwischen der Brennholz-Zucht in kurzen Umtriebs-Zeiten, was in den meisten Fällen eine durchaus irrationelle Benutzungsweise sein wird — und der Aufwendung des Betriebs-Kapitals, welches für die Erzeugung der gebrauchsfähigsten Nutzholz-Sorten nothwendig ist — mit ermäßigten Zinsforderungen. Man kann nur fragen, ob die Mehraufwendung von Betriebs-Kapital in andern Gewerbs-Arten — z. B. im land-wirthschaftlichen Betriebe u. s. w. — lukrativer verwendet werden kann und diese Frage ist, wie wir gesehen haben, vorläufig zu ver-neinen, wenn ein Wald-Rentenfuß von 2 und 3 pCt. erzielt werden kann.

Für die Rentabilitäts-Berechnung der forstlichen Benutzungs-Arten bildet somit die Erzeugung der Nutzholz-Sorten, welche durch allseitige Gebrauchs-Fähigkeit ein weites Marktgebiet finden, den Ausgangspunkt der Untersuchung. Mit den Umtriebszeiten, welche diesem Grenzgebiet angehören, hat die Bemessung der thatsächlichen Verzinsungs-Verhältnisse zu beginnen. Man hat die Ertrags-Leistungen, welche diesen Umtriebszeiten (und damit den erreichbar höchsten Verzinsungs-Sätzen) entsprechen, mit den Nutzungs-Verhält-nissen zu vergleichen, welche bei einer weiteren Ermäßigung der Ver-zinsungs-Forderungen hervorgerufen werden können — mit den kon-

kreten Folgen der Umtriebs-Erhöhung, der Gewinnung älterer Nutz=
holz-Sorten in der Zukunft u. s. w. Für diese Vergleichung bilden
die jährlichen Zinsen=Erträge den Maßstab, wie wir § 58 sehen
werden. Wenn der konkrete Unternehmer=Gewinn, der die Zinsfuß=
Erhöhung (die Umtriebs=Herabsetzung) als finanzielles Resultat be=
gleiten würde, nicht erreicht werden kann, ohne in anderer Richtung
Bedenken hervor zu rufen, so ist die Größe des Unternehmer=Gewinns
und die Bedeutung dieser Gefahren vergleichend zu würdigen.

Es ist unmöglich, die specielle Gestaltung der Verzinsungs=
Verhältnisse im Voraus zu beurtheilen. Aber im Allgemeinen
betrachtet, ist es nicht unwahrscheinlich, daß bei Durchführung der
Rein=Ertrags=Regelung die erreichbaren Verzinsungs=Sätze
eine Abstufung annehmen werden, welche mit der topo=
graphischen Lagerung der Waldungen in Beziehung steht;
es ist zu vermuthen, daß die Bewegung des Waldrenten=
fußes in direktem Verhältniß zur Besserung der Stand=
orts=Verhältnisse und zur Zunahme der Bevölkerungs=
Dichtigkeit stehen wird. Während die Eigenthümer der Wal=
dungen in den Hochlagen mit langsamem Holzwuchs, auf den
minder kräftigen Standorts=Klassen u. s. w. eine Verzinsung von
etwa 2 pCt. — in einzelnen Gebirgs=Gegenden vielleicht nur $1\frac{1}{2}$
und 1 pCt. — erreichen werden, wird der Zinsfuß in den besser
situirten Waldungen auf $2\frac{1}{2}$ und 3 pCt. festgesetzt werden können
und in den besten Lagen kann man möglicherweise Zinssätze von 4
und 5 pCt. erzielen.

Bei der heutigen Sachlage ist lediglich die Forderung zu be=
kennen, daß die Verzinsungs=Sätze nach den konkreten
Produktions= und Absatz=Verhältnissen der Wirthschafts=
Bezirke, in Hinblick auf die Größe und vor Allen auf
die ganz zweifelfreie Sicherstellung des Unternehmer=
Gewinnes, geregelt werden müssen. Es ist unter allen Umständen
zu erwarten, daß dabei eine durchschnittliche Kapital=Verzinsung erzielt
werden wird, welche die Forstwirthschaft den lukrativsten
Kapital=Anlage=Arten ebenbürtig zur Seite stellt. Denn
die bisherige Preissteigerung der Forstprodukte wird sicherlich —
namentlich für das Nutzholz — mindestens in gleichem Maße fort=

dauern und dadurch wird eine Werthmehrung des Grundstocks hervor=
gerufen, welche man bei anderen Gewerbs=Arten vergeblich suchen
würde.

Es ist ersichtlich, daß die privatwirthschaftliche Nutzungs=
Ordnung, indem sie in allen Zweigen der Holzproduktion die erreich=
bare Verzinsung erstrebt, in keiner Weise abweichen wird von der
Betriebs=Ordnung, die in der That in allen, mit großen Kapital=
Kräften arbeitenden Gewerbs=Arten üblich ist. Wohl nirgends geht
man bei der Regelung derselben von feststehenden Zinssätzen aus;
man sucht vielmehr überall die höchstmögliche Verzinsung zu erreichen.
Auch in Bezug auf die grundlegende statistische und statische Forschung
haben die Forstwirthe würdige Vorbilder in fast allen Groß=
Industriellen.

Man kann in der That nicht genug betonen, daß die Erreichung
der höchsten Verzinsung des Waldbetriebes nur dann möglich ist,
wenn die Gebrauchsfähigkeit der Forstprodukte zuvor erforscht, der
nothwendige Bedarf an stärkeren Holzsortimenten festgestellt und die
Vertheilung der Produktions=Zweige nach den Standorts= und Absatz=
Verhältnissen in der nutzbringendsten Weise geordnet wird. Von
wesentlicher Bedeutung ist dabei die Untersuchung, ob die erforderliche
Starkholzzucht vorwiegend in geschlossenen Beständen auf gutem
Boden stattzufinden hat, oder ob die verstärkte Erziehung von
Oberholz im Mittelwald= und auch im Samenholz=Betriebe für die
Deckung dieses Verbrauchs genügend sein wird. In der That sind
bisher die hervorragenden Starkhölzer nur mit untergeordneten
Mengen in geschlossenen Hochwald=Beständen erzogen worden und
der unbedingt nothwendige Bedarf ist auch, wie es scheint, so gering,
daß die zuwachsreiche Erziehung im lichten Stande des Oberholzes
ausreichend sein dürfte. Man muß vor Allen die normale, gebrauchs=
fähigste Stärken=Abstufung derjenigen Nutzhölzer, welche die Haupt=
Produktions=Menge bilden (Blochhölzer, Schwellenhölzer, Baustämme
u. s. w.), zu ermitteln suchen. Die Untersuchung in dieser Richtung
ist ohne Frage höchst bedeutungsvoll für die Gestaltung der zukünftigen
Verzinsungs=Verhältnisse — vor Allen im Staatsforst=Betriebe.
Wenn dieselbe, wie man vorläufig noch vermuthen darf, zu der
Erkenntniß führen sollte, daß die üblichen Hochwald=Umtriebs=Zeiten

nicht gerade die höchsten Nutzleistungen hinsichtlich der Produktion von Gebrauchs-Werthen äußern, so wird man die gründliche Reform der forstwirthschaftlichen Produktions-Weise nicht mehr länger zurückdrängen können.

Die vorstehenden Erörterungen können selbstverständlich lediglich einige allgemeine Richtpunkte für die Bemessung der Verzinsungs-Forderungen andeuten. Eine durchdringende Bearbeitung dieses weitverzweigten Gebiets ist zur Zeit und an dieser Stelle unausführbar; sie würde auch — bei dem Mangel brauchbarer Anhaltspunkte und bei der Vielseitigkeit der konkreten Rücksichtnahmen — lediglich ein Mahnruf zu gründlichen, umfassenden Untersuchungen sein können.

Zahllose Rücksichten werden im Speziellen die Festsetzung der Verzinsung bestimmen; ich beschränke mich auch auf die Anführung einzelner Fälle. Wir haben bisher vorzugsweise die Ertrags-Verhältnisse der nachzuziehenden Normal-Bestockung in's Auge gefaßt. Aber diese einträglichste Form der zukünftigen Bewirthschaftung wird in vielen Fällen nicht erreicht werden können. Die direkte Herbeiführung der entsprechenden Gliederung des Betriebs-Kapitals kann eine sehr beträchtliche Verstärkung des bisherigen Abgabe-Satzes zur Folge haben. Man hat dann zu untersuchen, ob diese vermehrte Nutzung unzweifelhaft im Absatz-Gebiet ohne Schmälerung der Holzpreise, welche der Rechnung zu Grunde liegen und welche ohne diese Uebernutzung erreicht werden können, absorbirt werden wird. Im andern Falle ist Gewinn und Verlust zu vergleichen. Wenn der Verlust überwiegt, so hat eine Herabsetzung der außerdem erreichbaren Verzinsung, eine Erhöhung der normalen Umtriebszeiten stattzufinden. Andrerseits kann sowohl eine Erhöhung, als eine Verminderung der Prozentsätze, welche der einträglichsten Benutzung entsprechen würden, durch Berechtigungs-Verhältnisse, durch die Rücksicht auf den Verbrauch der Gewerbe, welche Holz und Holzkohlen im nächstgelegenen Absatzgebiet konsumiren, u. s. w. veranlaßt werden.

Wenn dagegen die Bestockung der Betriebs-Klasse aus Brennholz-Beständen gebildet wird und die örtlichen Verhältnisse den beschleunigten Uebergang zur Nutzholz-Wirthschaft räthlich machen — oder wenn auf gutem Boden lückige, schlechtwüchsige Bestände u. s. w. vorherrschen — oder wenn die finanziell überreifen Bestände das

Uebergewicht haben — in diesen Fällen kann man vielleicht bei der Würdigung des Unternehmer-Gewinns den höheren Verzinsungs-Forderungen, welche den raschen Vollzug der Abholzung gestatten, den Vorzug geben.

Die Ergebnisse dieser vergleichenden Würdigung werden in einem gründlich motivirten Gutachten den Wald-Eigenthümern oder deren Vertretern (zuvor einer zu berufenden Kommission von Sachverständigen, siehe § 59) vorgelegt. Dabei wird die Ansicht des Taxators und des Wirthschaftsführers hinsichtlich des anzunehmenden Waldrentenfußes, der herbeizuführenden normalen Umtriebszeiten, der anzubauenden Holzarten u. s. w. in speziellen Anträgen ausgesprochen. Die summarische Berechnung der Wald-Erwartungs-Werthe (§ 57) und die Berechnung des Unternehmer-Gewinns (§ 58) wird diesem Gutachten beigelegt.

-----

§ 56.

Summarische Bestimmung des Werth-Ertrages der wahlfähigen Bewirthschaftungs-Arten.

Betriebsklassen. Durch die Verschiedenartigkeit der Standorts-Beschaffenheit innerhalb eines Wirthschafts-Bezirks wird man sehr häufig genöthigt, nicht nur den Anbau der Holzarten flächenweise zu sondern, sondern auch für die zukünftige Bewirthschaftung verschiedenartige Betriebsarten und Umtriebszeiten zu normiren. Es ist einleuchtend, daß die Ertrags-Berechnung und Vertheilung und namentlich die Herstellung einer regelrechten Altersstufenfolge für die einzelnen Betriebsarten, Holzarten und Umtriebszeiten sehr schwer zu ordnen sein würde, wenn dabei die sämmtlichen, zu verschiedenartiger Behandlungsweise bestimmten Theile des Wirthschafts-Bezirks durcheinander gemengt bleiben würden. Man erleichtert die Wirthschafts-Einrichtung, indem man diejenigen Theile des Wirthschaftsbezirks, welche einem gemeinsamen Nutzungs-Umlauf unterstellt werden, als „Betriebsklassen" zusammenfaßt. In erster Linie bedingen somit divergirende nor-

male Umtriebszeiten innerhalb eines Wirthschaftsbezirks die Aus=
scheidung von Betriebsklassen. Diese Trennung ist darum bei der
Wahl verschiedener Betriebsarten nothwendig und außerdem bei
der Feststellung abweichender Umtriebszeiten für verschiedene Theile
des Wirthschaftsbezirks. (Wenn beispielsweise in einem Hochwald=
Bezirke 60jähriger Kiefern=Umtrieb, 80jähriger Fichten=Umtrieb und
100jähriger Buchen=Umtrieb erzielt werden soll, so würden 3 Be=
triebsklassen auszuscheiden sein; wenn in einem Mittelwald=Bezirke
30jähriger und 20jähriger Unterholz=Turnus eingeführt werden soll,
so würde man zwei Betriebsklassen zu bilden haben u. s. f.). Aber
auch bei übereinstimmender, normaler Abtriebszeit sind dann mehrere
Betriebsklassen auszuscheiden, wenn Holzarten, welche im Werth=
Ertrage kontrastiren, flächenweise gesondert angebaut werden (z. B.
Buchenhochwald mit 100jährigem Umtrieb und Fichtenhochwald mit
100jährigem Umtrieb). Die Richtschnur für diese Betriebs=Klassen=
Bildung ist stets, wie man sieht, die Einrichtung der zukünftigen
Bewirthschaftung.

Die endgültige Feststellung der Eintheilung in Betriebs=
Klassen kann erst erfolgen, wenn man auf die Vergleichung der nach=
haltigen Werth=Erträge der wählbaren Bewirthschaftungsarten zurück=
blicken kann, somit erst nach Vollzug der Vergleichung der Werth=
Erträge, die wir hier erörtern. Allein die Gliederung in Betriebs=
Klassen wird in der Regel durch die Lage und die Standorts=Be=
schaffenheit der Waldtheile von vornherein bestimmt und es werden
bei der definitiven Wald=Ertrags=Regelung gewöhnlich nur noch unter=
geordnete Abänderungen der vorläufigen Betriebsklassen=Bildung noth=
wendig. In allen Fällen ist deshalb eine provisorische Ausson=
derung der Waldtheile nach Betriebsklassen vorzunehmen, die später
berichtigt und ergänzt wird.

Man faßt hierbei in vorderster Reihe die Standorts=Beschaffen=
heit ins Auge, das Gedeihen der Holzarten nach der Lage, Boden=
güte u. s. w. Man sucht die Produktions=Richtungen, welche für das
örtliche Absatzgebiet am einträglichsten sein werden, nach Maßgabe
dieser Ertrags=Faktoren bestmöglichst zu plaziren. Die Aussonderung
in Betriebsklassen vollzieht sich in der Regel nach den charakteristi=
schen Standorts=Verschiedenheiten ohne Schwierigkeit — namentlich

im Gebirge und Hügellande —, weil auf die jetzige Beschaffenheit der Bestände gewöhnlich keine Rücksicht zu nehmen ist. Man sucht die Unterabtheilungen jeder Abtheilung ein und derselben Betriebs= klasse zuzuweisen; es sind jedoch auch Ausnahmen zulässig.

Hiebszüge. Bei der Bewirthschaftung der Fichtenwaldungen steht die „wohlgeordnete Hiebsfolge" an der Spitze der wirthschaft= lichen Rücksichten — die Schlagführung nach Maßgabe der herr= schenden Windrichtung. Man sucht darum innerhalb der Fichten= Betriebsklassen sog. Hiebszüge auszuscheiden. Da die Schlag= führung in diesen Hiebszügen in manchen Fällen hervorstechende Ein= wirkung auf die Ertrags=Berechnung ausüben kann, so ist es räthlich, schon bei der vorläufigen Wirthschafts=Projektirung die Hiebszugs= Bildung ins Auge zu fassen.

Nach der örtlichen Lage vereinigt man diejenigen Waldtheile zu einem Hiebszug, in denen ein selbststän= diger Umlauf der Nutzung ohne Freistellung erwachsener Bestände (gegen die herrschende Windrichtung) eingerich= tet werden kann. Die Hiebszüge erhalten in der Regel eine Größe von 60—80 Hektaren und werden gewöhnlich in drei bis vier Ab= theilungen zerfällt. Die Jahresschläge sollen die gesammte Breite des Hiebszugs durchlaufen.

In Fichtenwaldungen nimmt man auf die Hiebszüge schon bei der Bildung der Abtheilungen Rücksicht. Man sucht schmale, langgestreckte Hiebszüge den Bergwänden entlang parallel der herrschenden Windrichtung zu legen. Die Abtheilungsgrenzen durch= schneiden die Hiebszüge in vertikaler Richtung; man sucht — so weit als möglich — die Abtheilungs=Grenzen in die Nähe der Bestands= Grenzen zu verlegen, um die Zerstückelung der Bestandsfiguren zu verhüten.

In diesen Hiebszügen sollen die Bestände einer, mit der herr= schenden Windrichtung aufwärts steigenden Altersstufenfolge zugeführt werden. Allein dieses ideale Ziel der Hiebszugs = Eintheilung liegt meistens weit entfernt von den praktisch erreichbaren Einrichtun= gen, man darf nicht glauben, daß es möglich ist, in jedem Hiebszug 1 bis u jährige Schläge in der geordneten Reihenfolge herzustellen. Thatsächlich findet in allen Hiebszügen aussetzende Benutzungsweise statt; durch das Zusammenwirken der einzelnen Hiebszüge wird der nachhaltige Betrieb hergestellt. Aber indem man schon bei der Eintheilung des Wirthschafts-Bezirks die Bildung passender Hiebszüge berücksichtigt und bei der vorläufigen Nutzungs-Projektirung die Ordnung der Schlagfolge in diesen Hiebszügen nicht aus den Augen verliert, kann man die definitive Betriebsordnung auf die ergänzenden Verfeinerungen des erstmaligen Nutzungs-Projekts beschränken.

Für das Verfahren im Speziellen ist nach Maßgabe der Oberflächen-Gestaltung der Wirthschafts-Bezirke und in Hinblick auf die zu erstrebenden Zwecke der richtige Weg zu suchen; allgemeine Vorschriften würden nutzlos bleiben. An den Grenzen der Hiebszüge werden, damit die Hiebsfolge in jedem Hiebszug unbeengt durch die nachbarlichen Hiebszüge geordnet werden kann, sog. Wirthschaftsstreifen geöffnet, die im Gebirge zumeist über die Bergrücken und durch die Thäler laufen und eine Breite von 10—12 Meter erhalten, damit die Randbäume sich zur Widerstandskraft gegen Sturmangriffe entwickeln können. Die von den Wirthschaftsstreifen annähernd rechtwinkelig ablaufenden Schneisen, welche die Abtheilungs-Grenzen markiren, enthalten eine Breite von circa 2 Meter. Man sucht diesen Abtheilungs-Schneisen parallelen Lauf mit den Jahresschlag-Grenzen zu geben.

Die Beweglichkeit der Wirthschaft bei (immer vorkommenden) regelwidrigen Bestockungs-Verhältnissen wird durch reichliche Einlegung von Loshieben gefördert, d. h. durch die Abräumung von 10—20 Meter breiten Sicherheitsstreifen an der Windseite der später frei zu stellenden Bestände.

Die spezielle Anordnung dieser Waldmantel-Bildung durch Loshiebe und Sicherheitsstreifen, die man breiter und schmäler anlegt und bei genügender Breite anbaut, erfolgt zwar erst nach der speziellen Nutzungs-Regelung; allein man erleichtert die vorläufigen Nutzungs-Dispositionen, indem man die Zulässigkeit dieses Hilfsmittels überblickt. (Man kann durch Loshiebe auch gleichalterige Bestände trennen, wenn dies wirthschaftlich nutzbringend erscheint. Die Hiebszüge, Loshiebe u. s. w. gewähren nur in Waldungen, in denen der Fichten-Betrieb heimisch ist oder eingebürgert werden soll, entsprechenden Nutzen.)

Bei der **Berechnung der Werth-Erträge für die wahl-fähigen Bewirthschaftungs-Arten** hat man zunächst jede ausge-schiedene Betriebs-Klasse als Wirthschafts-Ganzes zu betrachten, indem man die nach den örtlichen Standorts- und Produktions-Richtungen wahlwürdigen Benutzungs-Arten der Vergleichung unter-stellt. Beispielsweise wird man für eine Betriebsklasse, welche die nördlichen und östlichen Abdachungen eines Gebirgs-Reviers mit frischem und kräftigem Boden umfaßt — die wählbaren Umtriebs-zeiten des Fichtenhochwalds mit Tannen und Lärchen und Buchen, die Kiefern-Umtriebszeiten, den Mittelwald-Betrieb mit vorherrschen-der Eichenzucht u. s. w., dagegen für Betriebsklassen mit südlichen und westlichen Abhängen auf trockenem Sandboden u. s. w. die Kiefern-Umtriebszeiten, den Schälwald-Betrieb u. s. w. untersuchen, u. s. w. Man beginnt die Berechnung, indem man die Wertherträge, welche von der jetzt vorhandenen Bestockung der Betriebsklasse beim erstmaligen Abtrieb erfolgen werden, für die kürzeste Umlaufszeit der Nutzung, welche nach Maßgabe der örtlichen Verhältnisse in Frage kommt, ermittelt. Bei unzureichenden Holzvorräthen würde beispielsweise in erster Reihe der Uebergang zur Niederwald-Wirth-schaft zu unterstellen sein. Man würde hierauf die Verjüngung zu Mittelwald und die Einführung des Hochwald-Betriebs mit den ört-lich wählbaren (von 10 zu 10 oder von 20 zu 20 Jahren abge-stuften) Umtriebszeiten betrachten. Dabei werden die nachzubauen-den Holzarten und deren Erträge anfänglich nicht beachtet, sondern nur die Werth-Erträge der jetzt vorhandenen Bestockung im Einrich-tungs-Zeitraum.

Alle Ertrags-Berechnungen werden ausnahmlos nach Werth-Einheiten (Werthmetern) ausgedrückt (cf. § 20 ff.)

Einrichtung des Hochwald-Betriebs für Hochwald-Be-stände. Bevor man den Ertrag der Bestandsgruppen berechnet und die Zeitperioden mit den entsprechenden Nutzungsmassen auszustatten sucht, hat man die einträglichste Nutzungs-Reihenfolge für die jetzt vorhandenen Bestände zu ermitteln. Die bisher gebräuch-liche Vertheilung der Bestände in die Zeitabschnitte des nächsten Nutzungs-Umlaufs nach dem Alter und einigen andern Merkmalen der Bestands-Beschaffenheit (Bestands-Schluß u. s. w.) ohne Rückficht auf die qualitativen Zuwachsleistungen ist bei der privatwirth-schaftlichen — überhaupt bei jeder rationellen — Wirthschafts-Ord-nung grundsätzlich zu vermeiden. Schon die vorläufige Ertrags-Be-rechnung ist hinsichtlich des Nutzungs-Ganges von Irrthümern, die später tiefgehende Abänderungen veranlassen könnten, frei zu halten.

Die genaue Bestimmung der lukrativsten Abtriebs-Reihenfolge der konkreten Bestände wird später (§ 61) erörtert werden. Beim Entwurf der Wirthschafts-Projekte kann diese umständliche Berechnung durch ein einfacheres Verfahren ersetzt werden. Es genügt eine Vergleichung der jeweils hiebsreifsten Bestände nach dem Werthzuwachs für je 100 Werth-Einheiten der Nutzungs-masse; diejenigen nutzbaren Bestände, welche den geringsten Werthzuwachs haben, werden als die abtriebsreifsten an-gesehen. Dabei sucht man im Speziellen bei gleichem oder nahezu gleichem Werthzuwachs diejenigen Bestände zuerst zu nutzen, welche den geringsten Werth-Vorrath pro Hektar haben, weil dadurch der Gewinn durch Nachzucht in Folge der größeren Schlagflächen erhöht wird.

Diese Werth-Zuwachs-Prozente sind für die Bestands-Alter zu berechnen, welche voraussichtlich der Haubarkeitszeit des Be-stands nahe kommen werden.

Anmerkung. Die genaue Bestimmung der finanziellen Abtriebs-Reihen-folge der konkreten Bestände geht davon aus, daß bei jedem konkreten Bestand zu prüfen ist, wie weit der Werth-Zuwachs während der Berechnungs- (Wachsthums-) Periode die Nutzleistungen, welche die Fällung im Anfange dieser Periode bewirken würde, ersetzen wird — also erstens die Zinsen-Erträge, welche von dem Erlös der Abholzung im Anfang der Periode (nach Abzug der zu verausgabenden Kultur-kosten) bis zum Schlusse dieses Berechnungs-Zeitraums eingehen würden, und zwei-tens den Werth der Nachzucht, der auf der am Anfang des Berechnungs-Zeitraums abgeholzten Fläche erzielt werden könnte. Diese Vergleichung der Leistungen des ferneren Bestandslebens mit den Verpflichtungen (die aus der Möglichkeit, dem Bestandsdasein ein früheres Ziel zu setzen, folgen) ist, wie wir später (§ 61) sehen werden, nicht für die Flächeneinheit, sondern für je 100 Wertheinheiten des jewei-ligen Nutzungs-Ertrages vorzunehmen; der Unterschied zwischen Leistung und Ver-pflichtung ist der Wegweiser für die Bestimmung der finanziellen Abtriebs-Reihen-Folge.

Von diesen Faktoren werden bei der obigen abgekürzten Vergleichung nur die Leistungen (und nicht die Verpflichtungen) betrachtet. Da indessen bei einem feststehenden Wirthschafts-Zinsfuß der Zinsen-Ertrag für je 100 Nutzungs-Einheiten

während gleichlangen Verzinsungs-Perioden übereinſtimmt, ſo kommen nur die Dif=
ferenzen der Kulturkoſten-Ausgaben und des Werthes der Nachzucht in Frage. Dieſe
Unterſchiede ſind zwar in der Regel nicht mit voller Sicherheit zu beſtimmen, aber
keineswegs bedeutungslos, denn die 100 Nutzungs-Einheiten, welche als Maßſtab
der Vergleichung dienen, werden bald auf großer, bald auf kleiner Fläche gefunden
und deshalb fallen häufig namentlich die Unterſchiede im Nachbauwerthe, im Ver=
gleich mit den Zuwachsprozenten, ſchwer in die Wagſchale. Allein für die vor=
läufige Bemeſſung der Wirthſchafts-Projekte wird doch meiſtens das gewählte, ab=
gekürzte Verfahren genügen. — Für die Wirthſchaftsbezirke, für welche lediglich ein
und dieſelbe Holzart und Umtriebszeit für die Nachzucht in Frage kommt, iſt ſchon
anfänglich die Reinertrags-Tabelle (Form. 16 bei § 61) aufzuſtellen und zu be=
nutzen.

Die Zuwachsprozente ſind in den örtlichen Ertragstafeln erſicht=
lich. Da dieſelben zugleich bei der Vertheilung der Werth-Erträge
in die Perioden der ſummariſchen Wirthſchaftspläne ſchätzenswerthe
Dienſte leiſten, ſo werden dieſe Prozente vorwärts und rückwärts für
je 10jährige oder 20jährige Perioden (nach der Periodenbildung
beim Entwurf der ſummariſchen Wirthſchaftspläne) berechnet. Siehe
nachſtehendes Form. 13.

Form. 13.

Zuwachs-Prozent-Tabelle
für die Hochwald-Beſtände des Forſt-Bezirks N. N.
und je zehnjährige Wachsthums-Perioden.

Wachs-thums-Periode	Fichten-Beſtände			Kiefern-Beſtände			Buchen-Hochwald-Beſtände			Bemerkungen
	Maſſen-Ertragsklaſſe			Maſſen-Ertragsklaſſe			Maſſen-Ertragsklaſſe			
Jahr	5,5	5,0	4,5	4,5	4,0	3,5	4,0	3,5	3,0	
55—65 65—55	+ 65 — 38	— —	— —	+ 45 — 31	+ 42 — 29	+ 46 — 31	+ 43 — 30	+ 44 — 31	— —	Die + Ziffern ge=ben die Prozentſätze für den Werthvor=rath im Anfang der Periode an und die mit — eingetrage=nen Prozentſätze be=zeichnen den Min=der-Ertrag, und zwar in Hundert=theilen des Er=trags am Ende der Periode.
65—75 75—65	+ 43 — 30	+ 35 — 26	+ 27 — 21	+ 49 — 33	+ 43 — 30	+ 37 — 27	+ 31 — 22	+ 26 — 21	+ 37 — 27	
75—85 85—75	+ 30 — 23	+ 26 — 20	+ 22 — 18	+ 19 — 16	+ 15 — 13	+ 24 — 19	+ 21 — 16	+ 15 — 13	+ 14 — 12	

Mit Zuhülfenahme dieser Tabelle lassen sich die generellen Ertrags-Berechnungen für die örtlich wählbaren Benutzungsarten der Betriebsklassen und die erstmaligen Umlaufszeiten der Nutzung leicht vollziehen. Aus dem Abschluß der Altersklassen-Tabelle ersieht man die vorhandenen Bestände und Bestandsgruppen und deren Wachsthumsklassen.

Für diese vorläufige summarische Ertrags-Berechnung ist die Nachweisung der Haubarkeits-Erträge genügend. Die Unterschiede im Werth-Ertrag der Zwischen-Nutzungen werden die Schluß-Resultate der Vergleichung nicht wesentlich verändern. Die Kultur-Kosten fallen ganz unmerklich in die Wagschale. Die Haubarkeits-Erträge, die ausnahmslos für die Mitte der Nutzungs-Perioden zu beziffern sind, ersieht man für die älteren Bestände aus der Alters-klassen-Tabelle und für die jüngeren aus den örtlichen Ertragstafeln. Da die Gewinnungs-Kosten schon bei der Bestimmung der Werth-Faktoren abgezogen worden sind, so werden die Werth-Erträge unmittelbar erndtekostenfrei ausgedrückt. Hinblickend auf die Rang-Ordnung der Zuwachs-Prozent-Tabelle kann man in wenigen Stunden die Haubarkeits-Werth-Erträge für die Zeitabschnitte der örtlich wählbaren Umlaufs-Zeiten der Nutzung berechnen, die in der Regel von 20 zu 20 Jahren (ausnahmsweise von 10 zu 10 Jahren) abgestuft werden.

Der nächsten Nutzungs-Periode werden die angegriffenen, lückigen, unvollkommenen Bestände und diejenigen älteren, vollständigen Bestände, deren ferneres Werthzuwachs-Prozent relativ am geringsten ist, zugewiesen. Von Nutzungs-Periode zu Nutzungs-Periode beginnt der Nutzungs-Gang jeweils in den Bestands-Gruppen, welche mit den niedrigsten Zuwachs-Prozenten behaftet sind. In dieser Weise kann man alle Nutzungs-Perioden mit Ertrags-Massen entsprechend dotiren. Bei der Ausgleichung der beim erstmaligen Entwurf hervortretenden Ungleichheiten leistet die Zuwachs-Prozent-Tabelle, welche nicht nur erkennen läßt, in welcher Weise die Translokationen der Bestands-Gruppen am nutzbringendsten vollzogen werden können, sondern auch den Betrag der Mehr- oder Minder-Nutzung, der Zu- und Abgänge in den Perioden-Fachen von vorn herein (nach den Prozent-Sätzen) bemessen läßt, wesentliche Dienste.

Nicht immer ist indessen die Gleichstellung der periodischen

Erträge Wirthschafts=Bedingung. Wenn finanziell überreife Bestände vorherrschen, so wird man schon bei der vorläufigen Ertrags= Berechnung die nächsten Nutzungs=Perioden stärker dotiren — so weit es die örtlichen Absatz=Verhältnisse zulassen. Schon die vor= läufige Wirthschafts=Projektirung hat darum, befreit von der schablonen= haften Ertrags=Vertheilung des Flächen= und Massen=Fachwerks, unter Würdigung der örtlichen Verhältnisse für jede wählbare Benutzungs= art die leistungsfähigsten Projekte zu vergleichen (cf. § 2 ad 1). Man hat zunächst für jede Umtriebszeit eine Ertrags=Vertheilung zu erstreben, welche die einträglichste Benutzung der jetzt vorhandenen Bestockung vermittelt und hat dann später die Abänderungen in Hinblick auf die Abstufung der konkreten Erträge, der normalen Alters=Klassen u. s. w. in der am wenigsten schadenbringenden Weise zu treffen.

Die Feststellung der Abtriebs=Zeiten, die Ausgleichung der Perioden=Erträge darf nicht in kleinliche, zeitraubende Berechnungen ausarten; es genügt ein Näherungs=Verfahren, welches gröbere Unrichtigkeiten vermeidet. In der Regel werden lediglich die Bestockungs=Gruppen, die in der Alters=Klassen=Tabelle nach Alters= und Wachsthums=Klassen ausgeschieden worden sind, der Ertrags= Berechnung zu Grunde gelegt; die Einzel=Bestände werden nur aus= nahmsweise getrennt verzeichnet. Die Ausgleichung der Perioden= Erträge kann dadurch wesentlich erleichtert werden, daß man die zunächst geeignete Bestands=Gruppe in zwei Nutzungs=Perioden ohne spezielle Ausscheidung nach Beständen, Hiebsarten 2c. vertheilt. In dieser Weise gelangt man sehr bald zu einer Gleich= stellung oder angemessenen Abstufung der periodischen Ertragsgrößen für die wählbaren Umlaufszeiten der Nutzung.

Die sämmtlichen Ertrags=Angaben werden, wie gesagt, in „Werthmetern" ausgedrückt (§ 20). Wenn das Holzsorten= Verhältniß des bisherigen Abgabesatzes im Laufe der Abnutzungszeit der jetzigen Bestände wesentlich verändert wird, so kann auch das Werth=Verhältniß, welches der Berechnung des Vorraths=Werths und den Ertrags=Angaben zu Grunde liegt, eine Modifikation erleiden. Es ist schon erwähnt worden, daß in diesen Fällen die zu verwen= denden Werth=Faktoren vor dem Entwurf der Wirthschafts=Projekte von der obersten Forst-Behörde nach den Erfahrungen in anderen Landes-Gegenden u. s. w. festzustellen sind; zu diesem Zwecke ist die Gestaltung der Absatz-Verhältnisse je nach den wählbaren Wirthschafts-Verfahren berichtlich darzustellen.

Für die Fichten-Betriebs-Klassen hat man, wie schon oben bemerkt wurde, hervorragenden Werth auf die Herstellung einer guten Schlag-Ordnung zu legen. Bei Vertheilung der Bestände und Bestands-Gruppen in die Nutzungs-Perioden muß man beständig den Blick auf die Karte richten und innerhalb der Hiebszüge die zweckentsprechende Hiebsrichtung generell einzuhalten suchen. Die genauere Bestimmung der Hiebsfolge, Loshiebe rc. erfolgt beim Entwurf des speziellen Wirthschafts-Planes.

Der Stand der Alters-Klassen nach Ablauf der erstmaligen Umtriebszeit wird in allen Fällen nachgewiesen, in der Regel speziell nach der Vertheilung der Flächen der Bonitäts-Klassen auf die Alters-Gruppen der Zukunft (siehe Form. 14). Wenn dabei nicht ganz auffallende und absolut unzulässige Ungleichheiten erscheinen, so wird die Ausgleichung des Flächenstandes durch anderweite Vertheilung der Werth-Erträge unterlassen, denn diese Dispositionen, die der forstlichen Ertrags-Ordnung im zwanzigsten und ein und zwanzigsten Jahrhundert vorgreifen, haben, nach dem Jetztwerth betrachtet, untergeordnete Bedeutung. Man hat jedoch stets dafür zu sorgen, daß der Wirthschafts-Nachfolger den durchschnittlichen Abgabesatz unausgesetzt Beständen entnehmen kann, welche gebrauchsfähige und marktgängige Nutzholz-Sorten liefern. Wenn die z. Z. hiebsreifen Bestände geringe Werth-Vorräthe haben, so kann man diese Sicherstellung leicht dadurch bewerkstelligen, daß man der ersten Nutzungs-Periode eine große Fläche zuweist.

Nach Feststellung des Ertrags des erstmaligen Nutzungs-Umlaufs werden die Erträge der nachzubauenden Bestockung bestimmt, die sog. Normal-Erträge. Schon bei der Bonitirung ist lediglich die thatsächliche Leistungs-Fähigkeit des Standorts in's Auge gefaßt und für die einzelnen Nachzuchtklassen derjenige Haubarkeits-Werth-Ertrag veranschlagt worden, welcher auf größeren Flächen als mittlere Ertragsziffer angenommen werden kann. Für jede anzubauende Bestockungsform wird zwar die Bildung zweckmäßiger Holzarten-Miſchungen vorausgeſetzt und, genau genommen, würde der Ertrag derſelben durch Kombination der Ertrags-Tafeln zu bemeſſen ſein. Da wir aber bis jetzt ganz unzureichende Kenntniſſe über die Ertrags-Leiſtungen gemiſchter Beſtände haben, ſo können nur die Erträge der herrſchenden Holzarten verzeichnet und die Werth-Ertrags-Erhöhungen in Folge der Miſchungen bei den Vergleichungen gutachtlich gewürdigt werden.

Der Haubarkeits-Werth-Ertrag wird für alle Umtriebs-Zeiten ſummariſch berechnet. Der Flächenſtand nach Ablauf des erſtmaligen Nutzungs-Umlaufs wird (ſiehe Form. 14) für alle Umtriebs-Zeiten nachgewieſen. Man kann ſomit, da hierbei die Perioden-Flächen und die Ertrags-Klaſſen angegeben werden, die Haubarkeits-Werth-Erträge für alle Perioden des zweiten Nutzungsumlaufs berechnen. Man dividirt alsdann die Summe durch die Zahl der Umtriebsjahre, um den durchſchnittlichen Jahres-Ertrag der Umtriebszeit zu beſtimmen — ein Näherungsweg, der bei der unſicheren Vorausbeſtimmung der Werth-Verhältniſſe im nächſten Jahrhundert genügende Genauigkeit gewährt.

Form. 14 a.

Summariſche Werth-Ertrags-Berechnung
für die Betriebsklaſſe A des Wirthſchafts-Berzirks N.
I. 70 jähriger Umtrieb.

Beſtands-Gruppen	Beſtands-Klaſſen	Fläche	Abtriebs-Alter	Haubarkeits-Werth-Ertrag per Hektar	Haubarkeits-Werth-Erträge				Flächenſtand nach Ablauf der erſten Umtriebszeit						
					in I	in II	in III	in IV a.	Fichten					Buch.	u. ſ. w.
					nach 1—20 Jahren	nach 21—40 Jahren	nach 41—60 Jahren	nach 61—70 Jahren	51—70 jährig			31—50 jhr.		51-70 jährig	
									Nachzuchtklaſſe:			Nachzucht-klaſſe:		Nach-zchtkl.	
									5,0	4,5	4,0	5,0	2c.	2c.	
		Hektare	Jahr		Werthmeter				Hektaren						
1	2	3	4	5	6	7	8	9	10	11	12	13	14	15	16
80—100j. Buchen	3	148,7	100	280	41590	.	.	.	.	149	.	.	.	149	.
60—80 j. Kiefern	4	136,3	100	320	.	43520	.	.	.	.	.	136	.	.	.

Einrichtung des Hochwaldbetriebs in Mittelwaldungen.

Bei der Ueberführung der Mittelwaldungen in den Hochwaldbetrieb wird die privatwirthschaftliche Benutzungsweise in der Regel zunächst die anbrüchigen, rückgängigen und zuwachsarmen Stammklassen, überhaupt die nach Alter und Beschaffenheit nicht ausdauernden Oberhölzer aus sämmtlichen Schlägen durch sog. Auszugshauungen entfernen. Für die Zuwachs-Berechnung und Ertrags-Vertheilung der verbleibenden Bestockung dieser überzuführenden Mittelwaldungen ist in erster Linie die Beschaffenheit der letzteren maßgebend. Es ist zu untersuchen, ob der Ertrag der bis zur Verjüngung fortwachsenden Mittelwaldungen vorwiegend vom Oberholz geliefert werden und dagegen dem Unterholz eine untergeordnete Mitwirkung zufallen wird, oder ob das Schwergewicht der Produktion im Unterholze zu suchen ist, ob die Oberholz-Stämme nur mit geringer Zahl und Werthmenge vertreten sind. Im ersteren Falle wird man in der Regel die Wachsthums-Verhältnisse der freien Kronen-Entwickelung, d. h. die für die Mittelwald-Produktion gefundenen Zuwachs-Prozente der Ertrags-Berechnung zu Grunde legen können und dabei den Werthzuwachs des Unterholzes nach mäßigen Durchschnittssätzen veranschlagen.

Wenn jedoch eine Ertrags-Vertheilung zu wählen ist, bei welcher die Oberholz-Grundfläche im Uebergangs-Zeitraum in den meisten Schlägen den Stand, der für die freie Entwickelung der Oberholz-Stämme erforderlich ist, beträchtlich übersteigt, so sind offenbar Wachsthums-Verhältnisse zu erwarten, welche sich dem Produktions-Verlauf geschlossener Hochwald-Bestände mehr oder minder nähern. Die Zuwachs-Sätze sind hiernach zu bemessen; man hat die Zuwachs-Prozente der Mittelwald-Oberhölzer und den Werth-Zuwachs geschlossener Hochwaldungen zu vergleichen und die entsprechenden mittleren Sätze einzuschätzen.

Wenn endlich die Hauptbestockung vom Unterholz — von kräftigen Kernwuchs- und Stockschlag-Stangen oder von angesiedelten Nadelhölzern — gebildet wird und die Erziehung im Bestandsschluß zu wählen ist, so werden die entsprechenden Zuwachssätze des Hochwaldbetriebs zu Grunde gelegt.

Ein großer Theil des Unterholzes und der jüngeren Oberholz-

20*

Klassen wird in allen Fällen den Zwischen = Nutzungen anheimfallen. Es ist deshalb der Ertrag dieser Zwischen=Nutzungen auch bei den summarischen Ertrags=Berechnungen zu veranschlagen.

Es ist selbstverständlich, daß ebensowenig die Berechnung als die Vertheilung der Werth=Erträge bei diesem Wechsel der Betriebs= art mit voller Bestimmtheit und Erfolgsicherheit vollzogen werden kann. Aber immerhin wird eine genügende Zuverlässigkeit bei der Nutzungs=Veranschlagung erreicht werden können. Wenn auch im Verlaufe der Uebergangs=Zeit die Nutzung stärker und schwächer in die Bestockungs=Gruppen eingreifen sollte, als es projektirt worden ist, so wird — bei den meistens ziemlich gleichartigen Werthzuwachs= Verhältnissen der emporwachsenden Mittelwald=Bestände — die Ein= haltung des berechneten Werth=Etats fast immer zu den ursprüng= lichen Wirthschaftszielen hinführen, weil eine ergänzende Ausgleichung der Zuwachsleistungen stattfindet; wenn in einem Bestand übergenutzt wird, so bleibt die Fällung in einem andern Bestande hinter dem planmäßigen Satze zurück u. s. w.

Bezüglich der näheren Ordnung des Wirthschafts = Planes wird auf § 64 verwiesen.

Die Bestimmung der Hiebsfolge hat vor Allen die Be= stands = Beschaffenheit und hierauf die Werthvorräthe per Flächen= einheit zu berücksichtigen. Zunächst werden die Bestände, die nach ihrer Oberholz= und Unterholz=Beschaffenheit für die Verjüngung am meisten geeignet erscheinen, zur Nutzung bestimmt. Wenn die fernere Produktion zumeist den Oberhölzern zufällt, so bestimmt man in nächster Reihe die Mittelwald=Schläge, welche nach Vollzug der oben genannten Auszugshauungen den geringsten Werthvorrath per Hektar (Oberholz und Unterholz) haben, ohne Rücksicht auf das Unterholz= Alter zum Hieb. Wenn dagegen das Unterholz vorwiegend zur ferneren Bestandsbildung zu benutzen ist, so ist die Nutzung in den ältesten Schlägen und in der von schlechtwüchsigen Stockausschlägen gebildeten Unterholz=Bestockung zu beginnen und hiernach fortzusetzen. Nach dem Alter und der sonstigen Beschaffenheit der Bestände wird man in der Regel die Nutzungs=Reihenfolge unmittelbar bestimmen können; doch kann man selbstverständlich auch die Werth=Zuwachs=

Prozente ins Auge fassen, wenn dieselben wesentliche Verschiedenheiten zeigen, was jedoch in der Regel nicht der Fall sein wird.

Für die Verzeichnung der Erträge kann man Form. 19 bei § 64 benutzen. Die Ausgleichung oder Abstufung dieser Werth-Erträge für die einzelnen Wirthschafts-Perioden wird keine Besonderheiten darbieten.

Fortsetzung des Mittelwald-Betriebs. Wenn in einer aus Mittelwald-Beständen gebildeten Betriebs-Klasse die Fortführung dieser Bewirthschaftungsart mit der Ueberführung zu den Betriebsformen des Hochwalds zu vergleichen ist, so muß man zunächst die vortheilhafteste Gestaltung der Mittelwald-Wirthschaft zu bemessen suchen. Es ist vor Allen zu bestimmen, ob eine Vermehrung oder Verminderung des Oberholzes nutzbringend sein wird und bei den örtlichen Bestockungs-Verhältnissen verwirklicht werden kann. Es ist zweitens zu untersuchen, ob die herkömmliche Umtriebszeit des Unterholzes faktisch die einträglichste sein wird oder ob sie mit Nutzen verlängert oder verkürzt werden kann. Es ist drittens zu prüfen, ob die Unterholz-Stöcke durch ungeschwächte Ausschlagfähigkeit und kräftigen Wuchs der Lohden eine freudige Unterholz-Produktion auf lange Zeiträume hinaus liefern werden, ob die brennkräftigsten und ausschlagfähigsten Holzarten vorzugsweise vertreten sind oder ob ein Wechsel der Holzarten geboten erscheint, welche Mittel für die Ergänzung benutzt werden können u. s. w.

Die Einträglichkeit der Holzproduktion im Mittelwaldbetrieb kränkelt erfahrungsgemäß in ausgedehntem Maße an zwei Gebrechen — an einer zu hohen Umtriebszeit des Oberholzes, (vor Allen des Eichen-Oberholzes) und andrerseits an einer herabgekommenen Unterholz-Bestockung. Wenn man die Werthmehrung der sog. Hauptbäume und alten Bäume durch vergleichende Untersuchungen bestimmt, so findet man in der Regel erstaunlich geringe Zuwachs-Leistungen, die in keinem Verhältnisse stehen zu dem Produktions-Verlust, welcher durch die Ueberschirmung der breiten und dichten Kronen dieser alten Stämme verursacht wird. Bei der Untersuchung der Leistungsfähigkeit des Mittelwaldbetriebs wird man darum auf die Gradation der Oberholz-Klassen, wie sie die Lehrbücher des Waldbaues angeben, kein zu großes Gewicht legen dürfen. Es ist vielmehr zu ermitteln, ob

jüngere, wuchskräftige Stämme und Stangen der nutzfähigsten Holz=
arten in so genügender Anzahl vorhanden sind, daß man einen reich=
haltigen Oberholz=Bestand formiren kann. Wenn diese Mittelwald=
Form günstige Bestockungs=Verhältnisse vorfindet, so wird die Unter=
suchung eine sehr weit gehende Verstärkung des Oberholz=Standes in
Betracht zu nehmen haben, wenn auch das Unterholz zu der Funktion
des Bodenschutzholzes herabgedrückt werden sollte. Es ist dann die
Ertrags=Steigerung, welche in den einzelnen Wirthschaftsperioden
(Mittelwald=Umtriebs=Zeiten) nach Maßgabe der örtlichen Bestockungs=
Verhältnisse zu erwarten sein wird, speziell auf Grundlage der Zu=
wachs=Untersuchungen im Mittelwalde (§ 44 ff.) zu bemessen.

Wenn dagegen nur geringe Oberholzmengen vorhanden sind,
wenn minder nutzfähige und wuchskräftige Exemplare vorherrschen,
wenn die Unterholz=Verhältnisse die ausreichende und alsbaldige Nach=
zucht des Oberholzes erschweren, dann muß man nothgedrungen den
wirthschaftlichen Schwerpunkt in die bestmöglichste Benutzung der
Unterholz=Bestockung verlegen. Höchst selten wird die vorhandene
Unterholz=Bestockung und die herkömmliche Bewirthschaftungsart die
höchste Stufe der Einträglichkeit vermitteln. Das Aufkommen der
Kernwüchse und der Ausschläge der jugendlichen Stöcke hat im Mittel=
waldbetriebe mit besonderen Schwierigkeiten zu kämpfen, meistens
findet man nach längerer Dauer dieser Bewirthschaftungsweise zahl=
reiche und darum schwache, gertenartige Ausschläge alter Hainbuchen=
und Buchen=Stöcke, viele Weichhölzer u. s. w. Es wird darum in
erster Reihe die Produktion von Eichenrinde im Unterholze (mit
lichtem Oberholzstand) und in zweiter Linie die Regeneration der
Unterholz=Bestockung durch die brennkräftigsten Laubholzarten zu unter=
suchen sein. Man wird auch in vielen Fällen zu überlegen haben,
ob die Verjüngung der Mittelwaldungen zum Buchen=Stangenholz=
Betrieb örtlich zulässig ist.

Nach diesen Andeutungen kann man die Richtungen der Wege
bemessen, welche diese Untersuchungen einzuschlagen haben. Es ist
schon oben erwähnt worden, daß die Stammgrundfläche per Flächen=
Einheit ein wesentlicher Faktor bei diesen Vergleichnngen ist. (Siehe
§ 45.)

Die Ertrags=Berechnungen stützen sich auf die Zuwachs=Unter=

suchungen, die im vierten Abschnitt dieser Schrift erörtert worden sind. Die spezielle Anordnung derselben würde sich in das Labyrinth der örtlichen Rücksichtnahmen verirren; dem einsichtsvollen und sach= kundigen Taxator werden die vorstehenden Direktiven genügende An= haltspunkte bieten. Bezüglich der Anordnung der einträglichsten Schlagfolge wird auf § 65 verwiesen.

Für die Nachweisung der Wertherträge kann man Form. 14b benutzen.

Die Ueberführung der Hochwald=Bestände in den Mittelwaldbetrieb wird selten prüfungswerth sein. Man findet nöthigenfalls Anhaltspunkte im § 66. (Siehe Form. 14b.)

Die Wertherträge des Niederwaldbetriebs lassen sich leicht bestimmen. Man vergleiche § 67. Wenn einzelne Hochwald= Bestände dem Niederwaldbetriebe (gewöhnlich dem Schälwaldbetriebe) zugewiesen werden, so werden die in den einzelnen Wirthschafts=Pe= rioden übergehenden Flächen in der summarischen Werth=Ertrags= Berechnung für die Hochwaldungen (Form. 14) nachgewiesen und die Erträge mit rother Tinte unter dem Haubarkeits=Werth=Ertrage

orm. 14b.

Summarische Werth-Ertrags-Berechnung
für die Betriebs-Klasse B des Wirthschafts-Bezirks N.
VI. Fortsetzung des 30jährigen Mittelwald-Umtriebs.

Bestands-Gruppen	Fläche	Unterholz=Alter beim Hieb	Werth=Vorrath nach d. Hieb p. Hett.	Erster Nutzungs=Umlauf 1—10 Jahre			11—20 Jahre			21—30 Jahre			Zweiter 2c.
				Vorrath v. d. Nutzung	Nutzung	Vorrath n. d. Nutzung	Vorrath v. d. Nutzung	Nutzung	Vorrath n. d. Nutzung	Vorrath v. d. Nutzung	Nutzung	Vorrath n. d. Nutzung	2c.
	Hekt.	Jahre	Werth=Meter										
1	2	3	4	5	6	7	8	9	10	11	12	13	14
Ueber 30j. Schläge	123,2	38	125	33985	18585	15400	.	.	.	.	.	.	.
20—30j. Schläge	157,8	33	150	34716	11046	23670							
	300,0	38	150	.	.	.	75000	30000	45000	.	.	.	.

der betreffenden (ſpäteren) Perioden verbucht. Sollte ein Hochwald=
bezirk mit der geſammten Fläche in den Niederwaldbetrieb über=
zuführen ſein, ſo kann die Ertrags=Berechnung nach Maßgabe des
Form. 14 b verzeichnet werden.

---

§ 57.

Wald-Erwartungs-Werth.

Die Berechnung der Wald=Erwartungs=Werthe ſoll, wie wir
§ 55 geſehen haben, die Verzinſungs=Verhältniſſe der Ertrags=Unter=
ſchiede, welche zwiſchen den verſchiedenen Bewirthſchaftungs=Arten ob=
walten, aufklären; man hat zu beſtimmen, bis zu welchen normalen
Umtriebszeiten die Bewirthſchaftung vordringen kann, wenn der Wald=
beſitzer eine Kapital=Verzinſung von 5, 4, 3 . . pCt. vom Waldbetriebe
fordert. Dieſe Aufgabe wird gelöſt, indem man die Netto=Erträge
der verſchiedenen Umtriebs=Zeiten auf die Gegenwart diskontirt und
dabei die ſämmtlichen Verzinſungs=Sätze, welche bei den konkreten
Eigenthums=Verhältniſſen in Betracht kommen, zu Grunde legt; für
jeden Zinsſatz kann man dann die normale Umtriebs=Zeit beſtimmen,
für welche der Wald=Erwartungs=Werth den höchſten Stand erreicht
und dieſer Zeitpunkt gibt, nach den Regeln der Zinſeszins=Rechnung,
die Grenze an, welche nicht überſchritten werden darf, wenn die
Kapital = Aufwendungen (die bei der Umtriebs = Erhöhung durch
Verzicht auf beziehbare Rente dargebracht werden) Verzinſung mit
dem unterſtellten Prozentſatz finden ſollen.

Es ſind ſomit für jede Benutzungs=Art, welche nach den konkreten
Standorts=, Beſtockungs=, Verbrauchs=Verhältniſſen und den weiteren
Wirthſchafts=Bedingungen prüfungswerth erſcheint, erſtens die Jahres=
Erträge, welche während des erſtmaligen Nutzungs=Umlaufs von
Wirthſchafts=Periode zu Wirthſchafts=Periode durch die ſummariſche
Ertrags=Berechnung beſtimmt worden, als jährlich eingehende Zeit=
Renten auf den Anfang der Periode und von da auf die Gegenwart
zu diskontiren und zweitens iſt der hierauf folgende mittlere Jahres=
Ertrag der nachzuziehenden Beſtockung, als immerwährende, nach

u Jahren beginnende Rente, zu kapitalisiren und die Jetztwerthe des Kapitals zu bestimmen[1]). Die abzuziehenden Kulturkosten werden nöthigenfalls nach den erfahrungsgemäßen Beträgen ermittelt, der Geld-Betrag wird durch Division mit dem Durchschnitts-Preis der Werth-Einheit in Werth-Einheiten (Werth-Meter) umgewandelt; in der Regel werden indessen diese relativ geringfügigen Ausgaben nicht in die Wagschale fallen. Die Erndtekosten sind schon bei der Ermittelung der Werth-Faktoren gekürzt worden und die sog. jährlichen Ausgaben (für Verwaltung, Steuern 2c.) bleiben sich bei den verschiedenen Bewirthschaftungs-Arten gleich.

Die Ausführung der Berechnung erfordert, wie man sich leicht überzeugen kann, nur einen geringen Zeitaufwand. Man kann des-halb die Wald-Erwartungs-Werthe nicht nur für alle wahlfähigen Zinssätze (5, 4, 3, 2, $1\frac{1}{2}$ pCt. und nöthigenfalls die Zwischenstufen), sondern auch für alle Bewirthschaftungs-Arten, die man auf Grund der Untersuchung der Produktions-Faktoren und der statistischen Er-forschung der Konsumtions-Verhältnisse im Absatz-Gebiet in Betracht ziehen kann, berechnen und vergleichen. Man kann im Speziellen nicht nur die gleichmäßige Vertheilung, sondern auch die den örtlichen Eigenthümlichkeiten angepaßte Abstufung der Nutzung nach dem Nutz-Effekt würdigen u. s. w.

Diese Berechnung der Wald-Erwartungs-Werthe hat Hand in Hand zu gehen mit der summarischen Ertrags-Bestimmung und der Vergleichung des Unternehmer-Gewinns; die Letztere läßt erkennen, in welcher Richtung neue Untersuchungen, neue Ertrags-Bestimmungen und Erwartungs-Werth-Berechnungen erforderlich werden. Man darf nicht glauben, daß es auf den ersten Wurf gelingen wird, die einträglichsten Bewirthschaftungs-Arten der Betriebs-Klassen heraus zu finden.

Zunächst wird die provisorische Vertheilung der Waldflächen in die Betriebs-Klassen in vielen Fällen eine weitgehende Umgestaltung zu erleiden haben. Denn diese Betriebs-Klassen-Bildung ist auf die gutachtliche, unsichere Würdigung der Standorts-Beschaffenheit ge-

---

[1]) Die Entwickelung der Formeln der Zinses-Zins-Rechnung und korrekte Fak-toren-Tafeln findet man in Heyer's Wald-Werth-Rechnung. Leipzig, Teubner. 1865.

gründet worden; man hat nach Gutdünken diese Waldtheile dem Buchen=, Fichten=Betrieb u. s. w. und jene Waldtheile dem Kiefern=, Niederwald=Betrieb 2c. zugewiesen. Aber man findet in den meisten Fällen auf ausgedehnten Flächentheilen sowohl die Bedingungen für die Buchen=Zucht, als für die Fichten= und Kiefern=Zucht 2c. gegeben, wenn auch nicht immer in gleichem Maße. Es ist nothwendig, daß man die erstmalige Anordnung der nachzuziehenden Bestockungs= Formen durch die Vergleichung der Werth=Erträge der Nachzucht beleuchtet; man wird dann — oft in überraschender Weise — finden, daß die zuerst geplante Vertheilung der Zukunfts=Bestockung weit abirren würde von der erreichbaren Einträglichkeit der Bewirthschaftung. Auch kann man häufig durch zweckentsprechende Berichtigungen der Betriebs=Klassen=Bildung die zukünftige Alters=Klassen=Abstufung von vorn herein besser arrondiren. In allen Fällen ist deshalb die erst= malige Eintheilung der Waldfläche in Betriebs=Klassen der Berichti= gung zu unterwerfen, indem man die Berechnung der Werth=Erträge und Erwartungs=Werthe für mehrfache Projekte vornimmt und den Unternehmer=Gewinn vergleicht.

In größeren Wirthschafts=Bezirken mit beschränktem Absatzgebiet würde oft der absolut einträglichste Nutzungs=Gang zu einer sehr ungleichmäßigen Abstufung des Abgabesatzes hinführen, welche bei den örtlichen Verwerthungs=Verhältnissen gefährlich erscheinen kann. Man hat dann die goldene Mittel=Straße zu suchen. Man hat die Erwartungs=Werth=Berechnungen einmal für das derzeitige Preis=Verhältniß und andrerseits für die voraussichtlichen Verän= derungen desselben, welche die Verstärkung des Angebotes begleiten können, vorzunehmen und damit — so weit als möglich — den ziffermäßigen Nachweis für die Berechtigung des begutachteten Abgabe= Satzes zu führen. In andern Fällen kann die gegenseitige Ergänzung benachbarter Wirthschafts=Bezirke den zulässigen Nutzungs=Spielraum erweitern. Vorzugsweise bei der Ertrags=Regelung des Privat=Wald= Besitzes wird die Anlage etwaiger Uebernutzungen als Wald=Reserve= Fonds, durch Grund=Erwerbung u. s. w. in Frage kommen.

Bei diesen Transmutationen hat man selbstverständlich die Ge= staltung der Alters=Klassen für den zweiten Nutzungs=Umlauf nicht aus den Augen zu verlieren. In dieser Hinsicht gilt, wie schon oben

erwähnt wurde, die Regel, daß dem Wirthschafts=Nachfolger der fort=
dauernde Bezug des durchschnittlichen Abgabe=Satzes aus Beständen,
welche vollkommen gebrauchsfähige und marktgängige Nutzholz=Sorten
liefern, zu sichern ist.

---

§ 58.

Unternehmer-Gewinn.

Die Volkswirthschaftslehre begreift unter Unternehmer=Gewinn
„die Differenz, welche sich ergibt, wenn man von dem Gesammt=
ertrage einer Unternehmung Alles abzieht, was von Zins, Lohn und
Rente darin enthalten ist — das Correlat wirthschaftlichen Wagens.
Wer über Kapital, Arbeit oder Boden verfügt, kann deren Nutzungen
gegen festen Preis an Jemanden verkaufen oder mit diesen Produk=
tionsfaktoren eine eigene Unternehmung begründen; was dann als
Ueberschuß erscheint, ist Unternehmer=Gewinn. (Die Differenz kann
sich im einzelnen Falle sowohl positiv als negativ gestalten, d. h.
wirklicher Gewinn oder Verlust sein.)"[1]

Der Waldbesitzer kann zwischen mehreren wirthschaftlichen Unter=
nehmungen, welche er mit eigenen Produktions=Faktoren begründet,
wählen; derselbe beginnt, sobald er die bisherige Bewirthschaftungs=
weise der Betriebsklasse abändert, eine neue Unternehmung. Es läßt
sich der Gewinn derselben bestimmen, indem man von den Brutto=
Erträgen der veränderten Waldbenutzungsweise „Zins, Rente und
Lohn" abzieht. Die Lohn=Ausgaben (für Gewinnung der Produkte
und Kultur) werden bei der Berechnung der Wald=Erwartungs=Werthe,
soweit dieselben in die Wagschale fallen, abgezogen, es sind somit nur
noch die in der Unternehmung steckenden Vorraths=Zinsen und Boden=
renten in Abzug zu bringen. Den ziffermäßigen Ausdruck
für den Gesammt=Aufwand an Vorraths=Zinsen und
Bodenrenten, mit denen die Unternehmung begründet

---

[1] Man findet diese treffende Definition des Unternehmer=Gewinns in Umpfen=
bachs Volkswirthschaftslehre. Würzburg, 1867. S. 193.

wird, kann man nur offenbar dadurch bestimmen, daß man untersucht, welchen Betrag für Vorraths-Zinsen und Bodenrenten der Waldbesitzer erzielen könnte, wenn er keine neue Unternehmung beginnen, sondern die bisherige Bewirthschaftungsweise fortsetzen würde. Man hat somit den jetzigen Kapital-Werth derjenigen Netto-Erträge, welche bei Einhaltung der bisher erstrebten normalen Umtriebszeiten und bei der Fortsetzung des üblichen Holzanbaues erfolgen würden, zu bestimmen — man hat den Wald-Erwartungs-Werth für die bisher gebräuchliche Bewirthschaftungsweise (und für die geforderten Zinssätze) zu berechnen. Offenbar beziffern dann die Differenzen zwischen diesem Wald-Erwartungs-Werthe (der angibt, welcher Kapital-Werth für Bodenrente und Vorrathszins ohne neue Unternehmung erzielt werden kann) und den Erwartungs-Werthen, welche sich für andere, örtlich wählbare Benutzungsarten herausstellen, die jetzigen Kapitalwerthe des Unternehmer-Gewinns (jeweils für die unterstellten Zinssätze).

Wenn man die bisherige Bewirthschaftung der Betriebsklasse als Basis für die Bestimmung des Unternehmer-Gewinns annimmt, so bestimmt man die absoluten Beträge desselben. Für die Zwecke der privatwirthschaftlichen Nutzungsordnung würde zwar die Bestimmung der Differenzen, welche lediglich zwischen den zukünftigen, wahlwürdigen Benutzungsarten obwalten, in den meisten Fällen genügen — relativer Unternehmer-Gewinn —. Indessen kommen in der Regel bei der Berechnung der Wald-Erwartungs-Werthe die Benutzungsarten, welche den bisherigen wirthschaftlichen Zielpunkten nahe führen, in Betracht und man kann, diesen Erwartungswerth als Ausgangspunkt wählend, die absoluten Differenzen bestimmen und vergleichen.

Anmerkung. Die auf den aussetzenden Betrieb gestützten Methoden der forstlichen Rentabilitäts-Rechnung benutzen gleichfalls den Unternehmer-Gewinn als Maßstab für die Bestimmung der Einträglichkeit der Wirthschafts-Verfahren. Allein bei der Berechnung desselben wird der Maximal-Boden-Werth zu Grunde gelegt. Es ist dann bekanntlich diejenige Unternehmung, bei welcher kein Unternehmer-Gewinn herausspringt, welcher vielmehr lediglich Bodenrente und Vorrathszins mit dem Wirthschafts-Prozent ersetzt, die einträglichste. Auch bei abnormer Beſchaffenheit der Beſtände iſt die Bewirthſchaftungsweiſe, welche dieſen Bedingungen Genüge leiſtet, die lukrativſte und deshalb zu wählen. Für keine waldwirthſchaftliche Unternehmung kann ſich ſomit ein poſitiver Unternehmer-Gewinn ergeben, derſelbe iſt entweder gleich Null oder negativ.

Man kann zwar einwenden, daß die Waldwerthrechnung auch den Ankaufspreis des Bodens als Bodenwerth zu Grunde legen kann. Allein einmal iſt dieſer Ankaufspreis faſt niemals zu beſtimmen und zweitens kann man den beim Kauf erzielten Vortheil offenbar nicht als Unternehmer-Gewinn im national-ökonomiſchen Sinne dieſes Wortes betrachten. Denn es handelt ſich nicht um die Frage, ob der Waldboden gekauft werden ſoll, ſondern um eine Unternehmung, die der Bodenbeſitzer mit bereits erworbenen Produktions-Faktoren ausführen will und für dieſe Unterſuchung iſt offenbar der wahre Werth des Bodens, incl. des Boden-Werth-Gewinns beim Ankauf in Rechnung zu bringen. Bei Verpachtung der Waldbenutzung an einen Fremden würde der Waldbeſitzer keinenfalls dieſen Gewinn dem Unternehmer zuweiſen.

Durch die Berechnung der Wald-Erwartungs-Werthe werden die jetzigen Kapital-Werthe des Unternehmer-Gewinns zum Ausdruck gebracht. Die vergleichende Zuſammenſtellung aller maßgebenden Faktoren geſtaltet ſich jedoch überſichtlicher, wenn man die Jahreszinſen dieſer Kapitalgrößen mit den verſchiedenen Zinsſätzen, welche bei der Wald-Erwartungs-WerthBerechnung angenommen worden ſind, berechnet und in dieſer Weiſe den Unternehmer-Gewinn nach dem Jahres-Ertrage verzeichnet.

Gleichzeitig wird berechnet, in welchem Prozent-Verhältniß der Unternehmer-Gewinn, welcher zwiſchen zwei Benutzungsarten obwaltet, zu der Waldrente der minder einträglichen Benutzungsart ſteht.

Alle Angaben werden in Werthmetern ausgedrückt. Das Berechnungs-Verfahren bedarf keiner Erläuterung.

Anmerkung. Es wird nicht überflüſſig ſein, beſonders darauf hinzuweiſen daß die Vergleichung der Kapital-Beträge, die ſich bei verſchiedenen Verzinſungs-Forderungen und bei abweichenden Benutzungsarten als Jetztwerthe der Betriebs-Klaſſen ergeben, ein unklares Bild der thatſächlichen Rentabilitäts-Verhältniſſe liefern würde. Es iſt mit allem Nachdruck zu fordern, daß die nachhaltig jährlichen Zinſen-Erträge dieſer Wald-Erwartungs-Werthe der vergleichenden Würdigung unterſtellt werden.

Form. 15.

Rentabilitäts-Ueberſicht

für die wählbaren Bewirthſchaftungs-Arten der Betriebsklaſſe A.

(Buchenbeſtände auf Nord- und Oſtſeiten) des Wirthſchafts-Bezirks N. N.

Ordn. Nr.	Faktoren der Rentabilität	40 jähr. Umtrieb	50 jähr. Umtrieb	60 jähr. Umtrieb	70 jähr. Umtrieb	80 jähr. Umtrieb	90 jähr. Umtrieb
		Werth=Meter					
I.	**Fortſetzung der Buchenzucht im 80 jähr. Umtriebe.**						
a.	Jahres=Ertrag von der vorhandenen Beſtockung	.	.	.	.	2150	.
b.	Jahres=Ertrag von der nachzuziehen= den Beſtockung	.	.	.	.	3000	.
c.	Rente des Wald=Erwartungswerthes bei 5 pCt.	.	.	.	.	2167	.
	„ 4 „	.	.	.	.	2186	.
	„ 3 „	.	.	.	.	2230	.
	„ 2 „	.	.	.	.	2325	.
II.	**Nachzucht des Kiefern=Hochwalds.**						
a.	Jahres=Ertrag von der vorhandenen Beſtockung	2600	2540	2360	2250	2150	2000
b.	Jahres=Ertrag von der nachzuziehen= den Beſtockung	1200	2400	3050	3975	4800	5000
c.	Jahres=Rente des Wald=Erwartungs= Werthes . . . . . bei 5 pCt.	2401	2528	2391	2303	2204	.
	„ 4 „	.	2439	2423	2361	2465	.
	„ 3 „	.	2369	2480	2465	2681	.
	„ 2 „	.	2265	2573	2681	2691	2505
d.	Unternehmer=Gewinn im Vergleich mit ad I. c. . . . bei 5 pCt.	+ 234	+ 361	+ 224	+ 136	+ 37	.
	„ 4 „	.	+ 253	+ 237	+ 175	+ 78	.
	„ 3 „	.	+ 139	+ 250	+ 235	+ 169	.
	„ 2 „	.	— 60	+ 248	+ 356	+ 366	+ 280
e.	Der Unternehmer=Gewinn beträgt in Prozenten der Waldrente ad I. c. bei 5 pCt.	+ 10,8	+ 16,7	+ 10,4	+ 6,3	+ 1,7	.
	„ 4 „	.	+ 11,6	+ 10,8	+ 8,0	+ 3,6	.
	„ 3 „	.	+ 8,2	+ 11,2	+ 10,5	+ 7,6	.
	„ 2 „	.	— 2,6	+ 10,7	+ 15,4	+ 15,8	+ 12,1
	u. ſ. w.			u. ſ. w.			

§ 59.

Vergleichende Beurtheilung der wirthschaftlichen Unternehmungen.

Die Resultate der Rentabilitäts-Berechnung sind einer umfassenden und tiefgehenden Würdigung aus manigfachen Gesichtspunkten zu unterwerfen; waldbauliche Rücksichten, Dispositions-Beschränkungen, die Holz-Verbrauchs-Verhältnisse im Absatz-Gebiet, die Beschaffenheit der konkreten Bestockung, die privatwirthschaftlichen Zielpunkte der Wald-Eigenthümer und viele andere Momente treten bei der endgültigen Feststellung der Normen für den forstwirthschaftlichen Betrieb in den Vordergrund. Diese vielfältigen Erwägungen und Rücksichtnahmen lassen sich nicht einzeln besprechen und da die allgemeinen Richtpunkte schon oben (§ 54 und 55) angedeutet worden sind, so können wir uns auf die spezielle Betrachtung des Beispiels in Form. 15 beschränken.

Die Untersuchung hatte sich hier in erster Reihe auf die Wald-benutzungsarten zu erstrecken, welche in Betracht der örtlichen Standorts und Absatz-Verhältnisse den Produktionsrichtungen entsprechen werden, die nach Maßgabe der in § 54 erwähnten Untersuchungen eingebürgert werden können. Nehmen wir an, daß zu diesen örtlich wählbaren Produktions-Zweigen weder der gebräuchliche Buchenhochwald-betrieb, noch der Fichten-, Eichen-, Mittel- und Niederwald-Betrieb, sondern der Kiefern-Betrieb in Mischung mit Buchen u. s. w. gehört.

Bei dieser Voraussetzung ist in erster Linie zu untersuchen, welche Umtriebszeit gewählt werden kann, wenn der Waldbesitzer eine Verzinsung von 5 pCt. fordert. Die Rein-Ertrags-Uebersicht zeigt, daß die 50jährige Umtriebszeit die höchste jährliche Rente mit 2528 Werthmetern liefert. Es ist hierauf, wenn die Kiefer vorzugsweise als Nutzholz verbraucht werden wird, zu fragen, ob die Durchschnittsstärke der Kiefernbestände im 50jähr. Alter für die zumeist verbrauchten Nutzholz-Sorten ausreichend ist oder ob nur ein kleiner Theil der Stämme als Nutzholz abgesetzt werden kann, während der größte Theil dem Brennholz-Verbrauch zufallen würde. Wenn in dieser Hinsicht Zweifel entstehen, so ist zu beachten, daß der 60jährige Umtrieb nur einen um 6 pCt. geringeren Unternehmer-Gewinn besitzt als der 50jährige Umtrieb (was kaum in die Wagschale fallen kann), daß es mithin sicherer sein wird, auch bei 5 pCt. die 60jährige Umtriebszeit zu wählen. — Andrerseits ist zu erwägen, daß es sich um Uebergang von der Brennholz- zur Nutzholz-Wirthschaft handelt. Man kann befürchten, daß die jetzigen Brennholz-Preise durch die verbreitete Einführung der Kohlenfeuerung herabgedrückt werden, daß eine abwärts gerichtete Entwickelung der Brennholz-Preise, der Natur der Sache nach, nur noch eine Frage der Zeit sein wird. Gegenüber dieser Eventualität werden in erster Reihe — namentlich in Privat-, Gemeinde-, Körperschafts- und Stiftungs-Waldungen — außerordentliche Holzhiebe hinsichtlich der wahrscheinlichen Einträglichkeit in Frage kommen, namentlich wenn finanziell überreife Bestände vorherrschen, die alsbaldige Verjüngung der betreffenden Flächen zu Nutzholz-Produktion möglich ist und der eingehende Mehr-Erlös sicher und gut rentirend angelegt werden kann, z. B. durch billigen Ankauf von Waldboden, von jungen Nutzholz-Beständen u. s. w. Wenn die Nachzucht beträchtlich höhere Werth-Erträge liefern wird, als die vorhandene Bestockung, so wird man in der Regel einen beträchtlich höheren Unternehmer-Gewinn dadurch erreichen können, daß man die erste Periode reichlich mit Nutzungsflächen ausstattet und den Uebergang für höhere Umtriebszeit für die erste Periode der nächstfolgenden Umtriebszeit projektirt. Man kann dann den Uebergangs-Zeitraum ermäßigen, indem man die Nutzung während der ersten Periode der zweiten Umtriebszeit theilweise auf etwas schwächere Nutzholz-Sorten anweist, die jedoch immerhin einen höheren Ertrag, als die Buchenbestände, liefern werden. Aber diese Maßnahme ist offenbar nur dann zulässig, wenn die für die nächste Zeit zu verstärkende Buchen-Brennholz-Abgabe vom Absatzbezirke ohne Schmälerung der Holzpreise absorbirt werden wird.

Wenn der Wald-Besitzer die Verzinsung von 5 pCt. nicht geradezu bedingungslos fordert und auch nicht befürchtet, daß die Buchenholz-Preise in der Zukunft sich minder günstig, als die Kiefern-Nutzholz-Preise gestalten werden, so kann es in Hinblick auf die Rentabilitäts-Uebersicht nicht zweifelhaft sein, daß der 60jährige Umtrieb zu wählen ist. Denn bei dieser Umtriebszeit läßt sich bei allen Verzinsungs-Forderungen ein absoluter Unternehmer-Gewinn von 10 bis 11 pCt.

erzielen. Nur zwei Benutzungs-Arten versprechen einen etwas höheren Gewinn — bei einer Verzinsungs-Forderung von 5 pCt. der 50j. Umtrieb = 16,7 pCt. und bei einer Verzinsungs-Forderung von 2 pCt. der 70j. bis 80j. Umtrieb = 15,4—15,8 pCt. Allein diese höhere Rentabilität ist an Voraussetzungen geknüpft, die der verständige und umsichtige Bewirthschafter eines großen Grund-Eigenthums in der Regel problematisch nennen wird. Der fünfzigjährige Umtrieb kann nur dann am einträglichsten sein, wenn alle Erträge, welche dem Walde entnommen werden, bei anderweiter Anlage nachhaltig und unausgesetzt eine Zinseszins-Mehrung von 5 pCt. liefern, was zur Zeit nur in seltenen Fällen angenommen werden kann. Es wird in der Regel die Kapital-Aufwendung, welche nothwendig ist, um die Wirthschaft zur 60jährigen Umtriebszeit — statt zur 50jährigen Um-triebszeit — hinzuleiten, im Waldbetrieb eine höhere Rentabilität finden, als im Feldbetriebe 2c. — Und andrerseits kann der 70- und 80jährige Umtrieb nur dann die einträglichste Benutzungsweise vermitteln, wenn es unmöglich sein würde, für die Ertrags-Differenz zwischen dem 60jährigen Umtrieb und dem 70- und 80jährigen Umtrieb eine höhere Ver-zinsung, als 2 pCt. zu erlangen.

In allen Fällen kann man durch die im Form. 15 ad d und e gewählte Ausdrucksweise den Wald-Eigenthümern und deren Ver-tretern Aufschluß über die Verzinsungs-Verhältnisse der wählbaren Bewirthschaftungs-Arten verschaffen. Die Waldbesitzer können zu-gleich die thatsächlichen Ertrags-Unterschiede während der Uebergangs-Zeit (II. a) mit den Ertrags-Unterschieden, die in der Zukunft von der Nachzucht zu erwarten sind (II. b) für die verschiedenen Benutzungs-Arten vergleichen. Die oberste Rücksicht gebührt stets der Sicher-stellung der Absatz-Fähigkeit der Nutzholz-Massen, die in den einzel-nen Zeit-Perioden zum Angebot zu bringen sind. In dieser Richtung sind gewagte Experimente unter allen Umständen zu vermeiden; sie widerstreiten dem Charakter des Wald-Betriebs.

Wenn man die finanzielle Leistungs-Fähigkeit der Bewirth-schaftungs-Arten für die verschiedenen Zinssätze in der oben angegebenen Weise ausführt, so wird man (nach den Erfahrungen des Verfassers) in den meisten Fällen mit absoluter Bestimmtheit die Benutzungs-Weisen, welche nach Maßgabe der örtlichen Verhältnisse die meisten

Chancen für die einträglichste Forstwirthschaft darbieten, bezeichnen können. In ausgedehnter Weise wird die Bewirthschaftung zur Nutz= holz=Produktion in gemischten Beständen hingelenkt werden (Schutz= waldungen im Hochgebirge, Sandebenen mit krummwüchsigen Kiefern= Beständen und andere abnorme Standorts= und Wirthschafts=Ver= hältnisse ausgenommen). Eine Ueberproduktion von Nutzholz ist schon darum gefahrlos, weil man ja auch Nutzholz verbrennen kann und die hohen Massen=Erträge der Nadelhölzer ansehnliche Brenn= stoff=Mengen liefern werden.

Es ist für die Fortentwickelung der Forstwirthschaft unbedingt nöthig, daß die Verzinsungs=Verhältnisse der waldwirthschaftlichen Produktions=Zweige in wahrem Lichte betrachtet werden. Man wird dabei ohne Zweifel finden, daß das entscheidende Gewicht nicht dem gefürchteten Faktor $1,0\ p^n$ beizumessen ist, sondern der Beantwortung der Frage, ob die für den örtlichen Verbrauch leistungsfähigen Nutz= holz=Sorten in vollem Maße erzeugt werden. Diese Ueberzeugung wird sich voraussichtlich in der Zukunft immer mehr befestigen, wenn man die schwankende und trügerische Grundlage der Boden= Renten=Berechnung vermeidet und die wahren Rentabilitäts=Unterschiede, die durch die Beziehungen der Wald=Erwartungs=Werthe angegeben werden, in die eine Wagschale legt, während die andere Wagschale mit den weiteren privatwirthschaftlichen Rücksichtnahmen zu beschweren ist. Verständige Waldbesitzer werden in Zweifelfällen erwägen, daß die Nutzholz=Wirthschaft, auch wenn dieselbe gegenwärtig mit einem Zins= fuß von selbst nur 2 pCt. begründet wird, im Laufe der Zeit zu den einträglichsten Wirthschafts=Zweigen des Großbesitzers gehören wird.

Es ist unmöglich, an dieser Stelle die Fragen, die zu beurtheilen sind, und die Gesichtspunkte, die Beachtung fordern, für alle Oertlich= keiten im Speziellen zu besprechen. Wegweiser für die Richtungen der Untersuchungen findet man schon in den Andeutungen der Para= graphen 54 und 55.

Sehr häufig wird die forstliche Ertrags=Regelung in Verbindung zu bringen sein mit der Umwandlung beträchtlicher Feldflächen in Wald und oft wird man hinblicken müssen auf die Wiederanlage überschüssiger Waldkapitalien zum Ankauf von fremdem Waldbesitz oder von Grundflächen, die sich zur Aufforstung eignen. Die Rege=

lung des Betriebs der Staatswaldungen wird vor Allen die Wieder=
anlage der Uebernutzungen im Eisenbahn=Bau zu würdigen haben;
doch kann auch der Ankauf größerer Privat=Waldungen, ausgedehnter
Weideflächen, schlecht rentirender Feld=Domainen u. s. w. in Betracht
kommen.

In prägnanter und konziser Darstellungsweise werden die Er=
gebnisse der Erörterung dieser vielseitigen Rentabilitätsfragen aus
allen Gesichtspunkten in ein durchdachtes, gründlich motivirtes „Gut=
achten über die Wahl der leistungsfähigsten Bewirthschaftungsarten"
niedergelegt. Die oberste Forstbehörde (Privat=Verwaltungs=Behörde
u. s. w.) hat hierauf eine aus theoretisch gründlich gebildeten und
praktisch erfahrenen Forstwirthen zusammen zu setzende „Berathungs=
Kommission" zur örtlichen Prüfung und gutachtlichen Beurtheilung
zusammen zu berufen. Auf Grund dieser Begutachtung werden die
örtlichen Wirthschaftsziele von der obersten Forstbehörde endgültig fest=
gesetzt und den Forsteinrichtungs=Beamten mitgetheilt. Wenn bei
dieser Beschlußfassung prinzipielle Fragen hinsichtlich der Verzinsungs=
Verhältnisse des Waldbetriebs u. s. w. zu entscheiden sind, so haben
die Vorstände anderer Verwaltungszweige mitzuwirken.

Achter Abschnitt.
Planmäßige Einrichtung des Hochwald-Betriebs [1].

---

§ 60.
Einrichtungs-Zeitraum.

Durch die im vorigen Abschnitt betrachteten Untersuchungen kann man nur die Grundmauern und die äußeren Formen des zu errichtenden Wirthschafts = Gebäudes feststellen. Zum inneren Ausbau sind eingehende Ertrags = Berechnungen und Nutzungs = Dispositionen erforderlich, die in allgemeinen und speziellen Wirthschaftsplänen Ausdruck finden.

Die Zeitperiode, welche für die Verjüngung des Waldes zu der planmäßigen Bestockung erforderlich ist und darum vom allgemeinen Wirthschaftsplan umfaßt wird, nennt man: „Einrichtungs-Zeitraum."

Wenn alle Theile des Wirthschafts = Bezirks zur gleichen normalen Umtriebszeit hingeleitet werden sollen, so erstreckt sich der Einrichtungs=Zeitraum auf die — mit dieser normalen Umtriebszeit übereinstimmende — Zeitdauer, welche erforderlich ist, um die jetzt vorhandene, ältere und jüngere Holzbestockung des Wirthschafts = Bezirks abzuräumen und durch geordnete Bestands = Verhältnisse zu ersetzen. Wenn in einem Wirthschafts=Bezirke verschiedene normale Umtriebs=

---

[1] Einige Abänderungen der nachstehenden Verfahrungsarten, welche bei der Ueberführung von Mittelwald=Beständen in den Hochwald=Betrieb erforderlich werden, sollen § 64 erörtert werden.

zeiten gewählt, mehrere Betriebs=Klaſſen ausgeſchieden worden ſind, ſo ſetzt man, um im Wirthſchafts=Plan eine gemeinſame Ertrags= Verbuchung für die Betriebs=Klaſſen zu ermöglichen, den Einrich= tungs = Zeitraum der längſten Umtriebszeit gleich. Im Wirthſchaftsplan ſind alsdann für die Zeitabſchnitte, welche den kür= zeren Umtriebszeiten hinzugefügt worden ſind, die Werth=Erträge aus der nachzuziehenden Beſtockung zu entnehmen und ergänzend einzu= ſetzen.

Der Einrichtungs=Zeitraum wird beim Hochwaldbetrieb in der Regel in zwanzigjährige Wirthſchafts=Perioden abgetheilt; bei 40= und 50jährigen (Kiefern u. ſ. w.) Umtriebszeiten wählt man die Eintheilung in 10jährige Perioden. Die erſte zwanzigjährige Periode wird hinſichtlich der Ertrags=Berechnung in die beiden Jahr= zehnte zerfällt (I. 1 und I. 2).

———

§ 61.

Abtriebs-Reihenfolge.

Innerhalb der allgemeinen Grenzen, deren Feſtſtellung wir im vorigen Abſchnitt betrachtet haben, läßt ſich die Einträglichkeit der Bewirthſchaftung weſentlich erhöhen durch eine zweckmäßige Anord= nung der Reihenfolge, in welcher die vorhandenen älteren und jün= geren Beſtände abzunutzen ſind. Es iſt einleuchtend, daß in allen Zeitperioden die jährliche Nutzung zuerſt in denjenigen Beſtänden ſtattzufinden hat, welche hinſichtlich der Produktion von Nutzungs= Werthen am tiefſten ſtehen und darum haben wir ſchon bei der vor= läufigen Wirthſchafts=Projektirung den Blick auf die Werth=Zuwachs= Prozente hinzurichten geſucht (ſiehe § 56). Aber offenbar iſt die Zuwachsleiſtung, die oben für je 100 Werth=Einheiten des Vorraths ausgedrückt wurde, nur ein einzelner Faktor bei der Bemeſſung der einträglichſten Abtriebs=Reihenfolge; es iſt leicht einzuſehen, daß die konkreten Beſtände, beſtimmten Verzinſungsforderungen gegenüber, nur dann Berechtigung zum ferneren Daſein erlangen können, wenn ſie durch ihren Zuwachs nicht nur die Zinſen des Ertrags der Abholzung

(excl. Gewinnungs= und Kulturkosten), sondern auch den Nutzen er=
setzen, den der Waldbesitzer durch den Anbau der (bei der Abholzung
frei werdenden) Fläche erreichen kann. Unzweifelhaft kann man nur
dann einen richtigen Maßstab für die Vergleichung und die Be=
stimmung des einträglichsten Nutzungsganges erlangen, wenn man
den Zuwachsleistungen alle Anforderungen gegenüber stellt.

Allerdings ist die Feststellung des Werthes, welcher durch den
forstwirthschaftlichen Anbau einer Waldblöße innerhalb einer ein=
oder fünf=, oder zehnjährigen Zeitperiode hervorgerufen werden wird,
nicht mit voller Sicherheit und Genauigkeit ausführbar, weil die
Veranschlagung der Erträge, welche bei der einstmaligen Benutzung
der jetzigen Holzaussaat eingehen werden, stets problematisch bleiben
wird. Allein man darf nicht übersehen, daß eine annähernd genaue
Bestimmung des gegenseitigen Verhaltens dieser Nachzucht=Werthe,
eine annähernd richtige Abstufung nach Standorts=Klassen ausreichend
sein wird. Diese schärfere Berechnung der Rentabilitäts=Leistungen
der Bestände erfordert in der That einen geringen Zeitaufwand und
sollte bei dem inneren Ausbau der Wirthschafts=Projekte nicht unter=
lassen werden.

Es ist nun zunächst zu untersuchen, ob bei der Be=
messung und Vergleichung der Reinertrags=Produktion
die Flächen=Einheit oder der Werth=Nutzungs=Etat zu
Grunde zu legen ist. Bei der Bewirthschaftung größerer Wal=
dungen wird immer die Einhaltung der jährlichen Benutzungs=
weise, wenn auch oft mit größeren Schwankungen in der jährlichen
Nutzungsgröße, erforderlich. Für die örtliche Wirthschaftsführung ist
unleugbar in erster Linie der Jahres=Ertrag maßgebend. Die genaue
Gleichstellung der Nutzungsflächen von Jahr zu Jahr durch geo=
metrische Aufnahme im Walde und Abzirkelung auf der Karte kommt
bei der praktischen Wirthschaftsführung im Hochwald=Betrieb fast
niemals in Betracht, sie würde fast immer lediglich eine nutzlose
Spielerei sein. Es handelt sich somit bei der vorliegenden Unter=
suchung um die vortheilhafteste Plazirung der Jahres=
nutzung, und es ist ersichtlich, daß man die Vergleichung nicht
per Flächeneinheit vornehmen darf. Namentlich die gleiche Werth=
nutzung umfaßt bald große, bald kleine Schlagflächen, je nachdem

werthvolle Bestände oder schlecht bestockte Waldtheile zur Nutzung bestimmt werden und es werden demgemäß auch sehr verschiedene Nachbau-Werthe hervorgerufen. Durch die Vergleichung der Rentabilitäts-Differenzen per Flächen-Einheit würde man somit ganz ungleich große Theile der Jahresnutzung gegenüberstellen. Die Reinertrags-Produktion per Flächen-Einheit ist ohne Frage ein unrichtiger Maßstab für die Bestimmung der einträglichsten Abtriebs-Reihenfolge der konkreten Bestände. Man hat zu untersuchen, aus welchen Beständen der jährliche Abgabe-Satz zu entnehmen ist und es kann keinem Zweifel unterliegen, daß die Bemessung für die gleiche Zahl von Nutzungs-Einheiten (Gebrauchs-Werthen) stattzufinden hat.

Anmerkung. Die Preßler'sche Weiserprozentformel bestimmt die Rentabilitäts-Differenzen per Flächen-Einheit. Man kann die Unzulässigkeit dieser Berechnungsweise an einem Beispiel veranschaulichen. Wenn in einer Betriebsklasse die abtriebsreifsten Bestände die geforderte Verzinsung nicht mehr liefern, wenn der Bestand A mit einem jährlichen Rein-Ertrags-Verlust von 24 R. M. per Hektar, der Bestand B mit einem Verlust von 20 R. M. per Hektar behaftet ist und beide Bestände übereinstimmende Flächengröße = 100 Hektar haben, so hat man nach Preßler im Bestand A die Nutzung zu beginnen. Wenn der Bestand A einen Werth-Ertrag von durchschnittlich 1000 R. M. per Hektar, der Bestand B einen Werth-Ertrag von 500 R. M. per Hektar liefern würde, so würde sich für je 100 R. M. eine Differenz ergeben:

$$\text{im Bestand } A = 2{,}4 \text{ R. M.}$$
$$\text{\textquotedbl \qquad \textquotedbl} \quad B = 4{,}0 \quad \text{\textquotedbl}$$

Nach dieser Berechnungsweise würde somit Bestand B zuerst an die Reihe kommen. Welcher Nutzungsgang wird nun am einträglichsten sein?

Beträgt der jährliche Abgabesatz 50000 R. M., so entfernt man nach Preßler:

im ersten Jahr = 50000 R. M. von 50 Hektar des Bestands A = 1200 R. M. Rein-Ertrags-Verlust;

im zweiten Jahr = 50000 R. M. von 50 Hektar des Bestands A = 1200 R. M. Rein-Ertrags-Verlust;

im dritten Jahre = 50000 R. M. von 100 Hektar des Bestands B = 2000 R. M. Rein-Ertrags-Verlust.

Wenn man dagegen den Bestand B zuerst nutzt, so entfernt man im ersten Jahre 2000 R. M. und in den folgenden Jahren je 1200 R. M. und wählt damit offenbar die einträglichste Nutzungs-Reihenfolge. Die Preßlersche Berechnungs-Methode führt, da die genaue Gleichstellung der jährlichen Schlagflächen weder nothwendig, noch ausführbar ist, zu unzutreffenden Ergebnissen. Es dürfte deshalb die nachstehend gewählte Modifikation vorzuziehen sein.

Man hat, wie gesagt, zu untersuchen, aus welchen Beständen die jährliche Nutzungsgröße zu entnehmen ist. Da die Letztere vorläufig nicht bekannt ist, jedoch die annähernde Gleichstellung der Jahres-Erträge oder eine gewisse Abstufung derselben zu erzielen sein wird, so substituirt man für alle Berechnungen 100 Werth-Einheiten der Nutzung.

Die Untersuchung wird gewöhnlich auf fünfjährige Wachsthums-Perioden gerichtet. Genau genommen würde nun für alle konkreten Bestände (resp. Bestandsgruppen) und für alle, den wahrscheinlichen Abtriebszeiten nahe liegenden Wachsthums-Perioden zu berechnen sein;

a) welcher Werth-Zuwachs-Betrag im Laufe der Berechnungsperiode erfolgt und zwar auf derjenigen Fläche, welche in Mitte der Periode eine Nutzung von 100 Werth-Einheiten liefert;

b) welcher Zinsen-Ertrag von dem Erlös der am Anfang der Periode nutzungsfähigen Werthmasse bei dem Zinsfuß, der der Betriebs-Regulirung zu Grunde liegt, eingehen wird;

c) welcher Werth sich für die Nachzucht auf der am Anfang der Periode abgeholzten Fläche am Ende dieser Berechnungs-Periode ergibt.

Wenn man von den Beträgen der Zuwachsleistungen ad a die Beträge der Verpflichtungen der Bestände ad b und c in Abzug bringt, so ergibt die Differenz die Reinerträge, die sowohl positiv als negativ sein können. Nach der Gradation dieser Reinerträge kann man die einträglichste Abtriebs-Reihenfolge bemessen.

Diese Berechnungsweise würde jedoch, wenn man 5jährige Berechnungsperioden unterstellt, bei der Ausführung den Mißständen begegnen, daß nicht nur die Periodenmitte auf $2\frac{1}{2}$ Jahr fallen und deshalb das Mittel aus den Jahreserträgen nach je 2 und 3 Jahren besonders zu berechnen sein würde, es würde auch die Nutzungsfläche doppelt — einmal für 100 Werthmeter in Mitte der Periode und zweitens für den zugehörigen Werthvorrath im Anfang der Periode — zu berechnen sein. Zudem erreicht man auf diesem Wege auch nur eine annähernde Genauigkeit, denn die Werthvorräthe, welche

Mitte der Periode 100 Werthmeter Ertrag liefern, sind bei den ver=
schiedenen Beständen nicht genau übereinstimmend. Man wird des=
halb in der Regel einen andern Näherungsweg vorziehen, indem man
der Vergleichung, statt gleiche Erträge in Mitte der Periode zu unter=
stellen, die Werthvorräthe am Anfang der fünfjährigen Berechnungs=
Perioden zu Grunde legt. Man nimmt in diesem Falle an, daß
der Nutzungsbetrag von 100 Werthmetern, dessen Rentabilitäts=
Leistungen man untersucht, am Anfang der Periode eingeht, während
thatsächlich der Nutzungsbezug auf die Berechnungsperiode ver=
theilt wird.

Was nun die einzelnen Ansätze der Rechnung betrifft, so er=
sieht man:

a) Den Zuwachs der Bestände und Bestandsgruppen
aus den Ertragstafeln. Den durchschnittlichen Werth=Zuwachs der
unvollkommenen Bestände kann man aus der Aufnahme des Werth=
Vorraths herleiten, resp. die Zuwachsprozente einschätzen.

b) Der Zinsen=Ertrag für je 100 Werthmeter Nutzung
während der je 5jährigen Berechnungs=Perioden bleibt bei
gleichem Prozentsatz konstant; man entnimmt denselben den Zinses=
Zins=Tabellen.

Anmerkung. Diese 100 Werthmeter, welche der Vergleichung zu Grunde
gelegt werden, geben selbstverständlich nicht den Reinerlös an, der in die Kasse des
Waldbesitzers fällt. Wenn auch die Gewinnungskosten abgezogen worden sind, so
ist noch die Kulturkosten=Ausgabe zu berücksichtigen. Bei künstlicher Verjüngung der
Bestände sind die Kosten des Holzanbaues 5 Jahre früher oder später zu veraus=
gaben; es kommt der fünfjährige Zinsen=Verlust in Betracht. Allein da diese Kul=
turkosten=Ausgabe zur Herstellung des wirthschaftlichen Werthes der Nachzucht ver=
wendet wird, so kann man diesen Zinsenverlust hierbei (siehe ad c) in Abrechnung
bringen, was zugleich zur Vereinfachung der Berechnung dient.

c) Der wirthschaftliche Werth der Holz=Nachzucht ist
leicht zu bestimmen. Wenn der Bestand zu Anfang der Berechnungs=
Periode genützt wird, so kann der Waldbesitzer in u Jahren, von
diesem Zeitpunkt an gerechnet, den Haubarkeits=Ertrag (A_u) beziehen;
wenn dagegen der Bestand am Ende der Berechnungsperiode genützt
wird, so kann der Waldbesitzer den Ertrag A_u erst nach u Jahren,
von diesem letzteren Zeitpunkt an gerechnet, beziehen. Der Wald=
besitzer gewinnt somit im ersteren Falle die Zinsen vom Ertrage A_u

vom Jahre u bis zum Jahre u + n und dieser Vorgang wiederholt sich fortdauernd alle u Jahre.

Die Zwischen-Nutzungs-Erträge (D_a, D_b . . .) gehen gleichfalls um je n Jahre früher oder später ein; durch die Abholzung zu Anfang der njährigen Periode und den sofortigen Anbau der Schlagfläche gewinnt der Waldbesitzer somit die njährigen Zinsen der normalen Haubarkeits- und Zwischennutzungs-Erträge, welche, auf das Ende der njährigen Periode diskontirt, den Brutto-Werth der wirthschaftlichen Nachzucht für diesen Zeitpunkt angeben.

Dieser Brutto-Werth wird belastet durch den njährigen Zinsen-Verlust in Folge der unausgesetzt um n Jahre früher stattfindenden Aufwendung von Kulturkosten (c). Dieser Zinsen-Entgang ist für das Ende des Vergleichungs-Zeitraums zu berechnen und vom Brutto-Werthe der Nachzucht in Abrechnung zu bringen.

Die jährlichen Ausgaben für Verwaltung, Forstschutz, Steuern u. s. w. bleiben sich gleich und werden deshalb nicht berücksichtigt.

Man kann somit den wirthschaftlichen Werth der Nachzucht leicht bestimmen. Wenn sich die erstmaligen Normal-Erträge (A_u, D_a, D_b . . . .) und die Kulturkosten (c) bei ein und derselben Umtriebszeit mit gleichen Beträgen wiederholen, so ist der wirthschaftliche Werth der Nachzucht

$$= \left(\frac{A_u + D_a \cdot 1{,}0\, p^{u-a} + D_b \cdot 1{,}0\, p^{u-b} + \ldots - c \cdot 1{,}0\, p^u}{1{,}0\, p^u - 1} \right) 1{,}0\, p^n - 1$$

Setzt man für den Ausdruck in der Klammer, der bis auf das (hier nicht relevante) Kapital der jährlichen Kosten identisch mit der Faustmann'schen Formel für den Boden-Erwartungs-Werth ist, Be, nennt man den Holzwerth zu Anfang der Periode A, den Holzwerth am Ende der Periode An, so ist während des Zeitraums n die Reinertrags-Produktion $Rn = An - A - [(A + Be)\, 1{,}0\, p^n - 1]$. Die Ansätze für die Berechnung, die ausnahmslos $A = 100$ Werth-Einheiten zu Grunde zu legen hat, entnimmt man aus den Ertrags-Tafeln und aus der Darstellung der Werth-Vorräthe (Form. 3). Die Kulturkosten werden nach Standorts-Klassen und Kultur-Arten nach Maßgabe der erfahrungsgemäßen Aufwendungen abgestuft; die Geldbeträge werden in Werthmeter umgewandelt (mit dem Durchschnitts-Preis der Werth-Einheit exkl. Gewinnungs-Kosten dividirt.) Die Boden-Erwartungs-Werthe werden nach Maßgabe der nachzubauenden Holzarten und der gewählten Umtriebszeiten für alle Standorts-Klassen per Hektar berechnet. Im Uebrigen siehe nachstehende Tabelle.

Form. 16.

Rein-Ertrags-Tabelle
für die Betriebsklasse A. des Wirthschafts-Bezirks N.
Zinsfuß 3 pCt. Berechnungsperiode 5 Jahre.

Bestandsformen, Bestands- und Standorts-Klassen	Wachs-thums-Periode	Im Anfang der Periode		Am Ende der Periode						
		Werth-Vorrath per Hektar	Nutzungsfläche für 100 Werthmeter	Werth-Mehrung		Werth der Nachzucht		Vorraths-Zinsen und Werth der Nachzucht	Zuwachs-Ueberschuß	Verzinsungs-Defizit
				per Hektar	p. Nutzungs-Fläche	per Hektar	p. Nutzungs-Fläche			
	Jahr	W.M.	Hektar	Werth-Meter						
1	2	3	4	5	6	7	8	9	10 (+)	11 (—)
Geschlossene Kiefern 4/IV	60-65	218	0,460	22,0	10,1	9,5	4,4	15,9 / 20,3	.	10,2
	65-70	240	0,417	21,0	8,8	9,5	4,0	19,9	.	11,1
Geschlossene Buchen 3/III	80-85	211	0,474	13,0	6,2	6,3	3,0	18,9	.	12,7
	85-90	224	0,446	12,0	5,4	6,3	2,8	18,7	.	13,3
Geschlossene Fichten 4/IV	50-55	176	0,569	115,0	65,4	8,8	5,0	20,9	44,5	.

Diese Tabelle dient als Wegweiser bei der Anordnung der einträglichsten Abtriebs-Reihenfolge der Bestände. Wenn der Hieb in finanziell überreifen Beständen zu führen ist, so hat derselbe in denjenigen Waldtheilen zu beginnen, welche das größte Verzinsungs-Defizit haben. Wenn dagegen die Nutzung eintritt in die finanziell unreife Bestockung, so sind die geringsten Zuwachs-Ueberschüsse in's Auge zu fassen. Indessen bedingen, wie wir sogleich sehen werden, wirthschaftliche Rücksichten vielfältige Veränderungen des rein finanziellen Nutzungs-Ganges.

Anmerkung. Da die hier vorgeschlagene Berechnungsweise die aussetzende Betriebsweise zu Grunde legt, so ist zur Vermeidung von Mißverständnissen zu bemerken, daß dieselbe zur Bestimmung der normalen Umtriebszeiten weder benutzt werden soll, noch benutzt werden darf. Man wird nicht übersehen, daß die Etatsgröße bereits durch die Feststellung der normalen Umtriebszeiten fest begrenzt worden ist; die fragliche Berechnung kann somit die normalen Umtriebszeiten nicht verrücken, sondern nur die Nutzungserträge der Wirthschaftsperiode untergeordnet verändern. Es wird lediglich die bestmöglichste Erfüllung der festgestellten wirthschaftlichen Zielpunkte erstrebt, indem man untersucht, aus welchen Beständen der (im Wesentlichen feststehende) Abgabesatz fortdauernd zu entnehmen ist, damit ununterbrochen die Bestände, deren ferneres Dasein mit den größten Verzinsungs-Verlusten behaftet sein würde, entfernt werden.

Wenn die Anwendung der Zinseszins-Rechnung zur Auflösung der vorliegenden Aufgaben zu einem Verfahren führt, welches einige Aehnlichkeit mit der sog. Weiserprozent-Bestimmung hat, so ist damit selbstverständlich nicht zugestanden, daß die vom Standpunkt des aussetzenden Betriebs entwickelten Rechnungsregeln zur Bestimmung der normalen Umtriebszeiten für den nachhaltigen Betrieb benutzt werden dürfen. Wir würden sogar die Preßler'sche Formel zur Bestimmung der Abtriebs-Reihenfolge innerhalb des Rahmens, den die Umtriebszeiten des höchsten Wald-Erwartungs-Werthes ziehen, direkt angewendet haben — wenn die Abräumung gleicher Flächentheile von Jahr zu Jahr das Ziel der Forstwirthschaft sein würde.

Es ist außerdem einleuchtend, daß bei dem gewählten Verfahren die Verringerung der Schlagflächen, welche die Erhöhung der Abtriebszeit im nachhaltigen Betriebe begleitet, berücksichtigt wird. Man kann nämlich darauf hinweisen, daß bei Gleichmäßigkeit oder bei einer bestimmten Abstufung der Perioden-Erträge der Werthertrag der Bestandsflächen durch die Verschiebung der Bestände in eine spätere Periode erhöht wird und in Folge dieses Mehrertrags der Flächenbedarf der höheren Periode sich geringer stellen wird, als der Flächenverbrauch der näher liegenden Wirthschaftsperiode. Wenn man eine gleiche Zahl von Flächen-Einheiten vergleicht, so ist nicht zu verkennen, daß stets ein gewisser Theil dieser Flächen mit seinen Erträgen in Folge der Verschiebung in eine spätere Nutzungsperiode zur Disposition bleibt. Man kann nun sagen, daß diese Ersparniß zu berücksichtigen ist. Allein es ist zu entgegnen, daß bei der obigen Berechnungsweise keineswegs gleiche Flächengrößen gegenüber gestellt werden. Wir sind davon ausgegangen, daß die Nutzungserträge von Mitte der Periode zur Mitte der andern Periode zu vergleichen sind und haben dabei ein Verfahren gewählt, welches die Verringerung der Schlagflächen zum Ausdruck bringt. Nur aus praktischen Gründen wurde (durch Verlegung des Berechnungs-Zeitpunkts von der Mitte in den Anfang der Perioden) ein Näherungsweg gewählt; im Wesen der Sache findet die genannte Veränderung der Nutzungsflächen volle Berücksichtigung.

Wirthschaftliche Rücksichten. Die obige Vergleichung der finanziellen Leistungen und Verpflichtungen der vorhandenen Bestände liefert, wie gesagt, nur im Allgemeinen die Richtschnur für die innere Ordnung der Wirthschafts=Pläne. Stets bedingen wirthschaft= liche Rücksichten mehr oder minder eingreifende Abweichungen von derjenigen Hiebsfolge, welche den rein finanziellen Gesichtspunkten ent= sprechend sein würde.

Vor Allen kommen für die Schlagführung in Fichten=Beständen die herrschenden Windrichtungen in Betracht. Die Fichten= Betriebs=Klassen werden, wie wir (§ 56) gesehen haben, in Hiebs= Züge zerlegt, die durch ihre Form und Größe die Schlagführung über die ganze Breite gestatten. Für diese Hiebszüge ist eine zweckentsprechende, vor Sturmschaden ꝛc. bewahrende Aneinanderreihung der Schläge zu erstreben.

Diese Hiebszüge kann man, aus privatwirthschaftlichen Gesichts= punkten, ein nothwendiges Uebel nennen, denn in der Regel werden Abweichungen von dem rentabelsten Nutzungsgang nicht zu vermeiden sein. Aber die Windrichtung ist für die Hiebsfolge in Fichten= Beständen, wie auch wieder die letzten Jahre gezeigt haben, ein achtung= gebietender Faktor.

Die Bildung der Hiebszüge ist schon früher mehrfach erörtert worden. Indem man die zweckmäßigste, gegen Windwurf geschützte Schlagordnung innerhalb dieser Hiebszüge zu bestimmen sucht, richtet man zunächst den Blick auf die größeren Bestände der haubaren und angehend haubaren Altersklassen und hierauf auf die zusammenliegenden Gruppen der Mittel= und Junghölzer. Das vornehmste Hülfsmittel bei dieser Ordnung der Schlagtour ist die reichliche Einlegung von sog. Loshieben, die schon oben erörtert worden ist. Unter=Abtheilungen mit geringer Flächengröße fallen in der Regel der Hiebs=Ordnung zum Opfer.

Bei dieser planmäßigen Feststellung des Nutzungsganges sind widerstreitende Rücksichten bestmöglichst zu vereinigen — einerseits die finanzielle Abtriebsfolge und andrerseits die örtliche Schlagtour, die wünschenswerthe Aneinanderreihung der Altersklassen. Man kann hierfür keine allgemeinen Verhaltungs=Maßregeln geben. Aber es ist ausdrücklich zu betonen, daß der Taxator die Rein=Ertrags=Tabelle

(Form. 16) nicht aus den Augen laſſen darf. Es iſt der Nachweis zu fordern, daß bei der Anordnung der Hiebstour die Einträglichkeit der Bewirthſchaftung nur ſo weit beeinträchtigt worden iſt, als es unabweislich erforderlich war[1]).

Beachtenswerth iſt zweitens — zumal in größeren Betriebs-Klaſſen — die Vertheilung der jährlichen Nutzung nach Maßgabe der Abſatzlage der Waldorte. Unter Berückſichtigung der Wohn-orte der Abnehmer und Waldarbeiter ſucht man die zeitweilige An-häufung der Hiebsſchläge in dicht beieinander liegenden Abtheilungen möglichſt zu verhüten — zumal in den bevölkerten Gegenden, bei mangelnden Arbeitskräften uud ſchwierigen Transport-Verhältniſſen.

Ferner iſt die Kompletirung der Alters-Klaſſen inner-halb der Abtheilungen dadurch zu fördern, daß man die kleinen Unter-Abtheilungen möglichſt denjenigen Nutzungs-Perioden zutheilt, in denen die angrenzenden größeren Beſtände verjüngt werden ſollen. Die Rein-Ertrags-Tabelle läßt beurtheilen, wie weit dieſe wirthſchaftlich wünſchenswerthe Kompletirung ohne beachtenswerthen finanziellen Nachtheil durchführbar iſt.

Weſentliche Einwirkung auf die Ordnung des allgemeinen und ſpeciellen Wirthſchafts-Planes hat ferner die Verjüngungs-Art. Es iſt namentlich bei natürlicher Verjüngung die Verjüngungs-Dauer, der zuläſſige Grad der Lichtung u. ſ. w. zu berückſichtigen und hiernach ſind die Erträge in die Zeitperioden zu vertheilen — ſummariſch im all-gemeinen Wirthſchafts-Plan hinſichtlich der ſpäteren Perioden-Erträge und ſorgfältiger im allgemeinen und ſpeciellen Wirthſchafts-Plan hin-ſichtlich der Erträge des erſten und zweiten Jahrzehnts. Bei künſtlicher Verjüngung iſt maßgebend, ob Saat oder Pflanzung auf Kahlſchlägen oder unter Schutz-Beſtänden einzuhalten iſt, ob die Kultur beſonderen Schwierigkeiten begegnet und deshalb die Anhäufung der Kulturflächen zu vermeiden iſt, ob die verfügbaren Arbeitskräfte ausreichen u. ſ. w.

Die endgültige Ordnung der Abtriebs-Reihenfolge geht aus der Vermittelung zwiſchen mannigfachen Rückſichten hervor, die an dieſem Orte unmöglich einzeln namhaft gemacht werden können. Niemals darf indeſſen die eingehende Würdigung der wirthſchaftlichen und

---

[1]) Für die Bewirthſchaftung der Buchen-, Kiefern- und auch der Tannen-Hochwaldungen iſt die Ausſcheidung beſonderer „Hiebszüge" nicht erforderlich.

finanziellen Bedeutung unterbleiben und hierfür wird man stets in der Rein-Ertrags-Tabelle die maßgebenden Anhaltspunkte finden. Unerläßlich ist die gründliche, auf sorgfältige Untersuchungen gestützte Motivirung der getroffenen Anordnungen. Die Nutzungs-Ordnung nach Gutdünken und wirthschaftlichem Ermessen ist nur dann zulässig, wenn die scharfe, ziffermäßige Beweisführung nicht ausreichend sein würde.

---

§ 62.

Allgemeiner Wirthschaftsplan für den Einrichtungs-Zeitraum.

Der allgemeine Wirthsschaftsplan umfaßt alle Betriebsklassen; die Erträge werden gemeinschaftlich für alle Theile des Wirthschaftsbezirks verbucht und nur die Gestaltung der Altersklassen am Ende der ersten Umtriebszeit wird gesondert nach Betriebsklassen nachgewiesen.

Die Nutzungs-Berechnung und Vertheilung kann, der Natur der Sache nach, keine unwandelbare Gesetzeskraft für die gesammte Dauer des Einrichtungs-Zeitraums beanspruchen; durch den Entwurf des allgemeinen Wirthschaftsplanes bezweckt man lediglich die Motivirung der Nutzungsgröße für das nächste Jahrzehnt, die Feststellung der nutzbringendsten Bewirthschaftung bis zur Revision der Ertrags-Regelung in Mitte oder am Ende des ersten Zeit-Abschnitts. Detaillirte, minutiöse Anordnungen für fern liegende Zeiträume würden zwecklos sein. Es genügt die summarische Ertrags-Berechnung, die man für die in der Haupt-Zusammenstellung der Altersklassen-Tabelle vereinigten Bestandsgruppen und nur in Ausnahmefällen für Einzelbestände vornehmen kann. Der allgemeine Wirthschaftsplan soll die Wirthschafts-Organisation nur nach den Grundzügen regeln; der innere Ausbau desselben ist nicht weiter zu führen, als es für die Sicherstellung des Rentenbezugs, welcher durch diesen Plan dem nächsten Zeitabschnitt zugewiesen wird, erforderlich ist. Die Erneuerung der Pläne wird unzweifelhaft die Nutzungs-Vertheilung, welche jetzt für die späteren

Zeitabschnitte proponirt wird, vielfach abändern und zeitgemäß ver=
vollkommnen.

Die erste Wirthschaftsperiode wird zwar in die beiden Jahr=
zehnte abgetheilt, aber der Ertrag wird zunächst auch für das erste
Jahrzehnt summarisch berechnet und erst nach Abschluß des speziellen
Wirthschaftsplanes (§ 63) berichtigt. Der Zuwachs wird bis zur Mitte
des betreffenden Zeitabschnitts (in der ersten Periode bis zur Mitte
des betreffenden Jahrzehnts) berechnet. Alle Ertrags=Angaben
werden ausnahmslos in Werthmetern ausgedrückt; der
jährliche Abgabesatz wird nach Werthmetern festgesetzt.
(Wegen Reduktion der Fällungs=Ergebnisse auf Werthmeter und Ver=
gleichung von Etat und Nutzung siehe § 69.)

Die Anordnung und Vertheilung der jährlichen Nutzungen hat
in erster Linie die finanzielle Abtriebs=Rangordnung der
Bestände, die in der Reinertrags=Tabelle zu ersehen ist, zu beachten
und in Hinblick auf die weiteren Rücksichten, die im vorigen Para=
graph andeutungsweise besprochen worden sind, den einträglichsten und
wirthschaftlich wahlwürdigsten Nutzungsgang festzustellen.

Es werden hierauf die Haubarkeits=Werth=Erträge für
die in der Haupt=Zusammenstellung der Altersklassen=Tabelle ausge=
schiedenen Bestands=Gruppen berechnet und in die Periodenfache ver=
theilt. Die erstmalige Projektirung führt in der Regel zu einigen
Ungleichheiten, die mit Benutzung der Zuwachs=Prozent=Tabelle
und in Hinblick auf die Reinertrags=Tabelle berichtigt werden.
Dabei vertheilt man bei natürlicher Verjüngung und bei Holzanbau
unter Schutzbestand die Nutzungen nach der Zeitdauer des Verjün=
gungs=Prozesses, indem man den Werthvorrath der Besamungs=,
Licht=Schläge u. s. w., der am Schlusse der Perioden wirthschaftlich
nothwendig ist, annähernd zu bemessen sucht und hiernach die Hau=
barkeits=Erträge der Bestockungs=Gruppen (ohne Angabe der Wald=
orte) in die Wirthschaftsperioden vertheilt[1]). Man sucht in der Regel
ein Ansteigen der periodischen Werth=Erträge anzuordnen, damit bei

---

[1]) Dieser in Schlagstellung befindliche Theil des Vorraths, den man Verjün=
gungsfonds nennen kann, wird dem Nutzungsbetrag der letzten Periode nicht ein=
verleibt und bildet deshalb gewissermaßen eine fliegende Reserve (Wedekinds Liqui=
dations=Quantum).

einer etwaigen Ueberschätzung der wirklichen Erträge eine weitere Reserve vorhanden ist. — Wenn mehrere Betriebsklassen ausgeschieden worden sind, so hat man zu beachten, daß am Ende des Einrichtungs-Zeitraums die Betriebsklassen mit kürzerer Umtriebszeit während des Zeit-Unterschiedes Normal-Erträge (Nachbau-Erträge) liefern.

Die Ertrags-Berechnung, die im ersten Theil des allgemeinen Wirthschaftsplanes (Spalte 9—20 des Form. 17. S. 340) gemeinsam für alle Betriebsklassen vorgenommen wird, ist in manchen Fällen zu sondern nach Nutz- und Brennholz; es kann sogar die Ausscheidung einzelner Nutzholz-Sorten, z. B. des Eichen-Schiffsbauholzes, wegen nachhaltiger Gleichstellung der Verwerthung erforderlich werden. In andern Fällen kann die Ausscheidung der Erträge im Einrichtungs-Zeitraum nach Holzarten und die summarische Veranschlagung des Nutzholz-Antheils zweckmäßig sein. Bei der Einrichtung und dem Entwurf des allgemeinen Wirthschaftsplanes hat man diese Anforderungen zu beachten.

Während und nach der Vertheilung der Haubarkeits-Erträge hat man zu prüfen, ob die Zwischennutzungs-Erträge, die in den einzelnen Nutzungsperioden eingehen, wesentlich divergiren. Man überblickt zu diesem Zweck den Stand der Altersklassen (in der Haupt-Zusammenstellung der Altersklassen-Tabelle), nöthigenfalls mit Zuhülfenahme einer flüchtigen Berechnung. Bei wesentlichen Verschiedenheiten werden die Haubarkeits-Erträge der Perioden entsprechend verringert oder erhöht.

Die Flächengestaltung nach Ablauf der erstmaligen Umtriebszeiten wird im zweiten Theil des Wirthschaftsplanes (Spalte 21—34 des Form. 17) nach Maßgabe der Standortsklassen (Massen-Ertrags-Klassen) nachgewiesen. Wenn natürliche Verjüngung oder Kultur unter Schutzbestand üblich ist, so gilt bei der Flächen-Vertheilung in die Zeitabschnitte die Regel, daß mit dem Zeitpunkt mit welchem die Nachzucht freie Entwickelung annehmen kann, die Flächen der Jungholz-Bestockung zuzuschreiben sind.

Die Flächen werden nach Ertragsklassen summirt; man kann dann den Stand der Altersklassen nach wirklichen Flächen überblicken. Die aus den Ertragstafeln u. s. w. ersichtlichen Wertherträge werden sodann für jede Betriebsklasse summarisch berechnet. Da eine wechselseitige Ergänzung der Betriebsklassen bezüglich der Perioden-Erträge in manchen Fällen nicht geradezu ausgeschlossen ist, so summirt man die normalen Wertherträge des gesammten Wirthschaftsbezirks, nachdem die Normalerträge der betreffenden Klassen für einen der längsten Umtriebszeit gleichstehenden Zeitraum berechnet worden sind.

Es wurde schon oben erwähnt, daß die regelmäßige Gestaltung des Flächenstandes innerhalb der Betriebs-Klassen sekundäre Bedeutung hat und die privatwirthschaftlich beste Benutzung der vorhandenen Bestockung die erste Rücksicht erfordert. Die Abstufung des Alters-Klassen-Verhältnisses kann oscilliren; nur ist die nachhaltige Gewinnung des durchschnittlichen Abgabesatzes in marktfähigen Nutzholz-Sorten sicher zu stellen. Keinenfalls dürfen Flächen-Veränderungen durch Verlegung der Nutzung aus einer späteren in eine frühere Periode bewirkt werden, weil es selbstverständlich sinnlos sein würde, die Vorraths-Ueberschüsse, welche der Zukunft bei der zur Zeit einträglichsten Bewirthschaftung der vorhandenen Bestockung zufallen würden, der Schablone zu opfern.

Beim Abschluß des allgemeinen Wirthschafts-Planes werden endlich die periodischen Zwischen-Nutzungs-Erträge für die Bestockungs-Gruppen summarisch veranschlagt. Gewöhnlich mangeln genaue, zuverlässige Angaben über die Massen-Erträge der Durchforstungen ꝛc. und außerdem verringern sich die Ziffern der Massen-Erträge, namentlich der ersten Zwischennutzungen, bei der Umwandlung in Werth-Erträge erheblich. Es genügt deshalb und erspart zeitraubende Berechnungen, wenn man von einer speziellen Ausscheidung der aus den Bestands-Gruppen eingehenden Zwischen-Nutzungs-Erträge (nach Maßgabe des Verlaufs der Durchforstungen) absieht und lediglich die mittleren Zwischen-Nutzungs-Erträge für alle Bestands-Gruppen und die einzelnen Wirthschafts-Perioden per Hektar veranschlagt und mit diesen Sätzen die Flächen der Bestandsgruppen multiplicirt. Für den speciellen Wirthschaftsplan werden die im ersten Jahrzehnt zu durchforstenden Bestände und deren Erträge ꝛc. genau ermittelt; bei der Unsicherheit der Vorausbestimmung der Zwischen-Nutzungs-Erträge wird der Vollzug der Durchforstungen jedoch mittelst Flächen-Etats geordnet. (Siehe §§ 63 u. 69.)

Wenn in einem zumeist dem Hochwald-Betrieb zuzuführenden Wirthschafts-Bezirk ein Theil der Hochwald- oder Mittelwald-Bestände einer andern Betriebsart, z. B. dem Schälwald-Betriebe, zugeführt werden soll, so kann man die Erträge, die während der Ueberführung aus der vorhandenen Bestockung erfolgen, im allgemeinen Wirthschaftsplan für den Hochwald-Betrieb verbuchen, sodann die in den einzelnen Wirthschafts-Perioden umzuwandelnden Bestands-Flächen übersichtlich nachweisen und die Normal-Erträge am Schlusse des Wirthschaftsplanes summarisch berechnen und den betreffenden Perioden-Erträgen hinzufügen. (Siehe umstehendes Formular. Wegen Raum-Ersparung ist hier die Verbuchung bei den einzelnen Bestandsgruppen, — statt am Schlusse des Wirthschaftsplanes — gewählt, die minder räthlich ist.)

<hr>

§ 63.
Spezieller Wirthschaftsplan für das nächste Jahrzehnt.

Für die Abtriebs- und Zwischen-Nutzungs-Erträge, welche nach Maßgabe des allgemeinen Wirthschaftsplanes dem nächsten Jahrzehnt zufallen, ist eine specielle Berechnung vorzunehmen und zugleich ist der Nutzungsgang genauer zu ordnen. Nunmehr sind die Wertherträge einzeln für alle Unter-Abtheilungen mit der erreichbaren Schärfe zu berechnen.

Die Werth-Erträge werden, wenn dies nöthig erscheint, gesondert nach Nutz- und Brennholz, Handelsholz, Berechtigungsholz ꝛc. verzeichnet. Man ersieht die einträglichste Abtriebs-Reihenfolge aus der Rein-Ertrags-Tabelle und kann in Hinblick auf die beachtenswerthen wirthschaftlichen Rücksichten den Nutzungsgang festsetzen. Nach dieser gewählten Abtriebsreihe werden die Unter-Abtheilungen im speciellen Wirthschaftsplan eingetragen — nicht nach der Nummerfolge. — Im ersten Theil werden die Haubarkeits-Erträge mit den Auszugshauungen; im zweiten Theil die Zwischen-Nutzungen (Vorwuchs-Aushiebe, Ausläuterungen, Durchforstungen) nachgewiesen. Der Zuwachs wird bis zur Mitte des Jahrzehnts berechnet. Die Vertheilung der Erträge

Form. 17.

Allgemeiner
für den Hochwald- und Schälwald-Betrieb der
Einrichtungs-Zeitraum

Bestands-Gruppen	Be-stands- und Stand-orts-klassen	Bestands-Flächen	Hiebs-Art	Verjüngungs-Periode	Bestands-Alter in Mitte der Periode	Vor-herr-schende Holz-Arten	Periodische Nutzungs-Flächen	Haubar-keitswerth-Ertrag		Periodische			
										in I. 1.		in I. 2.	
								per Hektar	per Periode	Eichen-Han-delsholz	insgesammt	Eichen-Han-delsholz	insgesammt
		Hektar			Jahr		Hektar	Werthmeter					Werth=
1	2	3	4	5	6	7	8	9	10	11	12	13	14
80—100 jähr. Buchen	Buch. 3 / Ficht. II	48,3	Abtrieb	I.1.	95	Buchen	48,3	242	11689	.	6689	.	5000
			Durch-forstung	.	.	Fichten	.	.	.	.	.	.	.
60—80 jähr. Kiefern	Kief. 4 / Schlw. III	36,7	Abtrieb	II	100	Kiefern	36,7	380	13946	.	.	.	.
			Durch-forstung	.	.	Kiefern Eich. m.	.	.	.	.	183	.	147
			Schlw.	.	.	Rinde	.	.	.	.	.	.	.
Desgleichen	Kief. 4 / Kief. III	82,3	Abtrieb	II	100	Kiefern	30,0	380	11400	.	.	.	.
			Durch-forstung	.	.	.	.	.	.	.	150	.	120
			Abtrieb	III	120	Kiefern	52,3	460	24058	.	.	.	.
			Durch-forstung	.	.	Kiefern	.	.	.	.	411	.	329

Wirthschaftsplan

jetzigen Hochwald-Bestände im Wirthschaftsbezirk U. U.
18 .. (80 Jahre).

Werth-Erträge						Flächenstand der Fichten-Betriebsklasse nach 80 Jahren					Flächenstand der Kiefern-Betriebsklasse nach 60 Jahren				Ueberführung zu Eichen-Schälwald mit 15 jährigem Umtrieb					Erläuterung der Nutzungs-Anordnung
in II		in III		in IV		71—80 jährig	61—70 jährig	41—60 jährig	21—40 jährig	bis 20 jährig	51—60 jährig	41—50 jährig	21—40 jährig	bis 20 jährig	in I. 1.	in I. 2.	in II	in III	in IV	
Eichen-Handelsholz	insgesammt	Eichen-Handelsholz	insgesammt	Eichen-Handelsholz	insgesammt	I. 1.	I. 2.	II	III	IV	I. 1.	I. 2.	II	III						
Meter						Hektaren					Hektaren				Hektaren					
15	16	17	18	19	20	21	22	23	24	25	26	27	28	29	30	31	32	33	34	35
.	.	.	.	.	.	48 II	.	.	.	.	.	.	.	.	.	.	.	.	.	.
.	290	.	480	.	676	.	.	.	.	.	.	.	.	.	.	.	.	.	.	.
.	9946	.	4000	.	.	.	.	.	.	.	.	.	.	.	.	.	37 III	.	.	.
.	.	.	.	.	.	.	.	.	.	.	.	.	.	.	.	.	.	.	.	.
.	.	.	411	.	623	.	.	.	.	.	.	.	.	.	.	.	.	.	.	.
.	9400	.	2000	.	.	.	.	.	.	.	.	.	30 III	.	.	.	.	.	.	.
.	.	.	.	.	328	.	.	.	.	.	.	.	.	52 III	.	.	.	.	.	.
.	.	.	20058	.	4000	.	.	.	.	.	.	.	.	.	.	.	.	.	.	.
.	165	.	.	.	.	.	.	.	.	.	.	.	.	.	.	.	.	.	.	.

Bemerkung. Die römischen Ziffern neben der Flächengröße geben die Standorts- (Massen-Ertrags-) Klassen an.

nach der natürlichen Verjüngungs-Dauer, die schon bei der Aufstellung des allgemeinen Wirthschaftsplanes berücksichtigt worden ist, wird specieller geordnet und hiernach nöthigenfalls der Entwurf des allgemeinen Wirthschaftsplanes berichtigt.

Die wesentlichsten Wirthschafts-Maßnahmen bezüglich der Verjüngungsarten (Schlagstellungen, Kultur-Verfahren ꝛc.), der zu erstrebenden Holzarten-Mischung, der Zahl und Stärke der Oberständer, der Entwässerung und der sonstigen Maßnahmen der Waldpflege (Durchforstungs-Ausführung, Loshiebe ꝛc.) u. s. w. sind durch kurzgefaßte Direktiven in Einklang mit den allgemeinen Wirthschafts-Regeln (§ 68. II.) anzuordnen.

Als Abschluß des speciellen Wirthschaftsplanes ist der Haubarkeits-Etat zu berechnen. Der Zwischen-Nutzungs-Etat wird zwar gleichfalls nach Werthmetern ausgeworfen, zugleich wird jedoch die Fläche der ersten, zweiten ꝛc. Durchforstungen angegeben, welche bei der Vergleichung der Schätzung mit dem Erfolg zu Grunde gelegt wird.

Im Uebrigen siehe Form. 18.

Auf der zweiten Seite werden die Fällungs-Ergebnisse für die einzelnen Wirthschafts-Jahre summarisch nachgewiesen. Die zufälligen Ergebnisse werden am Schlusse nachgetragen.

Ein besonderer Kulturplan für das nächste Jahrzehnt wird nicht aufgestellt; es genügen die Kultur-Anordnungen im speciellen Wirthschaftsplan. Bei ausgedehnten Streu-Berechtigungen kann ein Streu-Nutzungsplan nach ortsüblicher Form aufgestellt werden, welcher den Streu-Nutzungs-Umlauf regelt. Die bei der wirthschaftlichen Eintheilung aufgestellten Wegbau-Pläne, Entwässerungs-Pläne ꝛc. werden dem speciellen Wirthschafts-Plan angelegt.

Form. 18.

Spezieller Wirthschaftsplan

für den Wirthschafts-Bezirk N. N. und das Jahrzehnt 1876/1877 bis 1885/1886.

Der Waldtheile		Produktive Wald-fläche	Kurze Bestands-Beschreibung	Wachs-thums- und Standorts-klassen	Werth-Erträge			Verjüngung zu			Hauungs- und Kultur-Anordnung für das nächste Jahrzehnt	Fällungs-Ergebnisse			
												1876/77		1877/78	
Nr.	Namen				Holz-Arten	Nutzholz	Im Ganzen	Fichten-Hoch-wald	Kiefern-Hoch-wald	Schälwald		Nutzholz	Zusammen	Nutzholz	Im Ganzen
		Hektar				Werthmeter		Hektaren				Werthm.		Werthm.	
					A. Haubarkeits-Nutzungen.										
26. a.	Buchgrund	26,4	Gelichtete Buchen	Buch. 0 Ficht. II	Buchen	10	540	26			Räumung. Pflanzung von Fichten auf die Blößen, von Lärchen auf alle Lichtungen. 60—80 Stück Buchen-Stangen per Hektar überhalten.	6	324	8	210
					Eichen	60	90								

§ 64.

Wirthschafts-Pläne bei Ueberführung des Mittelwald-Betriebes in den Hochwald-Betrieb.

Aus den Zuwachs-Untersuchungen (§. 44) sind die Zuwachs-Prozente für das Oberholz der Mittel-Waldungen bekannt geworden. Man kann auch annähernd den Durchschnitts-Ertrag des Unterholzes bei dem bisherigen Beschirmungs-Grade und innerhalb der üblichen Abtriebszeiten bestimmen. Für die Beurtheilung der Produktion, die während des Ueberganges der Mittelwald-Bestände in die Hochwald-Formen erfolgt, sind indessen, wie wir § 45 gesehen haben, mannigfache Faktoren maßgebend. Es ist vor Allen entscheidend, wie weit die Stammklassen während der Uebergangszeit die freie Entwickelung des Mittelwald-Oberstandes genießen können. Wenn der Wirthschaftsplan beispielsweise für das nächste Jahrzehnt den Aushieb des überreifen, anbrüchigen, abständigen Ober- und Unterholzes und für die ferneren Wachsthums-Perioden fortgesetzte Lichtungen bis zu der Stamm-Grundfläche, bei welcher die Stämme im Wesentlichen freie Kronen-Entwickelung finden können (mit Nachzucht schattenertragender Holzarten zum Bodenschutz) anordnet, dann wird man die für die Mittelwald-Oberholz-Bäume gefundenen Zuwachsprozente der Ertrags-Berechnung, mit den sachgemäßen Aenderungen, zu Grunde legen können. Wenn dagegen in Folge der Bestands-Beschaffenheit die Mittelwald-Bestockung dem vollen Bestandsschluß entgegen zu führen ist, — wenn z. B. Nadelholz-Arten sich im Oberholz und Unterholz der Mittelwaldungen angesiedelt haben — dann kommen die Werth-Erträge, welche der Hochwald-Betrieb liefert, in Frage. Man hat deshalb bei der Wirthschafts-Ordnung beständig die Stamm-Grundfläche und deren Gestaltung in den zukünftigen Wirthschafts-Perioden im Auge zu behalten. Man hat einestheils die Zuwachs-Prozente der Mittelwald-Stämme und anderntheils die Zuwachs-Prozente geschlossener Hochwaldungen festzustellen und die periodischen Zuwachs-Leistungen nach mittleren

Sätzen zu bemessen. Die Beschaffenheit des Ober- und Unterholzes ist dabei neben der Lage und der Bodenqualität in erster Linie maßgebend. Wenn die Bestände reichlich mit Oberholz durchstellt sind, wenn alte, breitästige, dunkel belaubte Stämme vorherrschen, so wird das Unterholz größtentheils den Zwischen-Nutzungen anheim fallen. Wenn andrerseits abständige Stockausschläge, zahlreiche Weichhölzer den Hauptbestand des Unterholzes ausmachen, so ist der Oberholz-Produktion das Schwergewicht beizulegen.

Die Ueberführung von Mittelwald-Beständen in den Hochwald-Betrieb ist das schwierigste Problem der forstlichen Ertrags-Ordnung. Es ist unmöglich, die Rücksichtnahmen und Ertrags-Veranschlagungen im Einzelnen zu besprechen. Der Taxator darf nie vergessen, daß alle Ertragsansätze und wirthschaftlichen Unterstellungen hinsichtlich ihrer vollen Wahrscheinlichkeit einer strengen Prüfung unterzogen werden. Unhaltbare Unterstellungen, die auf eine Ueberschätzung hinauslaufen oder andrerseits eine ängstliche Unterschätzung des wahren Ertrags genannt werden müssen, sind ausnahmslos zu vermeiden. Nur streng sachgemäße, vollkommen beweisfähige Annahmen sind gestattet.

Die Reihenfolge der Verjüngung ist nach der Beschaffenheit, Menge und Werthproduktion des Ober- und Unterholzes zu bestimmen. Die privatwirthschaftliche Nutzungs-Ordnung wird in der Regel für die nächste Zeit die Säuberung der sämmtlichen Mittelwald-Bestände von unwüchsigen, abständigen Stämmen (nach Entastung der starken, breitkronigen Stamm-Klassen) festsetzen. In diesem Falle sind für die fernere Bewirthschaftung die Werthvorräthe maßgebend, welche nach den Auszugs-Hauungen verbleiben. Es ist zu untersuchen, ob der Schwerpunkt der Produktion bis zur Verjüngung im **Oberholze** ruht oder ob die jetzige **Unterholz-Bestockung** den einstmaligen Haubarkeits-Ertrag hervorbringen wird. Hiernach sind die Mittelwald-Bestände in Gruppen zu bringen.

Für die Bestände, in denen die freie Kronen-Entwickelung bis zur Verjüngung zu begünstigen ist, wird hierauf ermittelt, ob die Mittelwald-Bestockung in allen Theilen des Wirthschafts-Bezirks ähnliche Wachsthums-Verhältnisse darbietet oder ob durchgreifende Standorts- und Bestands-Verschiedenheiten vorkommen, welche veranlassen, daß die Zuwachs-Prozente und die Nachbau-Werthe wesentlich divergiren. Für diesen Fall ist schon § 40 die Ausscheidung von Wachsthums-Klassen angeordnet worden. Die Bestimmung der einträglichsten Abtriebs-Reihenfolge kann dann ohne Weiteres der § 61 für die Hochwaldungen gegebenen Anleitung folgen. Das Verfahren ist ein analoges. Man berechnet die Ober-holz-Zuwachs-Prozente und die Werthmehrung des Unterholzes und zwar getrennt für die Mittelwald-Bestands-Gruppen, die man nach den Wachsthums-Klassen und nach dem Werthvorrath per Flächen-Einheit (nach Vollzug der ersten Säuberung) abstuft — für je 100 Werthmeter Vorrath. Für gleichen Nutzungs-Betrag werden die Zinsen des Erlöses und die Nachzuchtwerthe, die man für die unterstellte Berechnungs-Periode bestimmt, abgezogen.

Wenn dagegen die Oberholz-Zuwachs-Prozente in allen Wald-theilen annähernd gleich stehen, wenn die Nachzucht überall nahezu übereinstimmende Produktions-Werthe hervorrufen wird, wenn der Unterholz-Produktion nur eine untergeordnete Rolle hinsichtlich des Haubarkeits-Werth-Ertrages zugewiesen werden kann, so ist diese Berechnung nicht erforderlich. Der Nutzungsgang folgt dann un-mittelbar den Werth-Vorraths-Beträgen per Hektar, die nach Vollzug der Auszugshauungen verbleiben. In diesem Fall erzielt man nämlich durch die Abräumung der Flächen, welche die geringsten Werthvorräthe per Flächen-Einheit besitzen, die höchsten Nachbauwerthe in Folge der größeren Schlagflächen, die jährlich zur Nutzung gelangen. Der Mehraufwand an Kulturkosten fällt dabei nicht in's Gewicht.

Für die Bestände, deren Werth-Produktion weniger durch das Oberholz, als durch den kräftigen Wuchs der Unterholz-Bestockung vermittelt werden wird, hat man die Abtriebs-Reihenfolge im Allgemeinen gleichfalls nach den Regeln, welche für die Hochwald-Bestände gelten und im Besonderen nach der konkreten Bestands-Beschaffenheit zu bestimmen. Wenn man die mittleren Zuwachs-Prozente sowohl für das Oberholz, als für das Unterholz richtig bestimmt hat, so liefert der Entwurf der Rein-Ertrags-Tabelle (§ 61) vollkommen zuverlässige Richtpunkte. Es werden in dieser Gruppe in der Regel die Bestände mit den relativ größten Oberholz=Werthvorräthen per Flächen=Einheit die Nutzungs=Reihenfolge eröffnen, wenn der Werth=Ertrag der vorhandenen Unter=holz=Bestockung und der nachzubauenden Bestands=Formen keine ein=greifende Unterschiede zeigt.

Wir müssen uns hier darauf beschränken, die wesentlichsten Ziel=punkte dieser schwierigen Untersuchungen und Vergleichungen anzu=deuten. Wenn der Taxator zum richtigen Verständniß der zu er=füllenden Aufgaben vorgedrungen ist, so wird es ihm nicht schwer fallen, die zum Ziele führenden Wege aufzufinden[1]).

Sowohl für die Vergleichung der wahlfähigen Hochwald=Formen (§ 56), als für den allgemeinen Wirthschaftsplan wird die Form nach Maßgabe des Form. 19 gewählt. Es werden die Werth=vorräthe nach vollzogener Nutzung nachgewiesen und die Zuwachs=Pro=zente bis zur nächsten periodischen Nutzung aufgerechnet. Dabei werden die Bestände, welche im ersten Jahrzehnt zu einer stärkeren Nutzung heran zu ziehen sind, speziell behandelt; man kann dann die Aufstellung eines „speciellen Wirthschafts=Planes" ersparen. Die Nutzungs= und Kultur = Dispositionen werden in diesem Falle dem allgemeinen Wirthschaftsplan einverleibt. (Siehe Form. 19.) Die jährlichen Fällungs=Ergebnisse werden in einer besonderen Nachweisung, deren Form leicht zu bestimmen ist, verzeichnet.

---

[1]) Wegen Auszeichnung der Lichtungshiebe cf. § 65 Schluß.

Allgemeiner Wirthschaftsplan

für die dem Hoch- und Niederwald-Betriebe zuzuführenden Mittelwaldungen des Wirthschafts-Bezirks N.

Zeitraum: 18....

Der Waldtheile		Flächen=Größe	Werth=Vorrath auf den Bestandsflächen					Nach Vollzug der Auszugshauungen		Nutzungs=Berechnung								Haubarkeits= und Zwischennutzungs= Werth=Ertrag				Flächen=stand der 80 j. Fchtn.=Betriebskl.		Ueberführ. zu 15 jähr. Eichen=Schälwald		Hauungs= und Kultur=Anordnung für das nächste Jahrzehnt
			Eichen		Buchen	u. f. w.	Gesammt=Vorrath	Gesammt=Vorrath	Vorrath per Hektar	Zeit=Abschnitt	Alter Vorrath		Nutzung		Neuer Vorrath		in I. 1.		in I.2 2c.		Nutzungs=Zeitabschnitt	Fläche	Nutzungs=Zeitabschnitt	Fläche	
Nr.	Namen		Nutzholz	Im Ganzen							Nutzholz	Im Ganzen	Nutzholz	Im Ganzen	Nutzholz	Im Ganzen	Nutzholz	Im Ganzen	Nutzholz 2c.	2c.					
		Hektar	Werthmeter								Werthmeter						Werthmeter					Hkt.		Hkt.	
1	2	3	4	5	6	7	8	9	10	11	12	13	14	15	16	17	18	19	20	21	22	23	24	25	26
			I. Mittelwald-Bestände mit 1-50 Werth-Meter-Vorrath per Hektar nach den vollzogenen Auszugshauungen.																						
26. a.	Ringels=leiten	46,4	399	656	420		2022	1522	32,8	I. 1.	450	2323	212	1100	238	1223	212	1100		.	I. 2	46II			Auszugshauungen im Anfang und Dunkelschlag=Stellung am Ende des Jahrzehnts. Bepflanzung der Lücken mit Fichten. Fichten u. Lärchen=Pflanzung im Dunkelschlag.

Neunter Abschnitt.

Planmäßige Einrichtung des Mittel- und Niederwald-Betriebs.

---

§ 65.

Fortführung des Mittelwald-Betriebs.

Wenn bei Vergleichung der Wald=Erwartungs=Werthe für eine vorzugsweise aus Mittelwald=Beständen bestehende Betriebsklasse die relativ höchste Einträglichkeit einer bestimmten Form der Mittelwald= Wirthschaft zugesprochen wird, so fällt zunächst ins Gewicht, ob eine Vermehrung oder eine Verminderung der gegenwärtigen Oberholz=Vorräthe in kürzeren oder längeren Zeitperioden aus= zuführen sein wird. Die maßgebenden Normen sind auf Grundlage der Beobachtungen gelegentlich der Bestands=Beschreibung (§ 47), bei der Berechnung der Wald=Erwartungs=Werthe (§ 56), festgestellt worden. Beim Entwurf des allgemeinen Wirthschaftsplanes hat man diese Ziele fortdauernd in's Auge zu fassen und die nutzbringenden Ergän= zungen des erstmaligen Projekts zu würdigen. In erster Linie ist in diesen Richtungen selbstverständlich die Bestands=Beschaffenheit maß= gebend — bei einer Vorraths=Verstärkung die Zahl und Vertheilung der wüchsigen Kernwuchs=Stangen im Unterholz, und bei einer Vor= raths=Verminderung die Wachsthums=Verhältnisse des Unterholzes.

Die Bestimmung der Abtriebs=Reihenfolge der Mittel= waldschläge ist aus diesen Gesichtspunkten zu regeln. Nicht die gesammte Bestockung, wie beim Hochwald, sondern nur ein Theil der= selben fällt der Nutzung anheim. Es ist selbstverständlich von wesent=

licher Bedeutung, ob eine verstärkte oder verminderte Oberholzfällung für die Zukunft projektirt wird.

Man hat deshalb zunächst zu untersuchen, ob im Wirthschafts-bezirk wesentliche Verschiedenheiten bestehen hinsichtlich des Werth-Vorraths, welcher bei der Schlagstellung per Hektar zu belassen ist. Man hat nach den Ergebnissen dieser Untersuchung die Bestände zu klassifiziren, z. B. Schlagstellung mit 75 bis 85 Werthmeter Vorrathsrest per Hektar, mit 85 bis 95 Werthmeter Vorrathsrest per Hektar u. s. f.

Nach Durchführung dieser Klassifikation ist die Bestimmung der finanziellen Abtriebs-Reihenfolge für die im ersten Jahrzehnt zu nutzenden Mittelwaldschläge vorzunehmen. Dieselbe bietet beim Mittelwald-Betriebe einige Besonderheiten dar.

Es ist zunächst die Fläche zu bestimmen, welche im Anfang der Berechnungsperiode für eine Nutzungsmasse von 100 Wertheinheiten erforderlich ist, d. h. es ist die Ueberhaltsmasse per Hektar von dem im Anfang der Berechnungsperiode vorhandenen Vorrath per Hektar abzuziehen und alsdann mit dem verbleibenden Rest der Werth-Ein-heiten per Hektar in 100 Werth-Einheiten zu dividiren. Wenn bei-spielsweise in einem Mittelwaldschlag mit 30jährigem Unterholz der Vorrath am Anfang der Vergleichungsperiode 150 Werthmeter per Hektar für das Oberholz, und 40 Werthmeter für das Unterholz beträgt, wenn bei der Schlagstellung 80 Werthmeter per Hektar zu belassen sind, so gestattet der 30jährige Schlag eine Nutzung von 190—80 = 110 Werthmeter per Hektar, es sind somit 0,909 Hektar für 100 Werthmeter erforderlich.

Es ist sodann zu untersuchen, welcher Nutzungsgewinn auf dieser Fläche im Laufe der betrachteten Wachsthumsperiode durch das fernere Wachsthum des Schlages erzielt werden kann. Wenn im obigen Beispiel der Oberholz-Zuwachs in der fünfjährigen Periode 15 pCt. und der Unterholz-Zuwachs 12 Werthmeter per Hektar beträgt, so berechnet sich der nutzbare Zuwachs auf 0,909 (150 . 0,15 + 12) = 31,36 Werthmeter. Dieser Leistung der 30—35jährigen Wachs-thumsperiode sind nunmehr die Verpflichtungen gegenüber zu stellen.

Zunächst die Zinsen des Erlöses von 100 Werthmetern; bei-spielsweise bei 3 pCt. konstant für 5jährige Perioden 15,93 Werth-

meter. Ferner die 5jährigen Produktionswerthe der Mittelwald=Nach=
zucht, die nicht nur nach Standortsklassen, sondern auch nach der
Oberholzmenge, die normirt worden ist, divergiren. Die Berechnung
selbst unterscheidet sich nicht von der Berechnung des Nachbauwerthes
beim Hochwaldbetrieb. Wenn beispielsweise im 30jährigen Mittel=
wald=Umtrieb ein Oberholz=Werthertrag per Hektar von 170 Wm.

und ein Unterholz=Werth „ „ „ 40 „

erfolgt, Kulturkosten nicht in Betracht kommen, so beträgt der fünf=
jährige Nachbauwerth für 0,909 Hektar

$$\frac{210 \cdot 1{,}03^5 - 1}{1{,}03^{30} - 1} \cdot 0{,}909 = 21{,}30 \text{ Werthmeter.}$$

Mit der 30—35jährigen Wachsthumsperiode ist somit für 100 Werth=
meter Nutzungsmasse bei diesen Voraussetzungen ein Reinertrags=Ver=
lust von 31,36 — (15,93 + 21,30) = — 5,87 Werthmeter verknüpft.

Diese Untersuchung kann man getrennt für die verschiedenen
Wachsthumsklassen und Bestockungsgruppen vornehmen. Die Be=
rechnung hat jedoch in der Regel nur 12—15 größere Schläge
mit annähernd gleichartigen Verhältnissen zu behandeln und man
vergleicht deshalb gewöhnlich die größeren Schläge, indem die kleineren
Unterabtheilungen passend eingefügt werden.

Die tabellarische Form der Vergleichung kann man nach For=
mular 16 einrichten.

Durch die Vornahme dieser Vergleichung gewinnt man in der
Regel hinreichende Anhaltspunkte auch für diejenigen Nutzungs=An=
ordnungen, die in summarischer Weise für die späteren Nutzungs=
Zeiträume des allgemeinen Wirthschaftsplanes zu treffen sind. Der=
selbe ist außerdem in seinen Grundzügen schon durch die Berechnung
der Wald=Erwartungs=Werthe festgestellt worden (§ 56).

Die Spalten 1—8, 11—17, 26 des Form. 19 S. 348 und die
Spalten 5—13 des Form. 14b. S. 311 bilden vereinigt den „allgemei=
nen Wirthschaftsplan für den Mittelwaldbetrieb im Wirthschaftsbezirk
N. N.“ Der „spezielle Wirthschaftsplan“ wird dann entbehrlich.
Bei der Nutzungs=Berechnung wird der erste zehnjährige Zeitabschnitt
der ersten Umtriebszeit gesondert behandelt; für den Rest der ersten
Umtriebszeit und die folgenden Umtriebszeiten werden die Ertrags=
Berechnungen summarisch vorgenommen.

Man sucht außer der Einhaltung dieses finanziellen Nutzungs-
ganges eine entsprechende Aneinanderreihung der Schläge und
die passende Absatzlage der jährlichen Nutzung zu erzielen. Die
häufig beliebte rücksichtslose, ununterbrochene Aneinanderreihung der
Schläge, die feste Abgrenzung derselben u. s. w. auf der Karte und
im Walde wird nur in seltenen Fällen Anwendung finden können.
Es hat vielmehr das § 8 und 9 besprochene Abtheilungsnetz mit
Unterabtheilungen die Grundlage der wirthschaftlichen Eintheilung zu
bilden.

Bei der Auszeichnung der Mittelwaldschläge hat der
Wirthschaftsführer annähernd die vorgeschriebene Oberholzmenge überzuhalten. Die planmäßige Zahl der Werthmeter per Hektar läßt
sich nicht — oder doch nur in den seltensten Fällen — nach dem
Augenmaß bestimmen. Es ist deshalb nach der ersten Auszeichnung
eine Stärkenmessung der verbleibenden Stämme (nöthigenfalls auch
eine Höhen-Bestimmung) vorzunehmen, der Werthgehalt nach den bei
der Ertrags-Regelung ermittelten Form-Zahlen und Baum-Werth-
Ziffern zu berechnen und nach dem Ergebniß eine nachträgliche Berichtigung der erstmaligen Auszeichnung vor Beginn der Fällungen
vorzunehmen.

---

§ 66.

Ueberführung der Hochwald-Bestände in den Mittelwald-Betrieb.

Herabgekommene Hochwald-Bestände auf gutem Boden können
aus finanziellen und wirthschaftlichen Gesichtspunkten für die Behandlung im Mittelwald-Betriebe geeignet erscheinen. Auch in diesem
Falle wird bei der vorläufigen Wirthschafts-Projektirung der Nutzungsgang im Allgemeinen geregelt; es wird bestimmt, welche Werthvorräthe bei der Verjüngung per Hektar zu verbleiben haben, die
Begründung der Unterholz-Bestockung wird im Allgemeinen angeordnet. Man hat bei dem Entwurf des allgemeinen Wirthschaftsplanes lediglich die nutzbringende Verwirklichung dieser Direktiven
und die verfeinernden Abänderungen im Speziellen zu erstreben.

Wenn die Werth-Zuwachs-Prozente für diese Hochwald-Bestände nach Maßgabe des § 61 festgesetzt worden sind, so hat die Bestimmung der einträglichsten Abtriebs-Reihenfolge der im vorigen Paragraph gegebenen Anleitung zu folgen — d. h. es sind die Bestände nach den bei der Schlagstellung verbleibenden Oberholz-Vorräthen zu klassifiziren und es ist hierauf die Zuwachs-Leistung der Bestände für die Fläche zu bestimmen, welche für die thatsächliche Nutzung von 100 Werthmeter im Anfang der Periode nothwendig sein würde. Man wird hierbei in der Regel die Kulturkosten zu berücksichtigen haben.

Der allgemeine Wirthschaftsplan erhält die im vorigen Paragraph erwähnte Form.

Es ist die zweckmäßige Aneinander-Reihung der Schläge zu erstreben. Im Uebrigen sind die bisherigen Vorschriften maßgebend.

----

§ 67.

Fortführung des Niederwald-Betriebs.

Die Hiebsfolge der Niederwaldungen erstrebt in der Regel die Aneinander-Reihung gleich großer Jahresschläge — in einer Zahl, welche der herkömmlichen Umtriebszeit entspricht. Die privatwirthschaftliche Nutzungs-Ordnung kann diese primitive Schlag-Eintheilung gleichfalls wählen, wenn die Niederwald-Bestockung in allen Schlägen einen nahezu gleichstehenden Gebrauchswerth hat. Es sind dann Ertrags-Berechnungen, Wirthschafts-Pläne u. s. w. überflüssig. Nach Feststellung der anzubauenden Holzarten und der einträglichsten Umtriebs-Zeiten bestimmt man die Größe des Jahresschlages, veranschlagt die durchschnittliche Werthnutzung, bemißt das nothwendige Kultur-Material und überläßt es dem Wirthschafter, den Jahresschlag im jeweils ältesten Holze zu hauen.

Die Niederwald-Form, welche forstlich in erster Reihe beachtenswerth ist, der Eichen-Schäl-Betrieb, wird jedoch selten diese bequeme Nutzungs-Regelung gestatten. Der Antheil der Eichen-

Bestockung ist gewöhnlich in den konkreten Schlägen ein sehr verschiedener und es ist nöthig, daß man den Werth-Ertrag beachtet. Wenn man hierbei ein genaueres Verfahren wählen will, so kann man die Abtriebs-Reihenfolge nach Maßgabe des Verfahrens beim Hochwald-Betriebe (§ 61) berechnen, den Werthetat dadurch bestimmen, daß man den Werth-Ertrag aller Abtheilungen in einem allgemeinen Wirthschaftsplan berechnet, mit diesem Etat in den konkreten Werth-Ertrag der Schläge dividirt, um die jährliche Nutzungsfläche zu finden und schließlich die Schlagfolge auf dieser Grundlage festzustellen. In der Regel wird man indessen die Hiebsfolge nach den Wachsthums-Verhältnissen, dem Alter, der Eichen-Beimischung aus dem Alter der Eichen-Kernwüchse und -Stockausschläge ohne specielle Reinertrags-Berechnungen regeln können.

Die konkreten Schlagflächen werden in den Wirthschafts-Karten mit rothen Linien eingetragen und die Nutzungsjahre für das nächste Jahrzehnt beigeschrieben.

Anmerkung. Die Ueberführung von Hochwaldungen in den Schälwald-Betrieb ist schon oben (§ 62) besprochen worden.

Der planmäßige Plänter-Betrieb kann nach den für den Mittelwald-Betrieb gegebenen Regeln eingerichtet werden.

Der modificirte Buchen- und Eichen-Hochwald-Betrieb (Seebach'scher Lichtungshieb) und die anderen Bewirthschaftungs-Arten werden nach Maßgabe ihrer Aehnlichkeit mit dem Hochwald- oder Mittelwald-Betriebe nach den dort oder hier gegebenen Vorschriften behandelt.

Allgemeine Beschreibung mit Wirthschafts-Regeln.

---

§ 68.

Den Schlußstein der Wald-Ertrags-Regelung bildet die allgemeine Beschreibung und die Darstellung der zukünftig maßgebenden Wirthschafts-Grundsätze[1]).

I. Topographie. In gedrängter Darstellungs-Weise ist eine treffende Charakteristik der örtlichen Standorts-, Absatz-, Bestockungs- und Wirthschafts-Verhältnisse zu verfassen, welche eine rasche Information über die örtlichen Besonderheiten gestattet. Diese Darstellung zerfällt in die folgenden Abschnitte:

a) Flächengröße, Lage, Oberflächen-Gestaltung, Flächen-Vertheilung nach Gebirgs- und Bodenarten und örtliche Boden-Beschaffenheit, Klima.

b) Vorkommen der Holzarten in reinen und gemischten Beständen.

---

[1]) Die nachfolgenden Bemerkungen betreffen die äußere Form der Darstellung. Sie finden ihre Ergänzung durch den „Anhang" dieser Schrift, in dem ich die bewährtesten Waldbau-Regeln übersichtlich darzustellen versucht habe. Die Festsetzung der Wirthschafts-Regeln ist in der That eine hervorragend wichtige Aufgabe der Ertrags-Regelung; die Beantragung wird nicht selten — namentlich den jüngeren Fachgenossen — erschwert durch die Mannigfaltigkeit der subjektiven Ansichten über die örtlich zweckmäßigsten Wirthschafts-Maßnahmen. Um die vorliegende praktische Anleitung nicht unvollständig zu lassen und wenigstens die wegweisenden Richtungen kurz anzugeben, habe ich mich zur Beigabe dieses Anhangs entschließen müssen, hoffe aber damit wenigstens den Waldbesitzern und den Neulingen in der forstlichen Praxis in manchen Fällen Rathgeber zu werden.

Naturgemäße Wachsthums-Gebiete der hauptsächlichen deutschen Waldbäume. Wachsthums-Gesetze.

c) Bisherige Waldbehandlung in Bezug auf Erziehung und Verjüngung, Nutzung und Verwerthung. Die Kultur-Arten nach dem Kosten-Aufwand und den Ergebnissen und die Erfahrungen bei der Bestands-Begründung überhaupt. Arbeiter-Verhältnisse. Forstschutz gegen Natur-Ereignisse und gegen Holzdiebstahl ꝛc. Eintheilung in Schutzbezirke. Sicherstellung der Waldgrenzen.

d) Absatz-Verhältnisse. Quantitativer und qualitativer bisheriger Verbrauch innerhalb des Absatz-Bezirks. Dichtigkeit der Bevölkerung. Bezugsquellen der Forstprodukte, der Bausteine, Kohlen ꝛc. Größe des jährlichen Holzbezugs aus Gemeinde- und Privatwaldungen innerhalb des natürlichen Absatz-Gebiets. Konsumtion der holzverbrauchenden Gewerbe an Holz und Kohlen. Ausfuhr. Holzhandel. Hauptrichtungen des Wegbaues.

e) Berechtigungen.

II. Grundsätze der zukünftigen Bewirthschaftung.

1. Wirthschaftsziele. Darstellung der Anträge, der Beschlüsse der Berathungs-Kommission und der Begründung der bei der Berathung laut gewordenen abweichenden Ansichten in gedrängter Kürze mit Angabe der Motive. Entscheidungen der obersten Forst-Behörde hinsichtlich der Betriebsarten-Vertheilung, des Holzarten-Anbaues und der Wahl der normalen Umtriebszeiten.

2. Specielle Wirthschafts-Regeln. Finanzielle Abtriebs-Reihenfolge, Rangordnung der Bestände in dieser Richtung. Angabe der Wirthschafts-Regeln nach den Beschlüssen der Berathungs-Kommission:

a) hinsichtlich der Verjüngung (Vorbereitungs-Hiebe, Schlagstellung, natürliche Besaamung oder künstlicher Holzanbau, Oberholz-Menge, Hiebsführung);

b) hinsichtlich der Erziehung der vorhandenen Bestands-Gruppen (Vorwuchs-Aushiebe, Reinigung, Durchforstung, Auszugs-Hauung ꝛc.).

c) Nebennutzungen.

d) Holzverwerthung. Wegbau.

Anmerkung. Es ist hierbei unausgesetzt eine concise, prägnante Ausdrucksweise zu erstreben. Die Wirthschafts- und Kontrole-Beamten sollen und werden
den Wald nicht aus den Taxations-Schriften kennen lernen und es sind deshalb
weitschweifige Schilderungen der örtlichen Standorts- und Bestockungs-Verhältnisse,
die bei der Durchwanderung der Waldungen nicht unentdeckt bleiben werden, zu
unterlassen. Die allgemeine Beschreibung soll einen Ueberblick über die wirthschaftlich wesentlichsten Standorts- und Bestockungs-Verhältnisse geben, die bisherigen
Erfahrungen nach ihren Hauptergebnissen darstellen und die fernere Bewirthschaftung
nach den Hauptrichtungen kennzeichnen.

Eilfter Abschnitt.

Verbuchung der Fällungs-Ergebnisse und der Flächen-Veränderungen.

§ 69.

1. **Wirthschaftsbuch.** Auf der letzten Seite der Aufnahme- und Abgabe-Listen (Nummerbücher), die getrennt für Nutzholz, Brennholz, Nebennutzungen für jede Unterabtheilung zu führen sind, wird eine Umwandlung der Nutzungs-Ergebnisse (Festmeter, Raummeter, Wellenhundert, Centner Rinde) in Werthmeter vorgenommen. Die Wertherträge werden getrennt nach Holzarten verzeichnet. Die Umwandlung wird ausnahmslos während des ersten Nutzungs-Zeitabschnitts nach den bei der Ertrags-Berechnung unterstellten Werthfaktoren vollzogen, auch wenn die jährlichen Durchschnittspreise im gegenseitigen Verhältniß nicht mehr mit diesen Werthfaktoren harmoniren. Man benutzt zur Umwandlung die Crelle'schen Rechentafeln oder berechnet besondere Hülfstabellen. Nutzungs-Ergebnisse, für welche ein Werthertrag nicht angesetzt ist, bleiben natürlich hinweg (z. B. die Stockholz-Erträge). Wenn Holzarten und Holzsorten zur Abgabe gekommen sind, für welche ein Verwandlungsfaktor nicht bekannt ist (z. B. Birken-Reifstangen u. s. w.), so ist der erndtekostenfreie Durchschnittspreis der Wertheinheit (Raummeter Buchen-Scheitholz u. s. w.) im betreffenden Jahre zu ermitteln und der Reinerlös mit diesem Durchschnittspreis zu dividiren.

Besondere Beachtung erfordert die Gestaltung der Nutzholz-Ausbeute während des ersten Zeitabschnitts. Es kann vorkommen, daß (z. B. in Folge von Eröffnung eines Eisenbahn-Verkehrs in der Nähe des Wirthschaftsbezirks u. s. w.) Nutzungstheile, welche bei der Wald-

Ertrags-Regelung zum Brennholz gerechnet worden sind, als Nutz-holz verwendet und mit höheren Preisen angekauft werden. Es ist selbstverständlich, daß in diesen Fällen unverändert die Voraussetzungen der Nutzungs-Regulirung für die Verrechnung der Fällungs-Ergebnisse maßgebend sind. Der zu Nutzholz aufgearbeitete Materialertrag ist dann so weit mit den Faktoren für Nutzholz in Wertheinheiten zu verwandeln, als die bei der Etatsfestsetzung angenommenen Nutzholz-Prozentsätze reichen. Der Ueberschuß ist mit den Werthfaktoren der entsprechenden Brennholzklasse (gewöhnlich Scheitholz) in Werthmeter umzuwandeln. Man hat diese Verrechnungsweise bei der Verglei-chung der betreffenden Jahresfällungen mit dem Etat gutachtlich zu würdigen.

Am Schlusse des Jahres werden die auf der Rückseite der Auf-nahme- und Abgabe-Listen (Nummerbücher) berechneten Wertherträge in das Wirthschaftsbuch, welches mit der speziellen Beschreibung zu verbinden ist, getrennt nach Holzarten und mit Angabe der Ma-terialerträge nach Holzsorten, eingetragen. Die Nutzungsart (Abtrieb, Durchforstung, Auszugshauung u. s. w.) wird dabei notirt. (Bei der speziellen Beschreibung erhält jede Unter-Abtheilung ein be-sonderes Blatt; unterhalb dieser Beschreibung werden die Spal-ten des Wirthschaftsbuches für Holzarten, Holzsorten u. s. w. an-gebracht.)

Die Trennung der Erträge in Haubarkeits- und Zwischennutzun-gen ist bei den zufälligen Ergebnissen (der aus Schneebruch, Wind-wurf, Insektenfraß, Dürrhölzern u. s. w. herrührenden sog. Totalitäts-Nutzungen) nicht immer zweifelfrei zu vollziehen. Es gilt dabei die Regel, daß solche Nutzungen, welche den durchschnittlichen Vollwüchsig-keitsgrad der betreffenden Bestände nicht wesentlich alteriren, den Vor-nutzungen zugerechnet werden. Selbstverständlich werden diejenigen Erträge, welche schon bei der Betriebs-Regulirung dem Haubarkeits-Ertrage zugewiesen wurden, z. B. Auszugshauungen u. s. w., auch als Haubarkeits-Nutzungen verrechnet.

Zugleich werden im Wirthschaftsbuch die in der Unterabtheilung ausgeführten Kulturen — nach Kulturart, Samen- und Pflanzen-Verwendung und Kostenbetrag — verbucht. Das Wirthschaftsbuch soll die wesentlichsten Anhaltspunkte für die spätere Erforschung der konkreten Ertrags=Verhältnisse liefern und es ist deshalb die exakte Verbuchung aller Vorgänge, die auf die Bewirthschaftung und die Ertrags=Verhältnisse der betreffenden Unterabtheilung Einfluß aus=üben, ein Gegenstand von hervorragender Wichtigkeit.

2. Die bemerkenswerthen wirthschaftlichen Ergebnisse und Vor=kommnisse werden in die „forstliche Chronik" aufgenommen, die eine besondere (vorgeheftete) Abtheilung des Wirthschaftsbuches bildet.

3. Der jährliche Werthertrag wird summarisch bei Hoch=wald=Wirthschaft in die spezielle Beschreibung (zweite Seite) und bei Mittelwald=Wirthschaft u. s. w. in eine besondere Nach=weisung nach Unterabtheilungen eingeschrieben.

Auf den jährlichen Fällungs=Vorschlägen (Titelblatt) und der Ertrags=Nachweisung (Forstrechnung für das letzte Quartal oder den letzten Monat) wird eine Vergleichung zwischen der Ertrags=Berechnung und den wirklichen Fällungs=Er=gebnissen des letzten Wirthschaftsjahres vorgenommen und der Etat für das nächste Wirthschaftsjahr berechnet. Für diese Vergleichung, welche für die Haubarkeits=Erträge nach Werth=metern und für die Vornutzungs=Erträge nach Fläche (in beson=deren Fällen nach reducirter Fläche, siehe unten Anmerkung) statt=zufinden, jedoch auch den Werthertrag der Vornutzungen der Voll=ständigkeit halber nachzuweisen hat, kann man die nachstehende Form wählen.

Vergleichung zwischen den Ertrags=Berechnungen und den Fällungs=Ergebnissen	Hau=barkeits=Nutzun=gen	Vor=nutzungen	
	Werthm.	Werth=meter	Hektar
Der jährliche Abgabesatz beträgt für das Jahrzehnt 1875/84	4386	823	86
Der Jahres=Etat für das Wirthschaftsjahr 1877/78 wurde festgesetzt auf	4592	960	112
Die Nutzung im Wirthschaftsjahr 1877/78 hat ergeben . .	4478	925	96
Folglich Mehr=Nutzung	"	"	"
„ Minder=Nutzung	114	„	16
Der Etat per Wirthschaftsjahr 1878/79 ist festzusetzen auf .	4500	858	102

Anmerkung. Nicht immer ist für die Regelung des Durchforstungs-Betriebs die nebenher laufende Nachweisung nach wirklichen Flächen ausreichend. Die Zwischennutzungen können je nach der Vornahme der ersten, zweiten oder dritten Durchforstung sehr verschiedene Erträge per Flächeneinheit liefern, die letzten Durchforstungen in Nadelholz-Beständen liefern oft in Form von Hopfen- und Telegraphen-Stangen, Klein-Nutzholz u. s. w. ungleich höhere Wertherträge per Hektar als die ersten Durchforstungen in Buchen-Gertenhölzern u. s. w. Wenn in den ersten Wirthschaftsjahren die ertragsreichen Durchforstungen vorgenommen werden, so kann die Flächen-Vergleichung eine Mindernutzung nachweisen, während in der That eine Uebernutzung stattgefunden hat und der Rest der Periode hinsichtlich dieser Vornutzungen auf magere Kost zu setzen sein würde. Bei derartigen Durchforstungs-Verhältnissen kann man, um den Zwischennutzungsbetrieb die nothwendige freie, nicht durch Schätzungsfehler beeinträchtigte Beweglichkeit zu erhalten, reduzirte Zwischennutzungsflächen der Vergleichung zu Grunde legen. Man ermittelt zu diesem Zweck den durchschnittlichen Vornutzungsertrag per Hektar, welcher bei der Ertragsberechnung angenommen wurde. Man bestimmt zweitens den bei der Ertragsregelung zu Grunde gelegten mittleren Vornutzungsertrag für die (im Jahrzehnt zu durchforstenden) Einzelbestände. Nach dem Verhältniß, welches zwischen diesen Vornutzungssätzen der Ertragsberechnung obwaltet, wird nun die wirkliche Durchforstungsfläche erhöht oder verringert. Dieser reducirte Betrag wird bei der Vergleichung zu Grunde gelegt. Die thatsächlichen Hiebsergebnisse werden dabei nicht berücksichtigt. Wenn beispielsweise der mittlere Satz 8,3 Werthmeter per Hektar beträgt, für die dritte Durchforstung eines Fichtenbestands mit 26,8 Hektar Flächengröße ein durchschnittlicher Vornutzungsertrag von 14,8 Werthmeter per Hektar veranschlagt worden ist, so werden nach dem (theilweisen) Vollzug dieser Durchforstung bei einer Durchforstungsfläche von 12 Hektaren $\left(\dfrac{14,8 \cdot 12}{8,3} \right) = 21$ Hektaren Durchforstungsfläche verrechnet. Der obigen Vergleichung ist in diesem Falle die Spalte: „reduzirte Fläche der Vornutzungen" anzufügen.

Es wird kaum nöthig sein zu bemerken, daß bei der Vergleichung zwischen Ertrags-Berechnung und Fällungs-Ergebniß diejenigen Erträge, welche im allgemeinen Wirthschafsplan nicht veranschlagt worden sind, (z. B. Stockholz-Erträge, Weichholz-Aushiebe u. s. w.) keine Berücksichtigung finden dürfen.

5. Die Flächen-Register und Karten sind durch Verbuchung und Zeichnung der Zugänge und Löschung der Flächen-Abgänge stets evident zu erhalten. Am Schluß des Flächenregisters werden mehrere Blätter für die Verbuchung dieser Zu- und Abgänge angefügt. Diese Veränderungen werden mit rother Tinte eingetragen und es wird im ursprünglichen Flächenregister bei denjenigen Unterabtheilungen, deren

Fläche sich verändert hat, auf den Nachtrag hingewiesen. Die nachträglichen Verbuchungen werden am Jahresschlusse abgeschlossen und hiernach der jeweilige Flächenstand des Wirthschaftsbezirks verzeichnet.

Bei beträchtlichen Flächen-Veränderungen, welche eine neue Etats-Bestimmung nothwendig erscheinen lassen, ist die theilweise oder gänzliche Erneuerung der Ertrags-Regulirung berichtlich zu beantragen.

Periodische Revision der Ertrags-Regelung.

§ 70.

Die Revision der Ertrags-Regelung findet gewöhnlich alle zehn Jahre statt. Da es sich indessen im vorliegenden Falle um die Einführung eines vielfach neuen Bewirthschaftungs-Systems handelt, so ist erstmals nach Ablauf von fünf Wirthschafsjahren eine **Zwischen-Kontrole** vorzunehmen.

1. Dieselbe beschränkt sich auf die Vergleichung zwischen Ertrags-Berechnung und Hiebs-Ergebniß für diejenigen Bestände, in welchen bemerkenswerthe Haubarkeits-Nutzungen in den genannten fünf Jahren stattgefunden haben. Zunächst ist der Ertrag der Räumungen mit der Schätzung zu vergleichen. In den Beständen, in denen Vor-bereitungs-Hiebe, Schlagstellungen, beträchtliche Auszugs-Hauungen 2c. stattgefunden haben, sind die Vorrathsreste nach Maßgabe der §§ 10 bis 18 zu ermitteln; die Werth-Einheiten sind nach den ursprüng-lichen Werth-Faktoren zu berechnen. Der Zuwachs bis zum Abtriebs-jahr wird nach den angenommenen Sätzen hinzugerechnet. Schließlich wird die Differenz zwischen Ertrags-Berechnung und Erfolg bestimmt und nach Prozentsätzen ausgedrückt. Das Ergebniß wird der obersten Forstbehörde mitgetheilt und dabei werden nöthigenfalls Anträge be-züglich der Etatsfestsetzung für den Rest des Zeitabschnittes gestellt und motivirt.

2. Die **Revision am Ende des Jahrzehnts** hat zunächst das Material zu liefern für die Beurtheilung, ob die Aufstellung neuer Wirthschafts-Pläne auf der früheren Grundlage stattfinden kann oder

ob eine Umarbeitung der früheren Ertrags-Regelung einzutreten hat.

Zu diesem Zweck ist

a) eine Darstellung der thatsächlichen Preis-Verhältnisse im letzten Jahrzehnt nach Maßgabe des § 21 anzufertigen und der obersten Forstbehörde vorzulegen.

b) Die obengenannte Vergleichung zwischen Berechnung und Ergebniß mit Aufnahme der Vorraths-Reste ist für das gesammte Jahrzehnt vorzunehmen. Dabei wird der planmäßige Vollzug der Nutzungen getrennt von etwaigen Abweichungen, die in Folge der örtlichen Nutzungs-Verhältnisse in manchen Fällen vorkommen werden. Wesentlich für die Beurtheilung ist die Untersuchung, ob die Grundlagen der Ertrags-Berechnung sich als probehaltig erweisen, ob die erstmaligen Wirthschafts-Ziele fortdauernd zu erstreben sein werden und ob die Wirthschaft, wenn sie fortgesetzt auf den erstmaligen Grundbau fundamentirt wird, zu diesen Wirthschafts-Zielen hinführen wird.

Bei der **Revision des Hochwald-Betriebs** sind indessen, auch wenn die erstmalige Ertrags-Ordnung sich als stichhaltig erweist, die Holzmassen-Aufnahmen nahezu im früheren Umfang zu wiederholen — schon wegen Förderung der Zwecke der Forststatik. Die oberste Forst-Behörde wird bestimmen, ob die Erforschung der örtlichen Wachsthums-Gesetze (§§ 30—36) zu wiederholen ist oder die Massen-Bonitirung (§§ 24—29) ausreichend erscheint. Wenn die Grundlagen der Wald-Ertrags-Regelung zum Fortbau derselben benutzt werden, so sind die Berechnungen und Vergleichungen hinsichtlich der Feststellung der wirthschaftlichen Zielpunkte (§ 54—59) nicht erforderlich. In allen Fällen sind indessen die Altersklassen-Tabellen (§ 37), die allgemeinen und speciellen Wirthschafts-Pläne (§§ 62 und 63) neu aufzustellen, wenn auch oft die erneuerte Bestimmung der finanziellen Abtriebs-Reihenfolge unterbleiben kann. Wegen Fortführung der statistischen Erhebungen ist eine besondere Instruktion auszuarbeiten.

Wenn eine Bearbeitung der Wald-Ertrags-Regelung auf neuer Grundlage für nöthig befunden wird, so wird nur im äußersten Nothfall die wirthschaftliche Eintheilung abgeändert. Im Uebrigen vollziehen sich die für den Hochwald-

Betrieb nöthigen Arbeiten nach der obigen Anleitung. Die Holz=
maffen-Aufnahme hat das §§ 10—19 dargeftellte Verfahren einzu=
halten, die Maffen-Bonitirung folgt den Vorfchriften in den §§ 24
bis 29, die Erforfchung der örtlichen Wachsthums-Gefetze wird in
den §§ 30—36 Richtpunkte für die zu wählenden Verfahrungs=
Arten finden u. f. f.

. Die Werth= und Preis-Verhältniffe der Forft-Produkte werden
im Forft-Einrichtungs-Bureau der Oberbehörde alle 10 Jahre nach
den Durchfchnitts-Sätzen des letzten zehnjährigen Zeitabfchnitts für
die einzelnen Abfatz=Gruppen des Landes-Gebiets zufammengeftellt.
Bei fehr wefentlichen Abweichungen der Faktoren für die in großen
Maffen zur Abgabe kommenden Forft-Produkte werden die noth=
wendigen Berichtigungen (der Ertrags-Tafeln 2c.) angeordnet.

Bei Revifion des Mittelwald-Betriebs find vor Allen
die Vergleichungen zwifchen Ertrags = Berechnung und Fällungs=
Ergebniß analog den für den Hochwald-Betrieb gegebenen Vor=
fchriften vorzunehmen. Es find zu diefem Zweck die Holzvorräthe
in den angehauenen Schlägen ftammweife zu vermeffen und nach
den früheren Formzahlen (§ 40) zu berechnen. Die Schlagftellung
wird im Mittelwald-Betrieb nun niemals ganz der Vorfchrift ent=
fprechend vollzogen und es ift deshalb zu prüfen, ob Vorrath plus
Zuwachs (von alten und neuen Vorrath) minus Nutzung gleich dem
heutigen Vorrath ift. Immerhin find, auch wenn fich die Ertrags=
Berechnung als probehaltig erweift, in der Regel die Vorraths=,
Stärken= und Höhen-Meffungen zu wiederholen (§ 38 und 39). Die
zeitraubenden Stamm=Meffungen zur Beftimmung der örtlichen
Baumformen find indeffen, wenn das bisherige Fällungs=Ergebniß
mit der Schätzung harmonirt, nicht alle zehn Jahre erforderlich.
Jedoch find vorzugsweife bei der Revifion der Betriebs-Regelung
Unterfuchungen über die Gefetze der Werth-Produktion der Oberholz=
Bäume u. f. w. vorzunehmen; für das Netz von vergleichenden Be=
obachtungen, welches fich über die fämmtlichen Mittelwaldungen des
Landes-Gebiets zu erftrecken hat, empfiehlt fich als Beobachtungs=
Zeitpunkt das Jahr der Taxations-Revifion.

. Wenn das Fällungsergebniß mit der Schätzung harmonirt —
d. h. wenn die Aufnahme und Berechnung der Oberholz-Vorräthe

mit dem Soll annähernd übereinstimmt und wenn auch die Werth=
faktoren unverändert bestehen bleiben, so genügt die Erneuerung der
Wirthschaftspläne (§ 65 und 66) auf dieser gegebenen Grundlage.
Die Umarbeitung der Ertrags=Regelung hat dagegen alle Arbeiten,
welche oben für den Mittelwald=Betrieb angegeben worden sind (§
38—47, 54—59, 65—67), zu wiederholen — ausgeschlossen bleiben
nur die Flächenvermessung, die wirthschaftliche Eintheilung (an der
ohne Noth nicht gerüttelt werden darf), die Erneuerung der Sta=
tistik und die Berichtigung der Ertragsfaktoren (die im Forst=Einrich=
tungs=Bureau der obersten Forstbehörde vorgenommen wird).

Das Verfahren, welches bei Revision des Mittelwald=Betriebs
eingehalten wird, ist auch bei Revision der Ueberführung von
Mittelwaldungen zum Hochwaldbetrieb und der Umwandlung
des Hochwaldbetriebs in Mittelwaldbetrieb einzuschlagen.

Die Revision der Regelung des Niederwaldbetriebs
beschränkt sich in der Regel auf die gänzliche oder theilweise Erneue=
rung der in dem § 48—50 und 67 erwähnten Arbeiten.

Die Vorarbeiten für die Revision der Ertragsordnung:
a) Abschluß und Zusammenstellung des Wirthschafts=
   buches nach den planmäßigen Nutzungsarten und den berech=
   neten Erträgen und andrerseits nach den wirklichen Nutzungs=
   arten und den wirklichen Fällungs=Ergebnissen des betreffenden
   Zeitabschnitts;
b) Ertrags=Berechnungs=Kontrole. Vergleichung der Vor=
   räthe, welche nach den Vorraths= und Zuwachs=Berechnungen
   nach Abzug der Fällungs=Ergebnisse vorhanden sein sollen, mit
   den gemessenen Vorraths=Beträgen
werden der Forstdirektion vorgelegt. (Die geeignete Form dieser Nach=
weisungen ist leicht zu finden.) Diese oberste Forstbehörde bestimmt
hierauf, in welchem Umfang die oben bezeichneten Erhebungen zu er=
neuern sind.

In allen Fällen ist die Bestands=Beschreibung nach dem
veränderten Stand neu aufzustellen. Für das kommende Jahrzehnt
ist ein neues Wirthschaftsbuch (mit Uebertragung der forstlichen

Chronik) anzulegen. Die Bestandskarten werden neu angefertigt. Wenn beträchtliche Flächen=Veränderungen stattgefunden haben, so ist ein neues Flächen=Verzeichniß zu entwerfen.

Ohne Verzug ist eine Erneuerung der Ertrags=Regelung anzuordnen, wenn durch Windwurf, Schneedruck, Insektenfraß die Voraussetzungen der bestehenden Wirthschaftsordnung eingreifende Veränderungen erleiden werden. Der Umfang dieser Erneuerung ist speziell zu bestimmen. Die erstmalige wirthschaftliche Eintheilung der Verwaltungsbezirke ist dabei in der Regel beizubehalten.

Anhang

(zum zehnten Abschnitt).

———

Gedrängte Darstellung

der

wichtigsten und bewährtesten Waldbau-Regeln nach dem heutigen Stande der forstlichen Praxis.

Uebersicht der forstwirthschaftlichen Betriebs-Systeme.

Karl Heyer[1]) unterscheidet folgende Betriebs-Systeme:

I. Reiner Hauptnutzungs-Betrieb.

    A. Einfacher Samenholz- oder Hochwald-Betrieb. Durch Samenabwurf des Mutterbestandes und durch künstliche Saat oder Pflanzung begründete Bestände werden bis zum nutzbaren Alter unverstümmelt herangezogen und in gleicher Weise verjüngt.

        1. Femel-Betrieb. Die stärkeren und schadhaften Stämme werden mittelst Ausdehnung des Hiebs über die ganze Waldfläche oder größere Theile derselben ausgehauen („ausgefemelt"); die Verjüngung der entblößten Flächen erfolgt zumeist durch den Samen-Abwurf der Nachbar-Stämme.

        2. Schlagweiser Samenholz-Betrieb. Auf kleineren Theilen des Waldes werden durch ein- oder mehrjährige Nutzungen möglichst gleichalterige Bestände nachgezogen:

            a) auf Kahlschlägen, zumeist durch künstliche Kultur („Kahlschlag-Betrieb");

———

[1]) Waldbau. 2. Aufl. Leipzig, 1864. Teubner.

b) unter gelichteten Beſtänden durch den Samenabwurf derſelben oder durch Saat oder Pflanzung („Femel-Schlag-Betrieb").

B. Einfacher Ausſchlagholz- oder Schlagholz-Betrieb. Abhieb des Schaftes oder der Schafttheile mit periodiſcher Nutzung des Ausſchlagholzes.

1. Stockſchlag- (Niederwald-) Betrieb. Abhieb der Schäfte nahe am Boden mit Nutzung des Wiederausſchlags der Wurzelſtöcke.

2. Kopfholz-Betrieb. Abhieb des Schaftes in einer gewiſſen Höhe über dem Boden mit Nutzung der Ausſchläge am Abhieb.

3. Schneidelholz-Betrieb. Wegnahme der Aeſte ohne weſentliche Verſtümmelung des Schafts und Nutzung der dem Schaft entlang erfolgenden Ausſchläge.

4. Doppelter Ausſchlagholz-Betrieb. Stockſchlag mit Kopf- und gleichzeitig mit Schneidelholz-Stämmen als Oberſtand.

C. Zuſammengeſetzter (Kompoſitions-) Betrieb. Erziehung von Samenholz und Ausſchlagholz auf einer Fläche.

1. Mittelwald-Betrieb. Stärkeres unverſtümmeltes Samenholz wird nachhaltig in Gemeinſchaft mit Stockausſchlägen erzogen.

2. Hartigs Betrieb. Ausſchlagfähiges Samenholz wird mit Belaſſung von Stangen zur dereinſtigen Bildung des Samenſchlages auf die Wurzel geſetzt und ſpäter wieder zu Samenholz verjüngt.

3. Dritte Verbindungsart. Ausſchlagfähiges Samenholz wird mit kahlem Abtrieb auf die Wurzel geſetzt, der Stockſchlag wird hochſtämmig erzogen und durch Samen verjüngt.

II. Haupt- und Nebennutzungs-Betriebe.

A. Holzzucht und Fruchtbau.

1. Hackwald-(Haubergs-)Betrieb. Getreidebau im Stockſchlag, ein bis zwei Jahr lang, unmittelbar nach dem Abtrieb.

2. Waldfeld-Betrieb. Getreidebau nach dem Abtrieb der Samenholz-Beſtände bis zur Wiederbewaldung und zwiſchen den Holzreihen.

B. Verbindung der Holzzucht mit der Thierzucht

1. Ständiger Waldweide-Betrieb unter Kopf- oder Schneidelholz.

2. Wildgarten-Betrieb in umfriedigten, mit edlem Wild bevölkerten Waldungen.

Nur die ad A. 2. a. b. B. 1. und C. 1. genannten Betriebs-Syſteme finden größere Ausdehnung.

Das Verhalten der Waldbäume im Kampfe um's Dasein.

In dem geräuschlosen, aber beharrlichen und erfolgreichen Unter=
drückungs=Kampfe, den die Waldbäume in allen Alters=Perioden —
theils die Angehörigen einer Holzgattung unter sich, theils die zu=
sammentreffenden Gattungen unter einander — führen, sind vor Allen
zwei Gattungs=Eigenschaften ausschlaggebend: die Lichtbedürftig=
keit und die Raschwüchsigkeit. Die Fähigkeit der Baumhölzer,
Schatten zu ertragen, ist ebenso verschiedenartig als ihre Höhen=Ent=
wickelung und darum finden wir in den heutigen Waldbeständen sehr
verschiedenartige Baumhölzer gesellig zusammen lebend. Wenn alle
Waldbäume ohne Ausnahme im hohen Grade lichtbedürftig sein wür=
den, so würden in diesem Ringen um die Existenz schon längst nur
vereinzelte, besonders raschwüchsige Gattungen die Herrschaft erlangt
haben — in den lichtkronigen Beständen wäre die Bodenkraft ge=
sunken, die Waldungen würden die traurigen Bilder des Rückgangs
zeigen, vielleicht schon ganz verödet sein. Und andrerseits können die
lichtbedürftigen Holzarten in dem Wettbewerb des Pflanzenwuchses,
der in dichtgeschlossenen Holzbeständen stattfindet, nur dann obsiegen,
wenn sie in allen Lebens=Perioden raschwüchsiger bleiben, als die
schattenertragenden Waldbäume, deren dunkle Belaubung eine dichte
Ueberschirmung bewirkt. Wenn alle Baumhölzer im Höhenwuchs
annähernd gleichen Schritt halten würden, so würden die gegen Be=
schattung empfindlichen Arten — Eichen, Lärchen u. s. w. — größten=
theils dem seitlichen Kronendruck u. s. w. zum Opfer gefallen sein;
nur vereinzelt würden sich diese werthvollen Holzarten bis zur Gegen=
wart erhalten haben und immer mehr einer schadenbringenden Ein=
förmigkeit des Waldwuchses weichen.

Zum Glück hat die „natürliche Zuchtwahl" seit Jahrtausenden
im Gesellschaftsleben der Holzpflanzen obgewaltet. Das Bestreben
der lichtfordernden Holzarten, durch raschen Höhenwuchs der ersticken=
den Uebergipfelung und Umarmung ihrer dichtbelaubten Nachbarn zu
entrinnen, ist durch die Tendenz zur Variabilität erweitert, gekräftigt
und dann vererbt worden — fast ausnahmslos werden die licht=
bedürftigen Holzarten, die ihr Dasein bis zur Gegenwart fortgepflanzt
haben, durch Raschwüchsigkeit gekennzeichnet, auch im freien Stande.

Es ist nun vornehmlich die Aufgabe der Forstwirthschaft, das

gesellige Zusammenleben der werthvollen Baumhölzer nach den Be=
dingungen zu regeln, welche in Hinblick auf das Verhalten derselben
gegen Licht und Schatten und nach Maßgabe der Leistungen im
Höhenwuchs die Grundlage für das fernere Gedeihen dieser Holzarten
bilden.

Die Befähigung der Waldbäume zum Ausharren
unter Beschattung manifestirt sich durch dichteren Baumschlag
und durch die längere Lebensdauer der unterdrückten Stämme und
Aeste und der überschirmten jungen Pflanzen. Man kann die Baum=
hölzer in folgender Abstufung von den schattenertragenden[1]) zu
den lichtbedürftigen ordnen:

Weißtanne, Fichte,

Buche, Schwarzkiefer,

Linde, Wallnuß, edle Kastanie, Hainbuche,

Esche, Eiche,

Bergahorn, Spitzahorn, Obstbaum, Erle,

Weymuthskiefer,

gemeine Kiefer,

Rüster,

Birke, Aspe,

Lärche[2]).

Diese Reihenfolge wird im Allgemeinen für mittlere Lage und
mittelgute Boden=Beschaffenheit zutreffend sein; örtliche Abweichungen
werden zumeist durch die (dieser Holzart mehr, jener minder zu=
sagende) Standorts=Beschaffenheit verursacht. Feuchter, tiefgründiger,
lockerer und humusreicher Boden steigert allgemein die Fähigkeit,
Schatten zu ertragen[3]).

---

[1]) Keine Holzart verlangt Schatten. Das bessere Gedeihen der jungen
Tannen, Buchen und Fichten unter Schutz=Bestand ist unzweifelhaft keine direkte
Wirkung des Schattens, sondern eine Folge der Erhaltung der Feuchtigkeit des
Bodens.

[2]) Siehe die vortrefflichen Schriften von G. Heyer: „Das Verhalten der
Holzarten gegen Licht und Schatten." Erlangen, 1852. Enke; und „Lehrbuch der
forstlichen Bodenkunde und Klimatologie." Erlangen, 1856. Enke.

[3]) Burckhardt hält die Buche (in Hinblick auf Unterpflanzung) für schatten=
ertragender, als die Fichte.

24*

Hinsichtlich der Raschwüchsigkeit ist das Verhalten der Wald=
bäume nicht in allen Lebens=Perioden übereinstimmend. Zunächst
können vier Holzarten ausgeschieden werden, welche gleichmäßig in
allen Wachsthums=Perioden andere Gattungen übergipfeln und unter
sich folgende Reihenfolge einhalten: Lärche, Aspe, Birke, Wey=
muthskiefer. Hierauf folgt im Höhenwuchs=Range die gemeine
Kiefer. Aber diese Holzart hat eine schwache Periode vom 35.
bis 45. Lebensjahr zu bestehen; auf genügend frischem Boden wird
sie oft von der schattenertragenden Fichte eingeholt und übergipfelt;
indessen gleicht die Kiefer meistens später den Vorsprung der Fichte
wieder aus. Die Erle hat auf feuchtem Boden einen ähnlichen
Höhenwuchs, wie die Kiefer, jedoch ohne die oben erwähnte Eigen=
thümlichkeit; auf nur frischem Boden wird sie im höherem Alter oft
von der Kiefer überwachsen.

Die zunächst raschwüchsigste Holzart ist die Fichte. Zwar
wird dieselbe in der frühen Jugend von allen andern Holzarten
überwachsen, aber schon gegen das 30. Jahr hat die Fichte diese
Holzarten bis auf die Kiefer und Erle, die Lärche, Birke, Aspe und
Weymuthskiefer überflügelt und im höheren Alter stellt sie sich den
Kiefern und Erlen gleich. Die Weißtanne hat ein ähnliches Ver=
halten, wie die Fichte. Fichten und Weißtannen sind, wie man sieht,
mit den Eigenschaften, welche im Wettbewerb des Pflanzenwuchses den
Sieg verheißen, wohl ausgerüstet.

Es folgt nunmehr in dieser Rangordnung des Höhenwuchses
eine Gruppe, die durch das Verhalten der Eiche gekennzeichnet wird:
Rüster, Esche, Eiche, Bergahorn, Spitzahorn. Diese Holz=
arten werden bei gleicher Lebensdauer von den zuvor genannten Holz=
arten überholt, aber sie sind im Allgemeinen raschwüchsiger, als die
Rothbuche. In manchen Oertlichkeiten überwächst die Buche im
Gerten= und Stangenholz=Alter die Eiche, während die beiden Ahorn=
Arten in späteren Lebens=Altern ziemlich gleichen Schritt mit der
Buche halten.

Die Rothbuche und die Hainbuche stehen hinsichtlich des
Höhenwachsthums im Allgemeinen auf der untersten Stufe. Die
Hainbuche ist als Samenholz — namentlich in der Jugend — lang=
samwüchsiger, als die Rothbuche.

Nur die schattenertragenden Holzarten vermögen die Bodenkraft zu erhalten und zu mehren und eignen sich deshalb zur dauernden Erziehung in reinen Beständen. Die lichtbedürftigen Holzarten verlangen die Untermischung mit andern Gattungen. Reine Lärchen=, Aspen=, Birken=, Eichen=Bestände lockern im Ringen nach Lichtgenuß den ohnehin nicht sehr dichten Kronenschluß; in diesem lichten Stande verflüchtigt sich die Boden=Feuchtigkeit; der spärliche Laub= und Nadel=Abwurf bewirkt eine unzureichende Humusbildung. Auch die gemeine Kiefer zeigt diese Lichtstellung mit ihren Nachtheilen gewöhnlich bald nach dem Eintritt in das Baumholz=Alter und deshalb kann die unvermischte Erziehung dieser Holzart lediglich auf unkräftigem Boden als Kind der Noth in Betracht kommen.

Aber nicht nur für die schattenertragenden, sondern auch für die lichtbedürftigen Holzarten gewährt die Erziehung in wohlgeordneter Untermischung so wesentliche Vorzüge, **daß die Begründung geeigneter Misch-Bestände die Fundamental-Regel des Waldbaues bildet.** Man kann in gemischten Beständen nicht nur die werthvollsten und nutzfähigsten Baumhölzer in dem Stande, welcher ihrer Natur zusagt, reichlich züchten; es wird zweitens (durch die Ueber- und Ineinander=Schichtung der Kronen) der Licht= und Bodenraum vollständiger ausgenutzt und dadurch die Holzmassen=Produktion wesentlich erhöht; es werden endlich die Beschädigungen durch Stürme, Insekten, Schneebruch — namentlich in Nadelholz=Waldungen — verhütet oder doch wesentlich vermindert.

Faktoren der Standortsgüte. In unserem gemäßigten Klima und innerhalb des natürlichen Verbreitungsbezirkes der Waldbäume sind die wichtigsten Faktoren der Holzproduktion: Feuchtigkeit, Lockerheit, Tiefgründigkeit und Humushaltigkeit des Bodens. Alle Holzgattungen gedeihen ohne Ausnahme auf den tiefgründigen und hinreichend lockeren Bodenarten und bei Vorhandensein eines angemessenen Feuchtigkeits=Gehalts am freudigsten. — Unter diesen physikalischen Eigenschaften des Bodens steht der Wassergehalt in erster Reihe. Die meisten Waldbäume lieben einen frischen Boden, Hainbuchen, Eschen und Ulmen gedeihen auf feuchtem Boden und die beiden zuletzt genannten Holzarten, die Erlen, Schwarz=, Weiß= und Zitterpappeln kommen noch auf nassem und bruchigem

Boden fort. Wenn auch Kiefern und Birken einen trockenen Boden ertragen, so finden doch auch diese Holzarten auf einem frischen Boden besseres Gedeihen. — Die Bodenfeuchtigkeit wird — namentlich im Gebirge — durch die größere Luftfeuchtigkeit unterstützt und ersetzt.

Die Tiefgründigkeit des Bodens ist für die Holzarten, welche Pfahlwurzeln bilden, von besonderer Bedeutung; auf flachgründigem Boden, der auch gewöhnlich trocken ist, erreichen die meisten Holzarten nur einen geringen Höhenwuchs; die flachwurzelnde Fichte gewinnt den flachgründigen, aber frischen Bodenarten den relativ höchsten Ertrag ab.

Die Lockerheit des Bodens ist unzweifelhaft eine Bedingung für die höchstmögliche Steigerung der Holzproduktion. Allein auch die bindenden Böden haben hohe Ertragskraft, wenn die Feuchtigkeit durch pflegliche Waldbehandlung erhalten wird. Die Bodenlockerheit erleichtert das Anwurzeln der jungen Holzpflanzen; die künstliche Lockerung beschützt dieselben in der Regel im trockenen Boden gegen Dürre und belebt nicht selten den Holzwuchs in rückgängigen älteren Beständen.

Die Humushaltigkeit des Bodens vereinigt Bodenfrische mit Lockerheit und Tiefgründigkeit und fällt deshalb vorzugsweise als Träger dieser physikalischen Eigenschaften in die Wagschale. Humushaltigkeit ist zwar keine unerläßliche Bedingung für das Gedeihen der Waldbäume; allein die Erhaltung der Humusschicht hat darum keine geringere Wichtigkeit, weil mit derselben in der Regel auch die erforderliche Feuchtigkeit u. s. w. verschwindet.

Die chemische Wirkung der Bodenbestandtheile ist noch nicht genügend erforscht worden. Wenn auch unverkennbar die anorganischen Bestandtheile des Bodens für die Forstwirthschaft nicht die gleiche Wichtigkeit haben, wie für die Landwirthschaft, so ist doch zu vermuthen, daß einzelne mineralische Nährstoffe — namentlich die Phosphorsäure — eine wichtige Rolle im Leben der Holzpflanzen spielen.

Die geognostische Abstammung des Bodens ist nicht direkt maßgebend. Ein und dieselbe Gesteinsart liefert Bodenarten mit sehr verschiedenartigen physikalischen Eigenschaften und chemischen Bestandstheilen; ohne chemische Analyse des Muttergesteins und der Ver

witterungs=Produkte kann man keine Anhaltspunkte für die Beurthei=
lung der Produktionskraft gewinnen. Wenn ein Boden frisch, tief=
gründig und locker ist, so ist es forstlich ganz gleich bedeutend, ob er
von dieser oder jener Gebirgsart abstammt. Zwar nimmt man an,
daß die Buche im Basaltgebirge und in den kalkhaltigen Gesteins=
arten, die Fichte und Weißtanne im Granit= und Gneiß=Boden, die
Kiefer im Sandstein=Gebirge und den Sandebenen, die Eiche in den
lehmigen und thonhaltigen, frischen und feuchten Böden der Fluß=
Niederungen 2c. besonders günstige Wachsthums=Verhältnisse vorfinde.
Aber diese Annahme entstammt dem zufälligen Umstande, daß auf
den frischen und guten Standorten der Basalt= und Kalkberge oft
die Buche heimisch geworden ist, daß Granit und Gneiß nicht selten
in Gebirgen, in denen man Fichten und Tannen zu züchten pflegt,
gefunden werden und daß die Sandstein=Gebirge und Sandebenen
oft nur den für die genügsame Kiefer ausreichenden Feuchtigkeitsgehalt
besitzen. Nicht die geognostische Abstammung kennzeichnet unmittelbar
die Standortsgüte, sondern das Vorhandensein der Faktoren: Feuchtig=
keit, Tiefgründigkeit und Lockerheit. Wenn das nothwendige Maß
von Bodenfeuchtigkeit mangelt, dann kann den trockenen Kalkbergen
oft nur noch die kostspielige Kultur der Schwarzkiefer einen armseligen
Ertrag abringen; der nach Wegnahme der Bodendecke ausgetrocknete
Granitboden trägt nur noch traurige Kiefern=Krüppelbestände u. s. w.
— während der lockere, humusarme, aber im Untergrund wasserhal=
tende Sand den herrlichsten Buchen=, Fichten= und Eichenwuchs erzeugt.

Die Anbaufähigkeit der Holzarten und die Produktivität der=
selben steht in direkter Beziehung zu der Abstufung der Feuchtigkeit,
Lockerheit, Tiefgründigkeit und der (diese Eigenschaften vereinigenden)
Humushaltigkeit des Bodens. Man kann sagen: der Forstwirth hat
die Bodenbeschaffenheit aus diesen Gesichtspunkten vor Allen patho=
logisch zu prüfen. Besitzt der Standort diese Bedingungen des
Pflanzenlebens in ausreichendem Maße, dann ist der Waldkörper ge=
sund und durch die Erhaltung der Bodenfrische kann man die dauernde
Fortexistenz des gesammten Baumlebens sicherstellen.

In untergeordneter Weise kommt die Wärme, die Luftfeuchtig=
keit, Luftströmung u. s. w. bei der Würdigung der Standortsgüte
in Betracht.

Das Holzwachsthum nimmt mit der 500—600 Meter über=
steigenden verticalen Erhebung (über die Meeresfläche) merklich ab;
der höchste Durchschnittszuwachs tritt hier erst in den höheren Be=
standsaltern ein. In den Hochlagen des mittleren und nördlichen
Deutschlands ist vorzugsweise die Fichte heimisch, die indessen hier
auch vom Schneedruck leidet.

Die Fichte und ihre Mischhölzer im Hochwald-Betriebe[1].
Unter den Waldbäumen, welche vorherrschend zur Bestands=Bildung
benutzt werden können, findet ohne Zweifel die Fichte das größte
Verbreitungs=Gebiet. Sie verlangt zwar einen frischeren Boden, als
die Kiefer, aber sie ist minder anspruchsvoll, als die Buche und selbst
als die Weißtanne. Vom kräftigen, frischen Gebirgsboden, auf dem
diese Holzart vorzugsweise heimisch geworden ist, steigt die Fichte herab
bis zu den noch mäßig frischen Bodenarten der Hügelländer und
Ebenen, selbst auf den trocken gelegten Bruchboden. Während dieser
Waldbaum auf tiefgründigem, feuchtem Boden üppiges Gedeihen
zeigt, gewinnt er auch flachgründigen, durch vorsichtige Wirthschafts=
Führung mäßig frisch erhaltenen Standorten ansehnliche Holzerträge
ab und überraschend gut entwickelt sich die Fichte auf dem erde=
armen Felsgerölle im Granit= und Gneiß=Gebirge. Es ist selbst=
redend nur durch örtliche Untersuchung zu bestimmen, ob ein Stand=
ort die für das Gedeihen dieser Holzart erforderliche Bodenfrische
hat; in Zweifelfällen wird die vorsichtige Wirthschafts=Führung die
Beimischung der Kiefer nicht unterlassen. In der Regel wird ein
Waldboden, welcher bei Licht= und Freistellung die besseren Gräser
erzeugt, guten Fichtenwuchs hervorbringen, während einem Heide=
Ueberzug im Allgemeinen zu mißtrauen und Kiefern=Beimischung zu
wählen ist. Unbedingt auszuschließen ist der Fichten=Anbau auf
trockenen Kalk= und Sand=Wänden, auf ausgedörrtem Gypsboden,
auf den festen Thon= und Lettenböden, auf den durch Streunutzung
ganz entkräfteten Standorten, auf den trockenen, sandigen Flächen im
Flachlande, auf veröderter Lehmheide u. s. w.

---

[1] Als Lehrbuch des Waldbaues ist Karl Heyer's Waldbau (siehe oben) und als
Handbuch für die forstliche Praxis: Burckhardt, Säen und Pflanzen nach forstlicher
Praxis (4. Aufl. Hannover, 1870. Rümpler) zu empfehlen.

In forstlicher Hinsicht ist die Fichte unbedingt der wichtigste Waldbaum. Sie liefert die massenreichsten Bestände, ohne übermäßig hohe Umtriebszeiten zu verlangen, gewährt die größte Ausbeute an Nutzholz und wird zu Bau= und Sägholz in der Regel höher ge=schätzt, als die Tanne und Kiefer. Sie bildet durch ihre dichte Be=nadelung vollkommen geschlossene, bodenschirmende Bestände bis zum höchsten Alter und erhält und bereichert die Bodenkraft in hohem Maße.

Aber diesen hohen Nutzleistungen steht leider eine Reihe von Gefahren gegenüber, denen dieser Waldbaum in allen Alters=Perioden — auf dem einen Standort mehr, auf dem andern weniger — aus=gesetzt ist. In den Hochlagen zerdrücken Schnee und Eis und Rauhreif die Dickungen, zerbrechen die Stangenhölzer und ent=wipfeln noch die erwachsenen Bäume. Keine Holzart ist durch Windwurf in gleichem Maße gefährdet, als die Fichte; ihre flache Bewurzelung und die wintergrüne Krone schwächen die Widerstands=kraft gegen die Stürme (sogar lokale Gewitter=Stürme fordern ihre Opfer). Verheerender Insektenfraß[1]) wird vorzugsweise von dem Fichten=Borkenkäfer und der Nonne in erwachsenen Fichten=Beständen verübt, die Kulturen werden vom Rüsselkäfer zerstört. Eine an dieser Holzart verbreitete Baumkrankheit ist die Rothfäule (die nach Willkomm von einer Pilzbildung verursacht wird).

Der Forstwirth kann diesen Gefahren theilweise begegnen — vor Allem durch Mischung der Fichte mit andern Holzarten, welche die Fichten=Bestände sturmfester und widerstandsfähiger gegen die übrigen Beschädigungen machen.

Für die Gebirgs=Waldungen, in denen vorzugsweise Nutzholz zu züchten ist, kommt als beizumischende Holzart in erster Reihe die Weißtanne in Betracht. Obgleich die Tanne einen geringeren Massen=Ertrag liefert, auch hinsichtlich der Nutzholz=Güte der Fichte nachsteht, so hat sie doch bei vorwiegender Nutzholz=Produktion eine höhere Leistungsfähigkeit, als die andern wahlfähigen Baumhölzer.

---

[1]) Man findet die Vorbeugungs= und Vertilgungs=Maßnahmen ausführlich angegeben in Ratzeburg's „Waldverderber und ihre Feinde". 5. Aufl. Berlin, 1860. Nicolai.

— Die Weißtanne wird nicht selten in der Jugend von der Fichte überwachsen; bei der Bestands-Begründung gibt man der Tanne einen mäßigen Vorsprung. Die Weißtanne findet jedoch nur auf den frischen und kräftigen Bodenarten entsprechendes Gedeihen.

In Absatzlagen, in denen die Brennholz-Erzeugung Berücksichtigung verdient, kann man auf den geeigneten Standorts-Klassen die Buche der Fichte beimischen. Beide schattenertragenden Holzarten gedeihen in Mischung recht gut, aber die Buche braucht in der Jugend einen beträchtlichen Alters-Vorsprung, um von der Fichte nicht überholt zu werden. In der Regel wird man die Buchen vorzugsweise bei den Zwischen-Nutzungen herausziehen und bei der Begründung und Pflege der Bestände darauf hinwirken, daß der Haubarkeits-Ertrag zumeist von der Fichte geliefert wird.

In geeigneten Lagen ist die Lärche ein ganz vorzügliches Mischholz für die Fichte. Die Lärche besitzt eine hohe und werthvolle Holzmassen-Erzeugung, sie überholt im Höhenwuchs die Fichte schon in früher Jugend, aber ihre lichte Beastung beeinträchtigt die Holz-Produktion der Fichte kaum merklich. Die Lärche erfordert indessen besonderes vorsichtige Behandlung. Sie darf nur vereinzelt eingesprengt werden und muß unbedingt völlig freie, nach allen Seiten ungehinderte Entwickelung finden können. Diese Holzart darf auf keinem trockenen, aber auch auf keinem nassen und namentlich auf keinem Boden mit stagnirender Feuchtigkeit angebaut werden; sie verlangt Freilagen mit Windzug oder trockene Atmosphäre; anhaltend große Luft-Feuchtigkeit hemmt die Verdunstung in schädlicher Weise. In Thälern, Mulden, Kesseln, Küsten-Gegenden 2c. kränkelt die Lärche und findet frühzeitig ihren Tod.

Die Eiche wird bei gleichzeitigem Anbau mit der Fichte in der Regel von der letzteren überwachsen und durch die dichte Krone derselben erstickt; es ist die Nachzucht der Eiche in Fichten-Verjüngungen selten erfolgsicher. Indessen kann man häufig Eichen-Baumhölzer bei der Verjüngung überhalten, da die lichtkronige Eiche den Holzwuchs der Fichte nicht nennenswerth beeinträchtigt. (Die Annahme, daß die Eiche in Fichtenbeständen bald anbrüchig werde, scheint vereinzelten Erscheinungen und abnormen Verhältnissen zu entstammen.)

Auf den minder frischen und kräftigen Standortsklassen ist die

Kiefer das wichtigste Mischholz der Fichte — vorzugsweise im Mittelgebirge, in den Vorbergen und im Flachlande. Die Kiefer wird in ausgedehnter Weise als Schutzholz der Fichte auf den ärmeren, verheideten Böden angebaut, da man in dieser Weise baldigen Bestandsschluß erzielt. Auf diesen zweifelhaften Kulturflächen wartet man das Gedeihen der Fichte ab, bei .entsprechendem Höhenwuchs derselben wird die Kiefer durch Ausästung und Aushieb nach Bedarf entfernt. Aber auch die bleibende Mischung von Fichten und Kiefern ist wirthschaftlich rathsam. Auf den genannten Standortsklassen ist häufig weder die Fichte, noch die Kiefer für sich entsprechend; die Fichte zögert mit dem Schluß und auch später mit dem Höhenwuchs, die Kiefer stellt sich frühzeitig licht und schützt dann die Bodenfeuchtigkeit nicht mehr genügend. In Mischbeständen werden die beiderseitigen Nachtheile gemildert.

Vorgewachsene Birken (Stangen und Stämme) hat man möglichst lange in Fichtenbeständen zu erhalten; in Verjüngungen peitschen die Birkengerten die Fichten und sind bis auf ein unschädliches Maß zu entfernen.

Verjüngung der reinen und gemischten Fichtenbestände. Das Verjüngungs-Verfahren richtet sich im Allgemeinen nach der Windwurf-Gefahr und im Besonderen nach der Wahl der nachzuziehenden Holzarten. Wenn Buchen und Weißtannen den Fichten beizumischen sind, so wird man in geschützten Lagen die Verjüngung unter Schutzbestand vollziehen; aber auch bei Mischung der Fichte mit der Kiefer sollte man die Fichte nur ausnahmsweise auf Kahlschlägen anbauen — nur in exponirten Lagen. Bei den neueren billigen Kultur-Verfahren wird man den Schwerpunkt der Verjüngung in die Anpflanzung verlegen dürfen; die natürliche Besamung ist dabei soweit zu benutzen, als sich brauchbare Pflanzen vorfinden oder im Laufe des Verjüngungs-Prozesses erzeugt werden. Man erreicht durch rechtzeitige Pflanzung Vortheile, welche die relativ geringfügige Kulturkosten-Ausgabe hinlänglich kompensiren (siehe unten).

Charakteristisch für die Verjüngung der Fichtenbestände ist der Anhieb schmaler Streifen, abwechselnd in mehreren Beständen des Wirthschaftsbezirks, welche in langen Hiebszügen der herrschenden

Windrichtung entgegen geführt werden. Schon durch die Vor=
bereitungshiebe sucht man die flachwurzelnde Fichte in vorsichtiger
Weise an den freien Stand zu gewöhnen und die Widerstandskraft
gegen Windwurf zu erhöhen. Der Grad der Auslichtung bei der
Dunkelschlagstellung wird wesentlich durch die Neigung des
Bodens zum Graswuchs bestimmt; in der Regel wird ¼ bis ⅓ der
Bestandsmasse herausgehauen; für feuchte, kräftige Standorte em=
pfiehlt sich, da immer einige Stämme vom Winde geschoben und ge=
worfen werden, möglichst dunkle Stellung. Die weiteren Lichtungs=
hiebe werden vorzugsweise nach der Lichtbedürftigkeit der nachzu=
ziehenden Holzarten bemessen. Wenn eine Mischung von Fichten
und Weißtannen beabsichtigt wird, so werden die Tannen zuerst
eingepflanzt. Die Weißtanne fordert im zweiten, im äußersten Falle
im dritten Jahre eine freiere Stellung, als im Dunkelschlage; sie
pflegt ohne diese Lichtung spurlos zu verschwinden. Für die Fichte
ist diese Lichtstellung erst nach 3 bis 5 Jahren nothwendig. Die
Schlagräumung kann, namentlich im Weißtannen=Nachwuchs, lang=
sam vollzogen werden, weil der sog. Lichtungszuwachs im Oberholze
quantitativ und qualitativ hervorragend ist und die erstarkten Tannen=
Pflanzen sowohl den Schirm des Oberstandes, als auch die spätere
Schlagräumung ohne nennenswerthen Nachtheil ertragen. Die Fichte
hat zwar in dieser Hinsicht ein ähnliches Verhalten, nur muß man
bei den Schlagräumungen mit besonderer Vorsicht verfahren (Fällung
bei Schnee u. s. w.), weil Beschädigungen an der Fichte weniger gut
vernarben, als an der Tanne. — Wenn die Verjüngung auf Mischung
von Fichten und Buchen zu richten ist, so wird zunächst die Er=
zeugung des Buchen=Nachwuchses erstrebt. Die Vorbereitungs= und
Dunkelschlagstellungen erfolgen in der oben dargestellten Weise; die
weiteren Lichtungen beginnen, je nach dem Feuchtigkeitsgehalt des
Bodens, nach 2—5 Jahren. Wenn die Buchen einen ansehnlichen
Alters=Vorsprung erreicht haben, so bringt man die Fichten ein —
entweder noch in den Schutzbestand, oder nach vollzogener Räumung.
Man hat dabei zu beachten, daß die Fichte im bald beginnenden
Kampfe um's Dasein ein achtunggebietender Gegner für die Buche
werden und die Letztere schon im Stangenholzalter überwachsen wird;
man hat deshalb die Fichte nicht zahlreicher einzupflanzen, als es für

die Erhaltung der Buche bis in das angehend haubare Bestandsalter der Fichte örtlich erforderlich ist. — Wenn endlich auf minder kräftigem, zu Heidewuchs geneigtem Boden die Beimischung der Kiefer stattfinden soll, so sucht man zunächst die Fichte anzubauen. Man lichtet den Dunkelschlag nach etwa 3 bis 5 Jahren und pflanzt dann die Kiefer, die hauptsächlich als Treibholz und Bodenschutzholz dient, auf die gelichteten und geräumten Stellen ein. Auf diesen Böden wird die Pflanzung in der Regel das Abschälen und Aufhacken von Platten fordern.

Stock- und Wurzel-Rodung wird — hauptsächlich um der Rüsselkäfer-Vermehrung entgegen zu wirken — ausgedehnt angewendet. Stangen kann man überhalten, in gemischten Beständen die ausdauernden Eichen-, Lärchen-, Birken- 2c. Stangen und Stämme.

Die völlige Schlagräumung ist in der Regel dann vorzunehmen, wenn der Nachwuchs etwa 0,3 bis 0,5 Meter hoch ist, auf trockenem, minder kräftigem Boden rascher, auf graswüchsigem, feuchtem Boden langsamer.

Bei einer starken Steine-Beimischung, welche die Pflanz-Kultur erschwert, im Geröll und Trümmer-Gestein ist natürliche Verjüngung zu wählen. Man kann dabei im Allgemeinen den obigen Regeln folgen. Oft wird man indessen plänterweise die besamten Bodenflächen frei stellen, überhaupt von regelmäßiger Schlagführung absehen müssen.

In den exponirten Lagen wählt man den Kahlschlag-Betrieb. Schmale Absäumungen schreiten innerhalb der Hiebszüge in einer der herrschenden Windrichtung entgegengesetzten Aneinanderreihung in mehreren Theilen des Wirthschafts-Bezirks fort. Diese Kahlschläge werden sofort — oder bei Rüsselkäfer-Gefahr nach mehrjähriger Ruhe — angepflanzt. Man wird nur Fichten, Kiefern, Lärchen 2c., nicht aber Buchen, bei stark graswüchsigem Boden und in Frostlagen auch keine Weißtannen nachziehen können. Fichten, Kiefern und Lärchen werden gewöhnlich gleichzeitig eingepflanzt; zu den Nachbesserungen verwendet man in der Regel Lärchen und Kiefern.

Die Pflege der Fichte und ihrer Mischhölzer beginnt schon bei der Schlagräumung. Man sucht dabei die zu dicht stehenden Pflanzen-Horste zu läutern und dem Nachwuchs die Stellung zu geben, welche der beabsichtigten Mischung entsprechend sein wird. Diese Maßnahmen setzt man bei den Ausläuterungen fort und entfernt außerdem die Weichhölzer und Stockausschläge, die peitschen= den Birken ꝛc. Die Durchforstungen werden in der Regel auf die unterdrückten und der Unterdrückung nahen Stangen ꝛc. beschränkt. In Fichten=Beständen ist lange Zeit eine vorsichtige Durchforstung geboten; in den schlank aufgewachsenen Beständen der Schneebruch= lagen läßt man selbst unterständige Stangen und Stämme, die noch grüne Gipfel haben, als Reserve stehen. Erst in den letzten Durch= forstungen sucht man die Fichte, jedoch in der vorsichtigsten Weise, durch scharfe, vorgreifende Durchforstung standhafter zu machen. Die Misch=Bestände — Fichten und Buchen, Fichten und Weißtannen, Fichten und Kiefern ꝛc. — sind gleichfalls bei den Zwischen=Nutzungen dunkel zu halten.

Die Kiefer und ihre Mischhölzer im Hochwald-Betriebe[1]). Die Kiefer (Fohre, Föhre, Forle, Forche, Fuhre, Weißkiefer) bedeckt unter den wälderbildenden Holzarten die größten Flächen. Sie bewohnt vor= zugsweise die Ebenen und Hügelländer, den früheren Meeresboden im Norden Deutschlands mit seinen weitverbreiteten Sand=Ablagerungen, die Sandstein=Gebirge und sandigen Ebenen und Vorberge im mittleren und südlichen Deutschland. Durch die Genügsamkeit und Wurzelbildung eignet sich diese Holzart vorzugsweise zur Bewaldung der von Natur

---

[1]) Ueber Kiefernzucht findet man lesenswerthe Angaben in den Pfeil'schen Schriften (cf. dessen letztes Werk: Deutsche Holzzucht. Leipzig, Baumgarten. 1860). Indessen sind diese Schriften mit Vorsicht zu benutzen. Diesem geistvollen, scharfen Dialektiker mangelte unverkennbar die eigene Praxis in der nothwendigen Viel= seitigkeit und seine Beobachtungen scheinen Gegenden zu entstammen, in denen die Forstwirthschaft nicht ausnahmslos auf höchster Stufe stand. Mit aller Entschieden= heit ist die Richtung, welche Pfeil der forstlichen Praxis vorzuzeichnen versucht hat, zu bekämpfen. Ohne die naturgesetzlichen Grundlagen des Waldbaues zu erforschen, hat Pfeil die konkrete Wahrnehmung als die eigentliche Richtschnur des Waldbaues bezeichnet; in den einzelnen Wald=Gebieten soll der Forstwirth den örtlichen Be= sonderheiten im Holzwuchs ein eigenartiges Waldbau=System im Laufe der Zeit ablauschen. Pfeil war lange Zeit tonangebend in der Forst=Literatur und es ist ihm leider gelungen, die Erkenntniß zurück zu drängen, daß die — meistens höchst einfachen — Ursachen der örtlichen Erscheinungen im Holzwuchs leicht erforscht werden können.

aus ärmeren und in der Ertragskraft durch Streu=Nutzung und andere Mißhandlung herabgekommenen Bodenarten. In diesen Oertlichkeiten kann man durch Anzucht der Kiefer den relativ höchsten Holzertrag gewinnen, diese Holzart wächst rasch und liefert in den besseren Lagen eine nicht unerhebliche Bau= und Nutzholz=Menge. Die Kiefer folgt mit ihrem Wurzelbau den Eigenthümlichkeiten des Standorts — im Lehmboden hat dieses Nadelholz gedrungenen, kurzen, verästelten Wurzelbau, bei frischen, tief lockeren Standorten eine stark entwickelte Pfahlwurzel, im armen, trockenen Sandboden weit ausstreichende Wurzel=Stränge u. s. w. Die höchste Produktivität zeigt dieser Waldbaum auf lockerem, tiefgründigem und zugleich frischem Boden. Die Kiefer eignet sich nicht für das Gebirge, die Bestände werden hier in der Regel vom Schneedruck durchlöchert.

Außerdem wird die Kiefer durch Insekten gefährdet. Die Saaten und Pflanzungen werden vom Rüsselkäfer und von den Maikäfer=Larven zerstört, im Stangen= und Baumholz=Alter hat sie eine Reihe von Feinden: den großen Kiefern=Spinner, die Nonne, die Kiefern=Eule, den Kiefern=Markkäfer 2c. — Die Dickungen der Kiefer mit trockenem Heidewuchs sind der Feuers=Gefahr aus= gesetzt.

Bis zum Stangenholz=Alter und etwas darüber hinaus ist der Höhenwuchs der Kiefer ein sehr lebhafter. In Folge der Licht= Bedürftigkeit dieser Holzart tritt aber dann, bei der Zunahme der seitlichen Kronen=Entwickelung, eine Selbstlichtung ein, welche an= sehnliche Holzmassen ausscheidet — am stärksten bei geringer Stand= orts=Güte. In diesem Stande vermag dann die lichtbedürftige Kiefer die Boden=Feuchtigkeit nicht mehr gegen Verflüchtigung zu schützen — ohne Boden=Schutzholz werden hohe Kiefern=Umtriebszeiten von einer Verringerung der Standorts=Güte begleitet.

Man kann der Gefährdung durch Insekten und der Benach= theilung durch Lichtstellung entgegen wirken, indem man die Kiefer mit andern Holzarten vermischt, vornehmlich mit schattenertragenden Fichten, Weißtannen und Buchen. Allein nur auf den besseren Stand= orten mit hinlänglicher Bodenfrische finden diese Holzarten Gedeihen. Am weitesten folgt die Fichte der Kiefer in der Bestockung der reineren Standorte; sehr häufig wird diejenige Stufe der Bodengüte

gefunden, welche für die Ausdauer der Fichte hinreichend ist, aber
ungleich günstigere Bedingungen für das Gedeihen der Kiefer dar=
bietet — das Grenzgebiet, auf dem die Unterstützung der Kiefer
durch die Fichte abwechselt mit der Unterstützung der Fichte durch die
Kiefer, ist ein großes. Die Begünstigung der einen oder andern
Holzart bei der Begründung und Pflege der Bestände wird hier in
vorderster Reihe durch die gegenseitige Prosperität bedingt.

Die Weißtanne kann nur auf frischen Bodenarten der Kiefer
beigemengt werden.

Die lichtkronigen, vorwüchsigen Kiefern und die schattenertragen=
den Buchen eignen sich zur Mischung ganz vorzüglich. Wenn die
Bodenbeschaffenheit u. s. w. vorzugsweise den Anbau der Kiefer rath=
sam erscheinen läßt und zugleich die Buche gedeiht, so kann man
durch diese Mischung prächtige, vollwüchsige Bestände erzielen. Die
Kiefer erreicht in Gesellschaft der Buche eine weit größere Voll=
kommenheit, als in reinen Beständen und nicht minder vorzüglich
gedeiht die Buche neben der Kiefer.

Eichen sind im Hochwaldbetriebe nicht die allerbesten Freunde
der Kiefern. Die Kiefer ist zu lichtbedürftig und deshalb zu em=
pfindlich, selbst gegen die lichte Ueberschirmung der Eiche, und die
Eiche kann ebensowenig die Beschattung durch die Kiefer ertragen.
Beide Holzarten stellen sich im höheren Alter licht. Nur auf recht
gutem Boden kann man durch Ueberhalten von Eichen in Kiefern=
beständen die Holzproduktion steigern. Beständig muß die Eiche einen
Altersvorsprung erhalten.

Die künstliche Mischung der Kiefer mit der Lärche ist im All=
gemeinen nicht empfehlenswerth. Die raschwüchsige Lärche liefert zwar
bei geeigneter Standorts=Beschaffenheit hohe und werthvolle Erträge;
aber im eigentlichen Anbaugebiet der Kiefer wird man selten eine
größere Massenerzeugung gewinnen können, als die Kiefer ohne die
Ueberschirmung der Lärche hervorbringen würde, dagegen die schädliche
Lichtstellung der Bestände nur befördern. Gleiches gilt für die Birke
und Aspe; diese Holzarten kann man als Lückenbüßer dulden, aber
man wird die Mischung nicht grundsätzlich erstreben.

Die Untermischung der gemeinen Kiefer mit der Weymuths=
kiefer dürfte namentlich in Schneebruchlagen versucht werden. Die

letztere Holzart wird erfahrungsgemäß nicht so leicht vom Schnee=
druck beschädigt, sie liefert reiche Holzerträge, bessert den Boden ganz
ungemein und wird von Spätfrösten weniger benachtheiligt. Die
Weymuthskiefer ist schattenertragender und raschwüchsiger, als die ge=
meine Kiefer. Leider wird die Anzucht dieses werthvollen Nadelholzes
durch die hohen Samenpreise erschwert.

Für die öden Kalkberge kommt die Anpflanzung der Schwarz=
kiefer in Vereinigung mit der gemeinen Kiefer in Frage; die Schwarz=
kiefer ist schattenertragender, aber minder raschwüchsig, als die gemeine
Kiefer.

Die Verjüngung der Kiefer findet, wenn die Nachzucht
dieser lichtbedürftigen Holzart in erster Linie erstrebt wird, in den
meisten Fällen auf Kahlschlägen — und zwar in der Regel durch
Spaltpflanzung einjähriger Saat=Schul=Pflanzen — statt. Nur in
ganz seltenen Fällen wird man die natürliche Verjüngung wählen,
für die vereinzelt stehenden Samenbäume genügen. Schmale Kahl=
schläge in langen Hiebszügen sind gebräuchlich. Der Pflanzung geht
auf Kiefernboden zumeist Lockerung (auf Platten oder mit dem Pfluge
in Furchen) voraus.

Die Ausläuterung des Kiefern=Nachwuchses lichtet die zu
dichten Horste, entfernt die Vorwüchse, die peitschenden Birken u. s. w.
Die Durchforstungen sind bald zu beginnen und oft zu wieder=
holen, bei der natürlichen Auslichtung der Kiefern=Bestände beschränken
sich diese Zwischennutzungen auf das unterdrückte und absterbende Ge=
hölz mit Vermeidung von Vorgriffen in die herrschenden Stamm=
klassen. Die Mischhölzer sind nach Bedarf frei zu hauen.

Die Wurzelstöcke werden in den Durchforstungs= und Abtriebs=
Schlägen sorgfältig gerodet[1]).

Die Buche im Hochwald-Betriebe und ihre Mischhölzer[2]).
Im vorderen Theile dieser Schrift haben wir auf die heut noch große

---

[1]) Ueber die Kultur der Kiefer im Flugsand, im Ortstein= und Moor=Boden
cf. Burckhardt, Säen und Pflanzen.

Den derzeitigen Stand des Wald=Feldbaus (in der Darmstädter Gegend) hat
Muhl (Forst= und Jagd=Zeitung von 1869, Aprilheft) beschrieben.

[2]) Grebe hat der Buche eine lesenswerthe Monographie gewidmet: „Der
Buchenhochwald=Betrieb.“ Eisenach, 1856. Baerecke.

Verbreitung des Buchen-Hochwalds in Deutschland hingewiesen, aber gleichzeitig betont, daß die Forstwirthschaft zukünftig das Schwergewicht nicht der reinen Buchenzucht beizulegen haben wird. Indessen ist die Rothbuche vorzugsweise geeignet, die lichtbedürftigen, raschwüchsigen, werthvollen Nutzholz-Arten — Lärchen, Eichen, Kiefern, Eschen, Ahorn, Ulmen u. s. w. — in ihre Bestände aufzunehmen — mehr als die Fichte, Tanne und Kiefer. Auf den besseren Standortsklassen kann man die vereinzelte, aber reichliche Erziehung dieser Nutzhölzer als vorherrschenden Wirthschaftszweck voranstellen und die Buchenzucht im Hochwald-Betriebe als das vornehmste Mittel betrachten — diese Bestandsformen werden ohne Zweifel hohe Bedeutung für alle Zukunft behalten.

Die Rothbuche übertrifft mit ihren Ansprüchen an die Standortskraft — d. h. vorzugsweise an den entsprechenden Feuchtigkeits-Gehalt des Bodens — die Fichte und Kiefer und steht mit der Tanne ziemlich auf gleicher Stufe. Sie kommt auf allen Gebirgs- und Boden-Arten fort, welche die erforderliche Bodenfrische darbieten; besonders schöne Bestände findet man auf besseren Kalkboden, im Basalt-Gebirge, wogegen wieder die verödeten Kalk-Berge und Basaltlagen oft traurigen Buchenwuchs zeigen.

Unter den Mischhölzern der Buche steht die Eiche in erster Linie. Aber die Eiche muß in der Regel bei der Bestands-Begründung vorwüchsig werden. Der Eichen-Anbau hat schon im Buchen-Vorbereitungs-Schlag zu beginnen, indem man kräftige Eichen-Pflanzen einpflanzt und hierauf das Oberholz entsprechend lichtet. (Der Anbau in Horsten und Gruppen hat den Nachtheil, daß dieselben bald gelichtet und unterpflanzt werden müssen; die Einzel-Pflanzung ist meistens vorzuziehen). Bei den Ausläuterungen und Durchforstungen muß man die in's Gedränge gerathenden Eichen frei hauen.

Die Lärche ist auf geeigneten Standorten (siehe oben) ein vorzügliches Mischholz für die Buche. Sie kann gleichzeitig oder nach der Buche eingepflanzt werden, da diese Holzart bald und unausgesetzt die Buche überwächst. Sie ist ganz vereinzelt auf schirmfreie Flächen mit Raum für freie Kronen-Entwickelung anzubauen.

Eschen, Ahorn und Ulmen sind gleichfalls raschwüchsiger, als

Buchen. Diese Holzarten sind nur vereinzelt in die Buchen=Verjün=
gungs=Schläge einzupflanzen.

Die Birke pflegt sich häufig in Buchen=Verjüngungen anzu=
siedeln. Die raschwüchsige und wenig verdämmende Holzart kann in
der Regel bis zu den späteren Durchforstungen erhalten werden und
liefert dann hohe Werth=Erträge.

Die Kiefer ist gleichfalls ein werthvolles Mischholz für Buchen=
Bestände und wird in der Regel nach der Schlagräumung einzeln
eingepflanzt. Die Weymuthskiefer ist zur Einmischung in Buchen=
Bestände minder gut geeignet.

Die Weißtanne ist dagegen als Mischholz der Buche beach=
tenswerth. Im Höhen=Wachsthum halten beide Holzarten nahezu
gleichen Schritt, die Tannen werden zwar in den späteren Lebens=
jahren vorwüchsig, ohne jedoch den Buchenwuchs wesentlich zu be=
nachtheiligen.

Die Beimischung der Fichte ist für die Bestandsform, die wir
hier betrachten, an und für sich minder geeignet. Die voraneilende
Fichte verdämmt durch ihre dicht verzweigte, tief herabhängende Be=
astung die anderen Holzarten. Wenn man Fichten auf Buchenboden
züchten will, so wird in der Regel nicht die Beimischung der Fichte
zur Buche, sondern die Beimischung der Buche zur Fichte die Rich=
tung der Wirthschaft bestimmen — und diese Bestandsform haben
wir schon oben betrachtet.

Die Hainbuche ist im Hochwald=Betriebe nur Lückenbüßer und
nicht planmäßig anzuziehen.

Der Stärkegrad der Beimischung von Eichen und Lärchen,
untergeordnet von Kiefern, Birken, Eschen, Ahorn und Ulmen richtet
sich vorzugsweise nach den Standorts= und den örtlichen Absatz=Ver=
hältnissen. Auf den tiefgründigen, frischen, kräftigen Bodenarten kann
man diese lichtbedürftigen Baumhölzer in einer großen Menge mit
regelmäßiger Vertheilung anbauen; die äußeren Zweigspitzen dürfen
sich bei der einstigen Haubarkeit nahezu berühren. Die Buche ist
zählebig, man wird diese Holzart auch im Haubarkeits=Alter noch
zahlreich vorfinden und braucht keine schadenbringende Lichtstellung
der Bestände zu fürchten. Die Bestands=Begründung auf minder
kräftigen Standorten wird vorzugsweise die Kiefer beimischen, gleich=

falls nicht zu spärlich. Wenn man dem Buchen-Nutzholz- oder Brennholz-Ertrag besondere Bedeutung auch für die Zukunft beilegte, so wird man natürlich die Mischhölzer minder zahlreich anbauen.

Verjüngung der reinen und gemischten Buchen-Bestände. Schon lange vor Beginn der Verjüngung, wenn die Bestände das Baumalter, in welchem der Höhenwuchs im Wesentlichen vollendet ist, erreicht haben — in der Regel im 60—70 jährigen Bestandsalter — gehen auf den besseren Standorts-Klassen die früher dunkel gehaltenen Durchforstungen zur lichteren Stellung über. Man kann mit großer Wahrscheinlichkeit die frühere Ansicht, daß die Buche im strengen Bestandsschluß bis zum sog. Vorbereitungshiebe zu erhalten sei, als unzutreffend bezeichnen. Wenn man auch die radikale Lichtstellung, welche der Seebach'sche „modifizirte Buchenhochwald-Betrieb" (siehe unten) vorschreibt, bis zur genaueren Untersuchung und Vergleichung der gegenseitigen Ertrags-Verhältnisse vermeiden wird, so sucht man doch durch öftere Durchforstungen die Buchen-Mittelhölzer und angehend haubaren Bestände — vorsichtig beginnend und oft wiederkehrend — so weit zu lichten, daß erst durch eine mehrjährige (etwa 6—10 jährige) freie Entwickelung der Krone der Bestandsschluß wieder erreicht werden wird. Nach Bedarf sucht man Bodenschutzholz durch natürliche Besamung oder künstlichen Anbau (in erster Linie Buchen, in zweiter Linie Fichten) zu erzeugen. — Dagegen ist auf den minder kräftigen, zur Trockenheit hinneigenden Standorten die Erziehung in vollem Bestandsschluß beizubehalten oder doch eine mäßige Lichtung nicht zu überschreiten.

Finden sich dunkel stehende haubare Bestände vor, so führt man vor der Stellung des eigentlichen Besamungs-Schlages durch mäßige Unterbrechung des Kronenschlusses einen sog. Vorbereitungshieb. Man erzielt dadurch eine größere Empfänglichkeit des Bodens für die Besamung, die erfahrungsgemäß dann nicht vorhanden ist, wenn der dunkel beschattete Boden plötzlich freigestellt wird.

Der Besamungs-Schlag hat bei der hier betrachteten Verjüngung vorzugsweise Bedeutung als Schutz-Bestand für die Nachzucht der Buche. Der Samen-Abwurf des Mutter-Bestands wird nur als Beihülfe bei der Verjüngung benutzt; wenn die Besamung nicht alsbald in genügender Menge erfolgt, so tritt Pflanzung ein. Auf guten, lockeren, frischen Waldboden ohne starken Heide-Ueberzug pflanzt man zweijährige Buchen-Saatschulpflanzen mit dem Pflanz= beil (s. unten) — mit oder ohne Abräumung des Boden-Ueberzugs und Lockerung der Pflanzstelle. Wenn auf Bodenarten, auf denen die ballenlosen Pflanzen nicht anschlagen würden, Buchen nachgezogen werden sollen, so pflanzt man Ballen mit Pflanzenbüscheln in ge= lockerte Pflanzlöcher.

Bei Stellung des Besamungs=Schlages (Schutz=Bestandes) werden zunächst die stärksten Stämme herausgehauen. Auf frischen, kräftigen Böden (zumal bei starkem Graswuchs) hält man dunkler und lichtet langsamer. Die trockenen, unkräftigen Standorte verlangen lichte Schlagstellung und beschleunigte Räumung, weil hier die Thau= und leichten Regen=Niederschläge für die Pflanzen nothwendig sind und nicht vom Schutz=Bestand zurückgehalten werden dürfen.

Die weiteren Lichtungen haben auf trockenem Boden rascher, auf kräftigem, graswüchsigem Boden langsamer vorzurücken; sie be= ginnen in der Regel im zweiten Jahre nach der Besamung oder Anpflanzung. Wenn der Nachwuchs erhalten und gekräftigt ist, so kann man die weiteren Lichtungen und die endliche Räumung in der Regel langsam vollziehen. Uebereilung der Räumung ist jedenfalls zu vermeiden, weil der Zuwachs des lichten Oberstandes ein sehr leb= hafter zu sein pflegt.

Von den beizumischenden Holzarten wird die Eiche schon im Vorbereitungs=Hieb eingepflanzt und der Oberstand gelichtet. Die Weißtanne wird in dem Besamungs=Schlage durch Pflanzung ein= gebracht. Lärchen, Kiefern, Eschen, Fichten 2c. pflanzt man nach der Räumung des Schlages.

Schon bei den ersten Ausläuterungen sind die Vorwüchse („Wölfe"), die Weichholz=Ausschläge 2c. zu beseitigen und die Misch= hölzer frei zu hauen. Die ferneren Durchforstungen haben gleich= falls die Mischhölzer vor Ueberschirmung zu bewahren, dabei aber auch die Vertheilung der Mischhölzer so weit als erforderlich durch Aushiebe überflüssiger Stangen und Stämme zu regeln. In der Buchen=Bestockung wird das unterdrückte und übergipfelte Gehölz genutzt. Man kann auf gutem Boden starke, vorgreifende Durch= forstungen des Buchenwuchses vornehmen, allein die Lichtstellung mit

Unterpflanzung 2c., die man für reine Buchen=Bestände empfehlen würde, wird in diesen Misch=Beständen nur auf den besseren Stand= orts=Klassen gewagt werden dürfen und hat auch hier nur sekundäre Bedeutung.

Gerade, frohwüchsige Buchen=, Eichen=, Lärchen=, Kiefern= 2c. Stangen und Stämme läßt man vereinzelt als Oberständer einwachsen und vermeidet die Anpflanzung lichtbedürftiger Holzarten unter ihrem Schirm.

Eine besondere Bearbeitung des Bodens für die natürliche Be= samung — durch Streifen=, Rillen=, Platten=Hacken, durch Kurzhacken größerer Flächen, Uebererden 2c. — wird der Kostspieligkeit halber minder räthlich sein, als die Pflanzung, die indessen in manchen Fällen Abräumung und Lockerung der Pflanzstelle bedingen wird.

Behandlung der Eiche im Hochwald-Betriebe. Die Eiche kommt zwar auf sehr verschiedenen, auch auf den minder tiefgründigen, Bodenarten fort, aber sie verlangt stets einen frischen Boden und erträgt sogar einen höheren Grad von Feuchtigkeit. Die tiefgründigen Waldflächen der unteren Berghänge mit westlicher und südlicher Ab= dachung, die Flußthäler und Auen haben den besten Eichenwuchs. Besonders vorsichtig muß man mit dem Anbau der Eiche auf nicht ganz tiefgründigem und kräftigem Kalkboden sein. — Das forstliche Verhalten der Stiel= und Traubeneiche wird durch keine wesentliche Verschiedenheit gekennzeichnet, doch ist unter minder günstigen Stand= orts=Verhältnissen die Leistungs=Fähigkeit der Traubeneiche größer.

Die Eiche ist zur Bildung reiner Bestände nicht geeignet. Diese Holzart verlangt in Folge ihrer Lichtbedürftigkeit freien Raum für die Kronen=Entwickelung. Die reinen Bestände stellen sich alsbald licht, die Bodenkraft schwindet, während dieser Waldbaum mit zu= nehmendem Alter höhere Anforderungen an das Produktions=Vermögen stellt. Die Eiche sollte deshalb ausnahmslos in gemischten Beständen erzogen werden. Die reinen Horste, die bei der Verjüngung entstehen, sind schon bei der Schlagräumung mit andern, bodenschützenden Holz= arten — vornehmlich Buchen — zu mischen. Die vorhandenen reinen Eichenbestände sind im Stangenholzalter scharf und vorgreifend zu durchforsten und im Baumholzalter, wenn der Höhenwuchs im Wesentlichen vollendet ist, durch gewöhnlich zwei Lichtungshiebe mit

Entnahme von etwa ⅓ bis ½ der Bestandsmasse, in freieren Stand zu bringen und mit Bodenschutzholz zu unterbauen. Zum Unterbau eignet sich vorzugsweise die Buche und Weißtanne, auf gutem, frischem Boden auch die Fichte, die jedoch auf den ärmeren Bodenarten mehr Licht verlangt, als man in der Regel geben darf. (Denn der Unter=wuchs soll nur so weit kräftig gedeihen, als es für die Funktion als Bodenschutzholz erforderlich ist, nur ausnahmsweise dient derselbe als Lückenbüßer; es ist deshalb ein Lichtungsgrad zu vermeiden, welcher die Eichenproduktion verringern, dagegen das freudige Emporwachsen des Unterholzes befördern würde, weil eine entsprechende Ertragssteigerung durch das geringwerthige Unterholz nicht erzielt werden kann.) Eine Ausnahme ist für alle lückigen Eichenbestände zulässig; hier baut man auf geeigneten Standorten oft Fichten als Hauptbestand an mit reich=lichem Oberstand von Eichen.

Bei der Verjüngung der Eichenbestände hat man alle wuchs=kräftige, erhaltungsfähige Eichen der jüngeren und mittleren Stamm=klassen überzuhalten, worauf besonderer Werth zu legen ist. Selbst=verständlich vertraut man die alten, rückgängigen, schon jetzt häufig anbrüchigen Eichen keiner langen Hochwald=Umtriebszeit an, aber namentlich die Eichenstangen und jungen Stämme, die jetzt nur Brennholz und geringwerthiges, einläufiges Schwellenholz liefern, läßt man einwachsen — auf gutem, frischem, tiefgründigem Boden selbst in Kiefernbestände.

Die Entastung der Eiche ist unter allen Umständen eine gefähr=liche Maßnahme. Unbedingt schädlich ist die Entnahme stärkerer Aeste, weil damit regelmäßig der Keim für spätere Weißfäule u. s. w. im Nutzholzstamm künstlich erzeugt wird. Höchstens im jugendlichen Alter (und dann nur ganz ausnahmsweise) kann eine untergeordnete Kürzung der unteren Aeste gestattet werden[1]).

---

[1]) Der Verfasser hat seit langer Zeit jährlich einige Tausend Eichenklötze, die theilweise früher entastet waren, qualitativ geprüft und ist deshalb zum Urtheil be=rechtigt. Der Nutzeffekt der „Aufastung" ist besten Falls problematisch, denn die Förderung des Höhenwuchses auf Kosten der unteren Stärkenmehrung und die Steigerung der — meist minderwerthigen — Unterholz=Produktion wird schon durch die Störung und Verminderung des werthvollen Eichen=Wachsthums übertroffen. Die Baumsäge ist der gefährlichste Feind der Eichen=Nutzholz=Zucht. (Man ver=gleiche die Untersuchungen von Göppert.)

Der Anbau der Eiche erfolgt vorzugsweise in Eichelmastjahren durch Stecksaat. Die Nachbesserungen und die Kultur der Eiche in den Jahren, in denen kein Samen erwächst, wird am sichersten durch Lohden=Pflanzung bethätigt (siehe unten).

Behandlung der Weißtannenbestände[1]). Die Anzucht der Weißtanne kommt, wie wir gesehen haben, vorzugsweise als Mischholz für die Fichte, Buche u. s. w. in Betracht. Zur vorherrschenden Bestandsbildung wird man in der Regel die Fichte der Weißtanne vorziehen, da die Holzerzeugung der ersteren Holzart quantitativ und qualitativ höher steht.

Die Verjüngung der vorhandenen Weißtannenbestände erfolgt, wie bei der Buche, in Dunkelschlägen. Diese Holzart erträgt eine außergewöhnlich lange Verjüngungsdauer (im badischen Schwarzwalde 30—40 Jahre); während der Verjüngung erwachsen die übergehaltenen Stämme zu den gesuchtesten und werthvollsten Nutzholzklötzen. Wenn die Fällung zur Saftzeit und nicht bei Frost geschieht, so wird der Nachwuchs erfahrungsgemäß nicht erheblich beschädigt. Die ungleich=alterigen Bestände, die durch diese ungleichmäßige Räumung erzeugt werden, liefern dabei gleiche Erträge, wie die regelmäßigen Bestände.

Zur Bestands=Begründung wird so weit als möglich die natür=liche Besamung benutzt und außerdem werden 2jährige Pflanzen in die Dunkelschläge (gewöhnlich mit dem Beil) eingepflanzt. Die Nachzucht der Weißtanne muß man, wie gesagt, rasch lichten. Die übrigen Holzarten werden in gleicher Weise wie in die Buchenschläge eingebracht. Für die späteren Ausbesserungen mit Tannen wählt man Löcherpflanzung und 25—40 Ctm. hohe, verschulte Pflanzen.

Die Durchforstungen der erwachsenen Weißtannen=Bestände werden — namentlich in Schneebruch=Lagen — so lange dunkel ge=führt, bis der Höhenwuchs vollendet ist. Von diesem Zeitpunkt an kann man starke, vorgreifende Durchforstungen wählen; auf kräftigem Boden kann die Unterbrechung des Schlusses auf 10 Jahre bemessen werden.

Die von andern Holzarten — **Birken, Erlen, Eschen** —

---

gebildeten Bestände verjüngt man je nach den nachzubauenden Holz=
arten in Dunkelschlägen oder Kahlschlägen.

Mittelwald-Wirthschaft. Die Nachhaltigkeit des Mittelwald=
Betriebs ist nur auf kräftigen, tiefgründigen und frischen Standorten
gesichert — auf den produktiven Lehm= und Kalk=, Diluvial= und
Aluvial=Boden=Arten, dem feuchten Sandboden rc. Auch hier erfordert
der Mittelwald sorgsame Pflege und verständige Bewirthschaftung,
— umsomehr, als gewöhnlich die Nachzucht der nutzfähigsten Oberholz=
und Unterholz=Sorten mit besonderen Schwierigkeiten zu kämpfen hat.

Im **Unterholze** findet man vorzugsweise die R o t h b u c h e ver=
treten. Obgleich die Buche schwächere Reproduktions=Kraft, als alle
andern Laubhölzer hat, so besitzt sie doch für die Verwendung als
Unterholz wichtige Eigenschaften — sie ist schattenertragend und
bodenbessernd. Die H a i n b u c h e kann die Beschattung in ähnlicher
Weise ertragen, wie die Buche und erhält gleichfalls den Boden in
guter Kraft. Diese Holzart wird deshalb auch im Unterholz des
Mittelwaldes in großer Verbreitung gefunden und ist hierfür eine
schätzenswerthe Holzart.

Auf kräftigem Boden und unter nicht zu dichtem Oberstand
findet man häufig den E i c h e n = S t o c k s c h l a g als Mittelwald=Unter=
holz. Die Eiche schlägt kräftig aus und liefert durch ihre Rinden=
Erträge hohe Geld=Nutzungen. Allerdings mangelt der Eiche die
Fähigkeit, die Bodenkraft zu schützen und zu wahren; aber bei voll=
kommener Bestockung decken die Stockausschläge den Boden rasch
und verbinden mit langer Ausdauer ungeschwächte Produktion. Im
Verhalten zum Boden ist der blätterreiche Eichen=Stockschlag ver=
schieden von dem licht stehenden Eichen=Hochwald.

E s c h e n, A h o r n, L i n d e n findet man häufig im Mittelwald=
Unterholz; diese Holzarten können als Mischhölzer beibehalten werden.
Birken und Aspen taugen wegen Lichtstellung und mangelhaftem
Bodenschutz nicht zur vorherrschenden Bildung des Unterholzes; aber
diese Holzarten liefern oft in unvollkommenen Mittel=Waldungen hohe
Erträge und sind bei lichtem Oberholzstande für die Beimischung sehr
schätzenswerth.

Zu **Oberholz** ist in erster Linie die Eiche (namentlich die Stiel=
eiche) verwendungsfähig. Die Nachzucht der Eiche für das Baum=

holz ist in gutbestockten Mittelwaldungen nicht leicht; man hat bei jedem Unterholz-Abtrieb die Eichenpflanzung auf Lücken und Blößen zu betreiben und den Eichen-Kernwuchs von überwachsenden Stock-ausschlägen zu befreien. Das Entasten der Eichen-Oberhölzer hat zu unterbleiben (s. oben).

In Stellvertretung der Eiche muß man häufig die Rothbuche benutzen. Auf tiefgründigem Lehmboden und vorzugsweise auf frischem, kräftigem Kalkboden hat diese Holzart im lichten Stande eine reichliche Holzmassen-Erzeugung, was bei hohen Brennholz-Preisen in Betracht kommen kann.

Die Birke ist als Oberholz eine schätzenswerthe Holzart, weil sie rasch wächst und nicht stark beschattet. Auch Eschen und Ulmen passen für das Oberholz, weniger gut Ahorn und Erlen. Aspen kann man nur ein oder zwei Umtriebszeiten überhalten — in dieser Zeit mit Vortheil. Von den Nadelhölzern ist vor Allen die Lärche für die Lagen, welche dieser Holzart zusagen, in hohem Grade em-pfehlenswerth. Die Kiefer ist gleichfalls als Baumholz schätzbar — vorzugsweise auf kräftigem Standort, auf dem sie sich langschaftig gestaltet. Fichten und Tannen üben starken Schirmdruck: nur vereinzelt kann man diese Holzarten, die im Mittelwalde zu werth-vollen Nutzholz-Stämmen erwachsen, dem Oberholz beimischen.

Der Grad der Ueberschirmung ist nach den Holzarten und der Standorts-Verschiedenheit abweichend zu wählen; auch ist maß-gebend, ob man vorherrschend Baumholz züchten will oder den Unter-holz-Ertrag in erster Linie berücksichtigt. Im Allgemeinen wird für die schattenertragenden Unterholzarten eine Ueberschirmung von 0,7 bis 0,8 der Fläche vor der Schlagstellung gewählt werden können; wenn das Eichen-Stockholz im Unterholze vorherrscht und werthvolle Rindenerträge liefert, so kann man eine lichtere Oberholz-Beschirmung wählen. Auch auf minder kräftigem Boden ist die Menge des Ober-holzes zu verringern.

Die Alters-Abstufung des Oberholzes kann man nicht, wie es versucht worden ist, schematisch bemessen und bei dem Unter-holzhieb eine bestimmte Zahl „Laßreidel", „Oberständer", „angehende Bäume", „Bäume", „Hauptbäume", (die im Alter um je eine Unter-holz-Umtriebszeit verschieden sein sollen und vor dem Wiederabtrieb

„Oberständer", „angehende Bäume", „Hauptbäume", und „alte Bäume" genannt werden) belassen. Man hat vielmehr gesunde, wuchskräftige Stangen und Stämme mit schlanker Schaftform und hoch angesetzter Krone, welche volles Wachsthum und werthvolle Nutzholz=Stämme erwarten lassen, in möglichst gleichmäßiger Ver= theilung über die Fläche stehen zu lassen. Dabei läßt sich diese gleichmäßige, regelmäßige Vertheilung nicht immer erreichen; schöne Einzelstämme bleiben oft dichter zusammen gerückt stehen, wenn auch der prinzipiellen Erziehung des Oberholzes in Gruppen, die man empfohlen hat, mannigfache Bedenken entgegen stehen.

Bei der Verjüngung der Mittelwaldungen ist die Anpflanzung in ausgedehnter Weise zu Hilfe zu rufen; man sucht hierdurch und durch natürliche Verjüngung Kernpflanzen nachzuziehen, wenn auch der Unterholz=Ertrag durch den langsamen Wuchs des Samenholzes etwas vermindert wird. Für die Nachzucht der schattenertragenden Oberhölzer wird durch Dunkelschlagstellung und spätere „Regulirung" des Oberholzstandes gesorgt. Mittelwald=Durchforstungen gewähren keinen entsprechenden Nutzen.

Niederwald-Betrieb. Die Niederwaldform, welche vorzugsweise zu beachten sein wird, ist der Eichen=Schälwald[1]). Diese Betriebs= art ist vor Allen im südlichen Odenwalde und im Neckarthale heimisch. Obgleich der glücklich begründete Eichen=Stockschlag auch auf trockenen und minder guten Bodenarten nachhaltig gedeiht, so werden doch der= artige Standorte — namentlich im nördlichen und östlichen Deutsch= land — durch Kiefernzucht höher verwerthet werden.

Auf den Standorten, auf denen der Eichen=Stockschlag prosperirt, ist die Beimischung der dunkel belaubten Hainbuchen und Haseln, der Kiefern u. s. w. ohne entsprechenden Nutzen. Die Eichen=Nieder= waldungen schließen sich in der Regel bald nach dem Abtrieb und die Ueberschirmung dicht über der Bodenfläche bietet genügenden Schutz gegen Verflüchtigung der Feuchtigkeit. Das sog. Raumholz schädigt den Rinden=Ertrag, während die höhere Leistung hinsichtlich der Er= haltung und Förderung der Bodenkraft zweifelhaft ist.

---

[1]) Neubrand, die Gerbrinde mit besonderer Beziehung auf die Eichen=Schäl= wald=Wirthschaft. Frankfurt a. M., 1869. Sauerländer.

Aber bei der Kultur der Eiche auf minder gutem Standort leistet die Kiefer als Schutz= und Treibholz wesentliche Dienste. Man entastet die Kiefern und haut dieselben heraus, wenn die Eichen=Bestockung die Bildung des Schlusses übernehmen kann.

Der Abtrieb der Rindenschläge erfolgt bei Laubausbruch mit tiefem Hieb. Der Schlag ist sofort zu räumen. Schon einige Jahre vor dem Abtrieb wird das sog. Raumholz (am Neckar meistens Haseln) und die schwachen und unterdrückten Eichengerten ausgehauen, damit sich eine dickere Rindenschicht an den stärkeren Stangen auflagert. Auf gutem Boden sucht man in der Regel einen 15 jährigen Umtrieb einzuhalten, welcher sog. Glanzrinde liefert. Für die reineren Standorte, bei niedrig stehenden Rindenpreisen, aber hohen Holzpreisen kann man 20= bis 25 jährige Abtriebszeit wählen.

Die Begründung und Vervollständigung der Eichen=Stockschläge geschieht fast ausnahmslos durch Stutzer=Pflanzung (siehe unten) in ein gelockertes Pflanzloch. Die Kiefern werden in der Regel mit dem Beil eingepflanzt.

Die Frage, ob eine größere oder geringere Zahl von Eichenstöcken höhere Holz= und Rinden=Erträge liefert — und die damit zusammenhängende Frage der Durchforstung in etwa $^2/_3$ der Umtriebszeit — diese Fragen sind zur Zeit noch nicht gelöst. Es ist indessen wahrscheinlich, daß eine dichte Bestockung die höchsten Erträge liefert.

Die Schälschläge bleiben gewöhnlich frei von Oberholz; nur vereinzelt hält man Lärchen und Birken über. In Eichen=Pflanzungen, die beim ersten Abhieb geringe Erträge liefern, kann man unter günstigen Standorts=Verhältnissen lichtbedürftige Holzarten beibehalten.

Der Hackwaldbetrieb hat nur örtliche Bedeutung[1]).

Hainbuchen= und Rothbuchen=Stockschläge werden im Frühjahr tief gehauen; man behandelt dieselben in der Regel mit 20= bis 25 jährigem Umtrieb und kompletirt durch Pflanzung.

Außergewöhnliche Betriebsarten. Im Solling hat der verdienstvolle Oberforstmeister v. Seebach vor langer Zeit den sog. modifizirten Buchen=Hochwaldbetrieb eingeführt. Vollwüchsige Buchenbestände auf gutem Boden werden im 60. bis 80. Jahre durch Auszug von etwa 0,6 der Holzmasse gelichtet; es wird Bodenschutzholz durch natürliche Besamung erzeugt oder künstlich angebaut;

---

[1]) Siehe Heyer's Waldbau. S. 388.

die zurückbleibenden, möglichst gleich zu vertheilenden Stämme (gewöhnlich 95—115 Festmeter per Hektar) bilden meistens schon vor dem Haubarkeits-Alter (120 Jahr) vollkommenen Schluß und unterdrücken das Bodenschutzholz. Die Verjüngung erfolgt im 120. Jahre in regelmäßiger Weise.

Der Gesammtertrag dieser gelichteten Bestände soll dem Gesammtertrag der im vollen Schlusse erzogenen Buchenbestände nicht nachstehen und dann würde der Werthertrag der ersteren selbstredend höher sein. Die Fichte eignet sich zur Unterpflanzung im Ganzen weniger gut, als die Buche. Für die minder kräftigen Bodenarten ist der modifizirte Betrieb gefahrbringend. Auch wird man im Allgemeinen durch minder starke, aber öftere Auslichtungen der Buchenbestände, die etwa im 50. bis 70. Jahre beginnen, höhere Nutzleistungen erzielen können.

In Mittelwaldbeständen mit jungen, wuchskräftigen Eichen und abständigen Ausschlagstöcken des Unterholzes kann man, wenn Buchen-Brennholz-Zucht Berücksichtigung verdient, Buchen-Stangenholz-Zucht mit Eichen-Schwellenholz-Erziehung vereinigen, indem man Buchen-Samenholz anbaut und im 60. bis 70. Altersjahre abhaut, zugleich mit Nutzung der abkömmlichen Eichen. Wenn man gleichzeitig die Eiche mit der Buche nachzieht, so kann man den 60- bis 70-jährigen Buchen- und den 120- bis 140jährigen Eichen-Umtrieb dauernd verbinden, Eichen-Bahnschwellenholz und brennkräftiges Buchen-Prügelholz züchten.

Die Kultur-Verfahren im Speziellen. Es ist im hohen Grade wahrscheinlich, daß die Zeit nicht mehr fern ist, in welcher die billigen Holzpflanzungs-Verfahren alle übrigen Methoden der Wald-Verjüngung verdrängt haben werden. Die natürliche Besamung der Schläge durch den Samenabwurf des Mutterbestands wird nur so weit als sich gebrauchsfähiger Nachwuchs ansiedelt benutzt, die künstliche Aussaat und andere Verfahren werden nur in Ausnahmefällen (bei Buchen- und Eichelmast u. s. w.) geduldet werden. Man wird die schattenertragenden Holzarten unter Schutzbestände und die lichtbedürftigen Holzarten auf Kahlschläge anpflanzen. Die Pflanzung besitzt gegenüber der natürlichen Verjüngung wesentliche Vortheile. Der Anbau erfolgt rechtzeitig, unabhängig von den wandelbaren Samenjahren, der Boden genießt früher den Schutz des Nachwuchses, man kann den Pflanzen die geeignete Stellung und Vertheilung anweisen. Diese Nutzleistungen überwiegen den Kosten-Aufwand, der überdies, da bei Pflanzung unter Schutzbestände und auf besserem Boden meistens das Pflanzbeil benutzt werden kann, geringfügig bleibt.

Die Holzsaat (Vollsaat, Riefen-, Furchen-, Streifen-, Platz-, Löchersaat) ist eine veraltete und verwerfliche Methode, die nur ausnahmsweise (namentlich bei Mastjahren der Eiche und Buche, in steinigem Boden 2c.) statthaft ist, im Allgemeinen von den rationellen Forstwirthen längst aufgegeben wurde und meistens den zurückgeblie= benen Stand des Forstwesens kennzeichnen wird[1]).

Die Waldanpflanzung im Großen läßt sich nur dann einbürgern, wenn man vorzugsweise minder kostspielige und dabei erfolgsichere Pflanzungsverfahren allgemein — extreme Standorts=Verhältnisse ausgenommen — anwendet. In der That tritt auch beim praktischen Kulturbetrieb die Verwendung kleiner, kräftiger, gut bewurzelter Saat= Schulpflanzen, je nach der Holzart mit 1= bis 3jährigem Alter, immer mehr in den Vordergrund. In Schutzbestände, überhaupt auf allen Bodenarten, welche das für das Anschlagen der ballenlosen Pflanzen erforderliche Maß von Feuchtigkeit besitzen, werden die feucht erhaltenen Saat=Schulpflanzen durch Spaltpflanzung eingebracht — ohne und mit Bodenlockerung (durch Pflügen oder Hacken) und Entfernung des Boden=Ueberzugs der Pflanzstelle. Für diese Spaltpflanzung (Klemm= pflanzung) ist, wie wir sehen werden, das Pflanzbeil ein schätzens= werthes Werkzeug. Die Löcher=, Ballen=, Hügelpflanzungen u. s. w., die größere Kultur=Ausgaben erfordern, sind grundsätzlich lediglich den minder günstigen Standorts=Verhältnissen zuzuweisen — den trockenen und festen, den nur in der obersten, dünnen Schicht nähr= fähigen Bodenarten, den nassen Standorten u. s. w. Im Uebrigen erfordern in der Regel die Spaltpflanzungen, auch mit Einrechnung der Ausbesserungskosten, einen geringeren Geldaufwand, als die Ballen= und namentlich die Hügelpflanzungen; man sollte, wenn die Anwendung dieser billigen Spaltpflanzung überhaupt prüfungswerth ist, dieselbe nicht unversucht lassen, gleichzeitig aber komparative Ver= suche mit den übrigen Pflanzverfahren auf größeren Theilen der Kulturflächen beginnen und die Kosten und die Erfolge vergleichen.

Anlage der Saatkämpe. In erhabener, geschützter Lage

---

[1] Mit voller Klarheit über die Tragweite spreche ich diesen Satz aus, weil ich weiß, welche Voreingenommenheit für die Saat in manchen Kreisen der Fach= genossen heimisch geworden ist. Wenn man sich in den Ländern, in denen die Forstwirthschaft auf hoher Stufe steht, umsieht, so wird man finden, daß die Saat ihr früheres Gebiet immer mehr verliert und namentlich von der billigen und mehr gesicherten Spaltpflanzung verdrängt wird.

(nicht exponirt und nicht sehr abhängig) läßt man auf gutem, nahr=
haftem, frischem, jedoch nicht stark graswüchsigem Boden im Sommer
den Boden=Ueberzug abschürfen und zu Rasenasche verbrennen und
den Boden meistens auf Hacken=Schlagtiefe umarbeiten. Der Boden
und die Rasenasche bleiben über Winter zum Durchfrieren liegen. Im
Frühjahr wird der Boden wiederholt, meistens etwas tiefer, umgear=
beitet. Nach der Einsaat wird das Unkraut fleißig ausgejätet, jedoch
nicht mehr im Spätherbst.

Den Fichtensamen säet man in 8—9 Ctm. breite Rillen
mit ca. 30 Ctm. Rillen=Abstand (von Mitte zu Mitte der Rille)
und bedeckt denselben leicht mit Rasenasche und Erde. Die Saat=
rillen werden mit Reisig, Moos, Binsen ɔc. (die Zwischenräume auch
später mit Moos, Nadeln ɔc.) bedeckt, nach Aufgang des Samens
werden die Büsche noch einige Zeit eingesteckt. Man braucht per
Ar in der Regel 2,3 bis 2,5 Pfd. Der Saatkamp wird nach
Bedarf in einfacher Weise umfriedigt. In der Regel werden bei
der Entleerung des Saatbeets im dritten Jahre die kräftigsten
Pflanzen in's Freie versetzt, die minder kräftigen Pflanzen in die
Pflanzschule „verschult", doch verschult man auch oft zweijährige
Pflanzen. Das Ausheben geschieht, indem man vor der ersten Rille
ein Grübchen (tiefer als der Wurzelraum) zieht und mit dem Spaten
Ballen mit den Pflanzen aushebt und die Letzteren vorsichtig befreit
und feucht erhält.

Die Kiefern=Saatbeete lockert man in der Regel etwas
tiefer, sucht überhaupt eine kräftige, zaserige Wurzelbildung zu befördern.
(Das Einarbeiten nahrhafter Erde in die Tiefe, um recht lange
Wurzeln zu ziehen, hat sich nicht bewährt). Man säet gleiche Samen=
menge in die Riefen, wie bei der Fichte, bedeckt den Samen ½ Centi=
meter stark mit Rasenasche und humoser Erde und überdeckt bis zum
Samen=Aufgang mit Kiefern=Büschen, belegt die Zwischenräume mit
Moos ɔc. Die Verpflanzung der Kiefer geschieht in der Regel im
nächsten Frühjahr, schwache Pflanzen kann man ein Jahr in die
Pflanzschule versetzen. Von der größten Bedeutung ist bei den Kiefern=
Beeten die Bedeckung mit Kiefern=Reisig, Moos ɔc. im ersten Winter
bis unmittelbar vor der Verpflanzung und vor Allen an hellen,

sonnigen Tagen, um die Pflanzen gegen die sog. Schütte=Krankheit zu schützen[1]).

Die Lärche säet man meistens breitwürfig (und nicht in Rillen) auf 1⅓ Meter breite Felder und tritt den lockeren Boden etwas an; der Samen — 8 bis 10 Pfd. per Ar — wird angequellt und leicht mit guter Erde überstreut. Das Deckreisig ist rechtzeitig abzunehmen. Da die Lärche schon in der Jugend freien Stand erfordert, so werden die zu dichten Pflanzen=Gruppen geläutert. Man verpflanzt gewöhn=lich die zweijährigen Lärchen in's Freie.

Der Eichen=Saatkamp wird 0,4 bis 0,5 Meter tief im Herbst umgebrochen. Die Eicheln werden gewöhnlich im Frühjahr in 7 bis 10 Ctm. breite, 40 bis 45 Ctm. abstehende Reihen mit 7 Ctm. Entfernung eingelegt. Für die Spaltpflanzungen sind vorzugs=weise 2jährige Pflanzen geeignet; in die Pflanzschulen werden die Eichen im 1jähr., längstens im 2jährigen Alter versetzt.

Das Ueberwintern der Eicheln erfolgt am zweckmäßigsten in einem 0,2 Meter breiten, 0,3 Meter tiefen Graben mit Erdwällen zu beiden Seiten, umzogen von einem Graben mit Töpfen (zum Mäusefang) und überdeckt von einem Strohdach in Mannshöhe. Die Eicheln werden oft umgeschaufelt; bei strenger Kälte werden die offenen Giebelwände mit Stroh zugestellt.

Der Buchen=Saatkamp wird wie der Fichten=Saatkamp an=gelegt und in Rillen mit ca. 10 Hektoliter per Hektar besäet. Im Freien deckt und besteckt man mit Reisig bis nach der Blatt=Entwickelung und Spätfrost=Gefährdung.

Der Weißtannen=Saatkamp wird wie der Fichten=Saat=kamp behandelt. Man säet in Rillen 10 Pfd. per Ar. Seitenschatten durch Bäume oder Reisig ist wünschenswerth.

Pflanzschule. Die bei der Entleerung der Saatschule vor=findlichen schwachen Fichtenpflanzen werden auf besondere Beete — mit 20 Ctm. Reihenabstand und 15 Ctm. Entfernung in den Reihen — verpflanzt und in der Regel zwei Jahre stehen gelassen.

---

[1]) In den ersten Frühjahrs=Monaten verdunsten die unbedeckten Pflanzen bei trockener Luft und an hellen Tagen eine größere Feuchtigkeit, als die ungenügende Wurzelthätigkeit im kalten Boden ersetzen kann; sie vertrocknen. Die Richtigkeit dieser Erklärung der Schütte=Krankheit (von Ebermeyer) ist einleuchtend und wird durch die Erfahrung bestätigt.

Wenn man besonderen Werth auf starke, gut bewurzelte Pflanzen zu legen hat, so kann man auch die zweijährigen Pflanzen verschulen. Ein mäßiger Wurzelschnitt ist nur an denjenigen Pflanzen vorzunehmen, welche starke Pfahl- und Seitenwurzeln, aber eine ungenügende Menge von Faserwurzeln haben.

Die Eichenpflanzen werden in der Regel einjährig, seltener zweijährig verschult. Stutzer- und Lohden-Pflanzen verwendet man am zweckmäßigsten mit einer Höhe von etwa 1 Meter; für die hierzu erforderliche zwei- bis dreijährige Pflege in der Pflanzschule wählt man einen Reihenabstand von 36 Ctm. und eine Entfernung in den Reihen von 24 Ctm. Halbheister und Heister erzieht man in einer Entfernung von ca. 50—75 Ctm. Eine zu lange Pfahlwurzel ist zu kürzen, im Ganzen jedoch so wenig als möglich an den Wurzeln zu schneiden. Im 3jährigen bis 4jährigen Lebensalter werden (Johanni) die Seitenäste eingestutzt; dieses Beschneiden wird nach Bedarf wiederholt (jedoch nicht zu oft) und namentlich ein Jahr vor der Auspflanzung vorgenommen, aber immer nur als ein nothwendiges Uebel für die stark in die Aeste gehenden Pflanzen betrachtet.

Buchen werden ähnlich wie Eicheln behandelt, jedoch enger verschult. Weißtannen bleiben einige Jahre länger in der Pflanzschule, wie Fichten. Kiefern und Lärchen werden in der Regel nicht verschult.

Bei längerer Benutzung werden die Saatkämpe und Pflanzschulen mit Compost-Erde — verfaulter Rasen mit Humuserde und Rasenasche — gedüngt.

Fichten-Pflanzung. In Schutzbeständen und auf frischem Wald-Boden ohne starke Stein-Beimengung wählt man zur Bestands-Begründung vorzugsweise Spaltpflanzung mit dem Pflanz-beil, weil diese Kultur-Methode sehr billig ist und den Verjüngungs-Betrieb ungemein fördert.

Das Pflanzbeil ist von der Haube bis zur Schneide 18 Ctm. lang, an der Haube 6 Ctm. hoch und 3 Ctm. dick, an der Schneide 70—75 Millimeter dick, die Seiten sind schwach gewölbt, der Stiel bis zum Beile ist 25 Ctm. lang, die Schneide ist gut verstählt. Gewicht 2½ bis 2¾ Pfd. — In den Bodenspalt, der durch das Beil eingehauen wird, setzt man die feucht erhaltene Pflanze mit naturgemäßer Wurzellage ein und klopft die Erde mit der Haube des Beils an. Die Pflanzweite bestimmt jeder Arbeiter nach dem Augenmaß, nachdem die Streifen-

Breite für die Arbeiter-Rotte abgesteckt worden ist und die Arbeiter gleich vertheilt worden sind.

Das Buttlar'sche Eisen wird ganz aus Gußeisen angefertigt, hat einen runden, mit Leder überzogenen Stiel als Handgriff, der bei 12 Ctm. in einem Winkel von 115 Grad gekrümmt ist, innerhalb der weiteren 6 Ctm. sich zu einer fast quadratförmigen 5—6 Ctm. breiten Fläche verdickt und hierauf in eine 21 Ctm. lange Spitze ausläuft. Gewicht 6¼ Pfd. Das Pflanzeisen wird bei lockerem, steinfreiem Boden eingeworfen, sonst eingestoßen nach dem Herausziehen wird das Pflänzchen in das Loch eingeschoben und festgehalten, sodann wird mit dem Eisen 3—4 Ctm. hinter der Pflanze ein weiteres Loch gestoßen und die Erde angedrückt, worauf das hintere Loch zugeklopft wird. — Die Gebrauchsfähigkeit des Pflanzeisens ist etwas geringer als die Gebrauchsfähigkeit des Beils, weil das 6¼ Pfd. schwere Eisen für schwächere Männer, Frauen und Kinder weniger handlich ist; unter günstigen Boden-Verhältnissen wird man als Maximalsatz für das Beil 1800—2000 Pflanzen per Arbeiter und Tag, für das Eisen 1500—1600 Pflanzen (Ausstechen, Transportiren und Einsetzen) annehmen können und ähnliches Verhältniß werden auch die Durchschnitts-Sätze zeigen.

Auf frischem Boden mit starkem Haide-Ueberzug u. s. w. läßt man Platten in genügender Größe abschälen und den Boden lockern. Man vermeide zu tiefes Einsetzen der Pflanzen.

Auf Standorten, die zur Trockenheit hinneigen, fest und rissig werden, wird die Einpflanzung der Fichte mit dem Beile und Eisen in Schutzbestände oder mit Bodenlockerung oft ausreichend sein. Wenn kahl abgeholzt ist und wenn überhaupt der Boden zu trocken oder zu unkräftig für ballenlose Pflanzen erscheint, so hat bei bindendem und nicht sehr stark mit Steinen vermengtem Boden die Ballenpflanzung mit dem Heyer'schen Hohlbohrer die größte Leistungsfähigkeit.

An den c. 0,8 Meter langen Hohlbohrer ist der Stiel (und die 0,4 Meter lange, durch eiserne Bänder am Stiel befestigte) Krücke von Holz; der eiserne Bohrer ist ein umgekehrter, abgestumpfter Hohlkegel von 5—8 Ctm. mittleren Durchmesser und gleicher Höhe, der obere Durchmesser ist um ¹/₁₀ der Höhe des Bohrers weiter, als der untere Durchmesser; der Bohrer hat vorn einen etwa zwei Finger breiten durchgehenden offenen Spalt, und hinten ein 3 Ctm. langes, wagerechtes Eisenplättchen (zur Vermittelung gleicher Bohrtiefe).

Für Hohlbohrer-Pflanzungen erzieht man die Pflanzen in Schutzbeständen oder Freilagen mit bindendem Boden durch breitwürfige Saat auf die kurzgehackte oder nur aufgeeggte Fläche. Für das Pflanzen-Ausbohren und das Löcher-Bohren benutzt man Bohrer gleicher Dimension; das Einpflanzen geschieht durch Eindrücken der Pflanzenballen mit der Hand. Als Maximal-Satz wird man für die Hohlbohrer-Pflanzungen (Ausbohren, Transport und Einsetzen) 600—700 Pflanzen per

Taglohn annehmen können. Bei starkem Graswuchs, Haide-Ueberzug ꝛc. werden Platten gehackt (ohne Bodenlockerung).

Wenn der Boden trocken und locker oder stark mit Steinen gemengt und überlagert ist, so wird Ballenpflanzung mittelst der Hacke angewandt.

Die Ballen werden mit der Hacke (oder mit einem eisernen Spaten) ausgehoben, in die mit der Hacke angefertigten Löcher setzt man die Pflanzen (mit der Hand und mit Zuhilfenahme eines hölzernen, vorn handbreit ausgemeißelten) Pflanzhammers ein. (Büschelpflanzung ist selbst in der Heimath dieser Methode [im Harz] in Abnahme begriffen.) Als Maximalsatz wird man 300—400 Pflanzen per Taglohn rechnen können [1]).

Feste, verhärtete Böden, die nur eine Nährschicht von wenigen Zollen haben, kultivirt man durch die Manteuffel'sche Obenaufpflanzung, wenn Rasen zum Decken der Hügel vorhanden ist.

Man gewinnt zunächst Kulturerde. Der Boden-Ueberzug wird auf den besten Stellen der Kulturfläche in der Zeit vom August bis zum Oktober abgeschält, die Schollen zerschlagen, die Erde mit einem dreizinkigen Rechen vom Gewurzel befreit. Die Erde — abwechselnd eine Schicht Rasen- und rohe Erde — wird auf grabförmige Haufen von 3 Kbm. Inhalt aufgeschichtet, mit Rasenwurzeln belegt und die Letzteren verbrannt. Im Frühjahr wird die Erde in Körben (25 Ctm. Höhe und 30 Ctm. obere Weite) auf der Kulturfläche in Haufen (gewöhnlich zwei Haufen aus einem Korbe) aufgeschüttet. Die Pflanzung erfolgt auf den Boden-Ueberzug; nur sperriges Haide- und Heidelbeerkraut wird abgemäht oder ausgerauft. Die Pflanze wird mit der Hand in die aufgeschüttete Erde so eingesetzt, daß die Wurzeln den vegetabilischen Ueberzug berühren; die Wurzeln werden gut geordnet, mit Erde bestreut, die Erde wird nicht angedrückt. Mit einem gestochenen, halbmondförmigen Rasenplaggen, die Rasenseite nach unten, wird der Hügel auf der Nordseite bedeckt, dann auf der Südseite mit einem andern Rasenplaggen übergreifend, ohne Spalt und ohne Oeffnung am Pflänzchen gedeckt. — Die Vortheile dieser Methode liegen zumeist in der Verwendung guter Pflanzerde, der Erhaltung der Feuchtigkeit im Innern des Hügels, der Herstellung einer guten Nährschicht durch den verwesenden Boden-Ueberzug und in der Hinleitung der Wurzeln zur besten, oberen Bodenschicht. Aber die Kosten dieser Pflanzung sind hoch, sehr hoch — 100 Pflanzen erfordern einen Manns-Tagelohn.

Auf nassem (bindigem, lettigem, verfilztem) Boden kann man kleine Parallel-Gräben (3,5 Meter Abstand, 45 Ctm. breit und 30 bis 35 Ctm. tief) ziehen, die bessere Erde des Aushubs in Hügeln

---

[1]) Die Anwendung des Spiralbohrers mit Beifüttern von Rasenasche (Verfahren von Biermanns) ist nicht empfehlenswerth. Hacke und Composterde sind leistungsfähiger.

auf den Feldern aufwerfen, die Pflanzen einsetzen und die Narbe als Deckrasen benutzen. — Man kann aber auch den Boden im Herbst quadratförmig (etwa 45 ☐ Ctm.), je nach dem Feuchtigkeits=Gehalt mehr oder minder tief ausstechen, den Rasen umklappen, durchstechen und hierauf im Frühjahr in die Spalte mit Beigabe von Humus= erde pflanzen.

Als Pflanzweite wählt man auf gutem Boden in der Regel 1,3 Meter, auf sehr kräftigem Boden 1,5 Meter, andererseits geht man zu 1 Meter herab, wenn nicht Kiefern=Beipflanzung vorzuziehen ist.

Kiefern-Pflanzung. Die Kiefern verpflanzt man in der Regel einjährig mit dem Pflanzbeil. Die minder kräftigen, zur Trocken= heit hinneigenden Bodenarten sind zu lockern, weil die Lockerung ein wesentliches Schutzmittel gegen Dürre ist. Die Verwesungsprodukte der Haide und Heidelbeere sind mit dem unterlagernden Boden zu vermischen. Man lockert gewöhnlich auf quadratförmigen Platten mit der Hacke, in Sandebenen durch Pflügen. Auf den frischen, kräftigen, nicht sehr lockeren Bodenarten versetzt man die Kiefern= Pflanzen nicht tiefer als sie im Saatbeete u. s. w. gestanden sind. Dagegen ist auf dem lockeren, trockenen Sandboden die tiefe Pflan= zung Regel; der benadelte Stengel wird mit Sand bedeckt, sogar so tief gepflanzt, daß nur Zweige und Knospen unbedeckt bleiben.

Auf lehmigem, in seinen unteren Schichten frischem und humosem Sandboden mit durchlassendem Untergrund zieht man Furchen mit dem Waldpfluge (1⅓ Meter Abstand, 40 Centimeter breit) und lockert mit dem Untergrundspfluge auf 25 Centi= meter Tiefe — Alemanns Verfahren. — Bei Pflanzen mit längeren Wurzeln kann man ein-tiefer gehendes Pflanzbeil oder das Buttlar'sche Eisen oder den sog. Keil= spaten (Stiel 0,7 Meter, Keil 0,3 Meter aus Buchenholz und einem Stück, der Keil an der Basis 4 bis 5 Centimeter dick, mit einem vorn verstählten, dünnen Eisenbeschlag) benutzen oder in lockerem Sandboden den kleineren und leichteren Muhl'schen Pflanzkeil (Stiel 20 Centimeter, Keil 20 Centimeter lang, beide von Holz, der Keil 10 Centimeter breit, an der Basis 5 Centimeter dick, mit Schmied= eisen vorn beschlagen und verstählt) anwenden.

Bei sehr trockenem und vermagertem Boden wählt man die Hohlbohrer= und Löcher=Pflanzung mit Ballen im zwei= bis drei= jährigen Alter der Pflanzen und entnimmt dieselben in der Regel breitwürfigen Freisaaten auf bindendem Boden.

Die Pflanzweite beträgt meistens 1 Meter, auf recht gutem Boden 1,3 Meter.

Lärchenpflanzung. In der Regel werden zweijährige Lärchen mit dem Pflanzbeil versetzt. Nur ausnahmsweise verpflanzt man 1 bis 2 Meter hohe sog. Halbheister=Pflanzen mit der Hacke.

Weißtannen werden 2—3jährig mit dem Beil, sonst wie die Fichten verpflanzt.

Eichenpflanzung. Zur Baumholz=Zucht verpflanzt man die Eichen im 1 und 2jährigen Alter aus Saatschulen mit dem Pflanz=beil oder Buttlar'schen Eisen. Für stärkere (c. 1 Meter hohe) Pflanzschul=Stämme muß man Löcher mit der Hacke anfertigen. (Beim Ausheben aus Schlägen benutzt man ein schmiedeisernes Rod=eisen — mit 35 Ctm. langem, oben 17, unten 12 Ctm. breitem, unten geschärftem Blatt, 15—20 Pfd. schwer.) Die Aeste werden, um das Fortwachsen der Setzlinge zu befördern, scharf (pyramiden=förmig) beschnitten, aber nur ausnahmsweise am Schafte abgeschnitten; die Wurzeln werden möglichst wenig beschnitten, nur die Pfahlwurzeln werden soweit als nöthig gekürzt.

Die Begründung des Stockschlag=Betriebs geschieht ausnahmlos durch Stutzerpflanzung. Der Schaft der etwa meterhohen Pflanz=schul=Pflänzlinge wird 2 — 3 Centimeter oberhalb der Tagwurzeln schräg und scharf abgeschnitten und die verbleibenden Stummel mit der Hacke in gelockerte Pflanzlöcher eingesetzt. Wurzelschnitt wie vorher[1]).

Buchenpflanzung. In die Besamungs=Schläge und Schutz=Bestände wird die ballenlose Buchen=Pflanze im 2 bis 3jähr. Alter mit dem Pflanz=Beil versetzt. Zur Ballenpflanzung kann man Hohlbohrer wählen und die Buche bis zum 5jähr. Alter ver=pflanzen. Für Löcherpflanzung mit der Hacke nimmt man Ballen mit Pflanzen=Büscheln, die bei mäßiger Pflanzenzahl des Büschels gut fortwachsen. Die Buche läßt sich auch als Stutzerpflanzung wie die Eiche mit gesichertem Erfolg anbauen. Die Pflanzweite wechselt nach der Standorts=Beschaffenheit von 0,7 bis 1,5 Meter.

Birken, Eschen, Ulmen, Ahorn, Hainbuchen versetzt man in der Regel aus Saatschulen mit dem Beil in's Freie oder pflanzt

---

[1]) Wir würden Stutzerpflanzung, ihres gesicherten Erfolges halber, auch für Baumholz=Zucht empfehlen, wenn nachgewiesen sein würde, daß der Schaftabschnitt vollständig vernarbt und nicht den Keim für Stockfäule u. s. w. bildet.

stärkere Pflanzen in gelockerte Löcher. Diese Holzarten können sämmt=
lich als Stutzerpflanzen versetzt werden.

Weymuthskiefern und Schwarzkiefern versetzt man in
der Regel im einjährigen Alter in gelockerte Pflanzlöcher. Die
Pappel= und Weidenarten werden durch Stecklinge fortge=
pflanzt; zur Zeit der Saftregung werden 20—30 Ctm. lange Theile
der zweijährigen Triebe (mit einem kurzen Ansatz vom 1jähr. Trieb)
schräg abgeschnitten und in ein schräges Pflanzloch eingeschoben.
Kopfholz von Pappeln und Baumweiden (excl. Aspen und Sahl=
weiden) erzieht man durch Setzstangen; 3 Meter lange, mindestens
5 Ctm. dicke Stangen aus 3jährigem Holz werden schräg abge=
schnitten, in 0,5 — 0,8 Meter tiefe Löcher eingesetzt, der Boden wird
festgestampft, die Schaftlohden werden in den nächsten Sommern bis
in die Nähe der Spitze entfernt.

Von den **Methoden der Holzsaat** kommt, wie schon oben be=
merkt wurde, in Eichen= und Buchen=Mastjahren die Stecksaat (Ein=
stufen) mittelst des Beils oder einer leichten Hacke in Anwendung.
Man braucht in der Regel $2^1/_2$ bis 3 Hektoliter Eicheln und 0,6 Hekto=
liter Bucheln per Hektar; die Kosten stellen sich, wenn die Eicheln
und Bucheln ohne große Ausgabe gesammelt oder angekauft werden
können, beträchtlich geringer als die Pflanzungen mit stärkeren Stutzer=
und Lohden=Pflanzen aus Pflanzschulen.

Im Uebrigen besäet man entweder die volle Fläche, oder Streifen, Rillen,
Furchen, Platten und Löcher. Zur Vollsaat wird der Boden kurz gehackt oder der
Samen, nachdem kurzer Haideüberzug abgemäht oder abgebrannt worden ist, durch
kreuzweises Beeggen der Fläche eingebracht. Man braucht im Mittel 24 Pfd.
Fichten, 18 Pfd. Kiefern, 100 Pfd. Tannen, 10 Hektoliter Eicheln, 4 Hektoliter
Bucheln, 1,2 Hektoliter Hainbuchen per Hektar (stets excl. Flügel).
Die Streifen werden theils mit der Hacke — 0,7—1,0 Meter breit mit
1,3 bis 1,5 Meter Reihen=Abstand — theils mit dem Pfluge gezogen. Die Rillen
werden oft nur handbreit angefertigt. Die Platten werden quadratförmig —
0,5 bis 1 Meter breit — aufgehackt. Man braucht je nach der Größe der Saat=
flächen sehr verschiedene Saatmengen per Hektar. Im Mittel kann man für Eichen=
Streifensaaten $1/_2$, für Plattensaaten $1/_3$, für Löchersaaten $1/_4$ des Quantums für
Vollsaaten, für Buchenstreifensaaten $2/_3$, Rillensaaten $1/_2$, Plätzesaaten $1/_6$ bis $1/_4$ des
Vollsaat=Quantums, für Kiefern= und Lärchen=Streifensaaten $2/_3$ der Vollsaatmenge
und für Fichten= und Tannen=Streifensaaten fast die ganze Vollsaatmenge rechnen.

Zeitschrift
für
Forst- und Jagdwesen.

Zugleich

Organ für forstliches Versuchswesen.

Herausgegeben

in Verbindung mit den Lehrern der Forstakademie zu Neustadt-Eberswalde, mehreren Forstmännern und Gelehrten, sowie nach amtlichen Mittheilungen

von

Bernhard Danckelmann,

Königl. Preuß. Oberforstmeister und Director der Forstakademie zu Neustadt-Eberswalde.

Mit dem **Jahrbuch**

der

Preußischen Forst- und Jagdgesetzgebung und Verwaltung.

Die Zeitschrift erscheint seit dem Jahre 1868 mit dem Jahrbuch in zwanglosen Heften von 8—12 Druckbogen wissenschaftlichen Materials und 3—4 Bogen Jahrbuch. 2—4 Hefte bilden je einen Band der Zeitschrift und des Jahrbuches mit besonderer Paginirung in jedem der beiden Theile. Preis pro Heft 4—6 Mark.

Die Zeitschrift für Forst- und Jagdwesen hat es sich zur Aufgabe gestellt, die das Gebiet des Forst- und Jagdwesens berührenden Erscheinungen in der Literatur mitzutheilen und einer sachlichen Kritik zu unterziehen, —

die Fortschritte der Wissenschaften, welche zum Forstwesen gehören oder in Beziehung stehen, zu erörtern und zu verbreiten, —

die Ergebnisse der Arbeiten auf dem Gebiete des forstlichen Versuchswesens, sowie neue Beobachtungen und Erfahrungen, welche die forstliche Praxis liefert, zu veröffentlichen, —

forstlich oder jagdlich bemerkenswerthe Thatsachen, Zustände und Begebenheiten aus Vergangenheit und Gegenwart zur öffentlichen Kenntniß zu bringen, —

der Verwaltung und Gesetzgebung in ihren Maaßregeln und Ergebnissen zu folgen, —

bewährten Einrichtungen Verbreitung, wünschenswerthen Verbesserungen Eingang zu verschaffen.

Nach allen diesen Richtungen hin beschränkt sich der Gesichtskreis der Zeitschrift nicht auf die Verhältnisse des Preußischen Staats und Deutschlands, sondern sucht auch das Gute und Brauchbare, was außerhalb Deutschlands geleistet wird und entweder der Forstwissenschaft im Allgemeinen zur Förderung gereicht oder eine Anwendung auf die vaterländischen Verhältnisse gestattet, zu ermitteln und darzustellen.

Zum Gebrauche für die Preußischen Forstbeamten wird ferner in einem besonderen Theile unter dem Titel **Jahrbuch der Preußischen Forst- und Jagd-Gesetzgebung und Verwaltung** eine Zusammenstellung der Gesetze, Verwaltungs-Erlasse und Landtags-Verhandlungen gegeben, welche sich auf das Preußische Forstwesen beziehen. Auch die Arbeitspläne für das forstliche Versuchswesen werden in dem Jahrbuche veröffentlicht.

Im Anschlusse an die amtlichen Verordnungen wird schließlich eine fortlaufende Uebersicht der Personal-Veränderungen geliefert, welche in dem Verwaltungs-Personale der Preußischen Staatsforsten vor sich gehen.